JN426256

침입 탐지용 센서 및 알람 시스템 운영

정용택 지음

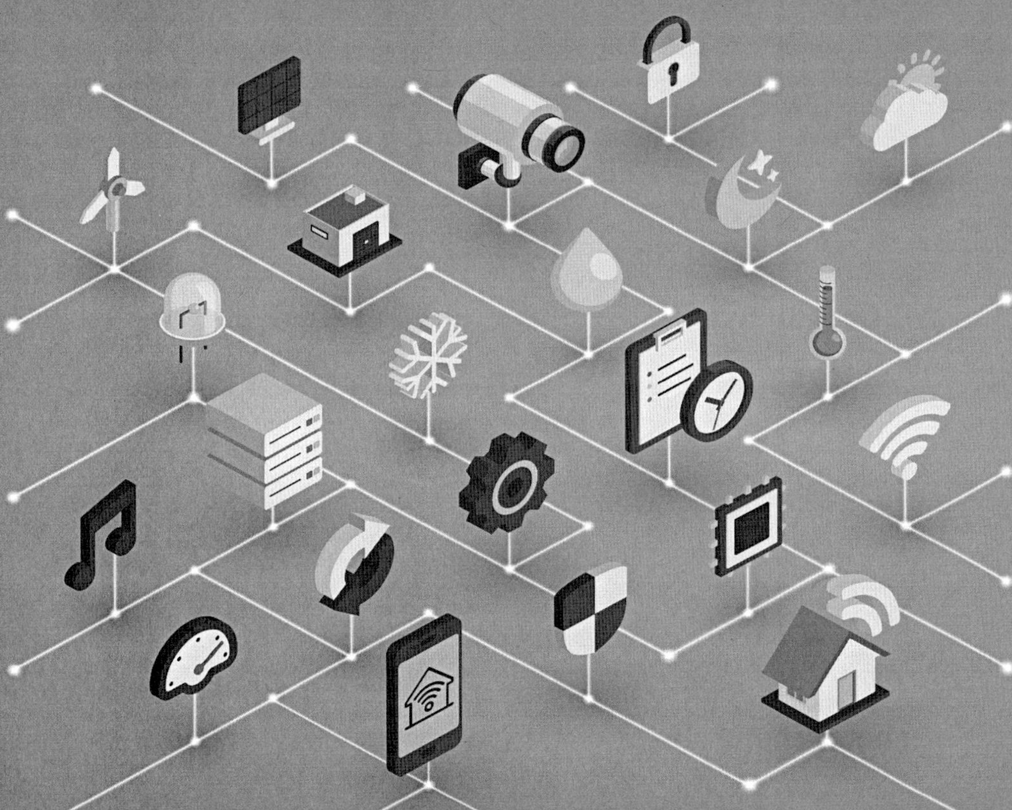

홍릉과학출판사

저자 소개

이 책을 저술한 정용택 박사는 국방과학연구소와 삼성 에스원 등에서 약 30여년간 센서관련 분야만 연구한 센서 전문가이다. 이러한 연구개발의 경험을 바탕으로 물리보안센서, 적외선센서, 온도센서, 압력 및 유량센서, 사물인터넷용 센서 등 센서 관련 기술전문서적을 총 8권 출간하였으며, 이 중에서 2013년에 출간된 "센서물리학 개론"은 2014년 문화체육관광부 주관의 우수도서로 선정되었으며, 2016년에 출간된 "사물인터넷, 스마트센서로 정복하다!"는 2017년 대한민국 학술원 주관의 우수도서에 된 바 있다. 현재 한국특허전략개발원에서 전문위원으로 활동을 하고 있으며, 정부 출연연구기관 및 대학을 대상으로 강한 특허를 창출하기 위한 특허 컨설팅에 주력하고 있다. 또한 겸업으로 사단법인 보안설계평가포럼(SDNA) 기술고문과 한국원자력통제기술원(KAINAC) 물리적방호 기술위원, 경기도 산학연 과제 평가위원, 미래창조과학부 산하 국가연구시설장비진흥센터의 장비심의평가단 등의 활동을 하고 있다.

센서 관련 저서는 다음과 같다.

1. 물리보안용 센서의 원리와 응용, 인포더북스, 2012년 5월
2. 적외선센서의 원리와 응용, 인포더북스, 2012년 6월
3. 센서물리학 개론, 홍릉과학출판사, 2013년 9월
4. 적외선센서의 최신 기술 동향, 홍릉과학출판사. 2014년 6월
5. 최신 온도센서 기술동향, 홍릉과학출판사. 2015년 2월
6. 압력센서, 유량센서, 레벨센서의 기본원리, 공감북스, 2015년 8월
7. 사물인터넷, 스마트센서로 정복하다, 공감북스, 2016년 5월
8. 센서원리 및 응용기술, 진샘미디어, 2017년 7월

책을 펴내면서

본 책은 침입 탐지용 센서에 대한 기본 개념과 운영에 대해 소개하고자 한다. 국가 중요시설에 외곽 감지용으로 설치되어 있는 많은 종류의 물리적 보안용 센서가 설치되어 운영되고 있으나, 매우 많은 오보로 인해 운영이 제대로 되지 않고 있는 것이 현실이다. 오보가 발생하는 데에는 원인이 있고, 해결책이 있음에도 불구하고, 이를 개선하기 보다는 운영을 중단하거나 또 다른 센서로 대응하다가 유사한 문제에 부닥치면 해결을 하지 못하고 전전긍긍하고 있는 것이 현실이다. 현재까지 물리적 보안용 센서는 수십 종 이상의 많은 종류의 센서가 판매되고 있다. 이렇게 센서가 많은 이유는 하나의 센서로 사람만을 감지하는 센서가 아직 나오지 않았다는 의미이기도 하다. 현재의 센서들은 사람과 유사한 행동을 하는 행위를 사람이 침입하는 행위라고 인식하고 감지하는 원리로 되어 있다. 따라서 운영자가 센서의 원리를 정확히 파악하고, 오보 유형을 잘 분류하여 이를 제어한다면 충분히 오보를 줄이고 효율적인 운영이 가능한데, 물리적 보안용 센서의 원리에 대해 자세히 설명되어 있는 것이 없다보니 현장에서 많은 어려움을 겪고 있는 것이 현실이다.

저자는 그 동안 한국원자력통제기술원에서 물리적 보안용 시스템에 대해 여러 해 동안 강의를 했고, 최근 사단법인 SDNA에서 주관하는 교육 프로그램에서 동일한 내용의 강의를 진행하고 있다. 2012년에 저자가 "물리적 보안용 센서의 응용과 원리"라는 책을 저술한 바 있으나, 이 책은 일부 센서의 원리에 대해서만 다루고 있어, 현장에서 사용하고 있는 다양한 센서와 운영의 내용을 담고 있지 못해 현장에 큰 도움이 되지 못했다. 그 동안의 강의 경험과 자료를 바탕으로 현장에 필요한 내용으로 물리적 보안용 센서에 대해 현장감이 있는 내용의 책으로 다시 저술하게 되었다.

이 책은 아래와 같이 공개된 5개의 자료를 참고하여 작성하였다.

1) "Intrusion Detection Systems and Subsystems, Technical Information for NRC Licensees", United States Nuclear Regulatory Commission, March 2011

2) "Handbook on the Design of Physical Protection Systems for Nuclear Material and Nuclear Facilities", IAEA Nuclear Security Series, August 2017
3) "Perimeter Security Sensor Technologies Handbook", NISE East, Electronic Security Systems Engineering Division, 1997
4) "Nuclear Power Plant Security Assessment Technical Manual", SANDIA Report, SAND2007-5591, September 2007
5) "CCTV Technology Handbook", Department of Homeland Security, Science and Technology Directorate, July 2013

일부 내용은 저자가 그동안 연구했던 내용과 센서 제조업체의 자료들을 이용하여 보완하였다. 물리보안의 기본 개념인 탐지, 지연, 대응 중에서 탐지에 기반을 두고, 어떤 센서로 침입자를 인지하고, 센서의 알람 신호를 어떻게 판정(assessment) 하는지에 대한 기본적인 개념 위주로 설명을 하였다. 대표적인 PIDS (Perimeter Intrusion Detection System, 외부 침입 탐지 시스템)용 센서들에 대한 동작원리 및 오보유형에 대해서도 상세히 설명하였다. 또한 알람 판정을 위해서는 반드시 비디오 시스템의 도움을 받아야 하는데, 이러한 비디오 시스템에 대한 동작 원리도 추가하였다.

이 책의 내용을 잘 이해하면, 현장에서 발생하는 각종 오보 유형에 적절히 대처를 할 수 있는 능력이 향상되어, 보다 효율적으로 물리적 보안용 센서를 운영할 수 있으리라 확신한다. 본 책에 물리적 보안용 센서의 모든 것을 다 담을 수는 없었으나, 이 정도를 이해한다면 다른 센서에도 충분히 응용이 가능하리라 생각한다. 필요하다면 향후에도 본 책의 내용을 수정 보완을 통해 가능하면 다른 센서도 추가하여 보완을 할 예정이다.

2019년 3월 저자

추천의 글

(사)보안설계평가협회
대표이사 정길현

물리보안(physical security)은 유형의 시설과 자산을 보호함은 물론 정보보안(cyber security), 산업보안(industry security)의 골격임에도 불구하고, 체계적인 접근이 미진하였습니다. 이에 (사)보안설계평가협회는 물리보안의 설계(design)부터 유효성의 평가(assessment)에 이르기까지 체계를 정립하여, 관련 산업의 진흥과 안전한 대한민국으로의 발전에 이바지하고자 2018년도에 설립되었습니다.

물리보안 분야는 우선적으로 전문가 양성이 시급한 과제입니다. 하지만 물리보안과 대테러 업무는 비밀이며 규제기관의 지적만 받지 않으면 된다는 인식 때문에, 연구논문도 빈약하고 서점에서 관련서적 한권을 찾아보기 어렵습니다. 이렇게 열악한 국내 상황에서 이번에 물리보안 분야의 단비와 같이 침입탐지용 센서에 관한 전문 서적이 나오게 되어 참으로 기쁘게 생각합니다.

이 책을 쓰신 정용택 박사님은 국방과학연구소와 삼성 에스원 등에서 물리보안의 센서 분야 R&D만 약 30년을 수행한 **국내 최고의 전문가**입니다. 물리보안 분야의 첫 출발점인 “탐지” 분야에 대해 국외 자료와 저자의 개발경험을 토대로 PPS 디자인의 개념, 침입탐지 센서의 원리와 오보 유형, 알람판단에 사용되는 CCTV 시스템의 활용에 이르기까지 시금석이 될 아주 귀중한 자료를 만들었다고 생각합니다. 물리보안과 대테러 업무를 수행하는 담당자와 보안업계에 단비와 같은 자료가 될 것으로 확신합니다.

향후 저희 법인은 정부 및 지자체, 국가중요(보안)시설, 민간 주요시설, 보안업계의 담당자를 대상으로 실무, 심화, 보안설계 · 평가사 등 다양한 교육과정을 개설하여 물리보안 분야의 전문가를 양성하고, 전문가 풀을 구성하여 컨설팅을 활성화하며, 연구개발에도 적극 참여할 계획에 있습니다. 이를 위해 국내 · 외의 연구결과와 신기술 동향을 수집하여 현장에 꼭 필요한 전문서적이 계속 나오도록 지속적으로 지원을 할 계획입니다.

바쁘신 가운데서도 물리보안 및 대테러 체계의 혁신에 기여할 역작을 집대성하신 정용택 박사님께 거듭 존경과 감사의 말씀을 올리면서 추천사를 가름합니다.

2019년 3월

(사)보안설계평가협회 대표이사 정길현

추천의 글

(주)에스원
융합보안연구소장
최윤기 상무/공학박사

최근 안전 불감증으로 인해 각종 사회적인 문제가 많이 발생하고 있습니다. 이는 안전에 대한 투자를 법에 위반되지 않으려고 어쩔 수 없이 해야만 하는 인식이 팽배했기 때문으로 생각됩니다. 이를 해결하기 위해서는 안전이 매우 중요하다는 인식의 전환이 우선되어야 합니다. 보안도 안전과 마찬가지입니다. 현재 보안에 대한 인식은 거저 공짜로 얻으려고 하는 경향이 강합니다. 개인의 재산뿐만 아니라 공적인 분야의 주요 시설물에 대한 보안도 이제부터는 안전과 마찬가지로 인식의 전환이 필요한 시점입니다. 즉 안전한 사회는 안심을 제공할 수 있다는 인식입니다. 현대는 안전과 안심이라는 두 단어에 대한 인식의 전환이 조금씩 이루어지고 있으나 여전히 공짜로 얻으려고 하는 경향이 있습니다. 이러다 보니 보안과 관련된 분야가 여전히 전 사회적으로 관심을 받지 못하고 있는 것이 아닐까 생각합니다.

보안의 선진국이라 볼 수 있는 가까운 일본에서는 국민들 사이에 안전과 안심이 늘 몸에 배어 있습니다. 일반 매장에 가보면 안전과 보안에 관한 물품을 쉽게 찾아 볼 수 있습니다. 아마 이것은 지진이라는 사회적인 불안 요소가 있어서 그런지도 모르지만 전 사회적으로 그만큼 보안에 대한 인식이 높게 형성되어 있다고 볼 수 있습니다. 그에 반해 우리나라는 아직도 후진적인 사고방식에서 벗어나지 못하고 있습니다. 이렇게 된 이유는 보안이라고 하는 분야가 너무 기술적이고 전문적인 분야이다 보니 일반인들이 받아들이기에 어렵게 여기기 때문이라 생각합니다. 또한 보안에 대한 궁금증을 쉽게 풀어줄 전문가도 부족한 것이 현실입니다.

본 저서는 전문적인 지식을 가지고 있지 않더라도 이 분야에 관심이 있는 사람에게 보안에 대한 이해도를 높일 수 있도록 구성되어 있습니다. 물리보안 분야에 대해 이렇게 체계적으로 정리된 책은 지금까지 국내에 소개된 적이 없습니다. 본 책의 저자이신 정용택 박사님은 그 동안 센서관련 8권의 책을 저술하셨고, 이러한 경험을 토대로 물리보안용 침입탐지 센서의 원리 및 운영에 대해 알기 쉽게 정리하신 것 같습니다. 이 책을 통해 물리보안 분야에 종사하는 사람들이 센서에 대한 이해도를 높이고, 현장에서 발생하는 오보에 대한 대처 능력을 향상시키는데 큰 도움을 줄 수 있는 훌륭한 책이라 사료됩니다. 또한 사회적으로 보안에 대한 인식의 개선이 될 수 있기를 기원합니다.

2018년 3월

(주)에스원 융합보안 연구소장 최윤기 상무/박사

차 례

CHAPTER 01 PPS 개념

1.1 PPS 정의

물리적 보안의 개념은 고대부터 현재까지 동일한 개념을 가지고 발전되어 왔다. 성(城)을 물리적으로 방어한다고 가정하면, 출입구를 제외한 나머지 부분은 담을 높게 쌓거나 성 외곽 주위로 물길(해자)을 만들어 외부로부터 쉽게 성 안으로 들어오지 못하도록 한다. 그리고 주요 초소에 사람이 24시간 돌아가면서 경비를 서서 외부 침입자가 담을 타고 기어 올라오는 것을 감시하는 체계로 되어 있다. 즉, 출입구 쪽은 승인된 자만 출입을 하고, 비승인자(또는 침입자)는 출입을 제한하겠다는 개념이다. 그리고 침입자가 담을 넘어 내부로 들어오게 되면 2중, 3중의 경비병이 주요 건물을 지키고 있다가 침입자를 발견하면 즉시 대응조를 파견하여 침입을 저지하여 더 이상 피해가 확산되지 않도록 조치를 하였다. 즉, 고대의 성곽은 침입을 쉽게 하지 못하도록 설계되어 있고, 조기에 침입자를 발견하기 위해 곳곳에 초소를 세워두고 감시하였고, 침입자 발견 즉시 침입을 저지하는 것이 고대의 물리적 보안 개념이었다. 이러한 개념이 현대의 물리적 보안에도 동일하게 발전되어 왔다. 고대와 차이점은 초소의 사람 대신에 센서(sensor)라고 하는 물리적 장치로 대체하여 초기에 침입자를 탐지하는 것이다. 따라서 현대의 보안 개념은 3가지 키워드인 탐지(detection), 지연(delay), 대응(response)으로 요약할 수 있으며, 이를 보안 시스템에 적용하는 것을 물리적 방호 시스템(Physical Protection System, PPS) 디자인 이라 하며 줄여서 PPS 디자인이라 한다. PPS 디자인에서 가장 핵심적인 부분이 프로세스가 센서에 의한 탐지이다.

물리적 보안으로 보호해야 할 PPS 대상물에 대한 효과적인 PPS 디자인은 초기 PPS 디자인을 하고, 이를 분석하여 재설계를 거친 후 PPS 디자인을 최종 결정한다. 이러한 개념적인 프로세스는 〈그림 1-1〉과 같다.

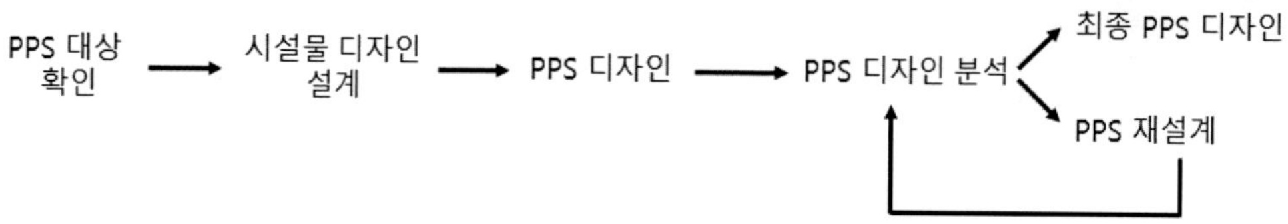

〈그림 1-1〉 PPS 디자인과 평가 프로세스의 개념도

PPS 설계자는 먼저 해당 규정에 기반하여 시설물의 보호 대상을 선정해야 한다. 예를 들어, 핵발전소의 경우, PPS의 보호 목표는 '사용 후 연료'의 상당한 노심 손상 및 파괴 또는 도난에 대한 높은 물리적 보호를 제공하는 것이다. 시설물 디자인 설계를 위하여, 설계자는 시설물에 대한 포괄적인 이해, 동작 상태, 그리고 물리적 보호 요건 등과 같은 시설물 동작과 조건에 대한 정보를 우선 파악해야 한다. 다음 단계로 설계자는 목표물을 구체화해야 한다. 여기서 목표물이란 장비, 사람, 방사능 물질 등과 같은 것으로서, 만약 이것이 손상을 입거나 파괴될 경우 매우 심각한 손상을 일으킬 수 있다. 다음 단계는 PPS 디자인이다. PPS 디자인할 때 설계자는 울타리, 건축물 구조물, 금고, 센서, 행정절차, 통신 수단, 그리고 이러한 대상물과 접촉하는 사람을 보호하는 방호력 등과 같은 요소들이 최적의 상태로 결합되도록 해야 한다. PPS 디자인이 되면, 물리적 보호 목표를 달성하기 위해 반드시 분석하고 평가해야 한다. 평가는 기능뿐만 아니라 각 목표물에 대해 별도로 고려하기 보다는 전반적으로 보안이 보장되는지 여부에 대해 확인을 해야 한다. 보호 시스템이 복잡해지면, 모델을 활용하여 평가를 수행할 수도 있다. 만약 PPS 효과가 부적합하다는 평가가 나오게 되면, 초기 디자인 시스템은 취약점을 개선할 수 있는 방향으로 재설계를 한 후 다시 재평가를 실시한다. PPS 효과가 적합하다는 평가가 나올 때까지 이러한 반복적인 평가를 실시한다. 이러한 디자인과 평가 프로세스에 대한 주요 활동 내역은 〈그림 1-2〉와 같이 요약할 수 있다. 이와 같은 프로세스는 탐지, 지연, 대응의 모든 구성 요소가 전체로서 PPS에 기여하는 정도에 따라 적절히 가중치가 부여되는 물리적 보호의 디자인과 분석 수행에 대한 체계적인 접근 방식이다. 또한 이러한 접근 방식을 통해 불필요한 보호에 귀중한 자원을 낭비할 수 있는 가능성을 최소화하고, 동시에 중요 자산에 대해서는 시설 보호를 극대화시킬 수 있는 장점이 있다.

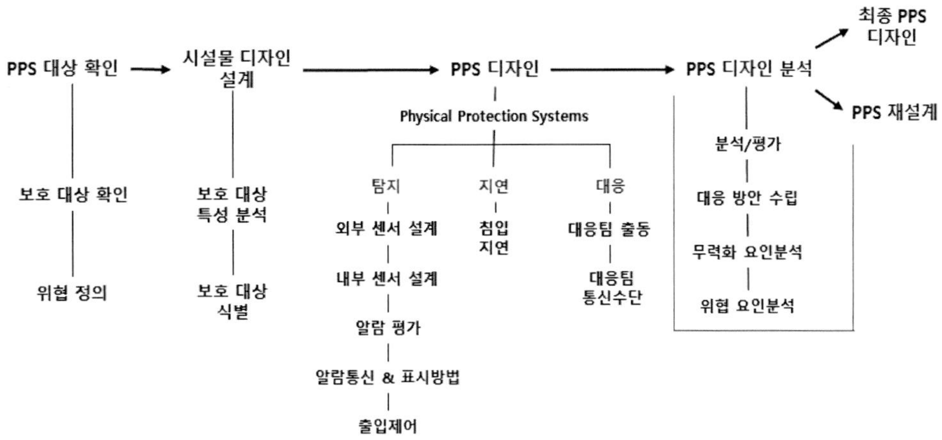

〈그림 1-2〉 PPS 디자인 및 평가 프로세스와 관련된 활동 내용

억제(deterrence)는 잠재적인 침입자가 주요 시설을 매력적으로 생각하지 않고 침입할 마음을 갖지 않게 하는 것이다. 무단 제거와 파괴에 대한 처벌은 침입자가 악의적인 행동을 하지 못하도록 하는 국가의 입법 또는 규제 시스템의 일부가 되어야 한다. 그러나 다른 조치들과 마찬가지로 억제력의 가치는 측정할 수 없으며, 특히 단호한 침입자에 대해서는 측정할 수 없다. PPS에 민감한 정보의 기밀성을 유지하는 것은 그들이 성공적으로 악의적 행동을 계획하는 데 필요한 필수적인 정보가 부족할 것이기 때문에 상대방을 단념시킬 수 있다. 그러나 이러한 정보는 권한을 가진 운영자가 모르는 사이에 내부자에 의해 노출될 수가 있다. 내부 또는 필수 영역에 진입을 위해 2인 동시 입장 규칙을 강요하는 것은 억지력이 될 수 있고 악의적인 행위 탐지에 도움이 될 수도 있다. 시설의 억제를 강화할 수 있는 다른 조치의 예는 다음과 같다.

(ⅰ) 물리적 보호 시스템이 있는 잘 정비된 보안 구역은 잠재적 적들에 대한 억제책 역할을 하는 시설에서 높은 보안 준비 상태에 대한 인상을 줄 수 있다. 또한 PPS 설계자는 '환경 설계를 통한 범죄 예방'(CPTED)의 방법론을 고려할 수도 있다.

(ⅱ) 경비대와 대응 부대의 전략적 사용도 억제에 기여할 수 있다. 예를 들어, 특정 일에 주요 시설에 대해 계획된 평화시위에 관한 정보를 사전에 입수할 수 있다. 잠재적 위협은 계획된 폭력 행위를 은폐하기 위해 평화 시위를 이용할 수 있다. 이런 이유로 평화시위시 주요 시설에 추가 경비병이나 대응 병력을 배치함으로써 추가적인 탐지, 지연 및 대응 능력을 제공할 수 있다.

(iii) 주요 시설의 제한된 접근 구역 내부와 외부에 대해 경비원과 대응팀이 비계획적으로 순찰하는 것도 억제를 강화할 수 있는 방법이다. 또한 강화된 경비원 위치, 감시 초소 및 현장 대응 차량 등도 억제력 강화에 기여할 수 있다.

억제력을 측정하는 것은 어렵지만, 경비원과 대응팀의 가시성을 높이기 위한 물리적 보호 조치를 신중하게 사용할 수 있고, 이러한 조치를 통해 적대적 조치의 가능성을 감소시킬 수 있는 억제력을 제공할 수 있다. 그러나 PPS가 적에게서 도전을 받지 않았다는 것만으로 PPS의 효율성이 증대되었다고 볼 수 없으며, 이로 인해 침입자의 도전을 단념시켰다는 것을 의미하는 것도 아니다.

1.2 PPS 디자인의 3요소

1.2.1 탐지

탐지(detection)는 승인되지 않은 자가 비정상적인 경로로 주요 시설 내부로 침입하는 행위를 센서를 이용하여 조기에 감지하는 것이다. 따라서 탐지는 잠재적으로 악의적이거나 승인되지 않은 행동을 감지하는 것으로 시작되는 PPS 프로세스이며, 알람의 원인을 평가한 것으로 업무가 종료된다. 알람이 발생하면 적시에 정확한 평가를 해야 하며, 알람이 침입으로 최종 판단이 된 경우에는 대응팀에 알람의 내용을 즉시 전달하여 침입자의 행위를 저지시킬 수 있도록 해야 한다. 탐지에는 센서 활성화뿐만 아니라, 접근 통제 조치를 통한 허가되지 않은 사람 및 금지된 품목의 탐지, 경비원 및 인력의 의심스러운 사건보고 등이 포함된다.

탐지는 침입자의 침입 행위를 발견하는 것인데, 이러한 침입자의 침입 행위는 다음과 같은 이벤트에 의해 탐지된다.

(i) 센서가 비정상적인 상태에 반응하여 알람을 발생한다.

(ii) 센서로부터 발생된 알람 신호가 중앙 관제로 전송되어 보고된다.

(iii) 사람이 최종적으로 알람 신호가 실제침입신호인지 오보인지를 판단한다. 만약 오보 알람 또는 미확인 알람 신호로 판단되면, 탐지 이후 프로세스는 진행되지 않고, 알람 내용과 원인을 상세히 기록으로 남겨둔다.

센서에 의해 발생된 알람 신호를 판단(assessment)하기 위해서는 두 가지 방법이 있다. 하나는 신호가 발생된 장소를 일일이 사람이 가서 확인을 하는 방법이고, 다른 하나는 센서와 연동된 CCTV 시스템의 영상을 보고 알람 신호를 판단하는 방법이다. 전자의 방법과 같이 사람이 일일이 신호 발생 지점을 가서 확인하는 방법은 보안 구역이 매우 협소한 지역인 경우에는 가능하지만, 보안을 요하는 구역이 매우 넓은 경우에는 설치된 센서의 숫자가 매우 많으므로 사람이 일일이 가서 확인하는 것은 거의 불가능하다. 따라서 임시적인 보안 구역이나 매우 작은 보안 구역을 제외하고는 대부분 두 번째 방법인 CCTV 시스템을 활용하여 알람 신호를 판단한다. 이와 같은 알람 평가 시스템은 다음과 같이 구성된다.

(i) 센서의 감지 영역과 연동된 카메라
(ii) 카메라에서 전송된 영상을 볼 수 있는 모니터
(iii) 모니터의 영상을 저장하고, 여러 대의 카메라를 선택할 수 있는 변환 기능

알람 평가 시스템의 주요 구성 요소는 다음과 같다.

(i) 알람 신호를 인지하고 판단하는 보안 운영자
(ii) 물리적인 배경을 전기적인 신호인 이미지로 변환하는 카메라
(iii) 야간에 카메라 영상이 골고루 밝게 촬영이 되도록 설치된 조명 시스템
(iv) 카메라부터 중앙 관제소가 있는 모니터까지 비디오 신호를 아무런 영향을 받지 않고 전달될 수 있는 데이터 전송 시스템
(v) 모니터와 비디오 녹화 기능을 가진 카메라로부터 복수 개의 비디오 신호를 연결할 수 있는 비디오 스위칭 장비
(vi) 이벤트 기록을 생성할 수 있는 비디오 녹화 시스템
(vii) 센서 알람 시스템과 알람 판단 시스템 사이를 연결해 줄 수 있는 비디오 제어부

비디오 판단 시스템은 침입 탐지 시스템의 한 부분으로 설계되며, 따라서 비디오 시스템, 침입 탐지 센서 시스템, 그리고 디스플레이 시스템의 상호간 연결을 고려하여 설계한다. 즉 PPS 디자인에서 가장 중요한 부분이 탐지이다.

1.2.2 지연

지연(delay)은 침입자가 외부에서부터 핵심 주요 자산이 있는 곳까지 접근하는데 시간을 많이 소요하게 하여 침입속도를 줄이는 것이다. 이것은 이중 펜스, 출입문의 잠금장치, 장애물, CPTED 설계(건물 외곽에서 건물 내부까지 쉽게 뛰어가지 못하도록 지형 지물을 이용한 설계) 등을 통해 구현하며, 최외곽에 위치한 센서에서 침입자를 조기에 탐지하고, 침입자가 목적을 달성하기 위해 움직이는 경로를 복잡하게 만듦으로써 대응팀에서 침입자의 행동을 저지시킬 수 있는 시간을 확보하는 것이 주 목적이다. 따라서 최외곽에 설치되는 펜스는 이중으로 설치하여 1차 펜스를 넘을 때, 펜스에 설치된 센서에서 침입자를 조기에 감지하게 되면, 비록 1차 펜스를 넘어왔더라도 바로 이중으로 된 2차 펜스가 있어 펜스를 통과하는데 걸리는 시간을 지연시킬 수 있다. 이렇게 함으로써 침입자의 침입 속도를 줄여, 대응팀에서 조기에 침입자의 목적을 저지시킬 수 있다. 따라서 지연은 탐지와 연계하여 설계되어 있어야 한다.

〈그림 1-4〉는 탐지와 지연에 대한 사례이며, 이와 같은 사례에서 침입자가 주요 시설까지 진입하는데 소요되는 시간이 〈표 1-1〉과 같다. 승인되지 않은 사람은 정상적인 출입구를 통해 들어오지 못하기 때문에 외곽 펜스를 넘거나, 펜스를 부수고 진입을 해야 한다. 아주 능숙한 사람인 경우, 약 2.7m 높이의 펜스는 약 30초 정도면 넘을 수 있다고 가정한다면, 이중 펜스의 경우는 펜스만 넘을 경우 약 1분의 시간이 소요된다고 볼 수 있다. 이와 같은 예제의 경우 침입자를 탐지하기 위해 두 종류의 센서를 설치하여 운영하는데, 하나는 최외곽 펜스에 펜스를 타고 올라가는 것을 탐지하는 진동센서를 설치, 이중 펜스 사이 공간에는 공간을 감지할 수 있는 마이크로웨이브 센서 또는 능동형 적외선 빔 센서를 설치하여 침입자를 탐지한다. 따라서 1단계에서 조기에 침입자를 인지한다면 주요 자산까지 방어하기에는 약 14분의 시간을 확보할 수 있어, 대응팀에서 침입자의 행동을 저지 또는 무효화를 시킬 수 있다. 만약 이중 펜스를 사용하지 않거나 여기에 설치된 센서가 제 역할을 하지 못하는 경우에는 침입자를 탐지하지 못하게 되어 1분이라는 시간을 낭비하게 된다. 만약 4단계인 핵심시설 문을 부수고 침입시, 이를 센서가 탐지하게 되어 관제에서 불법 침입임을 인지한다고 하면, 대응팀에 남은 시간은 약 5분밖에 남지 않게 된다. 이 경우에는 대응팀이 더 민첩하게 이동해야만 침입자의 행동을 저지 또는 무효화를 시킬 수 있다.

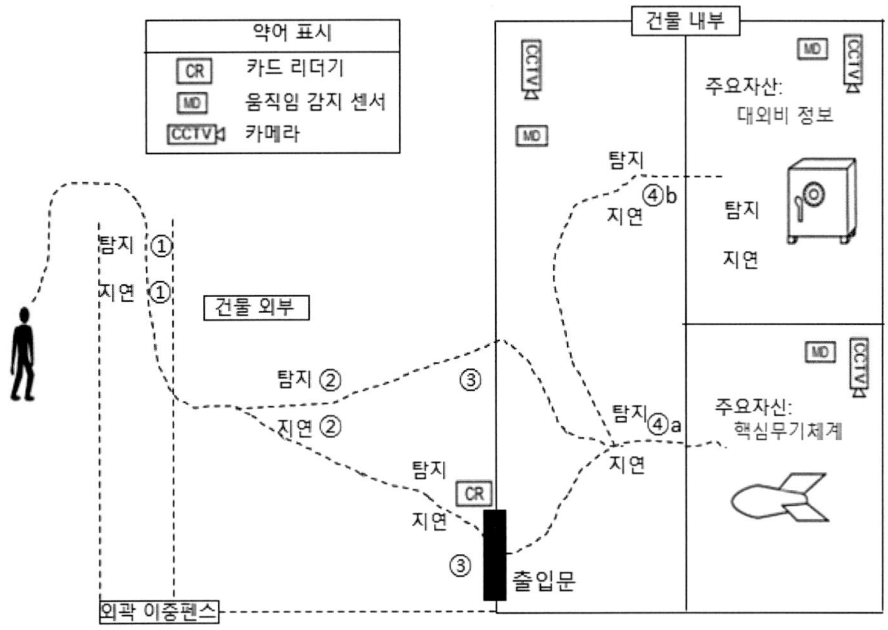

〈그림 1-3〉 탐지와 지연의 상호 연계성 개념도

〈표 1-1〉 〈그림 1-4〉의 예제에서 예상되는 지연 시간

	지연 옵션	지연 시간	탐지 옵션
1	이중 펜스 통과하기	1분	PIDS(진동센서, MW센서 등)
2	건물 외부에서 달리기 (예, 약 200m)	1분	공간감지 센서
3	문, 창문, 벽을 부수고 침입	3분	진동감지 센서
4	핵심시설 문을 부수고 침입	5분	진동감지 센서
5	주요자산 탈취	5분	움직임감지 센서, 근접센서
총 지연시간		15분 00초(이 예제의 경우)	

지연 수준의 평가는 외부 대응인력이 얼마나 신속히 해당 지역으로 빨리 도착하는지에 따라 평가된다. 지연은 보통 3단계로 구분되는데, 숫자가 낮을수록 핵심시설에 해당한다. 일반 수준인 3수준은 모든 감시대상구역(제한지역, 제한구역, 통제구역)에 대해 지연요소의 성능이 해당 시설의 외부대응인력(군이나 경찰)이 지원요청을 받고 해당 시설에 도착하는 시간보다 15분을 더 버틸 수 있어야 한다. 2수준은 모든 감시대상구역(제한지역, 제한구역, 통제구역)에 대해 지연요소의 성능은 해당 시설의 외부대응

인력(군이나 경찰)이 지원요청을 받고 해당 시설에 도착하는 시간보다 10분을 더 버틸 수 있어야 한다. 최상위인 1수준은 모든 감시대상구역(제한지역, 제한구역, 통제구역)에 대해 지연요소의 성능은 해당 시설의 외부대응인력(군이나 경찰)이 지원요청을 받고 해당 시설에 도착하는 시간만큼을 버틸 수 있어야 한다. 공통적으로 이를 위한 지연요소는 펜스/외벽/방호벽/대테러 장애물 등의 지연설비 및 출입통제 등이며, 수준별 지연시간만큼 침입자에 대한 대응은 자체경비인력이 담당해야 하며, 외부대응인력이 출동지시를 받고 해당 지역에 도착하는데 소요되는 시간은 평균 10분 정도로 가정한 것이다. 따라서 3수준의 경우 탐지 이후 총 지연시간은 25분, 2수준은 20분, 그리고 3수준은 10분을 기준으로 하고 있다.[1)]

1.2.3 대응

지연은 PPS 디자인에서 탐지 다음의 두 번째 기능이며, 대응(response)은 PPS 디자인에서 세 번째 기능이다. 탐지는 센서에 의한 알람 신호를 침입 여부 판단을 하는 단계이며, 지연은 펜스, 장애물, 문 잠금장치 등을 통해 침입자의 침입속도를 더디게 하는 단계이며, 세 번째 기능인 대응은 정확하고 빠르게 저지(interruption)와 무력화(neutralization)을 통해 침입자가 더 이상 목적한 바를 이루지 못하도록 하는 단계이다. 저지는 침입자가 위치한 지역으로 충분한 인력의 대응조가 파견되어 침입자의 행동을 중지시키고 침입목표에의 접근을 막아내는 행위이다. 이것은 적절한 통신과 대응팀의 적시 파견으로 이루어진다. 무력화는 침입자의 임무를 달성하기 전에 침입자를 제압하는 행위이며, 침입자를 달아나게 하거나 체포하는 등의 대응이다. 무력화를 위해서는 침입자에 대항하여 물리칠 수 있는 적절한 무기와 장비가 필요하다.

주요 시설에 대한 침입이 발생하면 대응인력이 침입자의 목적 달성을 막아내기 위해서는 적절한 규모와 장비를 갖추어서 대처할 수 있어야 한다. 대응 기능의 효율성 척도는 침입에 대한 정보입수 시점부터 침입자를 무력화시키는데 소요되는 시간이다. 따라서 통신이 접수되는 시점부터 침입자를 무력화시킬 수 있도록 인력을 적시에 출동하여야 하며, 침입자를 충분히 저지 및 무력화시킬 수 있도록 준비되어 있어야 한다. 탐지와 지연은 장비와 인력의 도움으로 구현이 되지만, 반면 대응은 인력에 의해 수행되는 점이 다르다. 따라서 인력에 의해 대응 기능이 수행되는 경우, 지역적 조건과 환경에 따라 장비와 인력 사용에 대한 적절한 균형이 유지되어야 한다.

---

1) 한국원자력통제기술원, "국가보안시설 보안관리체계 연구용역" 최종보고서, 2012년 11월

CHAPTER 02 PPS 디자인 프로세스

PPS 디자인은 시스템 엔지니어링 접근방식을 채택한 가장 체계적인 접근방식이다. 시스템 엔지니어링은 복잡한 시스템을 설계 및 디자인하기 위해 사용되는 접근법이며, 여기에는 요구사항 정의, 시스템 디자인 및 디자인 평가를 위한 프로세스를 포함하고 있다. PPS 디자인은 시스템 엔지니어링 프레임워크를 사용하는 3개의 상위 레벨로 구성된 방법론을 통해 완성할 수 있다. 〈그림 1-1〉은 PPS의 상세 프로세스를 나타낸 것이고, 〈그림 2-1〉은 주요 단계를 3가지 단계 중심으로 분류한 PPS 프로세스이다.

(i) 보호 대상물을 확인하고, PPS에 대한 요구사항과 사양을 확정하는 PPS 대상 확인 레벨(1단계)

(ii) Phase 1에서 정의된 요구사항과 사양을 만족시키기 위한 PPS 설계(2단계)

(iii) Phase 1에서 정의된 요구사항과 사양에 맞게 PPS가 설계되었는지 분석하고 평가하는 단계(3단계)

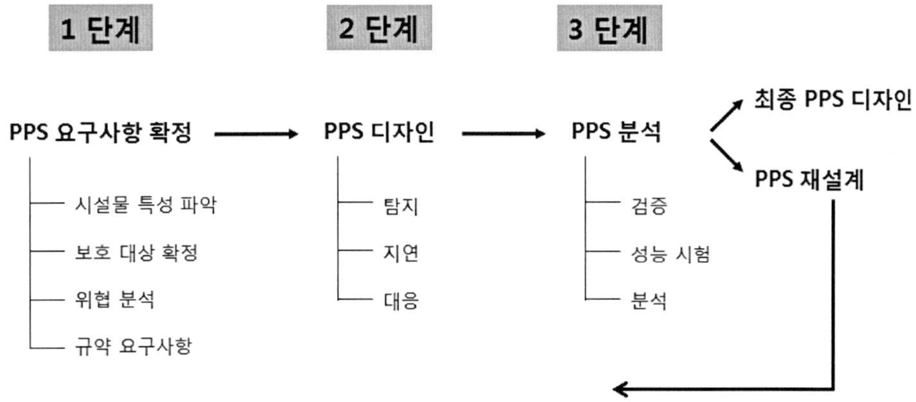

〈그림 2-1〉 PPS 디자인 프로세스

2.1 PPS 요구사항 확정(1 단계)

〈그림 2-1〉에서 보듯이 PPS 디자인의 첫 번째 주요 단계는 'PPS 요구사항 확정'이다. 이 단계에는 시설물 특성 파악, 보호 대상 확정, 위협 분석 그리고 규약 요구사항이다. 시설물 특성 파악에는 시설물 자체(예를 들면, 부지 경계 위치, 건물의 위치, 건물 내부의 배치도, 그리고 외부에서 진입하는 출입 위치 등)에 대한 완벽한 분석, 시설물에서 발생할 수 있는 다양한 작업, 시설물에 주어지는 다양한 환경에 대한 지식 등이 포함된다. 이러한 정보는 시설물 디자인 청사진, 프로세스 설명, 안전 분석 보고서, 확률론적 위험 평가 보고서, 그리고 환경 영향 보고서 등으로부터 얻을 수 있다. 물리적 보호를 필요로 하는 복잡한 시설물이라고 하더라도, 어느 한 분야가 다른 분야에 영향을 미치지 않도록 하는 범위에서 안전, 운영, 물리적 보호라고 하는 세 가지 원칙에 기반하여 설계해야 한다.

보호대상 확정 단계에는 '보호대상 특성분석'과 '보호대상 식별'이라는 두 가지 활동이 있다. 최적의 '보호대상 식별'을 하기 위해서는 우선 무엇을 물리적으로 보호해야 하는지를 파악해야 한다. 모든 것을 보호하는 것은 불필요할 뿐만 아니라 매우 비생산적인 방법이다. 따라서 최소한으로 물리적인 보호가 달성될 수 있도록 효과적으로 해야 한다. '보호대상 식별'에는 보호해야 할 장비뿐만 아니라 장비를 운영하는 운영자의 행동도 포함된다. 운영자가 의도적으로 안전 기능을 수행하지 않거나 또는 안전 기능을 수행할 수 없는 상황이 되면, 매우 치명적인 위험을 초래할 수 있기 때문이다. 보통 보호대상은 중요한 지역에 위치해 있기 때문에, 일반적으로 보호대상은 장소와 시스템의 세트, 구조물 등으로 규정한다. 보호대상은 관련된 법적 규정에 따라 구분할 수 있다.

위협 분석은 다음과 같은 3가지 질문을 통해 정의할 수 있다.

(i) 어떤 종류를 위협요소로 볼 것인가?
(ii) 침입자의 전술 범위가 어떻게 되는가?
(iii) 침입자의 능력은 어떻게 되는가?

또한 침입자는 다음과 같은 3가지 유형으로 구분할 수 있다.

(i) 외부인
(ii) 내부인

(iii) 내부인과 결탁한 외부인

침입자의 각각의 유형에 대해, 이들이 취할 수 있는 모든 종류의 전략(속임수, 무력, 잠행, 또는 이들의 조합)을 고려해야 한다. 속임수는 출입증 도용 등을 통해 보안 시스템을 무력화시키려는 시도이며, 무력은 보안 시스템을 공개적으로 파괴하여 침입하려는 강제적인 시도이며, 잠행은 보안 시스템이 인지하지 못하도록 비밀리에 주요 시설로 진입하려는 시도를 의미하며, PPS는 이러한 침입자의 모든 유형에 적절히 대응할 수 있도록 설계 및 운영되어야 한다.

2.2 PPS 디자인 설계(2 단계)

PPS의 목표는 비승인된 자에 의한 침입 또는 사보타지 등을 막는 것이다. 이를 위해 PPS는 탐지, 지연, 대응이라는 3가지 핵심 단계로 수행한다. 절도나 사보타지는 침입자를 단념시키게 하거나 저지하는 방법으로 막을 수 있다. 잠재적인 침입자 입장에서 침입하기가 너무 어렵게 PPS 설계가 되어 있으면 침입 대상이 그다지 매력적으로 보이지 않아 침입하고자 하는 마음을 포기하게 된다. 이렇게 단념을 시키는 정도는 측정이 불가능하므로 더 이상 설명을 할 필요는 없다. PPS 디자인은 탐지, 지연, 대응이라는 3가지 중요한 기능을 효율적으로 수행할 수 있도록 설계하는 것이다.

PPS 디자인의 목적은 침입자가 그의 임무를 완수하는데 소요되는 시간보다 더 빠른 시간 내에 조기에 탐지하고 움직임을 지연시켜 더 이상 임무를 진행하지 못하도록 대응하도록 하는 것이다. 침입자가 임무를 수행하는 시간과 PPS에서 대응하는 시간과의 관계는 〈그림 2-2〉와 같다. 그림의 상단에 침입자가 임무를 수행하는데 소요되는 시간이 표시되어 있는데, 이 시간은 PPS에서 설계된 시간에 따라 달라질 수 있다. 침입자는 초기 알람 발생 이전부터 침입을 하기 위한 준비 및 행동을 하고 있었으며, 이 시간 동안에는 PPS에서 탐지되기 이전이므로 어떠한 효과적인 지연을 시킬 수 없으므로 점선으로 표시되어 있다. 초기 알람 신호가 발생하게 되면(이 시간을 T_O로 표시), 알람 정보가 보고되어 침입에 의한 것인지 아닌지 판단하는데 일정 시간이 소요된다. 만약 알람이 유효한 것으로 판정이 되면 대응팀에 신호가 발생한 지점으로 출동을 할 것을 지시하게 되는데, 이 시간이 T_D로 표시되어 있다. 대응팀에서 침입자를 저지하게 되는 시간이 T_G이고, 일련의 업무가 종료되는 시점이 T_{MIN}가 된다. 이러한 시간축 상에서 T_O와 T_D가 빠르면 빠를수록 신속히 침입자를 저지할 수 있으므로, 이런 측면에서 초기 탐지는 매우 중요하다.

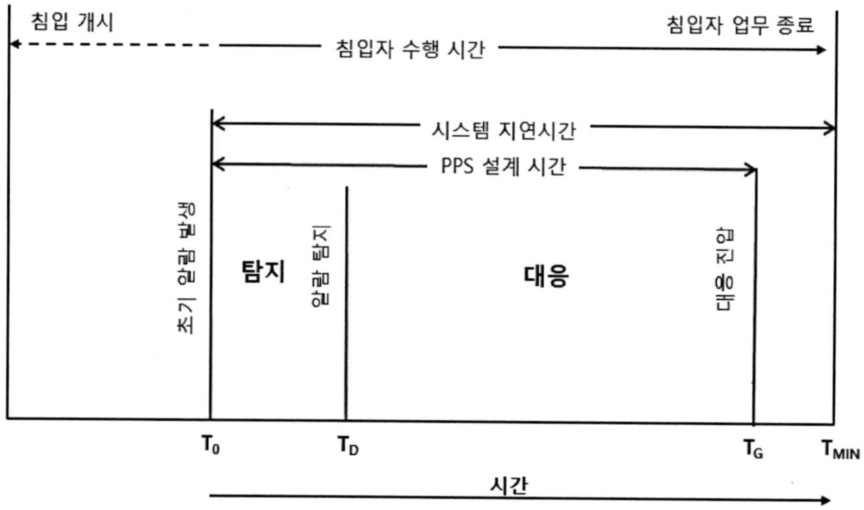

〈그림 2-2〉 침입자 수행시간과 PPS 기능 시간 비교

PPS의 핵심은 탐지, 지연, 대응으로 이루어져 있으며, PPS 디자인은 이들이 서로 효율적으로 연결되도록 설계하는 것이다. 좋은 PPS 디자인을 위해 다음과 같은 사항을 고려하여 설계에 반영해야 한다.

(i) 이중 탐지 설계(defense-in-depth 또는 protection-in-depth)
(ii) 최소한의 구성 요소 고장율
(iii) 균형 잡힌 방호

PPS 디자인은 〈그림 2-3〉과 같이 하나의 센서로 탐지하는 것이 아니라, 실외부터 주요 시설이 있는 실내까지 여러 가지 원리로 동작하는 센서로 탐지하는 것이 좋은 디자인이다. 이러한 디자인을 이중 탐지 설계(defense-in-depth)라고 한다. 이렇게 디자인을 하는 이유는 여러 종류의 센서가 설치되어 있어야 외부로부터 주요 시설까지 알람 신호를 발생시키지 않고 진입하지 못하게 하기 위함이다. 이런 설계를 통해 1차 센서에서 침입자를 탐지하지 못하더라도 2차 센서에서 탐지하게 하고, 또 2차 센서도 탐지하지 못하면 3차 센서에서 탐지하도록 하여 침입자에 대한 대응을 빨리하기 위함이다. 이중 탐지 설계의 효과를 요약하면 다음과 같다.

(i) 침입자가 센서에 감지되지 않고 시설물에 진입할 수 있다는 시스템에 대한 불확실성의 증대

(ii) 시스템을 공격하기 전에 침입자는 센서의 무력화 또는 신속한 침입을 시도하기 위해 보다 많은 시간과 노력의 준비가 필요

(iii) 침입자가 임무를 실패하거나 중단할 수 있게 하는 추가적인 단계를 제공

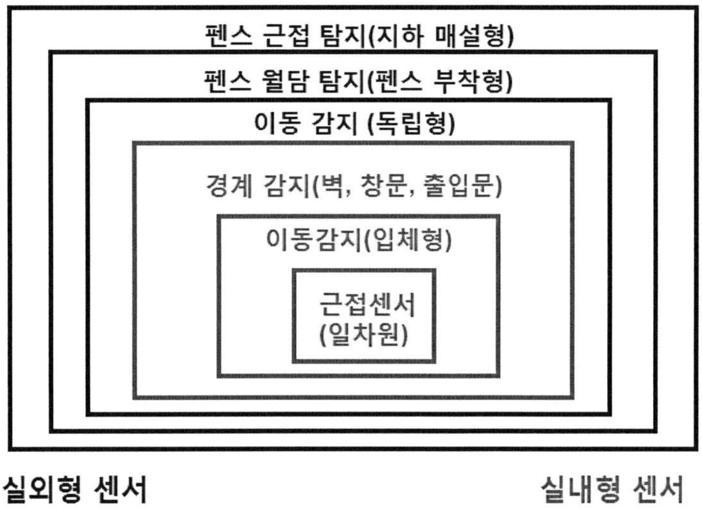

〈그림 2-3〉 이중 탐지 설계 방식의 사례

복잡한 시스템은 장비의 수명동안 어떤 부품도 고장이 나지 않고 운영이 되는 것은 기대하기 어렵다. PPS에서도 부품 고장의 원인은 매우 많으며, 환경적인 문제부터 시스템 디자인에 사용된 위협의 범위를 넘어서는 침입자의 행동까지 매우 다양하다. 부품이 고장이 나서 정상상태로 복구하기까지의 원인을 아는 것도 중요하지만, 시스템이 지속적으로 동작을 할 수 있도록 하는 비상 계획이 더 중요하다. 또한 이러한 비상 계획의 일부가 자동적으로 수행되도록 하는 것은 경우에 따라서는 매우 바람직할 수 있다. 예를 들면 백업 배터리 시스템은 항상 준비되어야 하며, 전기에 문제가 발생하더라도 백업 배터리에 의해서 시스템이 항상 정상적인 동작이 되도록 유지해야 한다.

균형 잡힌 방호는 침입자가 자신의 목표를 달성하려고 다양한 방법으로 시도하더라도 항상 PPS의 효율적인 요소들에 직면하게 되도록 하는 것이다. 예를 들면, 주요 시설물의 핵심 자산 주위에 있는 장애물을 생각해 보면, 이러한 장애물은 다음과 같은 것으로 구성되어 있다.

(i) 여러 종류의 벽, 바닥, 천정
(ii) 여러 종류의 문, 바닥과 천정에 장비 출입구
(iii) 여러 종류의 그릴과 연결된 난방, 배기, 공기 정화 시스템

완벽히 균형 잡힌 시스템이란, 장애물 각각에 대한 최소 침투 시간과 침투 저항이 동일하며 그리고 각각의 장애물에 대한 최소의 감지확률이 동일한 경우를 의미한다. 그러나 지연 측면에서는 완벽한 균형을 구현하는 것은 어렵다. 담과 같은 장애물 요소는 물리적인 보호 요구 때문이 아니라 구조적이고 안정적인 요소 때문에 침투하기에 최대의 저항 효과를 나타낸다. 문이나, 해치, 창살 등은 담보다는 지연의 효과가 적은 편이지만, PPS 디자인에는 적용을 할 수가 있다.

2.3 PPS 디자인 분석 및 평가(3 단계)

PPS 디자인 분석에는 정성적인 측면과 정량적인 측면에서 고려하여 진행할 수 있지만, 일반적인 접근법은 정량적인 분석을 통해 이루어진다. PPS는 탐지, 지연, 대응이라는 3요소로 이루어져 있는데, 이를 분석하는 접근방법은 다음과 같은 3가지 활동을 통해 이루어진다.

(i) 침투경로 분석(pathway analysis, 잠재적으로 침투가 가능한 경로를 확인, 차단의 효율성을 측정)
(ii) 무력화 분석(neutralization analysis, 방호의 효율성과 침투자의 목적을 저지하는 대응력 효율성을 측정)
(iii) 위협 판단(risk assessment, 위험 요소에 대한 PPS의 종합적인 측정)

2.3.1 침투경로 분석

(a) 침입자 경로

침투경로 분석(pathway analysis)은 침입자의 도난행위 또는 사보타지를 하기 위한 경로를 확인하고 분석하는 방법이다. 침입자의 경로(adversary path)는 성공적인

도난 또는 사보타지를 하기 위해 지나가야 하는 일련의 경로를 의미한다. 〈그림 2-4〉는 사보타지 경로 및 이에 대한 방호 요소에 대한 사례이다. 경로를 따른 보호 요소는 침입자를 탐지하고 지연시키는 역할을 한다.

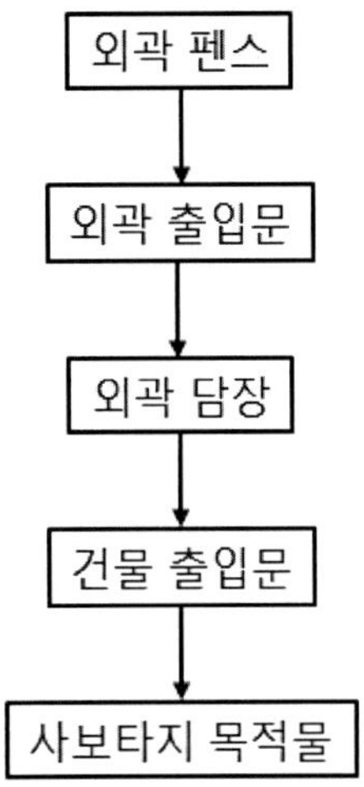

(a) 사보타지 경로

침입자 행동	자연 요소	탐지 요소
펜스 절단 펜스 월장	철조망	펜스진동 센서 펜스장력 센서
외곽 출입문 파손	문 견고함	문열림감지 센서
담장 파괴	담장 견고함	진동/충격감지 센서
건물 출입문 파손	출입문 견고함	문열림감지 센서
목적물 탈취	목적물 고정	근접센서

(b) 사보타지 경로에 따른 방호 요소

〈그림 2-4〉 사보타지 경로 및 이에 대응하는 방호 요소

(b) 효율성 측정

PPS 디자인의 효율성 측정법에는 지연 시간 측정법, 누적된 탐지 확률 측정법, 그리고 적시 탐지법이 있다. 외곽에서부터 실내에 있는 목적물에 대한 사보타지를 하기까지 다양한 경로가 있을 수 있으며, 이에 대한 지연과 탐지요소도 다양하게 있을 수 있다. 침입자의 목적은 PPS에 의해 탐지 또는 저지되지 않고 본인의 경로를 완벽히 수행하는 것이며, 이를 수행하기 위해 최소의 경로를 최단의 시간으로 목적을 수행하는 것이다. 만약 침입자가 탐지요소에 의해 탐지되지 않고 대응팀의 저지없이 그의 목적을 수행한다면 성공적으로 침투임무를 완수하게 된다.

지연 시간 측정법은 대응팀에서 저지하는데 소요되는 시간(T_G)과 침입자가 각 경로를 따라 통과하는데 소요된 누적의 최소 시간(T_{MIN})과 비교하여 PPS의 효율성을 평가하는 방법이다. 따라서 PPS가 효율적이 되기 위해서는 T_G가 T_{MIN}보다 짧아야 하며, 시스템은 T_G를 줄이고, T_{MIN}을 늘리는 방향으로 지속적으로 개선되어야 한다. 그러나 이러한 지연 시간 측정법의 단점은 탐지에 대한 고려가 포함되어 있지 않다는 것이다. 사전 탐지 없는 지연은 의미가 없으며, 대응팀은 침입자를 저지하고 진압하기 위해서는 사전에 경보가 보내져야 한다. 그러므로 최소 시간만 측정하는 것으로는 시스템의 효율성을 제대로 평가하지 못한다. 그러나 이 방법이 예측할 수 있는 방법이 쉽고 직관적이기 때문에 현재 가장 많이 사용되고 있다.

앞의 사례를 PPS 시간 요구사항 측면에서 보면 〈그림 2-5〉와 같다. PPS로 설계된 시간인 T_G는 침입자 임무 완수 시간인 T_{MIN}보다 빠르도록 하기 위해 침입자의 경로에 지연이 생기도록 한다. 〈그림 2-6〉은 침입자에 대한 성공적인 PPS의 시간 개념이다. 침입자의 침입 행위에 대해 주요 지점에 센서를 설치하여 탐지를 할 수 있도록 하고, 침입자에 의해 발생한 알람 신호를 관제에서 침입자로 적시에 판단하여 대응팀을 현장에 출동시켜야 한다. 최초 탐지 시간이 빨라야만 대응팀 저지 시간인 T_G를 확보할 수 있다. 탐지 시간이 늦어지면 T_G가 늦어지게 되어 결국 T_G가 T_{MIN}보다 길게 되어 이 방호 시스템은 무력화가 된다. 〈그림 2-7〉은 침입자에 대응하기에 부족하게 설계된 PPS의 시간 개념이다. 만약 〈그림 2-7〉과 같이 늦게 탐지를 하거나 또는 침입 알람 판단을 늦게 하게 되면, 대응팀이 현장에 도착해도 침입자의 사보타지 행위를 저지할 수 있는 시간적인 여유가 없게 되며, 침입자는 임무를 완수하게 된다.[2)]

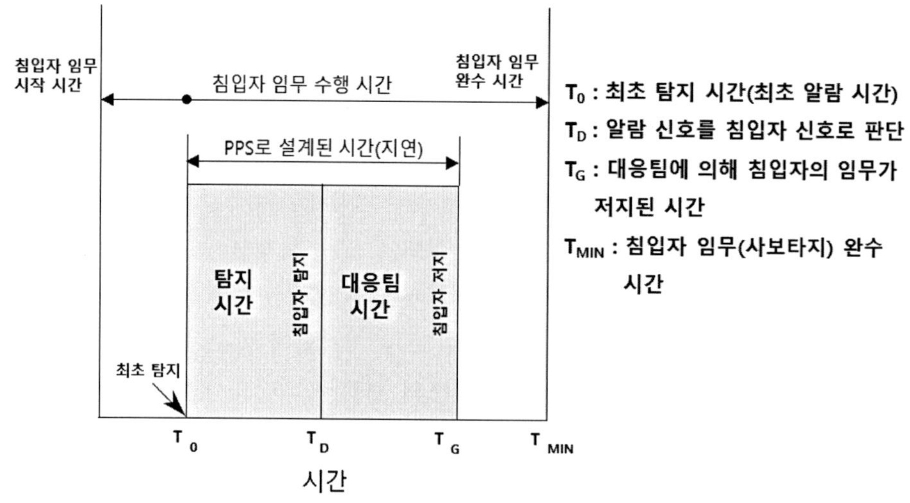

〈그림 2-5〉 침입자 임무 수행시간과 PPS 설계 시간 비교

2) 한국원자력통제기술원, 16차 INSA 국제교육핵안보기본교육과정 교육자료, “Module 6, Physical Protection System – Detection, Delay, Response”

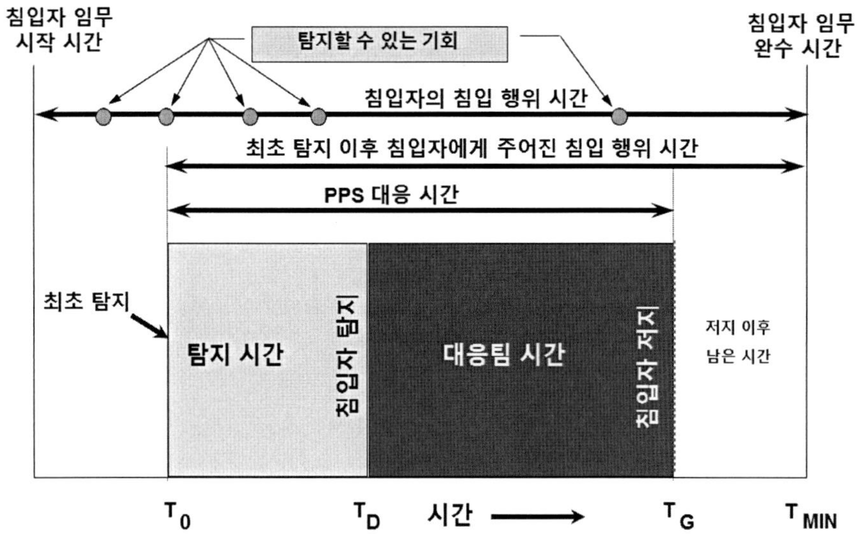

〈그림 2-6〉 침입자에 대응하기에 충분히 설계된 PPS의 시간 개념

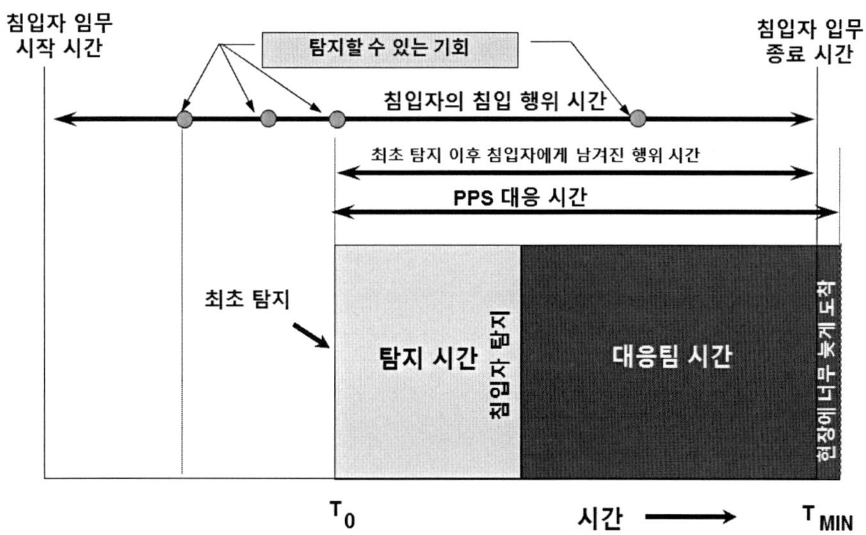

〈그림 2-7〉 침입자에 대응하기에 부족하게 설계된 PPS의 시간 개념

시스템 효율성을 측정하는 또 다른 방법은 침입자가 그의 임무를 달성하기 전에 침입자를 탐지할 수 있는 누적된 탐지 확률을 계산하는 방법이다. 누적된 탐지 확률이 높을수록 효율성이 좋은 방호 시스템이라는 의미이다. 〈그림 2-8〉은 이러한 누적된 탐지 확률의 개념을 나타낸다. 효율적인 시스템이란, P_{MIN}(경로를 따른 최소의 누적

탐지)이 받아들여질 만한 값이어야 한다. 이 측정법의 단점은 지연에 대한 요소가 고려되어 있지 않으며, 각 경로마다 탐지확률을 일일이 측정한다는 것이 매우 어렵다는 점이다. 적절한 지연이 없는 탐지는 의미가 없으며, 대응팀이 침입자의 행동을 저지하기에 충분한 시간을 확보하지 못하기 때문이다.

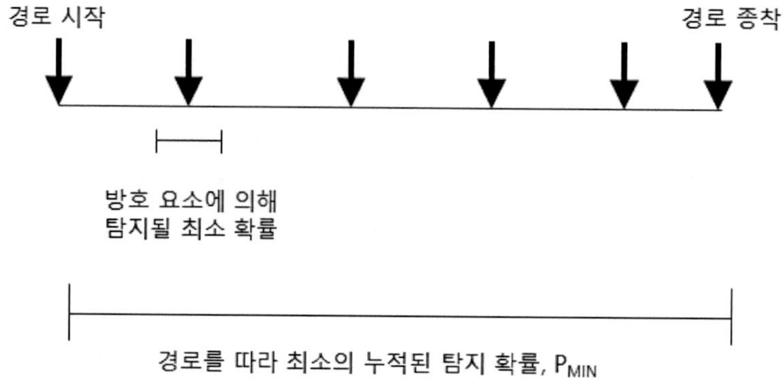

〈그림 2-8〉 효율성 측정 입장에서의 누적된 탐지 확률 개념

지연 시간이나 누적된 탐지 확률만으로는 시스템의 효율성을 평가하기에는 부적합하다. 따라서 이를 개선한 효율성 평가법이 "적시 탐지법(timely detection)"이다. 적시 탐지법은 침입자를 탐지하는 최소의 누적된 탐지 확률과 대응팀이 침입자를 저지할 수 있는 시간까지 고려된 개념이다. 적시 탐지법 개념은 〈그림 2-9〉와 같다. 경로를 따른 지연 요소의 위치는 침입자가 탐지되어야 하는 위치로 정한다. 이 위치는 남은 경로에 존재하는 최소한의 지연 시간이 대응팀의 대응 시간(T_G)을 초과하기 시작하는 임계점이 된다. 즉, 각 지연 요소와 관련된 개별 지연 시간의 총합이 T_G를 초과하기 시작하는 시간이 된다. 이 위치를 임계 탐지 위치(critical detection point, CDP)라고 하며, 침입자를 방해하는 최소 누적 저지 확률(P_I)이 경로의 시작부터 CDP까지 누적된 최소 탐지 확률과 같게 되는 위치이다. P_I는 CDP까지만 탐지할 수 있기 때문에 탐지의 총 누적 확률과 구별하기 위해 이 값을 사용한다.[3] 이 방법이 PPS 디자인의 효율성을 평가하는데 가장 좋은 방법으로 평가받고 있다. 그러나 탐지 확률을 측정 또는 유추해야 하는데, 이러한 탐지 확률을 측정하기 위해서는 수많은 실험과 데이터가 필요하다는 단점이 있다.

3) "Nuclear Power Plant Security Assessment Technical manual", SANDIA Report, September 2007

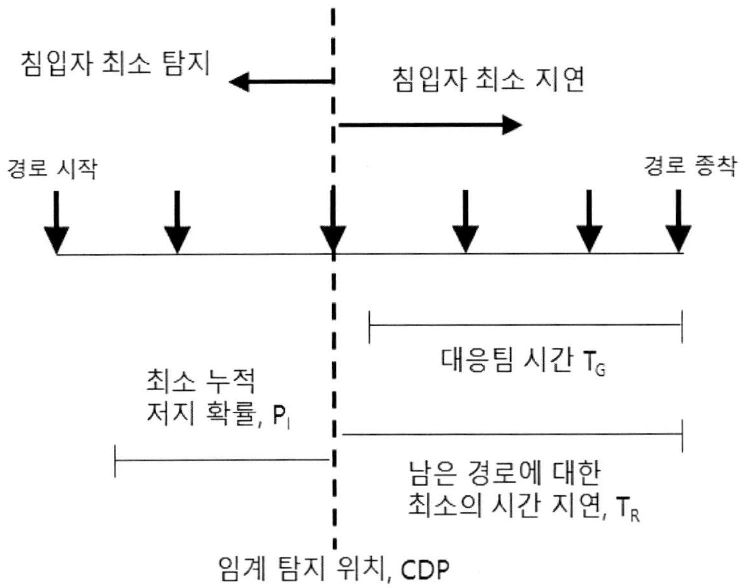

〈그림 2-9〉 효율성 측정에서의 적시 탐지법

(c) 임계 경로

일반적으로는 시설물로 진입할 수 있는 경로는 다양하게 있을 수 있다. 임계 경로(critical path)는 침입자가 가장 낮은 저지 확률로 진입할 수 있는 경로를 의미한다. 이러한 임계 경로는 일정한 것이 아니고, 침입자의 목적에 따라 임계 경로는 달라질 수 있다. 따라서 임계 경로는 침입자를 탐지, 지연 및 방해하는데 있어 PPS 시스템의 효과를 특징적으로 나타낸다. 효과적인 임계 경로는 전체 PPS 효율성의 한 요소(즉, P_I)로 정의되기 때문에, 시설에 대한 모든 잠재적 경로를 고려해야 한다.

(d) 침입자 진입 순서

특정 사이트에 대한 침입자 진입 순서(adversary sequence diagram, ASD)를 정의하는 데에는 다음과 같은 3가지 단계가 있다.

(i) 인접한 물리적인 영역과 시설물을 분리하는 모델링

(ii) 인접한 영역 사이에 있는 보호층과 경로 요소를 정의

(iii) 경로 요소를 통과하는 영역 사이의 경로 세그먼트 표시

ASD로 〈그림 2-10〉의 예제와 같이 인접한 물리적 영역을 시설과 분리하는 모델링을 할 수 있다. ASD는 사각형으로 표시되고, 각 영역의 이름을 모델에 맞게 바꾼다. ASD로 인접 영역 사이의 보호 계층을 식별하여 PPS를 모델링한다. 각 보호층은 경로 요소의 수로 정의되고, 경로 요소(path element, PE)들은 〈그림 2-11〉과 같이 PPS의 기본 블록으로 표시한다. ASD 분석으로 선으로 된 PE를 통해 두 영역 사이의 경로 요소를 쉽게 분석할 수 있다. 각각의 PE는 지연과 탐지로 구성되어 있다. 이 그림을 통해 진입 위치에서 침입하고자 하는 경로가 쉽게 분석된다. 이 그림에서 보호대상 건물 내부로 진입할 수 있는 경로는 덕트, 문, 벽, 지붕임을 알 수 있다.

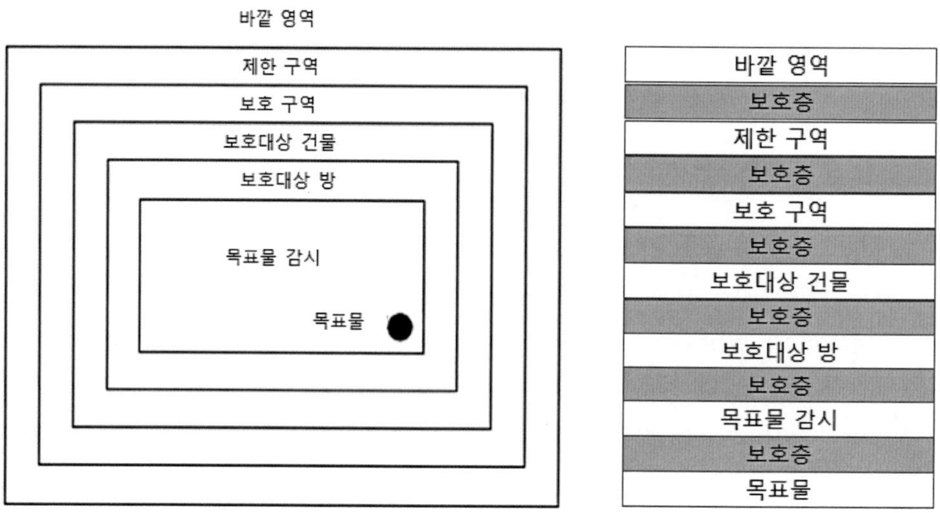

(a) 인접 물리 영역 예제　　(b) 인접 영역 사이의 보호층 삽입

〈그림 2-10〉 인접한 물리 영역 예제 및 보호층 삽입 사례

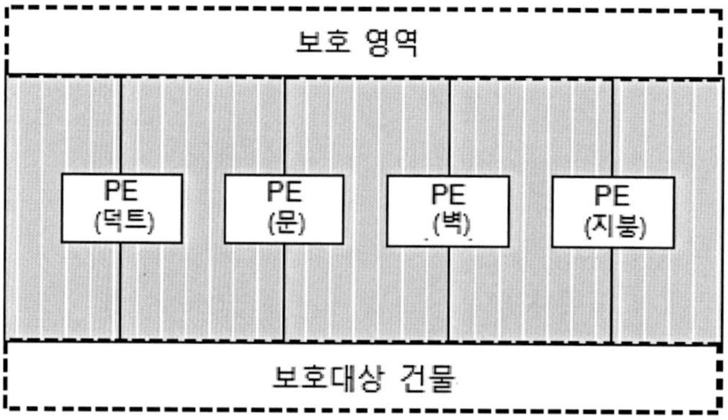

〈그림 2-11〉 두 영역 사이의 경로 요소의 구성

기본 침입자 진입 경로는 〈그림 2-12〉(a)와 같다. 침입자는 바깥영역에서부터 목표물까지 경로를 따라 존재하는 각 보호층을 이겨내고 순서대로 진입을 시도할 수 있다. 이와 같은 ASD는 침입자가 목표물에 도달하기 위한 모든 경로를 나타낸다. 사보타지의 경우 진입 경로만 평가하며 경로 요소는 한 방향으로만 횡단된다고 가정할 수 있다. 도난 분석의 경우, 표시된 ASD는 목표물에 대한 진입과 목표물의 출구로 두 번 통과된 것으로 간주할 수 있다. 정확한 현장 고유의 ASD를 작성하기 위해 기본 ASD의 물리적 영역과 보호 계층의 순서에서 벗어날 때도 있는데, 이것은 점프(jump)와 바이패스(bypass) 두 가지 경우이다. 점프는 기본 ASD에 표시된 인접 영역에 직접 연결되지 않는 사이트 요소를 모델링하는 데 사용된다. 예를 들면 그림(b)와 같이 보호대상 건물과 보호대상 방 사이에 공통인 벽이 있다면 점프도 가능하다. 따라서 침입자가 보호대상 건물에서 보호대상 방까지 직접 이동할 수 있는 경로가 존재할 수 있다. 바이패스는 보호층이 없는 모델에 사용된다. 즉 두 물리적 영역 사이의 보호층에 있는 모든 경로 요소를 제거한다면, 바이패스가 가능하다.

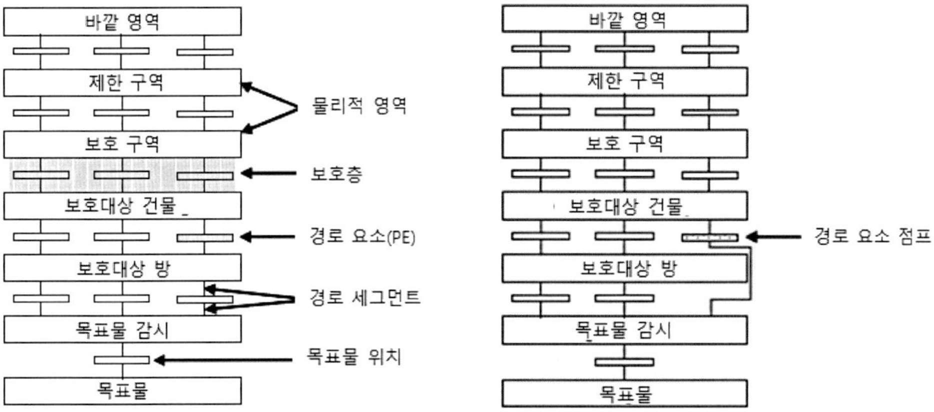

(a) 기본 침입자 진입 순서 (b) 점프가 있는 침입자 진입 순서

〈그림 2-12〉 기본 ASD와 점프가 있는 ASD 비교

따라서 ASD는 PPS의 모든 탐지 및 지연 요소를 나타내는 유용한 도구 역할을 한다. 이러한 ASD 분석을 통해 분석가는 모든 보호 요소를 계층별로 그래픽으로 표현함으로써 시설에 대한 적대적 경로에 대한 이해를 높일 수 있다.

2.3.2 무력화 분석

대응 기능의 목적은 침입자의 목적을 완수하지 못하도록 만드는 것이다. 시설의 대응 기능은 적절한 데이터를 수집하여 특성화할 수 있다. 무력화 확률(neutralization probability, P_N)은 대응 기능 측면에서 효과성 척도이다. 이 확률을 결정하려면 대응력, 위협 및 PPS에 대한 정보와 P_N 추정을 위한 방법론 등의 선택이 필요하다. 다음의 방법론은 무력화 확률을 결정하는 데 필요한 정보를 확인하고 P_N 추정을 위한 접근법을 제공한다. P_N을 추정하기 위한 접근법과 도구가 존재하지만, P_N 계산을 위해 허용 가능한 표준화 방법론은 아직 존재하지 않는다.

침입자의 힘을 무력화시키기 위한 대응력의 효과를 결정하기 전에, 몇 가지 관련된 용어를 정의할 필요가 있다. 교전이란 대응 인력과 침입자의 두 세력이 각자의 목표를 달성하기 위해 무기와 전술을 사용하는 사건으로 정의된다. 분명히 교전에는 많은 무작위 변수들과 연관되어 있기 때문에, 가능한 많은 결과들이 있을 수 있다. 승리는 교전 결과 중 하나로 정의된다. 침입자가 죽임을 당하거나 포로로 잡히거나 공격과 기습하면 승리한다. 따라서 무력화 확률 P_N은 P_N = N(승리)/N(교전)으로 정의된다. 이 법칙은 사건이 반복되는 횟수가 점점 더 많아짐에 따라, 성공적인 결과의 비율은 실제 성공 확률에 점점 더 가까워지는 경향이 있다고 볼 수 있다. 분석 프로세스에서 위의 방정식을 사용할 때, 모든 초기 조건이 동일해야 하며, 모든 교전의 가능한 결과는 승리 아니면 실패 두 가지뿐이다.

사건의 결과를 결정할 수 있는 프로세스에는 두 가지 유형이 있다. 즉, 결정론적 프로세스와 확률론적 프로세스이다.

(i) 결정론적 프로세스는 결과가 예정된 진행이나 자연적인 법칙에 의해 인과적으로 결정되는 과정이다. 사건이 결정론적 프로세스에 의해 지배되는 경우, 동일한 초기 조건 하에서의 사건은 항상 동일한 결과를 가져오기 때문에 한 번만 계산하면 된다.

(ii) 불행히도 실제적인 교전은 확률론적인 프로세스를 따른다. 확률론적 프로세스에는 무작위 변수가 포함되어 있기 때문에 다양한 무작위 결과가 나오게 된다. 무기에 기인하는 사상자(P_C)의 확률은 교전 중 무작위 변수 중의 하나이다. 〈그림 2-13〉은 거리에 따른 일반 권총(HG)과 일반 반자동 소총(SAR)에 의한 사상자 확률 분포의 사례를 보여준다.

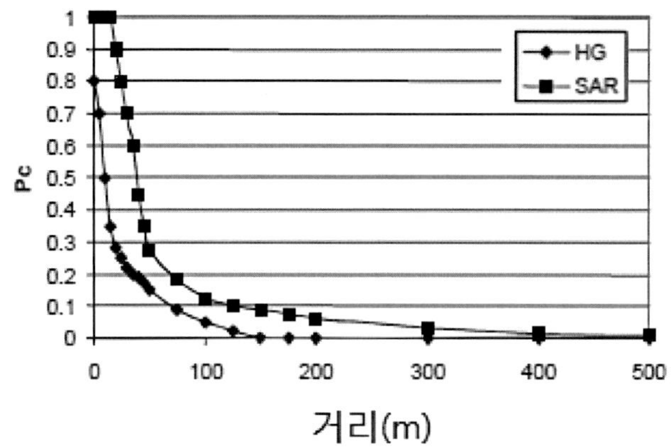

〈그림 2-13〉 거리에 따른 사상자 확률 분포

무력화 분석에는 위협, 대응 인력 및 PPS에 대한 데이터가 필요하다. 위협 데이터는 위협 유형 및 횟수, 대상, 목표 및 위협대응설계기준(design base threat, DBT)에서 제공된 기타 정보를 포함한다. 대응 인력에 대한 데이터는 각 목표물마다 사용하는 무기, 전략, 대원 숫자, 이동 수단, 대응 시간 등이 포함된다. 교전 규칙에는 대응 인력의 치명적인 힘의 사용을 포함한 다양한 요소들을 운용할 수 있는 조건과 절차를 포함한다. P_N 분석을 위해서는 목적상 각 표적에 대해 구성하기에 충분한 정보를 수집하는 것이 바람직하다.

따라서 무력화 확률인 P_N을 결정하는 방법은 다음과 같은 카테고리로 그룹화 할 수 있다. 각 카테고리는 시간, 비용, 정밀도 등에서 각각 장단점이 있다.

(i) 전문가의 판단
(ii) 간단한 수식적 계산
(iii) 복잡한 수식적 계산(컴퓨터 전쟁 게임과 같음)
(iv) 물리적인 교전 시험
(v) 실제적인 교전

2.3.3 위협 판단

PPS의 설계와 평가는 기본적으로 시스템 관점에서 수행되어야 한다. 이러한 개념으로, 탐지, 지연 및 대응의 모든 구성요소는 PPS에 대한 기여도에 따라 적당한 가중치를 가질 수 있다. 높은 레벨(즉, 의사결정자 또는 현장 관리 레벨)에서는 PPS의 효율성을 달성하기 위해 가용 자원에 대해 균형을 이루어야 한다. 체계적이고 분석적인 평가가 없으면, PPS는 불필요한 목표물에 귀중한 자원을 낭비하거나 주요한 설비에 대해 적절한 보호를 제공하지 못할 수 있다. PPS의 효율성을 평가할 때, 치명적인 활동으로 인한 시설의 위험은 다음과 같이 정의된다.

$$R = F_A \times [1 - (P_I \times P_N)] \times C$$

여기서 R은 침입자에 의한 주요 자산의 탈취 또는 파괴의 위험도이다. F_A는 침입자의 공격 주기로 정의되는데, 이 값을 정의하기에는 상당한 애로 사항이 있다. 오늘날 위협 환경에 대한 현재의 이해를 고려할 때, 이 가치를 추정하기 위해 과거 이력을 단순하게 사용하는 것은 적절하지 않을 수 있다. P_I는 저지 확률(probability of interruption)인데, 이것은 침입자가 목표를 달성하지 못하도록 적시에 출동한 대응 인력으로 인해 침입자가 방해받을 확률이다. P_N은 무력화 확률이다. 이것은 침입자가 발견되었을 때 대응 인력이 이를 저지하는 경우 대응팀이 교전에서 침입자를 이길 확률(즉, 침입자가 목적을 달성하지 못하도록 방지)이다. C는 PPS가 보호하도록 설계된 대상물의 손실과 관련된 변수이다. PPS를 설계할 때에는 언제든지 공격이 일어날 수 있다고 가정하며, 이로 인한 위험 방정식은 다음과 같다.

$$CR = [1 - (P_I \times P_N)] \times C$$

여기서 CR은 조건부 위험도이다. 위의 식에서 $(P_I \times P_N)$은 일반적으로 시스템의 효율성(P_E)을 의미하며, 주어진 공격에 대해 PPS가 막을 수 있는 확률을 의미한다. 따라서 PPS 디자인의 목적은 P_E를 최대화하는 것이다.

CHAPTER 03 물리보안용 센서

3.1 센서 정의

센서(sensor)란 “신호 또는 자극에 따라 반응을 하는 소자”로 정의된다. 센서는 자연적인 것과 인공적인 것으로 구분될 수 있다. 생물체에서 발견되는 것과 같은 자연적인 센서는 전기화학적인 특성을 가진 신호로 대개 반응을 한다. 즉, 신경섬유 내에서 이온전달과 같은 본성에 기초로 하고 있다. 그러나 인공적인 소자들은 정보를 전자들의 흐름을 통한 전기적인 신호로 전달된다. 인공적인 시스템 내에서 사용되는 센서들은 동일한 언어로 동작을 하게 되는데, 이 언어는 이온에 의한 전달이 아닌 전자들의 변위에 의해 전달되는 전기적인 특성이다. 그러므로 센서는 신경섬유 또는 전기화학적인 용액을 통하는 것이 아니고, 전선을 통한 전기적인 시스템과 연결되어 사용된다. 그러므로 좁은 의미에서 〈그림 3-1〉과 같이 “센서는 외부자극(stimulus)을 받아 전기적인 신호로 반응을 하는 소자”로 정의된다.[4)]

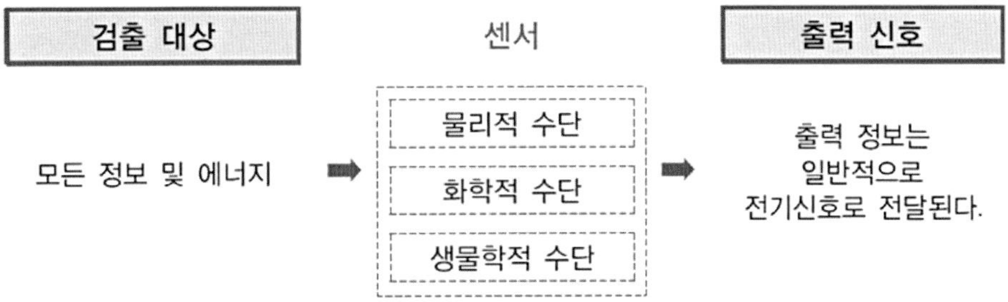

〈그림 3-1〉 센서의 정의

외부자극의 입력에 따라 센서는 센서의 특성과 조건에 의해 전기적인 출력 신호 형태로 변하게 된다. 어떤 책에서는 감지 가능한 정량화된 특성이라는 동일한 의미를 가진 측정량(measurand)이라는 표현을 사용하기도 한다. 즉, 센서는 어떤 임의의 물리

4) 정용택, “센서원리 및 응용기술”, 진샘미디어, 2017년

적인 입력(또는 외부자극)에 반응을 하여 전기회로에 적합한 전기신호로 변환시켜 주는 역할을 하는 소자이다. 어떤 의미에서는 비전기적인 값을 전기적인 값으로 변환시켜 주는 것을 센서라고 정의하기도 한다. 여기서 "전기적"이라는 것은 전기회로 내에서 분배되고, 증폭되고, 변환이 가능한 신호를 의미한다. 따라서 센서의 출력신호는 전압, 전류, 또는 전하량의 형태를 가지고 있으며, 또한 이러한 신호들은 증폭, 극성, 주파수, 위상 또는 디지털 신호의 형태로도 표현이 가능하다. 이러한 특성의 세트를 출력 신호 포맷이라 부른다. 그러므로 센서는 입력 특성과 전기적인 출력 특성을 가지고 있다.

센서와 변환기(transducer)를 종종 혼돈하여 표현하는 경우가 있다. 변환기는 에너지의 한 형태를 다른 형태로 변환시켜 주는 것을 의미하며, 센서는 에너지의 한 형태를 전기적인 에너지로 변환시켜 주는 것이다. 스피커는 변환기로 분류되는데, 이것은 전기적인 신호를 자기적인 신호 형태로 변환시켜서 최종적으로 음파의 형태로 바꾸어 주는 방식이기 때문이다. 이것은 센서가 전기적인 출력을 내는 것과는 전혀 다르다. 변환기는 다양한 시스템에서 액추에이터(actuator)로 사용되기도 한다. 액추에이터는 센서와는 반대되는 개념을 가진 것이며, 전기적인 신호를 비전기적인 에너지로 변환시켜 주는 역할을 한다. 예를 들면, 전기모터가 대표적인 액추에이터인데, 전기모터는 전기적인 에너지를 역학적인 에너지로 바꾸어 준다. 변환기는 〈그림 3-2〉와 같이 복잡한 센서의 한 부분에 해당한다. 예를 들어, 어떤 두 개의 부분으로 이루어진 화학센서에서 하나는 화학적 반응의 에너지가 열로 변하는 부분(변환기)과 열을 전기적 신호로 변환시키는 서모파일 부분으로 이루어져 있다고 하면, 이 두 개의 조합으로 화학적 시약에 대응하여 전기적 신호로 출력하는 하나의 화학센서가 되는 것이다. 즉, 상당수의 센서들은 최소한 하나의 직접형 센서와 여러 개의 변환기로 구성되어 있다. 직접형 센서는 에너지 변환을 직접 전기적 신호를 생성 또는 변환시킬 수 있는 물리적인 효과와 관련된 소자이다.

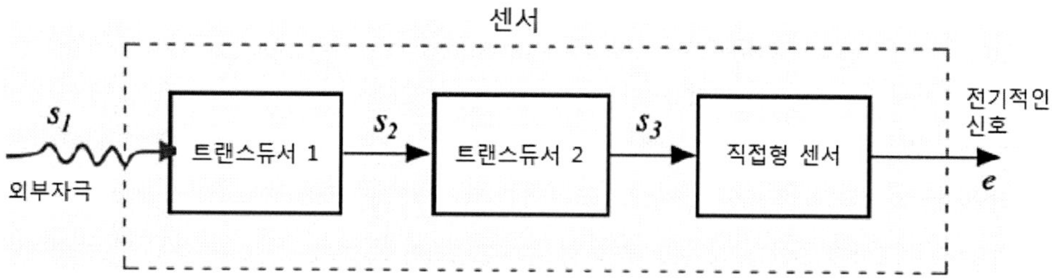

〈그림 3-2〉 여러 개의 변환기(transducer)와 직접형 센서로 구성된 센서

요약하면, 센서에는 직접형과 혼합형의 두 가지 형태가 있다. 직접형 센서는 외부자극을 전기적 신호로 변환하거나 적절한 물리적인 효과를 이용하여 전기적인 신호로 변환하는 소자이다. 반면에 혼합형은 직접형 센서 전단에 하나 또는 두 개 이상의 변환기를 포함하여 전기적인 신호를 출력하는 소자이다. 일반적으로 센서는 단독으로 동작하지 않고, 다른 검출기, 신호 조절기, 신호 프로세서, 메모리 소자, 데이터 기록계, 액추에이터 등으로 이루어진 큰 시스템이 하나의 센서로 동작한다. 물리 보안용 센서들은 대부분 혼합형으로 동작을 하며, 혼합형 센서에서 나오는 전기적인 출력 신호를 특별히 알람(alarm) 신호라고 한다.

3.2 센서 출력 신호

물리 보안용 센서에서 전기적인 출력 신호를 알람 신호라고 한다. 센서의 출력 신호를 보내는 방법이 여러 가지가 있을 수 있는데, 보안용 센서에서는 크게 전류감지 방식과 펄스감시 방식으로 구분한다. 전류감시 방식은 〈그림 3-3〉(a)에서 보듯이 평소에는 일정 전압을 유지하고 있다가, 센서가 감지를 하면 전압이 0 volt로 떨어지는 신호를 내보내어 알람을 통보하는 방식이다. 전자식 접점(SCR, silicon control rectifier)을 출력하는 센서에 적용되는 감시방식이며, 이것은 반영구적인 수명과 무접점 및 무소음이라는 장점이 있다.

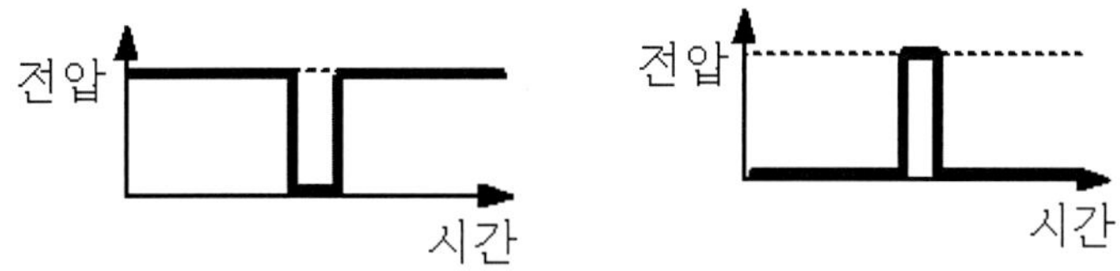

(a) 전류감시 방식 (b) 펄스감시 방식

〈그림 3-3〉 전류감시 방식과 펄스감시 방식

펄스감시 방식은 〈그림 3-3〉(b)에서 보듯이 전류감시 방식과는 반대로, 평소에는 0 volt로 유지하고 있다가 센서가 감지를 하면 일정 전압을 출력하는 방식이다. 이것은 기계식 접점(릴레이 혹은 리드스위치)을 출력하는 센서에 적용되는 감시방식으로 가격이 저렴하고 접점 상태를 활용하여 센서의 상태를 쉽게 점검할 수 있다는 장점 때문에 대부분의 침입감지 센서에 적용되는 방식이다. 릴레이로 동작하는 원리는 〈그림 3-4〉와 같다. 그림에서 NC는 normal close의 약자이며, NO는 normal open의 약자이다. 우측편 스위치가 ON/OFF 됨에 따라 코일에 작용하는 전자기력에 의해 금속으로 된 얇은 박막이 NC 또는 NO 모드로 움직이게 되어 상태가 변하게 된다. 이와 같이 상태가 변할 때마다 박막이 움직이는 방식이기 때문에 딸깍하는 소리가 나는 것이 단점이다. 소리는 작지만 조용한 곳에서 집중해서 들으면 딸깍하는 소리를 들을 수 있다. 여기서 NC라는 뜻은 회로가 서로 연결되어 있다는 의미이고, NO는 회로가 open된 상태로 끊어진 상태로 유지된다는 뜻이다.

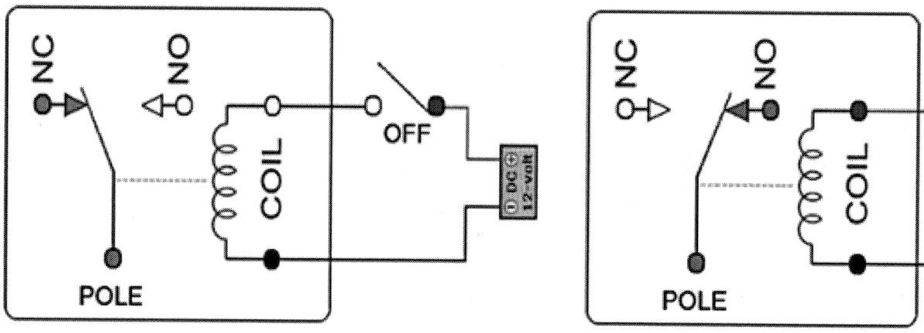

〈그림 3-4〉 릴레이 동작 원리

펄스감시 방식을 이용하여 〈그림 3-5〉와 같이 다양한 접점 형태를 만들 수 있다. Normal open 방식을 Form A 접점이라 하며, 이것은 정상시에는 접점이 떨어져 있다가, 센서가 감지시 접점이 붙는 방식이다. 이것을 다른 말로 표현하면 정상시 open으로 있다가 감지시 short 된다고 한다. Normal close 방식을 Form B 접점이라 하며, 이것은 정상시 접점이 붙어 있다가 센서가 감지시 떨어지는 방식으로, 다른 말로 표현하면 정상시 short 상태에서 감지시 open 된다고 한다. 그리고 Form C 접점이 있는데, 이것은 하나의 릴레이를 이용하여 상황에 따라 open 감지 및 short 감지를 구현할 수 있는 접점 형태이다. 〈그림 3-5〉와 같은 접점 방식은 센서 내부에 설치되어 있는 접점의 형태인데, 이것을 중앙 관제에 있는 주장치(main controller)와 통신을 할 때에는 저항 측정을 통해 제어 장치에서 센서의 상태가 NO인지 NC인지를 판단한다.

접점방식	Form A 접점 (Normal Open)	Form B 접점 (Normal Closed)	Form C 접점 (C접점)
동 작	• 정상 시 : open • 감지 시 : short	• 정상 시 : short • 감지 시 : open	• a접점과 b접점 모두 사용
	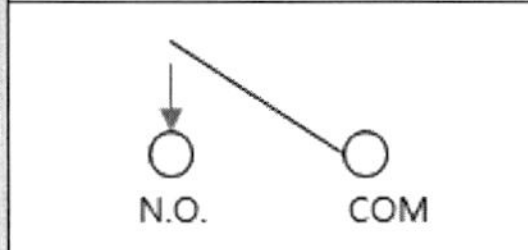	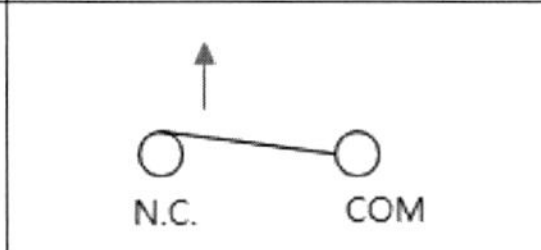	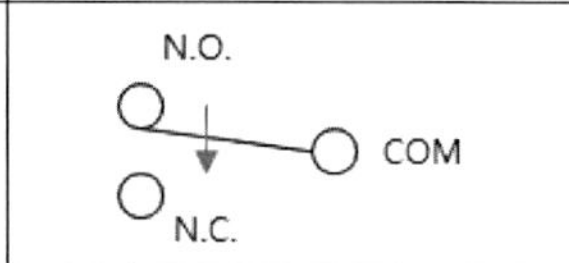
감지방식	Short 감지	Open 감지	Open/Short 감지

〈그림 3-5〉 감시 접점 방식의 종류

이러한 접점의 상태를 알아내기 위해서는 센서가 서로 연결된 최종 마지막 부분에 일정한 저항을 달아 놓는데, 이것을 종단저항(loop resistance)이라 한다. 종단저항과 주장치와의 연결 방법은 〈그림 3-6〉과 같다. 센서의 감시 접점을 Form B로 구성했다고 하면, 이것은 정상시에는 short이고, 감지시에는 open되는 방식이다. 따라서 그림 (a)에서 보면 주장치에서 저항을 측정하여 종단저항 수준의 저항이 측정되면, 이것은 정상상태로 볼 수 있고, 만약 센서가 감지를 하여 접점이 open으로 바뀌게 되면 주장치에서는 저항이 무한대로 측정되기 때문에 센서가 감지를 했다는 것을 알 수 있게 된다. 마찬가지로 그림 (b)에서 보면 주장치에서 저항을 측정하였는데, 종단저항 수준의 저항이 측정되면 센서가 short 감지를 했다는 의미이고, 저항이 제로로 측정되면 정상상태라고 인식한다. 따라서 종단저항이 없으면 센서의 접점상태를 인식하지 못하게 되므로 센서의 접점 상태 확인을 위해서는 종단저항이 매우 중요한 역할을 한다.

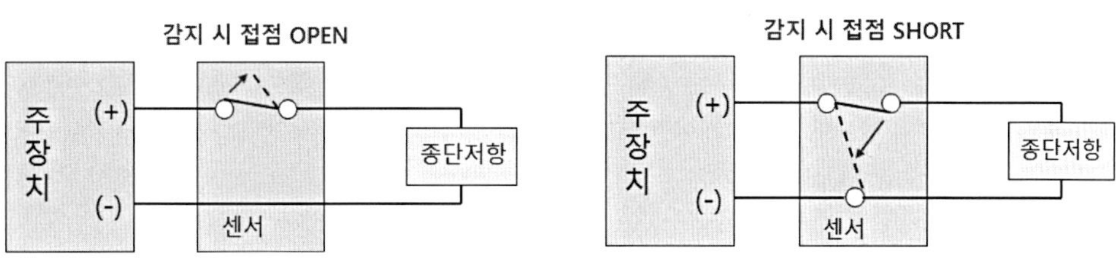

(a) open 감지 방식 (b) short 감지 방식

〈그림 3-6〉 open 및 short 감지 결선 방법

3.3 알람 신호 종류

센서의 알람 신호 종류는 〈그림 3-7〉에서 보듯이 크게 4가지 종류로 구분된다. 먼저 오보 알람(nuisance alarm)이다. 이것은 실제 침입자에 의해 발생한 신호가 아니고, 동물이나 움직이는 자동차 등에 의해 센서가 감지해서 발생된 신호이다. 현재까지 사람만 감지하는 센서는 없고, 물리 보안용 센서는 사람과 유사한 움직임을 하는 패턴으로부터 사람이라고 유추하여 감지하는 원리로 동작한다. 따라서 사람에 의한 침입자가 아니더라도 이와 유사한 패턴을 나타내는 움직임에 대해 센서는 반응을 하게 된다. 사람과 비슷한 크기의 동물이 움직이게 되면 센서는 사람으로 인지하여 알람 신호를 생성한다. 또한 센서의 감지영역으로 자동차가 움직이게 되면 이 역시 센서는 사람으로 인식하고 알람 신호를 생성한다. 센서 감지영역에 나무나 풀들이 바람에 흔들리게 되면 이것 역시 사람의 움직임으로 인식한다. 이와 같이 사람이 아닌 다른 외부 원인으로 인해 센서가 반응을 한 알람 신호를 오보 알람이라고 한다. 오보 알람은 바람, 천둥/번개, 안개와 같은 기후적인 요소와 들짐승, 자동차, 나뭇잎 또는 풀잎 등의 환경적인 요소에 의해 발생한다. 기후적인 요소는 센서 내부의 알고리즘과 설치된 환경에 적합하도록 센서의 변수들을 조정하여 줄일 수 있는 반면, 환경적인 요소는 지속적으로 센서가 설치된 주위에 나무의 가지를 쳐 준다든지, 들짐승이 진입을 하지 못하도록 별도의 철조망을 친다든지, 큰 자동차가 센서 주위로 다니지 않도록 하는 조치를 취해야 한다. 따라서 센서가 설치된 주위 환경을 주기적으로 깨끗이 해야 하고, 식물 등이 자라면 이를 주기적으로 베어내어야 한다. 또한 동물이 자주 출몰하게 된다면 이런 동물들이 센서 주위로 접근하지 못하도록 조치를 취해야 한다. 물리 보안 측면에서 이러한 노력을 통해 오보 알람의 발생 빈도를 줄이도록 지속적으로 노력을 해야 한다. 그래야만 오보 알람에 의한 불필요한 작업을 줄일 수 있고, 실제 침입 신호에 대한 경각심을 높일 수가 있다.

두 번째 신호는 시스템 테스트 알람이다. 이것은 센서를 설치한 후 정상적으로 동작하는지 여부를 주기적으로 체크하기 위해 시스템에서 정기적으로 테스트 하는 신호이다. 누군가가 무단으로 센서의 알람 신호선이나 전원선을 절단하게 되면 센서로부터 아무런 출력 신호가 발생하지 않게 된다. 만약 알람 신호선을 절단하였다고 하면, 침입자가 센서의 감지영역으로 진입을 하더라도 센서는 알람 신호를 중앙 관제소로 신호를 보내지 못하게 되어 결과적으로 침입자는 손쉽게 침입을 할 수 있게 된다. 또는 센서의 전원선을 절단하게 되면 센서는 동작을 하지 않으므로 침입자는 쉽게 침입을 할 수 있게 된다. 따라서 이러한 전원선과 신호선의 정상적인 상태를 점검하기 위해서 주기적으로 시스템을 점검해야 하는데, 이때 발생하는 신호가 시스템 테스트 알람이다. 테스트 알람 신호는 센서의 동작 여부만을 확인하는 신호이지, 센서의 성능을 검증하는 신호는 아니다. 따라서 센서의 성능은 정기적으로 별도로 체크를 해야 한다.

세 번째 신호는 실제 침입 알람 신호이다. 이것은 외부에서 승인되지 않은 사람이 정상적인 방법이 아닌 비정상적인 방법으로 침입을 하는 경우 발생한 신호이다. 이 신호는 실제로 매우 적게 발생하고, 대부분은 오보 알람 신호가 주로 발생된다. 앞선 3가지 신호는 원인이 있는 신호이다. 반면 원인이 뚜렷이 없는데 센서에서 알람 신호가 발생하는 경우가 있는데, 이를 미확인 알람(false alarm)이라고 한다. 이것은 주로 전기적으로 접지가 불완전해서 발생하는 경우이다. 일반적으로 오보 알람과 미확인 알람 신호를 합쳐서 비침입 알람 신호라고 부르기도 한다.

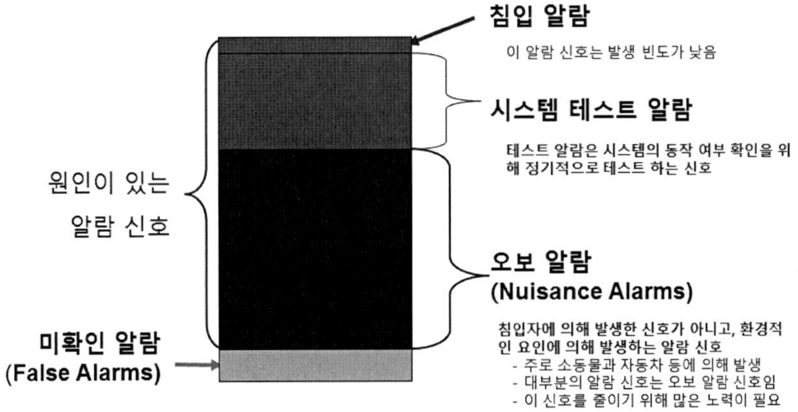

〈그림 3-7〉 알람 신호의 종류

센서의 성능은 탐지 확률, 비침입 알람의 발생률(오보 알람과 미확인 알람의 합), 무력화(센서가 침입 신호를 보내지 못하도록 하는 행위) 정도인 3가지 요소로 평가된다. 좋은 센서는 높은 탐지 확률을 가지면서 낮은 비침입 알람의 발생률, 그리고 무력화가 어려운 센서이다. 탐지 확률은 센서가 움직임을 감지하는 영역 내(다른 표현으로 감지 영역 또는 감지 존)에서 감지하는 확률을 의미한다. 이것은 센서의 성능뿐만 아니라 주위 환경, 침입자의 침입 행위, 설치 및 운영 방법 등에 따라 달라진다. 비침입 알람은 침입자의 행위가 아닌 원인에 의해 발생한 모든 종류의 알람을 의미한다. 비침입 알람에는 오보 알람과 미확인 알람을 통칭한 용어이며, 오보 알람은 원인이 있는 알람이고, 미확인 알람은 원인을 알 수 없는 알람이다. 센서의 무력화는 센서의 효과성을 측정하는 또 다른 평가 지표이다. 하나의 센서로 모든 침입자의 침입 행위를 탐지할 수 있는 센서는 없으며, 따라서 다양한 침입 행위를 탐지하기 위해 원리가 다른 서로 다른 종류의 센서를 중복해서 설치해서 운영을 한다. 따라서 서로 중첩된 센서들을 통해 여러 종류의 침입 행위를 많이 탐지할 수 있도록 운영해야 한다.

3.4 침입탐지센서 분류

침입자만을 탐지하는 센서는 없다. 현재까지 개발된 침입탐지센서는 침입자와 유사한 행위를 하는 것을 탐지하도록 설계되어 있으며, 매우 다양한 원리를 이용한 수십 종류의 센서가 개발되어 있다. 센서를 분류하는 방법에는 여러 가지가 있다. 침입탐지용 센서의 가장 단순한 분류는 〈그림 3-8〉과 같이 실외에 설치하는 실외용 센서와 실내에 설치하는 실내용 센서로 구분하는 방법이다. 실외용 센서는 비승인자가 건물 외부에서 건물 내부로 움직이는 침입자를 감지하는 용도로 사용하며, 실내용 센서는 건물 내부에서 비승인자의 움직임을 감지하는 용도로 사용한다. 일부 센서는 실외 전용 또는 실내 전용으로만 사용할 수 있고, 일부 센서는 실내외 겸용으로 사용할 수 있다. 이런 분류 방식으로는 센서를 이해하는데 아무런 도움이 되지 않기 때문에 다른 분류 방법을 사용한다.

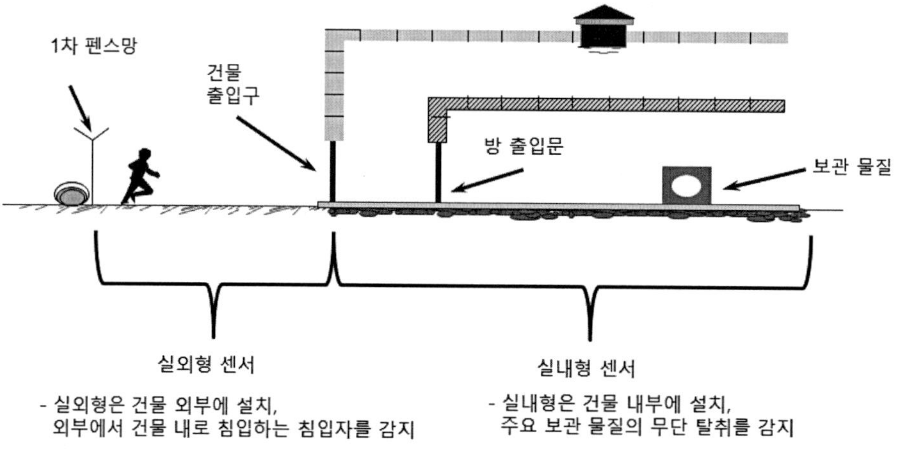

〈그림 3-8〉 침입탐지센서의 실외용 센서와 실내용 센서

설치 위치에 따른 분류 이외에 센서의 감지 원리, 감지 영역의 형태, 설치 방법 등의 항목으로 분류를 해 놓으면, 사용자가 분류된 항목에 해당하는 센서를 선택해서 사용할 수 있는 장점이 있다. 따라서 침입탐지용 센서는 다음과 같이 분류한다.

(ⅰ) 센서 감지 원리 : 수동형(Passive)과 능동형(Active)

(ⅱ) 센서 설치 형태 : 노출형(Overt)과 매립형(Covert)

(ⅲ) 센서 감지 영역 : 입체형(Volumetric)과 면형(Line)

(ⅳ) 센서 응용 분야 : 시야형(Line of sight)과 지형 추적형(Terrain following)

센서 감지 원리에 의해 구분되는 수동형과 능동형의 차이는 〈그림 3-9〉와 같다. 수동형은 센서에서 어떠한 에너지도 나오지 않고, 오로지 센서가 바라보는 감지 영역 내부의 에너지 변화를 감지하는 원리이다. 반면 능동형은 센서에서 일정한 에너지를 내보내고, 이 에너지가 감지 영역 내부에서 반사되어 온 에너지의 변화량을 감지하는 원리이다. 수동형의 대표적인 센서는 아파트 현관에 설치된 열선감지기인데, 야간에 사람이 현관에 서면 바로 전기가 켜지고, 움직이지 않고 가만히 있으면 전기가 다시 꺼진다. 이것은 열선감지기가 바라보고 있는 영역 내부로 사람이 들어오게 되면 사람의 체온에서 나오는 미세한 온도의 변화로 인해 열선감지기가 반응하는 원리이다. 능동형의 대표적인 센서는 고속도로에서 차량의 속도를 측정하는 스피드건에 사용되는 마이크로웨이브 센서이다. 이것은 일정 주파수의 마이크로웨이브 파장이 스피드건에서 나와 움직이는 자동차의 표면에 반사되어 도플러 효과에 의해 파장 또는 주파수가 변화하는 정도로부터 차량의 속도를 측정하는 원리이다. 일반적으로 수동형 보다는 능동형 센서의 감지 성능이 더 우수한 장점은 있으나, 침입자가 외부에서 도구를 이용하여 능동형에서 나오는 에너지를 역으로 감지할 수 있어 에너지가 도달하지 않는 영역으로 피해서 침입을 하게 되면 무감지가 될 가능성이 있는 단점이 있다.

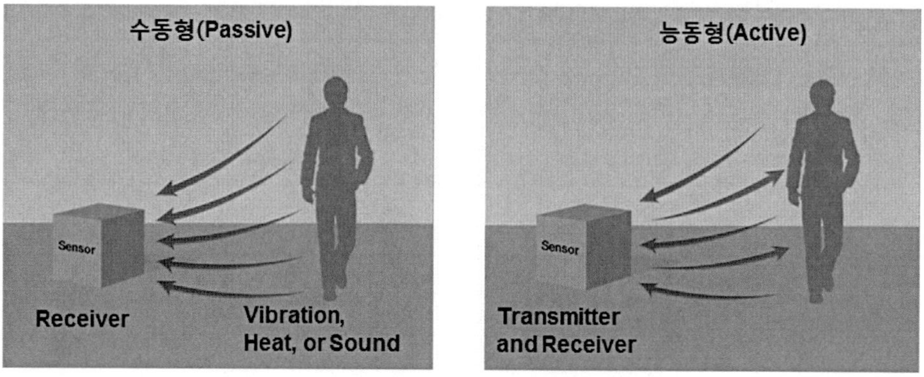

〈그림 3-9〉 수동형과 능동형 센서의 개념적인 차이

센서 설치 형태에 의해 구분이 되는 노출형과 매립형의 차이는 〈그림 3-10〉과 같다. 매립형은 땅 속 또는 벽 속에 센서를 설치하여 침입자를 감지하는 방식이고, 노출형은 지상에 센서가 노출되어 설치되어 있는 방식이다. 매립형은 땅 속에 있기 때문에 외부에서 센서가 설치되어 있는지 알 수가 없어 침입자는 센서의 감지 영역을 고의적으로 회피하기가 매우 어려운 장점은 있다. 그러나 센서의 유지 보수를 위해 센서를 교체하거나 설계 변경에 의해 센서의 위치를 변경하고자 할 경우에는 땅을 파고 유지 보수를 해야 하는 단점이 있다. 반면 노출형은 센서가 펜스 또는 지상 위에 설치되어 있기 때문에 침입자가 센서의 감지 영역을 고의적으로 회피할 수 있는 단점은 있다. 반면 센서의 유지 보수 또는 설계 변경은 쉽게 행할 수 있는 장점은 있다. 노출형 센서의 단점인 감지 영역 회피 부분은 복합적인 센서를 설치함으로써 해결할 수 있다.

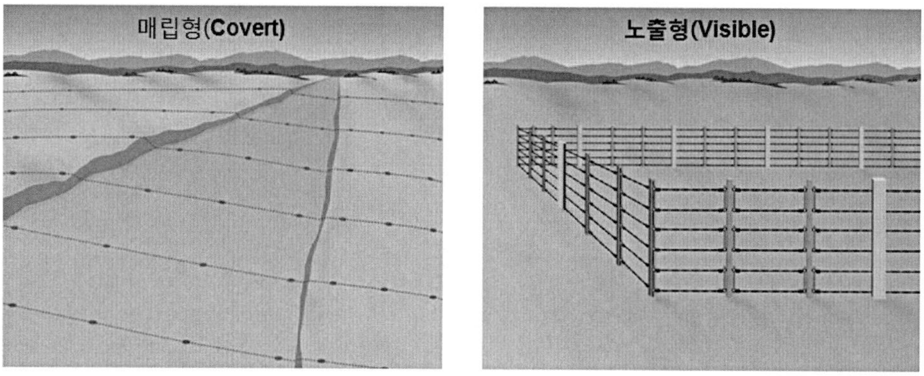

〈그림 3-10〉 매립형과 노출형 센서의 개념적인 차이

센서의 감지 영역에 의해 구분되는 입체형과 면형의 개념적인 차이는 〈그림 3-11〉과 같다. 입체형은 센서의 감지 영역이 3차원적으로 형성되어 있는 방식이고, 면형은

센서의 감지영역이 2차원 또는 1차원적으로 형성되어 있는 방식이다. 일반적으로 입체형은 센서의 감지 영역이 침입자에게 보이지 않는 장점이 있는 반면, 면형은 감지 영역이 침입자에게 쉽게 추론이 가능하다는 단점이 있다. 면형은 펜스 또는 유리창문 등에 설치하여 침입자가 펜스를 기어 올라가거나 펜스를 자르고 침입하는 행위를 탐지하는 목적으로 설치한다. 반면 입체형은 이중 펜스의 중간 영역 또는 실내에 설치하여 침입자의 움직임을 탐지하는 목적으로 설치한다.

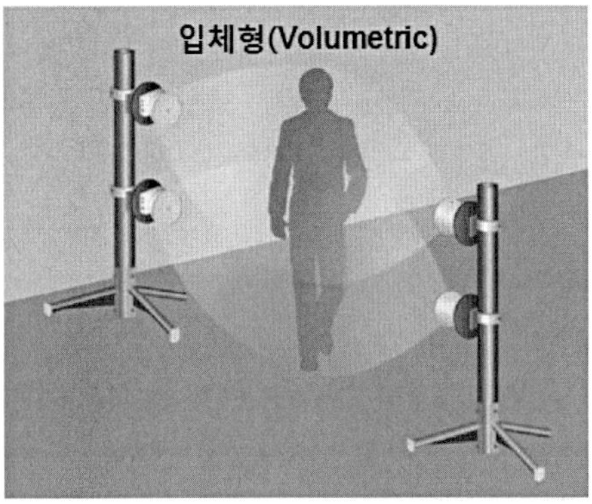

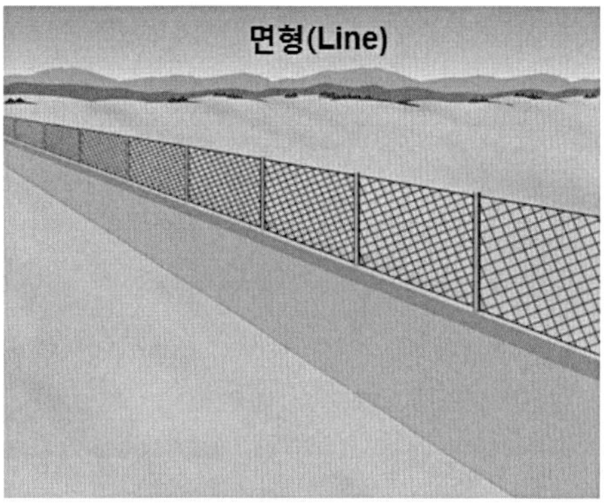

〈그림 3-11〉 입체형과 면형 센서의 개념적인 차이

센서의 응용 분야에 의해 구분되는 시야형과 지형 추적형의 개념적인 차이는 〈그림 3-12〉와 같다. 시야형은 센서의 탐지 영역 내에 방해물이 없고 편평한 지대에 설치하여 운영하는 센서이고, 지형 추적형은 지형이 굴곡진 지형에 설치하기 쉬운 센서이다. 일반적으로 지형 추적형 센서는 면형의 감지 영역을 가지고 있으며, 시야형 센서의 감지 영역은 입체형 또는 면형의 감지 영역을 가지고 있다.

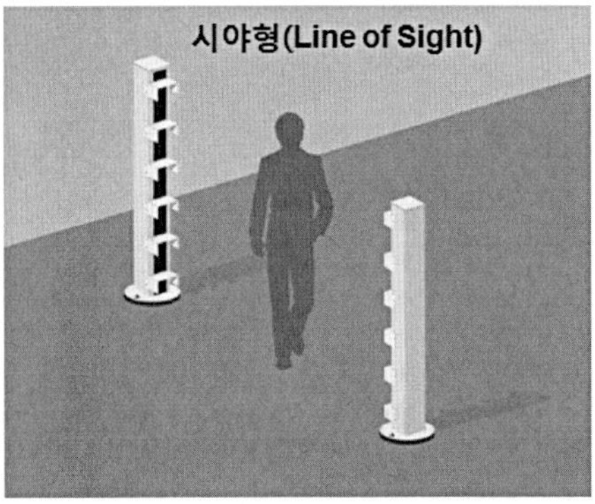

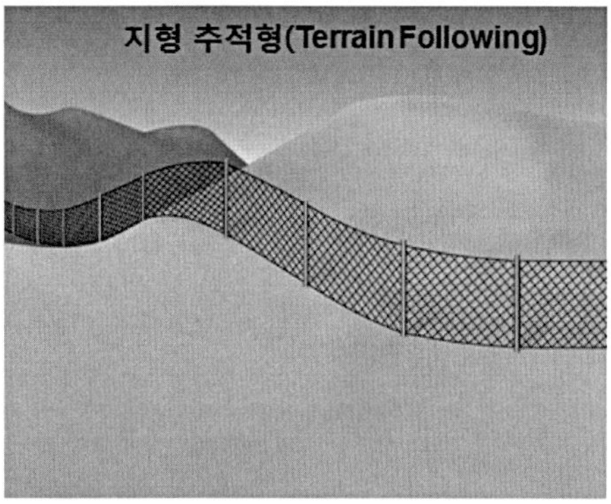

〈그림 3-12〉 시야형과 지형 추적형 센서의 개념적인 차이

상기와 같이 구분되는 4가지 형태의 센서 분류 방법에 의해 구분된 대표적인 침입감지센서의 분류표는 〈표 3-1〉과 같다. 응용 분야에서 매립형 센서 이외의 센서는 모두 노출형 센서이며, 노출 형태에 따라 다양하게 구분이 된다. 매립형 센서는 일반적으로 경계면을 통과하는 침입자를 감지한다. 지진파(seismic) 센서, 자기장(magnetic field) 센서, 동축 케이블(ported coaxial cable) 센서, 광섬유(fiber optic) 센서 등이 대표적인 매립형 센서이다. 노출형 센서인 펜스 부착형(fence associated) 센서는 펜스의 구조물에 설치하여 운영하며, 광섬유 센서, 전기용량(capacitance) 센서, 진동(vibration) 센서 등이 대표적이다. 독립형(freestanding) 센서는 시설물 내부를 감시하거나 경계면을 감시하는 용도로 사용되며, 열선감지기 또는 수동형 적외선(passive infrared, PIR) 센서, 적외선빔 센서 또는 능동형 적외선(active infrared, AIR) 센서, 마이크로웨이브 센서, 영상센서 또는 비디오 모션(video motion) 센서 등이 대표적이다.[5)]

〈표 3-1〉 각종 센서들의 분류

	센서	감지 원리[a)]	감지 영역[b)]	응용 분야[c)]
실외용 센서	지진파 센서	P	L	C
	지자기 센서	P	V	C, FA
	동축 케이블 센서	A	V	C, FA
	광섬유 센서	P/A	L	C, FA
	스트레인 센서	P	L	FA
	음파 센서	A	V	F
	레이저 레이더 센서	A	V	F
실내용 센서	압력 센서	P	P	BP
	음파형 유리 센서	P	L	BP
	문열림 감지 센서	P	P	BP
실내/외 겸용 센서	능동형 적외선 센서	A	V/V	FA, F, BP, IM
	수동형 적외선 센서	P	V	F, IM
	전기장 센서	A	V/L/P	FA, F, BP
	전기용량 센서	A	L/P	FA, F, BP
	마이크로웨이브 센서	A	V	F, IM
	초음파 센서	A	V	F, IM
	비디오 모션 센서	P	V	C, FA, BP

a) P(Passive, 수동형), A(Active, 능동형)
b) V(Volume, 입체형), L(Line, 면형), P(Point, 점형)
c) C(covert, 매립형), FA(fence associated, 펜스 부착형), F(freestanding, 독립형), BP(boundary penetration, 경계 침투형), IM(interior motion, 움직임 감지)

5) “Handbook on the design of physical protection systems for nuclear material and nuclear facilities”, IAEA Series, 2017

실외용 센서는 환경이 매우 다양하기 때문에 다음과 같은 사항을 고려해서 적절한 센서를 선택해서 설치 및 운영해야 한다.

(i) 상세 센서 사양

(ii) 센서가 설치되는 물리적, 환경적 조건

(iii) 외곽 시스템과 PPS의 상호 관계

효율적인 외곽감지센서 시스템은 복합적인 센서를 사용하여 감지영역이 끊어지지 않도록 설치하여 감지영역에 공백이 생기지 않도록 해야 하며, 매우 다양한 외부환경(복잡한 지형, 식물들, 동물들, 전자기적 잡음, 폭우, 토양 조건 등)을 고려하여 적절한 센서를 선택하여 설치하여 운용해야 한다. 또한 복수 개의 센서 알람 신호를 이용하면 오보 알람 발생률을 줄일 수 있다. 즉, 다른 원리로 동작하는 두 종류의 센서에서 동시에 알람이 발생하면 침입 확률이 매우 높은 것으로 간주하고, 하나의 센서에서만 알람 신호가 발생하면 오보일 확률이 높은 것으로 볼 수 있다. 센서에서 발생한 알람 신호를 정확하게 판단하기 위해서는 반드시 비디오 시스템과 연동하여 운영을 해야 한다. 이러한 구성은 〈그림 3-13〉과 같다.

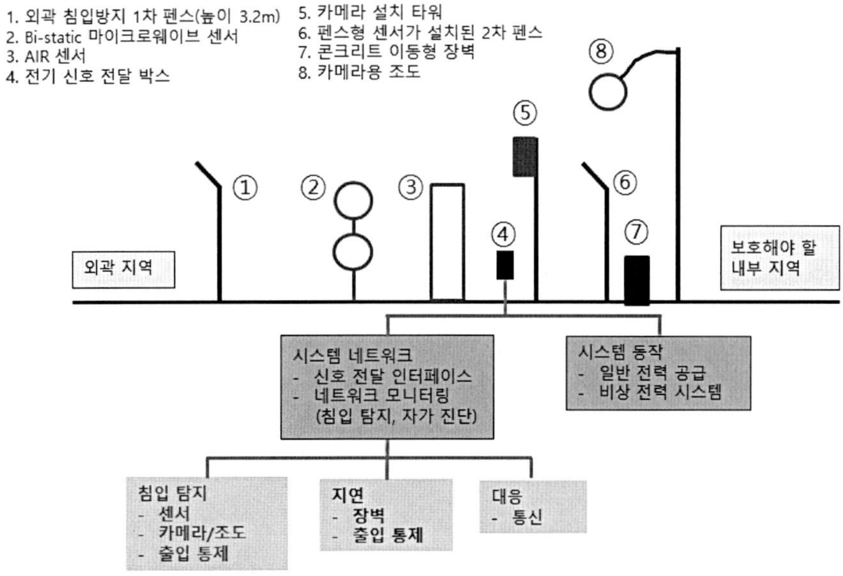

〈그림 3-13〉 외곽침입탐지 시스템 운영 사례

실내용 센서는 다음과 같이 구분할 수 있다.

(ⅰ) 감지 원리에 따른 분류 : 수동형과 능동형
(ⅱ) 설치 형태에 따른 분류 : 매립형과 노출형
(ⅲ) 감지 영역의 형태에 따른 분류 : 입체적 탐지형과 면 탐지형

또한 실내용 센서는 응용분야에 따라 다음과 같이 구분할 수 있다.

(ⅰ) 경계면을 통과하는 센서
(ⅱ) 움직임 감지 센서
(ⅲ) 근접 센서

이러한 센서들의 성능은 다음과 같은 항목으로 평가하여 서로의 단점을 보완한다.

(ⅰ) 탐지 확률(probability of detection)
(ⅱ) 미확인 알람과 오보 알람 발생률
(ⅲ) 무감지 될 수 있는 정도(vulnerability to defeat)

센서가 무감지 되는 경우는 우회(bypass)와 위조(spoofing)에 의해 일어날 수 있다. 우회는 센서의 감지 영역을 피해서 침입하는 경우인데, 대표적으로는 점프, 도굴, 사다리 이용 등이 있다. 우회를 하기 위해서는 전제조건이 침입자가 센서의 감지영역을 정확히 파악하고 있어야 한다는 것이다. 침입자가 센서의 감지영역을 정확히 파악하지 못하면 사실상 우회는 어렵다고 볼 수 있다. 수동형 센서와 매립형 센서가 설치되어 있는 경우에는 우회가 매우 어렵다. 반면, 노출형과 능동형은 상대적으로 침입자가 센서의 감지영역을 파악할 수 있어 우회의 가능성이 높다고 볼 수 있다. 센서의 원리는 간단한 물리적 원리를 이용한 것이기 때문에, 이에 대한 보완을 하지 않으면 이 분야의 전문가는 쉽게 무감지가 되도록 침입이 가능하다. 따라서 하나의 센서로만 사용하게 되면 쉽게 무감지가 될 수 있으므로 반드시 이중 탐지 설계 원칙에 기반하여 원리가 다른 센서를 상호보완적으로 설치를 해야 한다.

위조는 센서 자체에서 알람 신호가 나오지 않도록 하거나 센서에서 발생된 알람 신호를 관제로 전송하지 못하게 하는 행위이다. 센서 자체에서 알람 신호가 나오지 않도록 하는 방법은 센서 표면에 이물질을 부착하여 센서로 외부 에너지가 입사하지 못하도록 하는 방법이다. 열선감지의 경우 프레넬 렌즈 표면에 페인트를 칠하든가 모자 등을 이용하여 센서 자체를 덮어 놓게 되면 센서는 무감지가 된다. 센서도 이런 행위를

사전에 감지하도록 하기 위해 표면에 이물질이 있는 것을 감지하는 추가적인 기능을 탑재하여 예방하고 있다. 센서에서 발생된 알람 신호를 관제로 전송하지 못하도록 하는 행위는 가장 쉬운 방법이 센서의 뚜껑을 열고 신호선을 절단하는 방법이 있다. 이런 행위를 방지하기 위해 센서에는 템퍼(tamper) 기능이 내장되어 있다. 템퍼 기능은 센서의 뚜껑이 무단으로 열리는 것을 감지하는 기능이다. 이러한 템퍼 기능은 센서뿐만 아니라 모든 보안 장비에는 거의 필수적으로 내장되어 있다. 그 다음 방법은 센서에서 주장치로 연결되어 있는 전원선 또는 신호선을 절단하는 방법이다. 이렇게 되면 센서에서 알람 신호가 나오더라도 주장치로 신호가 전달되지 못하므로 침입자가 잇더라도 센서는 무용지물이 된다. 따라서 이런 행위를 막기 위해 보안과 관련된 모든 전원선과 신호선은 반드시 보안 구역 내부에 있도록 설계를 해야 하며, 전원선과 신호선은 금속 도관(conduit) 내부에 내장하도록 공사를 해야 한다. 또한 추가적으로 시스템에 대한 정기적인 테스트 신호를 이용하여 모든 신호선이 정상적으로 동작하는지 확인을 해야 한다.

CHAPTER 04 실외용 센서

4.1 개요

실외용 탐지 센서(exterior detection sensors)는 건물의 외곽에 설치하여 침입을 사전에 탐지하고자 하는 목적으로 사용하는 센서이다. 지연 요소인 펜스를 중심으로 센서를 설치하여 운영하며, 외곽에서 내부로 침입하는 행위를 감지하는 것이기 때문에 외곽침입탐지시스템(PIDS, Perimeter Intrusion detection System)이라고 한다. PIDS를 분류하는 방법은 다양하게 있을 수 있지만, Frost & Sullivan에서 분류한 대표적인 PIDS 센서는 〈표 4-1〉과 같다.[6] 독립형은 펜스 기둥이나 이중 펜스 사이에 설치하여 침입을 탐지하는 센서이고, 펜스 부착형은 펜스를 타고 올라가는 행위 또는 펜스를 절단하는 행위를 탐지하는 센서이고, 매립형은 펜스의 전후의 땅 속에 센서를 매립하여 펜스 쪽으로 진입하는 침입 행위를 탐지하는 센서이다. 독립형 센서 중에 마이크로웨이브(MW) 센서, 열선감직(PIR 센서), 적외선빔 센서(AIR 센서), 초음파 센서는 실내에서도 사용이 가능한 실내외 겸용 센서이다.

〈표 4-1〉 실내용 탐지 센서의 분류

독립형	펜스 부착형	매립형
MW 센서	광섬유 센서	광섬유 센서
AIR 센서	토트 와이어 센서	지진파 센서
PIR 센서	관성 센서	지자기 센서
전기장 센서	음향 센서	동축 케이블 센서
레이저 레이더 센서	알파 센서	

독립형 센서는 대부분 실내외 겸용으로 사용이 가능한 센서이다. 마이크로웨이브(MW) 센서는 발신부에서 마이크로웨이브가 발산되어 나오며, 수신부에서 발신부에서

6) "Opportunities in the World Perimeter Intrusion Detection System Market", Frost & Sullivan, 2010, April

나온 마이크로웨이브를 수신한다. 수신부와 발신부 사이에 감지 영역이 입체적으로 형성이 되어 있으며, 이 영역 내로 사람이 진입하게 되면 체내에 있는 수분의 영향으로 수신부로 들어가는 마이크로웨이브에 변화가 생긴다. 이로부터 침입자를 인식하는 원리이다. 마이크로웨이브는 눈에 보이지 않아 침입자가 감지 영역을 파악할 수 없다는 장점이 있다. 따라서 동작 원리 측면에서 보면 마이크로웨이브 센서는 능동형 센서이며, 감지 영역이 입체적으로 형성되기 때문에 입체형 센서이다. 전기장 센서는 펜스가 설치된 길이 방향으로 별도의 지지대를 설치하여 전선을 설치하여 전류를 흘리게 되면 전선의 길이 방향으로 전기장이 형성된다. 전류가 흐르는 전선보다 위 또는 아래 쪽에 별도의 신호선을 설치하여 전기장의 변화를 감지하도록 설치한다. 이렇게 하면 입체적인 감지 영역이 형성되고, 이 영역 내로 침입자가 진입하게 되면 전기장의 변화가 생겨 침입자를 인식하는 원리이다. 따라서 전기장 센서는 동작 원리 측면에서 보면 능동형 센서이며, 감지 영역이 입체적으로 형성되어 있어 입체형 센서이다. PIR 센서는 물체의 온도 차이에서 나오는 적외선을 받아들여 센서가 바라보는 영역 내에 온도 변화가 발생하면 침입을 인식하는 센서이다. 반면 AIR 센서는 근적외선이 나오는 투광부와 이를 받아들이는 수광부로 구성되어 있다. 투광부와 수광부를 서로 마주보게 설치하여 이 사이에 눈에 보이지 않는 근적외선으로 광이 지나가도록 설치해 놓는다. 이 영역으로 사람이 지나가게 되면 빔이 차단되어 침입자를 인식하는 원리이다. 레이저 레이더 센서는 눈에 보이지 않는 레이저를 입체적으로 발산하면서 물체에 반사되어온 레이저를 분석해서 침입자의 침입 여부뿐만 아니라 위치 및 동선까지도 파악이 가능한 센서이다. 초음파 센서는 발신부와 수신부가 한 몸체 내에 있으며, 투신부에서 초음파를 발산하고 배경에서 반사되어 온 초음파를 수신부에서 수신하는 센서이다. 초음파가 있는 영역 내로 침입자가 진입하게 되면 수신부에서의 초음파 신호가 변하게 되어 이로부터 침입자를 인식하는 원리이다.

펜스 부착형 센서는 펜스에 센서를 부착하여 펜스를 타고 올라갈 때 발생하는 펜스의 파형과 펜스를 절단할 때 발생하는 파형을 감지하는 원리로 동작하는 센서이다. 광섬유 센서는 펜스의 진동에 따라 광섬유 내에 흐르는 빛의 분산 정도를 보고 침입자를 탐지한다. 펜스 진동감지 센서는 말 그대로 펜스의 물리적인 진동을 여러 가지 방법으로 감지하는 센서이다. 여기에는 관성센서, 수은 스위치 센서, 마찰전기 센서, 알파 센서 등이 있다. 펜스 부착형 센서가 제대로 동작을 하려면 센서가 설치되는 펜스가 제대로 구축되어 있어야 오보 및 무감지를 피할 수 있다. 따라서 펜스 진동감지 센서를 설치할 때 펜스가 제대로 설치되어 있는지 제일 먼저 확인해야 한다. 토트 와이어 센서는 독립형으로도 사용이 가능하고, 기존 펜스를 이용해서 설치하는 것도 가능하다. 독립형은 펜스 역할과 센서 기능을 동시에 구현한 센서이다. 와이어를 일정 간격으로 펜스의 수직 방향으로 설치하고, 침입자가 이 와이어를 잡아 당기거나 절단하게 되면 와이어에 걸린 장력에 변화가 생기게 되고, 이것을 스트레인 센서 또는 스위치를 이용해서 장력 변화를 측정하여 침입 여부를 판단하는 센서이다.

매립형 센서는 지중에 센서를 설치하여 침입자가 땅 위를 걸어오거나 기어오거나 달려오거나 하는 행위를 탐지하는 센서이다. 침입자가 이런 행동을 하게 되면, 생성되는 물리적인 현상이 몇 가지 나오는데, 이러한 물리적인 현상을 다양한 센서를 이용해서 침입자를 탐지하는 원리이다. 대표적인 매립형 센서에는 광섬유 센서, 지자기 센서, 동축 케이블 센서, 지중음 센서, 압력 센서 등이 있다. 광섬유 센서는 침입자의 발자국에 의한 압력(또는 진동)에 의해 광섬유 내부에 흐르는 광의 산란 정도로부터 침입자를 탐지하는 원리이다. 지자기 센서는 지자기 센서가 매설된 영역 내로 침입자가 진입하게 되면 미세한 지구 자기장의 변화가 발생하는데, 이 변화로부터 침입자를 탐지하는 원리이다. 동축 케이블 센서는 침입자가 동축 케이블이 매설된 영역 내로 진입을 하게 되면 케이블에서 나오는 전자기장에 간섭이 발생하여 침입자를 탐지하는 원리이다. 지중음 센서는 광섬유 센서와 원리가 유사한데, 발자국에 의해 발생하는 음파를 감지하여 침입자를 탐지하는 원리이다. 압력 센서는 지중에 매설된 튜브 내부에 물 또는 얼지 않는 액체가 담겨 있으며, 이 튜브를 케이블처럼 원하는 지역에 매설해 놓으면, 침입자가 이 케이블 위로 지나갈 때 발생하는 압력에 의해 튜브 내부의 액체가 움직이게 되고, 이 액체의 압력 변화로부터 침입자를 감지하는 원리이다. 매립형 센서의 장점은 땅 속에 매립되어 있기 때문에 침입자는 센서의 유무를 확인할 수가 없어 센서를 우회해서 침입할 수 있는 가능성이 매우 낮다는 점이다. 그리고 지형 추적형의 형태로 지형에 관계없이 설치가 가능한 점이 장점이다. 다만 땅 속에 매립을 해야 하므로 공사비와 운영 유지비용이 다른 센서에 비해 많이 든다는 점이 단점이다.

실외 환경은 실내 대비 매우 다양하다. 〈그림 4-1〉에서 보듯이 굴곡진 지형 환경, 감지 영역 내에 있는 각종 식물들, 낙뢰 및 폭우 등의 가혹한 날씨, 대형 차량의 통행으로 인한 땅의 진동, 각종 전자기파에 노출, 그리고 감지 영역 내로 동물들이 침입할 수 있다. 이러한 환경들로 인해 센서는 비침입 알람(오보 알람과 미확인 알람의 합)이 발생할 수 있다. 따라서 환경에 적합한 센서를 우선 선택을 한 후, 센서가 설치된 주위에 식물들이 자라지 못하도록 제초제를 뿌리거나 주기적으로 식물의 가지나 잎 등의 전지작업을 해야 한다. 이를 통해 센서의 감지 영역 내에 움직이는 식물이 없도록 깨끗이 유지해야 한다. 마찬가지로 동물이 자주 출몰하는 지역인 경우에는 동물들이 센서의 감지영역으로 침입하지 못하도록 별도의 철조망을 설치하여 동물로 인한 비침입 알람을 줄여야 한다. 또한 대형 차량이 센서가 설치된 주위로 다닌다고 하면 차량이 다니는 도로를 우회하도록 하여 차량에 의해 발생하는 진동이 센서에 전달되지 않도록 해야 한다. 그러나 전자기 노이즈와 낙뢰/폭우 등의 환경은 관리자가 관리할 수 있는 영역은 아니지만, PIDS의 전기적인 접지를 철저히 하고, 낙뢰로 인한 피해를 막기 위해 별도의 피뢰침을 설치하는 것도 좋은 방법이다.

〈그림 4-1〉 실외의 다양한 환경

이와 같이 매우 다양한 환경에 가장 적합한 PIDS를 선택을 할 때 고려해야 하는 사항은 〈표 4-2〉와 같다. 주요 내용은 기본성능, 설치 지역의 적합성, 환경성, 신뢰성, 운용 용이성, 그리고 정비성 등이다. 이런 것을 고려해야 하는 이유는 아직까지 침입자 만을 탐지하는 센서가 없기 때문이다. PIDS는 침입자와 유사한 행동을 하는 움직임에 대해 침입자로 가정하여 탐지하는 원리로 작동하기 때문에 침입자와 유사한 움직임에 대해서는 침입으로 탐지한다. 따라서 기본 성능에서 탐지 확률을 90~95% 범위로 정한 이유는 모든 침입 행위를 100% 탐지하는 센서는 없기 때문이다. 90~95%로 정의한 것은 센서의 동작원리에 기반한 침입 행위를 탐지하는 확률로 계산해야 한다. 예를 들어 펜스 진동감지 센서의 탐지 확률을 측정하고자 한다면, 펜스의 진동 크기(사람의 몸집을 대중소로 나누어서 펜스를 기어오르기)에 따라 탐지 확률을 측정해야 하는데, 펜스를 타고 올라가지 않고 펜스 기둥에 사다리를 이용해서 펜스를 통과한다면 펜스 진동감지 센서는 이러한 움직임은 원리적으로 탐지하지 못한다. 즉 이와 같이 센서의 동작원리에 기반하지 않은 침입 행위는 탐지 확률에 포함하지는 않는다는 의미이다. 따라서 탐지확률을 측정할 때에는 센서의 감지원리를 정확히 이해하고, 그 원리에 기반한 침입행위를 다양하게 고려하여 탐지확률을 측정해야 한다. 따라서 침투 유형을 정확히 선정한 후 탐지 확률을 측정해야 한다.

대표적인 PIDS 유형에 따른 침입 탐지 확률과 오보확률은 〈표 4-3〉과 같다.[7] 한 예로 진동센서의 경우, 펜스의 움직임에 의한 진동을 감지하는 원리로 동작하는 센서이기 때문에, 천천히 걷거나 빨리 달리거나 기어오는 행위에 대해서는 적용이 불가한 센서이다. 그러나 펜스 위를 점프하거나 기어 올라가는 행위에 대해서는 탐지확률이 높은 편이다. 반면, 펜스 밑을 파거나 하는 행위는 땅을 파는 행위로 인한 진동이 펜스로 전달되지 않으면 탐지되지 않기 때문에 펜스 바로 밑을 파게 되면 탐지될 가능성이 조금 있지만, 펜스에서 조금 떨어진 지점에서 땅을 파면 땅을 파는 진동이 펜스에 미세하게 전달되므로 탐지확률이 매우 낮을 것으로 예상한다. 오보 측면에서 보면 바람에 의해 펜스가 진동하므로 오보율이 높을 것으로 예상되지만, 다른 환경적인 문제에 대해서는 오보율이 비교적 낮을 것으로 예상된다. 매립형인 광섬유, 지진파, 지자기센서 센서의 경우, 센서가 매립된 지역을 움직이는 물체가 있으면 탐지 및 오보율이 높은 편이지만, 동물에 의한 원인을 제외하고는 나머지 환경에 대한 오보율은 낮은 편으로 분류된다. 특히 광섬유 센서의 경우에는 빛을 이용한 원리이기 때문에 근처에 있는 고압전력선에 의한 영향은 전혀 받지 않아 오보율이 매우 낮은 것이 특징이다.

〈표 4-2〉 PIDS 선택시 고려 사항

항목	세 부 내 용	비 고
기본 성능	• 침투 유형 선정(월장, 울타리 관통, 굴토 침투, 비행침투 등) • 은밀 침투 방지도 • 탐지 확률(90~95% 범위 이내) • 침입구역표시 • 경보기능 • 자체 점검 기능 • 작동상황 자동 기록(점검 시 이상 유무, 장비를 켜고 끌 때, 동작 시 경보 시 기록)	• 센서 특성을 역이용한 은밀 침투 방법에 대한 검토 및 대처 방안을 제시 • 설치 지역을 대응 및 다른 감시 장비와 연동을 고려하여 여러 단위 감지 지역으로 분할하고, 그 크기는 설치 지역의 특성을 고려하여 결정 • 침투의 표시는 구역별로 표시 • 중앙 통제실 표시 장치에 침투구역 표시 및 경보음 발생 • 항시 자동점검 및 필요時 수동점검 기능, 고장時 고장 내용 표시 가능성 여부 • 경보時 운용자 조치내용 기록가능 여부

7) http://www.globalsecurity.org/military/library/policy/army/fm/3-19-30/ch6.htm

〈표 4-2〉 PIDS 선택시 고려 사항(계속)

항목	세 부 내 용	비 고
설치 지역 적합성	• 지역의 지면 경사도 및 굴곡, 주위 초목 상태, 주변의 잡음 및 전자파 발생 요인 (차도, 공장, 파도, 변전소, 고압선..) 야생 동물 등에 의한 센서의 정상 작동에 대한 영향 고려 • 지역 지반 변화에 따른 장치의 성능 저하 여부 판단 및 대책 • 바닷가인 경우 염분에 대한 내성 여부	• 평지, 경사지, 급 경사지 등 지면 상태에 따른 센서의 성능 변화 여부 • 잡목, 잡풀, 수목 등의 영향 • 잡음 발생 요인이 많은 경우 진동이나 충격 감지 기종 회피 • 지역 지반이 해빙기 또는 폭우 등으로 변화가 심할 경우 센서에 미칠 영향 검토 및 설치시 대책
환경성	• 작동 온도 범위 • 그 지역의 연중 최저 온도 • 방습, 방수 기능 여부 • 강우, 강설, 강풍 시에 정상 작동 여부 • 폭우, 폭설, 폭풍 등에 의한 손상 가능성 여부	• 옥외 설치 기관에 적용 • 사계절에 정상 동작 • 감지 능력 저하 여부 • 폭풍에 날려오는 물체가 부딪힐 경우 충격에 의한 구성품의 손상 취약성 검토 및 대책
신뢰성	• 비침입 신호의 최소화 • 적정 수명 보장 여부 고려 • 고장률이 낮고 내구성이 있는지 여부	• 비침입 신호는 기종간의 비교로서 고려(참고 : Km당 월 10회 이하) • 적정 수명 사용 후 교체 • 기종간의 내구성 비교
운 용 용이성	• 사용자 교범 • 장치 조작의 단순성 및 논리성	• 사용자 교범이 이해하기 쉽게 잘 작성되었는지 여부 • 조작 실수가 일어나지 않도록 단순하고 그 순서가 논리적인지 여부
정비성	• 장치의 구성품별 교체 시간 • 구성품별 보수 시간 • 구성품 교체시 호환성 여부 • 구성품 뭉치 또는 구성품 보수에 필요한 부품 구입의 용이성 • 유지보수 비용의 적정성	• 기종별 비교 • 구성품 교체시 다른 구성품을 제조정하지 않아도 센서의 감도나 성능에 영향을 주지 않는지 여부 • 수입을 해야만 가능한 특수 부품이 있는지 여부

〈표 4-3〉 대표적인 PIDS의 침입 행위에 대한 탐지율과 환경에 의한 오보율 비교

침입/오보 PIDS 유형	천천히 걷기/바람	걷기/비	달리기/점수	기어오기/눈	빨리 기어오기/안개	점프/소동물	땅굴/큰동물	땅파기/작은새	사다리/큰새	자르기/번개	기어 오르기/고압전력선	들어올리기/지하 고압전력선
진동센서	NA/H	NA/L	NA/VL	NA/L	NA/VL	VH/L	VL/M	L/L	VL/L	MH/L	H/VL	MH/VL
장력센서	NA/VL	NA/VL	NA/VL	NA/VL	NA/NA	VH/VL	VL/L	VL/VL	VL/VL	H/VL	H/VL	H/VL
전기장센서	VH/M	VH/H	VH/L	H/M	VH/VL	VH/M	VL/VH	L/L	L/M	H/M	VH/L	H/VL
정전기센서	VH/M	VH/M	VH/VL	H/M	H/VL	VH/M	VL/VH	L/L	L/M	H/M	VH/L	H/VL
광섬유센서(매립형)	H/VL	VH/VL	VH/L	VH/VL	VH/VL	NA/L	VH/VH	VH/VL	NA/VL	NA/VL	NA/VL	M/VL
지진파센서(매립형)	H/VL	VH/VL	VH/VL	VH/VL	VH/VL	NA/L	VH/VH	VH/VL	NA/VL	NA/L	NA/M	NA/M
지자기센서(매립형)	H/VL	VH/L	VH/L	VH/L	VH/VL	NA/L	VH/VH	VH/VL	NA/VL	NA/M	NA/M	NA/M
마이크로 웨이브센서	H/L	VH/L	VH/M	VH/VL	VH/VL	VH/VH	VL/VH	VL/VL	NA/M	NA/M	NA/L	NA/VL
PIR/AIR	VH/L	VH/L	VH/L	VH/M	VH/M	H/M	VL/VH	VL/L	VL/M	NA/L	NA/VL	NA/VL
영상센서	H/L	VH/L	VH/L	VH/L	VH/M	H/L	VL/VH	VL/VL	M/VH	M/L	M/L	M/VL

VL = 매우 낮음, L = 낮음, M = 중간, H = 높음, VH = 매우 높음, NA = 적용 불가

실외용 센서는 대부분 노출이 되어 있으며, 센서의 알람 신호를 받아서 관제까지 알람 신호를 전달하는 역할을 하는 주장치도 외부에 노출되어 있다. 센서와 주장치 사이에 있는 알람 신호선과 전원선, 주장치와 관제 사이의 주장치 전원선과 주장치에서 관제까지 신호를 전달하는 신호선 등이 모두 바깥에 노출되어 있다. 그러므로 침입자가 이러한 전원선과 신호선을 쉽게 절단해 버리면 센서는 무용지물이 된다. 따라서 센서와 주장치의 전원선과 알람선(합쳐서 케이블로 명명) 설계 및 설치 시 주요 고려사항은 무단으로 외부에서 쉽게 조작하지 못하도록 방지해야 하며, 환경 조건에 대한 노출을 최소화해야 한다. 이런 이유로 센서는 펜스의 바깥쪽에 설치하면 안 된다. 그리고 시설물의 PIDS로 단 하나의 센서만 설치하면 안 된다. 또한 모든 케이블은 금속 도관(conduit)을 매립하여 외부에 노출되지 않도록 설치해야 한다. 케이블이 내장된 도관은 온도 변화에 따라 수축 및 팽창을 하기 때문에 이로 인해 오보가 발생할 수도 있다. 따라서 도관은 모든 전기선을 충분히 내장할 수 있을 정도로 여유가 있는 도관을 사용하는 것이 좋다. 또한 센서와 주장치 사이의 케이블은 가능하면 짧게 설치하고, 주장치는 뚜껑 열림 감지기능인 템퍼(tamper) 기능을 탑재하고, 주장치의 덮개가 쉽게 열리지 않도록 제작한다. 매립된 배관의 이상유무를 확인하기 위해 정기적으로 관제에서 시스템 테스트 신호를 체크해야 한다. 그리고 전원 공급에 문제가 생기는 경우를 대비해서 주장치 내부에는 최소한의 시간동안 동작할 수 있도록 배터리가 내장되어 있어야 하며, 또한 비상시 UPS로 전원이 공급될 수 있도록 해야 한다.

4.2 토트 와이어 센서

4.2.1 동작 원리

토트 와이어 센서(taut wire sensor)는 설치 형태에 따라 〈그림 4-2〉와 같이 독립형과 펜스 부착형으로 구분된다. 독립형은 전용 기둥 사이에 여러 가닥의 꼬인 와이어(wire)를 설치한 형태이며, 펜스 부착형은 기존 펜스에 센서 와이어를 설치한 형태이다. 독립형은 센서 기능과 펜스 기능을 동시에 구현한 장점이 있는 반면, 설치 비용이 고가인 점이 단점이다. 반면 펜스 부착형은 기존 펜스에 부착하므로 설치 비용이 독립형에 비해 저렴하다. 꼬인 와이어는 일반적으로 고장력의 가시달린 와이어로 만든다. 이 와이어는 넓은 온도 영역에서 스프링과 같은 기능을 한다. 각 와이어마다 스위치 또는 센서를 부착하고 지지대 양쪽의 중간 지점에 설치한다. 지지대 사이의 거리는 센서의 형태와 민감도에 따라 다르지만, 최대 약 100미터 이내로 하는 것이 좋다. 이 센서의 효율성에 가장 큰 영향을 미치는 요소는 지지대 사이에 설치하는 와이어의 개수와 간격이다. 토트 와이어 센서는 하나 또는 그 이상의 와이어가 수직 방향으로 구부러지는 힘을 받을 때 침입을 탐지하여 알람 신호를 발생하는 원리로 동작한다. 구부러지는 힘은 수직 방향으로 잡아당기거나 절단될 때 발생한다. 토트 와이어 센서는 센서 분류상 수동형, 노출형, 감지 영역이 면형, 지형 추적형인 특성이 있다.

(a) 독립형 토트 와이어 센서　　(b) 펜스 부착형 토트 와이어 센서

〈그림 4-2〉 독립형 토트 와이어 센서와 펜스 부착형 토트 와이어 센서

토트 와이어 센서의 대표적인 동작원리는 〈그림 4-3〉과 같다. 이 그림은 토트 와이어 센서를 판매하는 이스라엘 Magal사의 2가지 독립형 센서에 대한 동작원리이다. 펜스 기둥 중간 지점에 센서 기둥이 있으며, 펜스 사이의 간격은 약 50m 정도이다. 펜스에 설치되는 와이어 사이의 간격은 성인이 와이어 사이를 통과하지 못하도록 약 9~20cm 정도의 간격으로 설치한다. 고급형은 센서 기둥에 연결된 각 와이어마다 변위(strain)를 감지할 수 있는 스트레인 센서가 설치되어 있는 것이고, 보급형은 전체 와이어에 하나의 스트레인 센서가 센서 기둥에 설치된 점이 다르다. 독립형 토트 와이어 센서를 월장하기 위해 손이나 발을 와이어에 디디게 되면 수직방향으로 힘이 작용하게 된다. 이 힘이 와이어의 장력에 의해 센서 기둥에 설치되어 있는 스트레인 센서에 그대로 전달이 되어 침입을 탐지하는 원리로 동작한다.[8)]

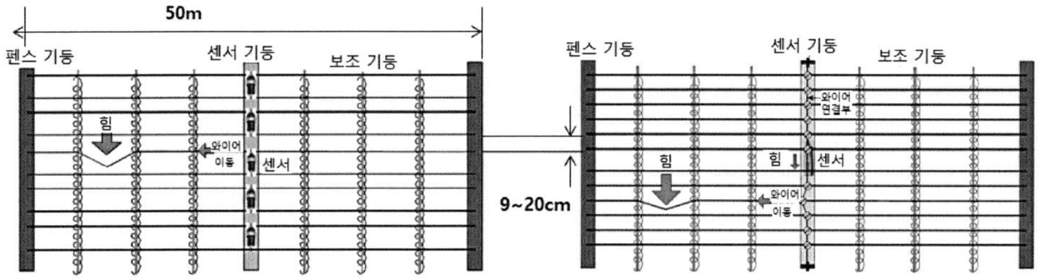

(a) 고급형 토트 와이어 센서 (b) 보급형 토트 와이어 센서

〈그림 4-3〉 Magal사의 토트 와이어 센서 종류

토트 와이어에 작용하는 장력에 따른 와이어의 변위를 감지하는 스트레인 센서는 〈그림 4-4〉와 같이 기계식(mechanical)과 전기기계식(electromechanical) 방식이 사용된다. 기계식 센서는 일종의 스위치 방식으로 동작하며, 각 와이어의 장력이 일정 수준을 넘어서게 되면 스위치의 위치가 바뀌는 원리를 이용한 것인데, 이 센서의 단점은 장력의 크기를 조정할 수 없는 것이다. 반면 전기기계식은 와이어의 장력에 따라 소프트웨어적으로 장력의 크기를 미세하게 조절이 가능하기 때문에 설치된 환경과 온도 변화에 따라 즉시 조정하여 운영할 수 있는 장점이 있다. 이와 같이 토트 와이어용 전기기계식 센서는 스트레인 게이지, 압전소자, 저항성 고무 등이 사용된다.

8) Magal-S3 홈페이지, http://www.magal-s3.com/53836.html

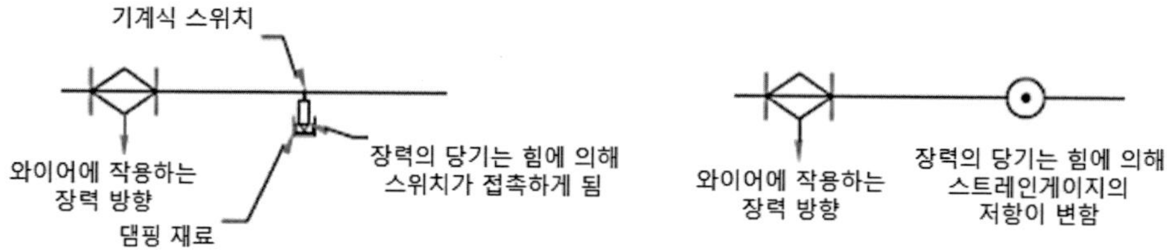

(a) 기계식 스위치 (b) 스트레인게이지 센서

〈그림 4-4〉 와이어어의 장력을 감지하는 센서의 동작 원리

토트 와이어 센서의 장점은 설치만 제대로 된다면 오보 알람이 거의 없다는 점이다. 그렇다고 해서 이 센서가 외곽 감지용으로 거의 완벽한 센서라는 의미는 아니다. 이 센서는 흔하지 않지만 겨울철 눈폭풍에 의한 오보가 가끔 발생할 수 있다. 〈그림 4-5〉에서 보듯이 고드름이 와이어 사이에 주렁주렁 매달리게 되면 시스템에 물리적인 손상이 발생하여 오보가 생성될 수 있다. 그리고 강풍이 부는 지역인 경우, 크고 무거운 이물질(표지판 또는 나뭇가지 등)이 날아와서 와이어에 달라붙는 경우 오보가 발생할 수 있다.

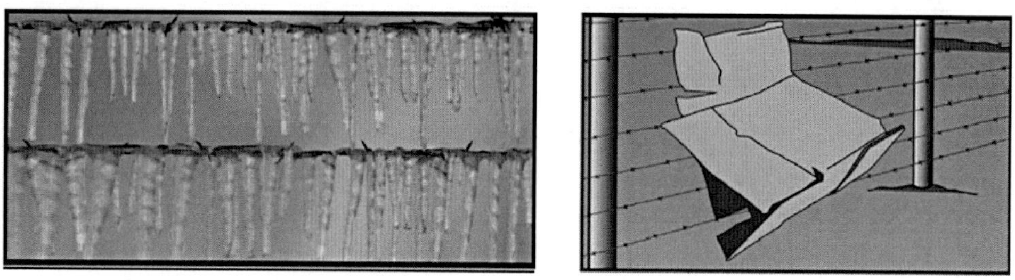

(a) 고드름이 와이어 사이에 있는 경우 (b) 이물질이 와이어 사이에 끼여 있는 경우

〈그림 4-5〉 토트 와이어 센서의 오보 가능성

연간 계절별로 온도 변화가 매우 급격히 발생하는 지역인 경우 와이어의 장력이 온도에 따라 변하게 되어, 매우 추운 날 와이어의 길이가 수축되면서 오보가 발생할 수도 있다. 만약 이렇게 온도 변화가 심한 지역에 토트 와이어를 설치하는 경우에는 계절별로 와이어의 장력을 조정하여 운영해야 한다. 그리고 바다 근처와 같이 염분에 의해 금속이 부식을 일으킬 수 있는 환경에 설치한다면, 와이어의 부식에 의해 오보가 발생할 수 있다. 따라서 이런 지역에 토트 와이어를 설치해야 한다면, 스트레인리스 또는 알루미늄 재질로 된 와이어를 사용해야 한다.

4.2.2 센서 특징 및 설치 기준

토트 와이어 센서의 특징은 다음과 같다.

(ⅰ) 타 시스템에 비해 오보 알람이 매우 낮다. 펜스 진동감지 센서에서 가장 많은 오보 요인인 소동물(토끼나 설취류)과 잡초 등은 오보에 영향을 미치지 않는다.

(ⅱ) 굴곡이 있는 지형에 따라 설치가 가능하다. 모든 부품이 스테인리스와 알루미늄 재질로 제작한다면, 부식이 심한 해안가에서도 설치하여 운영이 가능하다.

(ⅲ) 대부분의 기후 조건에 별다른 영향을 받지 않는다. 다만 극한의 환경인 경우에는 일부 영향을 받을 수 있다. 또한 안개에 의한 오보가 없다. 만약 일부 부식성이 있는 부품을 사용하는 경우, 매우 부식성이 높은 환경에서는 와이어 및 부품들이 부식이 되어 와이어와 이들 부품들 사이의 마찰에 영향을 주어 전체 시스템의 민감도가 낮아지는 문제가 생길 수 있다.

(ⅳ) 이중 펜스에서 보안 구역인 안쪽에 설치하여 다른 종류의 센서와 연동하여 침입을 탐지할 수 있다.

(ⅴ) 장애물과 센서의 역할을 동시에 하기 때문에 지붕의 가장자리 부분에 설치하여 운영할 수 있다. 펜스 진동감지 센서와 연동하여 펜스를 절단하는 행위는 펜스 진동감지 센서가 담당하고, 펜스를 올라가는 침입은 토트 와이어가 담당하는 방식으로 효율적으로 탐지할 수 있다. 이것은 전체를 토트 와이어 센서로 구현하는 것보다 비용적인 측면에서 효율적이다. 또한 기존 그물망 펜스 위에도 약간의 변형으로 설치하여 운영할 수 있다.

(ⅵ) 토트 와이어 센서를 PIDS의 다른 시스템과 연동하여 사용할 경우에는 최적의 탐지 성능을 낼 수 있다. 그러나 PIDS용으로 토트 와이어 센서만 설치하여 운영하는 것은 바람직하지 않다.

(ⅶ) 센서 기둥과 펜스 기둥에 사다리를 사용하는 펜스를 넘어가는 경우, 무감지가 될 수 있다. 또한 와이어를 매우 천천히 당기거나 절단하는 경우(실제로 쉽지는 않음), 토트 와이어 센서가 탐지하지 못할 수 있다. 토트 와이어 하단에 콘크리트로 바닥을 만들거나 또는 기어 다니는 침입자를 감지하도록 설계된 센서가 가장 낮은 와이어 하단부에 설치되어 있지 않을 경우, 토트 와이어 시스템 하부로 땅을 파고 침입하는 경우 무감지가 될 수 있다.

(ⅷ) 만약 펜스 기둥이나 센서 기둥을 부실하게 설치하여 기둥이 약간씩 흔들리게 되면 심각한 오보가 발생할 수 있다.

(ix) 토트 와이어 센서를 출입문에 설치할 수도 있다. 그러나 이것은 바람직 하지 않고, 오히려 출입문에는 능동형 적외선 센서를 설치하여 사용하는 것이 더 효율적이다.

(x) 토트 와이어 시스템을 PIDS 펜스 안쪽에 설치해서는 안 된다. 이 경우 침입자가 바깥 펜스를 올라간 다음, 토트 와이어 센서에 경보되지 않고 뛰어내릴 수 있기 때문이다.

제조사의 사양에 따르면 설치 기준은 다음과 같다. 토트 와이어 센서는 독립적으로 설치할 수도 있으며, 기존에 설치된 펜스 위에 설치할 수도 있다. 독립형 토트 와이어 센서인 경우, 펜스 기둥에 와이어가 장력이 충분히 유지될 수 있도록 설치해야 한다. 와이어를 기둥에 고정하는 지지대는 침입자가 딛고 올라갈 수 없도록 작은 크기로 만들어야 한다. 펜스 끝단 기둥은 일반적으로 시스템의 센서 및 중간 기둥보다 튼튼한 기둥이어야 한다. 토트 와이어 센서의 와이어는 제조사에서 추천하는 방법으로 기둥에 단단히 고정되어 있어야 한다.

센서 기둥은 감지 영역의 중간 지점(보통은 50m 또는 100m인데, 제조사의 권장사항에 따라야 함)에 설치한다. 와이어의 장력을 감지하는 센서는 기둥을 따라 설치하며, 모든 와이어는 이 센서에 연결되도록 한다. 중간 기둥이라 불리는 보조 기둥은 펜스 기둥과 센서 기둥 사이에 약 3m 간격으로 설치한다. 기둥에는 길이 방향으로 상하로 움직일 수 있는 슬라이더 코일이 설치되어 있는데, 이것은 센서 와이어의 간격을 잘 유지시킬 수 있도록 지지하는 역할을 한다. 기둥과 슬라이더 코일 사이에 고정바를 설치해서 와이어가 제자리에 유지되지만 여전히 자유롭게 움직일 수 있도록 한다. 가시 와이어를 사용하는 경우, 와이어의 가시가 코일에 닿지 않도록 하여 와이어가 펜스 기둥과 센서 기둥 사이에서 자유롭게 움직일 수 있도록 유지해야 한다. 따라서 가시 와이어의 가시 부분을 필요에 따라 일부 제거해야 하는 경우도 있다. 시설물에 대한 위협 요소에 따라 다르지만, 와이어 바닥 부분에 콘크리트 바닥을 만들어서 펜스 밑을 파서 침입하는 경우를 방지해야 한다.

일반적인 설치 기준에 따르면 각 와이어의 장력은 약 45kg 정도를 유지하는 것을 권장한다. 그래서 최소한 하나의 와이어에 약 12kg 이상의 장력이 가해졌을 때 알람이 발생하도록 설치한다. 이러한 압력은 성인 어른이 와이어를 타고 올라갈 때 한 쪽 방향으로 와이어를 잡아당기거나, 절단할 때 발생하는 장력과 거의 유사한 수준이다. 토트 와이어 센서는 지형 추적형으로 설치가 가능하다. 양쪽 기둥을 기준으로 와이어가 수직 방향으로 약 15도 이내의 각도에서 설치해도 된다. 이 경우에도 와이어가 지면과는 평행을 유지해야 한다. 만약 이 각도보다 더 큰 각도로 설치를 할 경우에는 와이어를 보조 기둥에 연결하는 슬라이더 코일 사이의 마찰이 너무 크게 되어, 와이어가 적절히 움직이지 못해 침입자가 잡아 당겨도 하중이 와이어에 전달이 되지 못할 수가 있다.

4.2.3 성능 평가 및 유지 보수

이 시스템에 대한 성능 시험은 센서에 연결된 모든 와이어에 대해 실시해야 한다. 왜냐하면 이 시스템에서 민감도가 가장 낮은 곳은 센서 기둥에서 멀리 떨어진 곳이기 때문이다. 따라서 성능 시험은 주로 펜스 기둥 쪽에서 실시한다. 또한 와이어를 따라 전 구역에서 민감도가 일정하게 유지되고 있는지 확인해야 한다. 그러나 와이어에 대한 시험은 센서가 있는 근접 위치(약 3m 이내)에서는 수행하지 않는 것이 좋다. 왜냐하면 갑자기 너무 큰 힘이 센서에 인가되어 센서가 고장이 날 가능성이 있기 때문이다.

센서에 피해를 주지 않고 할 수 있는 성능 시험에는 두 가지 방법이 있다. 와이어를 타고 사람이 직접 기어오르거나 와이어에 사다리를 배치하여 올라가면서 알람이 발생하는지 시험한다. 그리고 와이어를 실제로 절단하는 시험은 하지 않는다. 사다리 시험인 경우 와이어에 사다리를 놓고 센서가 활성화되는 지점까지 사다리를 올라가는 것으로 시험한다. 일반적으로는 시험자의 무릎이 담장 상단 근처에 도달하기 전에 알람이 발생한다. 알람이 수신되는 즉시 센서의 손상을 방지하기 위해 시험을 종료해야 한다. 개별 와이어의 장력을 시험하기 위해 〈그림 4-6〉과 같이 알람이 발생하기 전에 각 와이어가 이동할 수 있는 거리를 측정할 수 있는 막대자를 사용하는 것을 권장한다. 시험 하고자 하는 와이어 위에 막대자를 올려놓아서 와이어가 장력에 의해 알람이 발생하기 직전까지 편향된 길이를 측정한다. 와이어 전체 길이에서 7~10cm 정도의 편향되는 오차는 허용할 수 있다.

〈그림 4-6〉 막대자의 사용 사례

와이어를 모니터링하기 위해 전자기계식 스트레인 센서를 이용하는 토트 와이어 시스템의 경우, 프로세서에서 조정 가능한 소프트웨어 설정 또는 민감도 파라미터 등을 측정하고 검증하고 문서화해야 한다. 펜스에 설치된 주장치의 덮개에 탬퍼 기능이 제대로 동작하는지 정기 검사시 시험을 해야 한다. 시스템의 변경 또는 시간에 따른 감쇄를 모니터하기 위해 장력 시험 결과를 측정하고 문서화해야 한다. 혹한기에는 기계식 센서 스위치가 작동 후 정상 중립 위치로 복귀하는 데 약간의 시간이 걸릴 수 있다. 동일한 구역의 복수 시험을 고려할 때 이 점을 고려해야 한다.

이 시스템에 대한 동작 시험은 알람이 발생할 때까지 와이어 중 하나를 위아래로 당기거나 밀면서 검사하는 단순한 방법이다. 토트 와이어 센서는 많은 가닥의 와이어로 구성되어 있기 때문에, 시험을 수행할 때마다 다른 와이어를 선택해서 시험하는 것이 좋다. 이렇게 함으로써 장기간 시험을 하게 되면 결국 모든 와이어에 대해 시험을 한 것으로 간주할 수 있기 때문이다.

일관된 성능 유지를 위해 토트 와이어 시스템에 대한 유지관리가 필수적이다. 주간 단위로 시스템의 운전 동작 시험을 실시하며, 이때 시험자는 존재할 수 있는 모든 이상 징후를 관찰해야 한다. 시험자는 최소한 다음과 같은 내용에 대해서는 확인을 해야 한다.

(i) 바람에 의해 이물질이 와이어에 붙어 있는지 확인하고 이를 제거한다.

(ii) 와이어 위로 식물들이 잘고 있으면 이를 제거한다.

(iii) 시스템의 바닥 밑으로 동물 또는 누군가가 땅을 판 흔적이 있는지 확인한다.

(iv) 보조 기둥이 제 자리에 잘 위치해 있는지, 그리고 보조 기둥에 와이어를 연결하는 슬라이더 코일의 상태를 확인한다.

(v) 가시 철망을 사용하는 경우, 슬라이더 코일 또는 센서 기둥에 와이어의 가시 부분이 걸리거나 끼이지 않았는지, 그리고 슬라이더 코일에서 5~8cm 이내에 가시가 없는지 확인한다.

(vi) 센서의 상태를 검사하여 구성 요소가 균열 또는 손상되지 않았는지, 와이어가 단단히 부착되어 있는지 확인한다.

(vii) 와이어의 상태, 간격, 장력 등을 검사한다.

(viii) 제조사에서 권장하는 별도의 검사 또는 유지 보수 내용을 확인한다.

(ix) 최소한 연 1회 또는 성능 시험을 실시할 때마다, 〈그림 4-7〉과 같은 기구(동력계, dynamometer)[9][10]를 이용하여 와이어의 장력을 검증하여 제조업체의 규격 내에 장력이 있는지 확인한다.

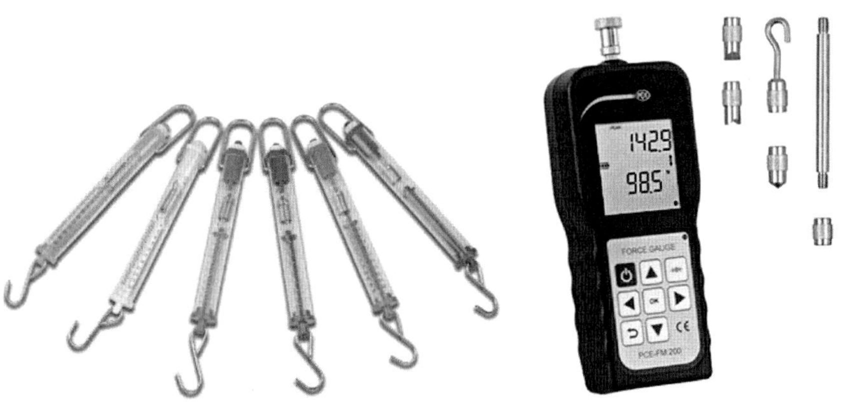

(a) 아날로그형 다이나노미터 (b) 디지털형 다이나노미터

〈그림 4-7〉 아날로그형과 디지털형 다이나노미터 외관

9) http://www.thegreenbook.com/what-are-dynamometers.htm

10) https://www.pce-instruments.com/english/measuring-instruments/test-meters/dynamometer-pce-instruments-dynamometer-pce-fm-200-det_58189.htm

4.3 전기장 센서

4.3.1 동작 원리

전기장 센서(electric field sensor)는 다른 표현으로 e-field 센서라고도 한다. 이 센서는 〈그림 4-8〉과 같이 여러 개의 기둥 사이에 전기장 와이어와 센서 와이어를 연결해 놓은 형태이다. 가장 기본적인 형태는 하나의 전기장 와이어와 하나의 센서 와이어로 구성된 것이며, 일반적으로는 그림(b)와 같이 전기장 와이어 3개와 이 와이어 중간에 센서 와이어 2개를 설치한 형태이다. 전기장 와이어에 사인파형의 전자기장 신호를 인가하게 되면 전기장 와이어 주위에 전자기장이 형성된다. 센서 와이어를 전기장 와이어 근처에 평행하게 설치해 놓고, 전기장의 에너지를 수신한다. 이렇게 전기장 와이어와 센서 와이어 사이에 커플링이 되는 영역이 감지영역에 해당된다. 전기장 센서는 설치 형태에 다라 다르지만, 최대 약 2m의 폭, 수직 방향으로 약 5m 높이까지 입체적인 감지영역이 형성된다. 침입자가 감지영역으로 진입하게 되면 주장치에서 입력된 전기장 에너지를 모니터하고 분석하여 전기장의 변화로부터 침입자를 인식하는 원리이다.

(a) 전기장 센서 설치 형태

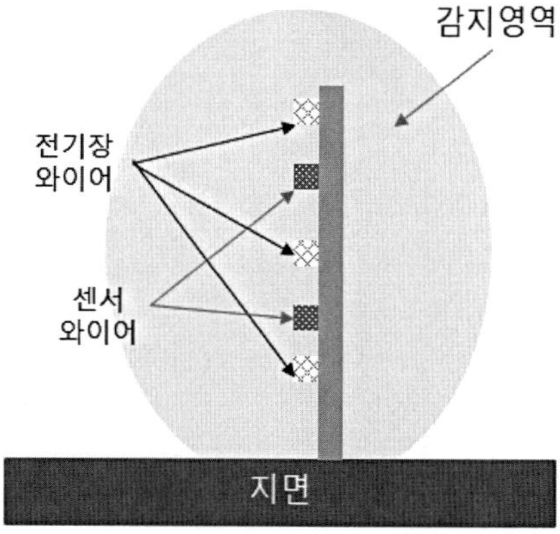

(b) 와이어 위치 및 감지영역

〈그림 4-8〉 전기장 센서 설치 형태 및 동작 원리

전기장 와이어와 센서 와이어 사이의 커플링은 주로 전기용량형 커플링(capacitive coupling)으로 구현한다. 센서 와이어에 유도된 에너지 레벨은 전기적 접지 레벨과 와이어들 사이의 간격에 의해 결정된다. 인체는 대부분 수분으로 이루어져 있으며, 수분의 유전율은 공기보다 약 100배 이상 크기 때문에, 사람이 감지영역 내로 진입을 하게 되면 인체 내 수분의 고유전율 때문에 전기장에 교란이 발생한다. 교란 정도가 주장치에서 설정한 변화량을 넘어서게 되면 침입으로 인식하는 원리이다. 초창기 전기장 센서는 침입자로 간주될 정도로 너무 빠르거나 너무 느리지 않은 아날로그 신호의 진폭(임계값)의 충분한 변화를 감지하는 것에 기초했다. 그러나 이런 감지조건은 다양한 외부 환경에 의해 오보가 많이 나올 가능성 있었다. 그래서 최근에 개발된 모델은 알람을 일으키는 패턴을 인식하는 방법으로 개선되었다. 이런 패턴 인식을 통해 오보는 상당히 개선되었다. 전기장 센서는 감지영역이 입체형이며, 능동형 센서이다. 또한 지형이 굴곡진 곳에도 사용이 가능한 지형 추적형 센서이다.

전기장 센서는 〈그림 4-9〉와 같이 다양한 형태로 설치가 가능하다. 그물망 펜스에 설치해서 사용할 수 있고, 별도의 기둥을 이용하여 독립형으로 사용할 수 있으며, 담장을 뛰어 넘는 것을 감지할 수 있도록 담장에 수평 및 수직으로 설치할 수 있다. 따라서 이런 용도에 맞게 와이어의 구성도 다양하게 조합할 수 있다. 다른 PIDS에서는 구현할 수 없는 다양한 보호구역에 설치하여 운영할 수 있는 장점이 있다.

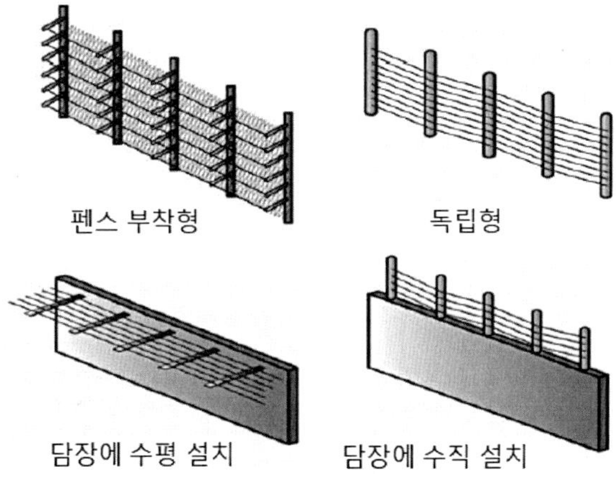

〈그림 4-9〉 전기장 센서의 다양한 설치 형태

전기장 센서는 제대로 설치하고 운영하면 거의 오보가 발생하지 않는다. 전기장은 금속성과 유전성 물체에 반응을 하기 때문에 이런 물체가 센서 근처에 있으면 오보가 발생한다. 그물망 펜스에 펜스 부착형으로 사용하는 경우, 그물망 펜스의 출입문에 문과 펜스의 나머지 부분을 부분적으로 절연을 시키기 위해 경첩(hinge) 부분에 유전체 물질인 그리스를 종종 사용한다. 이 경우 약한 바람에 의해 문과 금속으로 된 경첩 사이가 흔들리게 되고 이로부터 오보가 발생할 수 있다. 또한 센서 하단부에 금속성 물질(금속 배관 또는 전기 고압선 등)이 매설되어 있으면 오보가 발생할 수 있다.

환경적인 요인 중에 비와 눈에 의해 오보가 발생할 수 있다. 폭우가 내리는 경우 오보가 발생할 수 있다. 그러나 최근에 개발된 전기장 센서에서는 비와 눈에 의한 전기장 변화의 패턴을 인식하여 이로 인한 신호 변화는 무시하도록 구현되어 있다. 폭설이 내리는 경우 지면에 눈이 쌓이게 되는데, 이 정도의 변화는 센서의 알고리즘으로 무시할 수 있다. 그러나 수분을 다량 함유한 폭설이 내려서 쌓인 눈이 녹게 되는 순간 유전율의 변화로 인해 오보가 발생할 수 있다.

소동물이 와이어를 직접 건드리거나 큰 동물이 감지영역 내로 진입하게 되면 오보가 발생할 수 있다. 작은 새 한 마리가 와이어 위에 앉게 되는 것은 오보가 발생하지 않지만, 새 떼가 와서 와이어에 앉게 되면 오보가 발생할 수 있다. 그러나 큰 새는 와이어가 가늘어서 와이어 위에 앉지는 않는다. 젖은 식물이나 잡초들이 와이어를 건드리게 되면 오보가 발생할 수 있다. 따라서 센서 주위에 식물들이 자라지 않도록 주기적으로 제거를 해 주어야 한다.

4.3.2 센서 특징 및 설치 기준

전기장 센서의 특징은 다음과 같다.

(i) 전기장 센서는 대부분의 환경에 잘 동작한다.

(ii) 매우 크고 비교적 균일한 감지영역을 갖도록 조정이 가능하며, 침입자에게 전기장 센서에 감지되지 않고 우회해서 침입하기가 매우 어렵도록 만들 수 있다.

(iii) 매우 다양한 형태로 설치가 가능하다. 펜스에 부착해서 사용할 수 있으며, 별도의 기둥을 이용해서 독립형으로 설치할 수 있고, 담장 또는 지붕과 같은 곳에도 설치가 가능하다.

(iv) 전기장 센서는 약 6m 마다 기둥 간격을 두고 울퉁불퉁한 지형을 따라 설치할 수 있으며, 이와 같은 방법으로 완만한 언덕과 계곡 위에도 설치할 수 있다.

(v) 전기장 센서 설치는 일반적으로 제조사에서 교육을 받은 설치자 또는 숙련된 기술자가 설치를 해야 한다.

(vi) 전기장 센서의 수평 방향으로 설치된 와이어가 자연스럽게 펜스의 한 유형을 형성하므로 인가된 차량이나 직원의 진입에 대한 지연 장벽을 역할도 한다. 보

호 구역 내부로 수시로 직원 또는 차량 접근이 필요한 경우에는 전기장 센서 이외에 다른 센서를 통합하여 운영해야 한다.

(vii) 전기장 센서는 입체형의 감지영역을 가지고 있으므로, 센서 근처로 큰 물체가 이동하게 되면 오보가 발생할 수 있다. 만약 차량이 자주 통행해야 하는 곳에 전기장 센서만 설치하여 운영하게 되면 오보가 매우 많이 발생할 수 있다. 따라서 이 경우에는 다른 종류의 센서와 연동하여 운영함으로써 오보를 줄일 수 있다.

(viii) 와이어 하단부에 매우 천천히 기어오게 되면 전기장 센서는 감지하지 못할 가능성이 있다. 따라서 이런 행위를 막기 위해 제일 하단부에 설치되는 와이어는 지면과 평행하게 20cm 정도의 높이로 설치하는 것이 좋다. 그리고 기둥과 기둥 사이의 지면이 외부 요인에 의해 쓸려 내려가 굴곡진 부분이 생기게 되면 이 부분의 민감도가 변하여 침입자를 감지하지 못할 수도 있다.

전기장 센서는 〈그림 4-10〉과 같이 기둥, 전기장 와이어, 센서 와이어, 와이어 지지부 등 많은 부품으로 구성되어 있다. 최적의 성능을 유지하기 위해서는 제대로 된 설치를 해야 한다. 따라서 센서 시공자는 제조사에서 교육을 받은 사람 또는 이 분야에 경험이 많은 기술자가 설치를 해야 한다. 이 센서 시스템에서 가장 중요한 것은 모든 전기적인 부품은 반드시 접지를 해야 한다는 점이다. 이로 인해 고유전율의 물체가 지면에 닿은 상태에서 감지영역 내로 진입하게 되면 감지가 되는 원리로 동작한다. 따라서 제조사마다 전기적 접지를 어떻게 하는지에 대해 자세히 설명이 되어 있다. 전기장 센서는 펜스 부착형과 독립형 모두 사용이 가능하지만, 가능하면 독립형으로 사용하는 것을 권장한다. 펜스 부착형의 경우에는 펜스의 금속성 재질 때문에 감지영역이 독립형에 비해 반 정도로 줄어들기 때문이다. 또한 담장 또는 지붕에도 설치가 가능하다. 만약 담장 또는 건물에는 적절한 접지를 할 수 있도록 건설되지 않기 때문에, 센서와 가까운 위치에 별도의 접지 장치를 구성해야 한다.

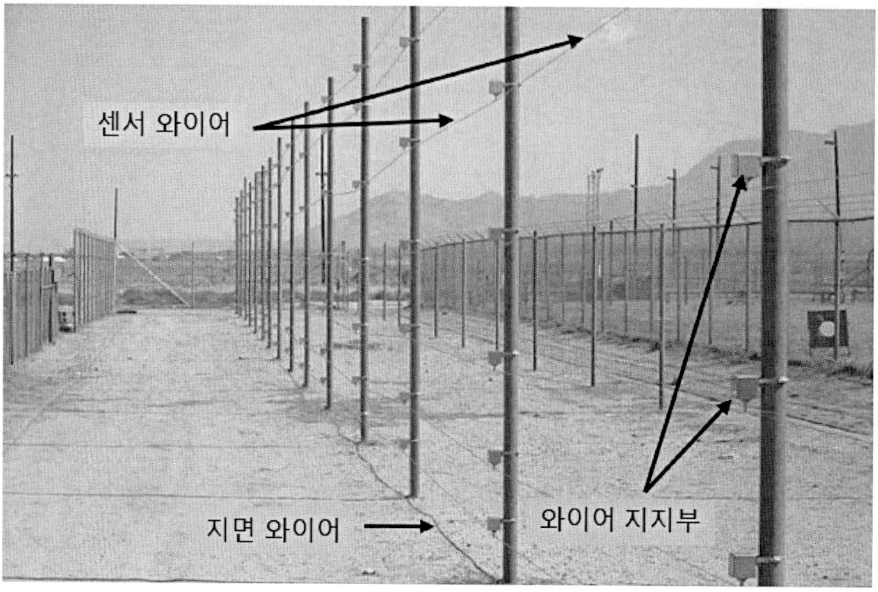

〈그림 4-10〉 전기장 센서의 주요 구성품

4.3.3 성능 평가 및 유지 보수

주장치 교체 또는 교정, 와이어 간격 조정 또는 높이 변경, 기타 감지 영역 및 민감도에 영향을 주는 변경이 있으면 성능 시험을 수행해야 한다. 센서가 설치된 영역과 센서의 외관 검사도 성능 시험의 일종이다. 모든 내용은 문서로 기록되어야 한다. 모든 기둥 사이에 설치된 가장 낮은 위치에 있는 와이어의 높이를 이전과 비교하여 변경 사항을 기록한다.

전기장 센서는 입체형 감시 영역을 갖는 센서이기 때문에, 침입자가 센서 와이어에서 멀리 떨어진 곳에서부터 센서 근처로 오거나 와이어를 통과하게 되면 탐지된다. 어떤 영역에서는 침입자가 근접하는 경우에도 탐지가 되지만, 어떤 영역에서는 센서 와이어에 매우 근접했을 때 또는 와이어를 통과할 때 탐지가 될 수도 있다. 따라서 성능 시험은 와이어를 통과해서 탐지하는지 여부를 확인해야 한다. 또한 무감지에 대한 경우에 대해서도 고려해야 하므로, 감지영역으로 접근하는 모든 행위(예를 들면, 기어오기, 걷기, 점핑, 달리기 등)에 대해 탐지 여부를 확인해야 한다. 특히 감지영역이 겹치는 지역 또는 땅이 파져 있는 곳에서는 주의가 필요하다. 95% 신뢰 수준을 확보하기 위해 각 위치별로 30회 시도하여 결과를 기록한다. 무감지 가능성에 대해서는 각각의 무감지 행위별로 하나의 감지영역 내에서 다른 위치에서 시험을 한다. 만약 30회 침입

시도를 모두 탐지한다고 하면, 95% 신뢰 수준에서 90%의 탐지 확률을 가진다고 볼 수 있다.

전기장 센서는 기어오는 행위에 대해서 무감지 가능성이 있기 때문에 30회 성능 시험 동안, 다른 무감지 행위보다는 더 많이 실시하는 것이 좋다. 기어오기 시험을 할 때에는 시험자는 바닥에 딱 붙어서 얼굴은 들지 말고 머리가 센서 쪽으로 향하도록 하는 자세로 시험을 해야 하며, 감지영역 바깥에서부터 기어오기를 시작한다. 특히 시험자의 체중은 최소한 35kg 이상인 사람이 수행을 해야 한다. 초당 5~10cm 정도의 속도로 천천히 움직인다. 그리고 탐지가 발생할 때까지 쉬지 않고 천천히 센서 방향으로 기어가야 하며, 센서 와이어를 완전히 통과할 때까지 탐지하는지 시험을 해야 한다.

펜스 부착형 센서인 경우, 펜스가 가로 막고 있기 때문에 센서 와이어를 통과하는 시험은 진행할 수가 없다. 이 경우에는 손이나 머리만이 센서를 통과했다고 해서 무감지 되었다고 볼 수는 없다. 무감지 여부는 시험자가 펜스 와이어 사이로 몸 전체가 빠져 나갈 때 감지하는지 여부로 확인해야 한다. 침입자는 펜스를 절단하여 펜스를 통과하거나, 펜스를 타고 올라서 통과하는 것과 같은 행동으로 침입을 하므로, 침입자 시험은 펜스를 기어오르거나 펜스를 절단하고 들어가는 행위를 모의 실험하는 데 필요한 움직임과 도구를 사용하는 것이 좋다.

동작 시험은 전기장 센서의 감지영역 내로 걸어오거나 와이어를 완전히 관통해서 지나가면서 탐지 여부를 확인한다. 이 시험을 통해 장비에 손상이 있는지 여부와 전체적으로 동작하는데 문제가 없는지 확인하는 내용으로 수행한다.

일상적인 유지보수는 부품들을 점검하고 센서 하단부 공간에 금속성 물질, 식물, 파편 등이 있는지 점검한다. 전기장 센서의 각 센서 와이어들은 적절한 장력을 유지하고 있는지 점검한다. 적절한 장력으로 인해 와이어들이 일정한 주파수로 진동을 하고 있으며, 이 주파수는 주장치에서 출력 신호로 확인할 수 있다. 만약 오보 알람이 증가한다면 다음과 같은 내용을 확인해 봐야 한다.

(ⅰ) 센서 와이어 근처에 식물 등이 자라는지 확인한다. 식물 등이 있으면 제거한다.
(ⅱ) 하단부에 오보를 일으킬 수 있는 파편 등이 있는지 확인한다. 있으면 제거한다.
(ⅲ) 와이어가 끊어진 곳이 없는지 또는 적절한 장력을 유지하고 있는지 확인한다.
(ⅳ) 부품 및 주장치 등이 손상을 입었는지 확인한다.
(ⅴ) 센서의 접지가 제대로 되어 있는지 확인한다.

(vi) 센서가 설치된 하단부 근처에 금속성 물질이 잇는지 확인한다.

(vii) 하단부 와이어의 높이가 적절한지 확인한다. 제조사에서 제공한 사양을 참고하여 가능한 낮은 위치에 있도록 재조정한다.

4.4 펜스 진동감지 센서

4.4.1 개요

펜스 진동감지 센서(fence disturbance sensors)는 펜스에 설치하여 침입자가 펜스 구조물을 타고 기어 올라가거나 펜스를 절단하는 행위를 탐지하기 위함이다. 따라서 펜스에서 발생하는 침입 신호는 침입 행위에 따라 다음과 같은 3가지 진동신호가 발생한다. 먼저, 침입자가 펜스 위로 기어 올라갈 때는 2가지 종류의 신호가 발생하는데, 펜스를 타고 올라갈 때 펜스 구조물의 흔들림에 의해 발생하는 저주파 진동과 펜스를 발로 차거나 디딜 때마다 발생하는 고주파 진동이 있다. 그리고 침입자가 고의로 펜스를 절단할 때 발생하는 충격파의 신호이다. 펜스 진동감지 센서는 이러한 신호를 감지하기 위해 다양한 물리적인 원리를 이용하여 침입자의 이러한 침입 행위를 탐지하고자 개발되었다.

펜스 진동감지 센서는 기본적으로 펜스에 설치하여 침입자에 의한 펜스의 물리적인 변화량을 측정하는 원리로 동작한다. 따라서 센서가 설치될 펜스가 기본적으로 튼튼히 설치되어 있어야 한다. 만약 펜스가 부실하게 설치되어 있다면 아무리 많은 센서를 설치하더라고 침입 신호와 비침입 신호를 구분할 수 없게 된다. 펜스의 종류도 매우 다양하다. 대표적인 펜스는 〈그림 4-11〉과 같이 그물망 펜스와 용접 와이어 펜스이다. 이 중에서도 그물망 펜스가 보안용으로 가장 많이 사용되고 있다.

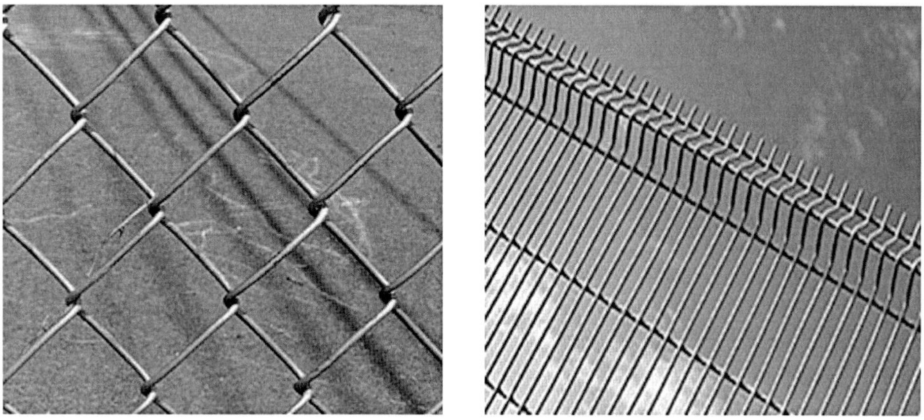

(a) 그물망 펜스(chain-link fence)　　(b) 용접 와이어 펜스(welded-wire fence)

〈그림 4-11〉 대표적인 보안용 펜스의 종류

침입 신호를 비침해 신호와 잘 구분하기 위해 센서를 구동하는 주장치 내부에는 다양한 알고리즘이 내장되어 있다. 운영자가 계절별 또는 비바람/맑은 날씨 등의 환경에 적합하도록 알고리즘에 내장되어 있는 각종 변수(parameter)를 수정하면서 운영할 수 있도록 되어 있다. 침입 알람 신호 특성을 규정하기 위해 정해진 시간 내에 규정된 최소의 이벤트(센서 신호 1회 발생) 수를 설정할 수 있다. 예를 들면, 30초 이내에 최소 5번의 이벤트가 발생하면 알람으로 신호를 발생한다. 이러한 조건은 펜스의 상태, 주변 환경 등을 고려하여 알람 이벤트 조건을 설정할 수 있다. 만약 이벤트 수를 줄이게 되면 탐지 확률은 높아지지만 비침해 알람 확률 또한 높아지게 된다. 반면 비침해 알람 확률을 낮추기 위해 이벤트 수를 늘리게 되면 침입 탐지 확률도 낮아지게 된다. 이러한 이벤트 조건은 각 센서마다 원리가 다르고 환경이 다르기 때문에 현장에 맞게 설치하여 운영해야 한다. 최근에 상용화된 펜스 진동감지 센서들은 바람에 의한 진동과 침입자가 펜스를 타고 올라가는 신호를 어느 정도 구분을 할 수 있도록 설계되어 있다. 바람이 불게 되면 펜스 전체가 흔들리는 반면, 침입자의 경우에는 일부 구간의 펜스만 흔들린다. 이러한 차이점을 이용하여 펜스를 약 25m 정도를 하나의 감지영역으로 설정하게 되면, 길이가 500m의 펜스의 경우 감지영역은 약 20개 정도로 구분이 된다. 이 경우 바람이 불게 되면 20개의 감지영역에서 모두 바람에 의한 진동을 감지하는 반면, 침입자의 경우에는 20개 중 하나의 감지영역에서만 진동을 하므로 침입자의 행위로 구분하는 원리이다.

펜스 진동감지 센서는 기존에 설치되어 있는 그물망 펜스(chain-link fence) 위에 설치한다. 그러나 이러한 센서를 설치할 목적으로 펜스가 설치되지 않았다면 많은 잡음이 발생할 수 있으며, 이러한 잡음을 제거하기 위해 많은 노력과 시간이 필요하다. 다음은 펜스 진동감지 센서를 설치하기에 적합한 보안용 펜스에 대한 지침이며, 〈그림 4-12〉는 이런 지침에 맞는 고정 와이어와 그물망의 위치를 나타낸다.

(ⅰ) 펜스의 그물망은 기둥을 기준으로 보호 구역 바깥을 향하도록 한다. 펜스 기둥이 수직 방향으로 4° 이내로 설치되어야 하며, 펜스 센서가 최소 펜스 그물의 5마디마다 고정되어 설치되어야 한다.

(ⅱ) 펜스의 그물망은 판넬의 중심 지점에 수직으로 약 13.5kg(133 Newton)의 힘으로 잡아 당겼을 때, 그물망이 약 5cm 이상 당겨지지 않아야 한다.

(ⅲ) 펜스 기둥의 꼭대기에서 펜스에 수직한 방향으로 약 23kg의 힘을 가했을 때, 펜스 기둥이 2.5cm 이상 당겨지지 않아야 한다. 그리고 다시 놓았을 때 그물망이 제 자리로 복귀해야 한다.

(ⅳ) 펜스 그물망에 콘크리트나 다른 단단한 조작들이 박혀 있지 않아야 한다. 만약 이런 것들이 그물망에 박혀 있으면 펜스의 진동이 센서에 제대로 전달이 되지 않는다. 또한 펜스 주위에 펜스의 장력을 방해하는 나뭇가지나 다른 이물질이 없이 깨끗하게 유지되어야 한다.

(ⅴ) 펜스 위쪽에는 레일이 설치되어 있으면 안 된다. 이러한 레일이 있으면 침입자가 펜스를 올라갈 때 이 레일을 잡고 움직이기 때문에 펜스에 제대로 된 진동이 전달되지 않을 수 있다. 그러나 아래쪽에는 레일이 있어도 무방하다.

(ⅵ) 펜스를 흔들 수 있는 다른 이물질이 없어야 한다. 만약 이런 것이 있으면 오보 알람을 일으키는 요인이 될 수 있다.

(ⅶ) 고정 와이어를 사용하여 펜스의 그물망이 기둥에 단단히 고정되도록 한다.

(ⅷ) 펜스의 위쪽 그물망은 펜스 기둥의 꼭대기에서 아래로 약 10cm 이내까지 설치되어야 한다. 이렇게 해야 침입자가 기둥에 사다리를 기대어 이용하거나 다른 도구를 이용하여 펜스를 올라가는 것을 방지할 수 있다.

(ⅸ) 고정 와이어는 그물망을 펜스 구조물(기둥, 지지 와이어 등)에 단단히 고정시키는 용도로 사용한다. 고정 와이어 선재의 직경은 약 3mm 정도이며, 재질은 아연이 코팅된 철을 사용하는 것이 좋다.

(ⅹ) 그물망은 약 30cm 간격으로 고정 와이어를 이용하여 지지 와이어에 고정한다.

(ⅹⅰ) 그물망과 고정 와이어 사이가 공간이 생겨 그물망이 움직이는 것을 방지하기 위해 고정할 때에는 약 540도 이상 비틀어서 단단히 결속한다.

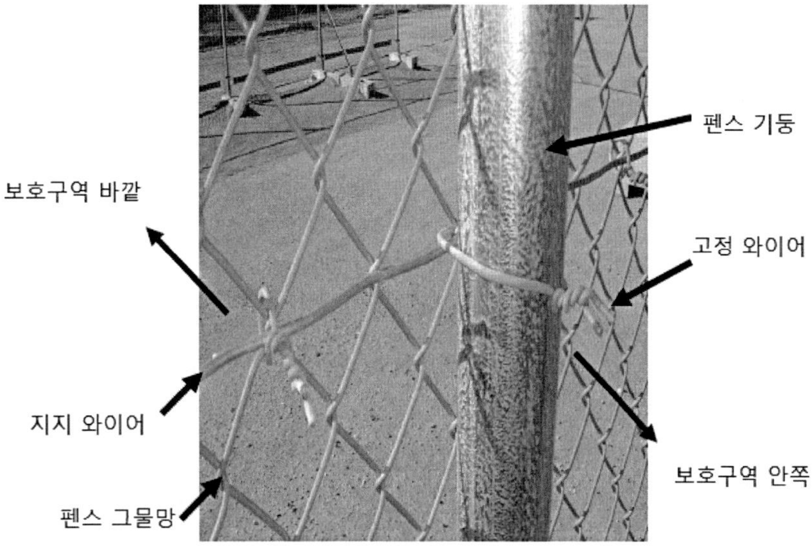

〈그림 4-12〉 그물망과 고정와이어의 위치

일부 펜스 진동감지 센서는 풍속계로부터 풍속이 입력되도록 되어 있으며, 측정된 풍속이 임의의 속도를 초과할 때 이벤트의 횟수를 조정하기도 한다. 이런 유형의 시스템을 사용할 때는 바람이 증가할 때 시스템의 감도를 자동으로 증가시킬 수 있으므로 주의해야 한다. 바람에 의해 시스템이 더 이상 침입자를 감지하지 못하는 지점까지 관리자가 알 수 없는 사이에 증가할 수 있다. 따라서 오보 알람이 허용할 수 없는 수준까지 증가하고 필요에 따라 보정이 실행될 수 있도록 관리자가 센서 변수 조정을 할 수 있는 것이 바람직하다. 일부 센서는 케이블 길이에 따라 미터별로 감도를 독립적으로 조정하여 모서리, 기둥, 게이트 등 펜스의 다양한 위치에 대해 보상할 수 있도록 하는 기능이 있다. 또한 이러한 유연성으로 인해 프로세서의 소프트웨어에서 구역을 관리자가 정의할 수 있어 불필요한 프로세서를 잠재적으로 줄일 수 있다.

센서를 지지하는 펜스에 표지판을 설치해서는 안 된다. 바람이 부는 경우, 이러한 표지판이 움직이면서 오보 요인으로 작동할 수도 있기 때문이다. 만약 표지판을 꼭 설치를 해야 한다면, 바람에 전혀 움직이지 않도록 단단히 고정해야 한다. 만약 펜스를 따라 센서를 고정하기 위해 체인을 사용할 경우, 예를 들면 출입문을 감시하는 경우, 체인은 고무 코팅되고 가능한 한 짧은 것을 사용한다. 나뭇가지, 잡초, 그리고 기타 물리적으로 펜스에 방해가 되는 것은 모두 없애야 한다.

펜스 그물망의 장력과 펜스의 설치 조건에 따라 비침입 알람 신호는 많이 발생할 수 있다. 그물망의 장력이 좋으면, 펜스를 타고 올라가거나 망을 절단하는 미세한 신호도 센서에 잘 전달이 될 수 있다. 반대로 그물망의 장력이 좋지 않으면, 다른 원인에 의해 그물망이 흔들리는 잡음 신호와 침입 신호를 구분할 수가 없게 된다. 또한 비, 우박, 얼음, 바람, 바람에 날리는 조각들, 천둥, 그리고 펜스가 설치된 물리적인 조건 등의 다양한 요인에 의해 비침입 알람 신호가 생성될 수 있다. 이러한 환경 요인들이 미치는 정도는 센서의 종류, 설치된 방법, 센서 유지관리 정도, 민감도 및 다른 변수들의 설정 등에 따라 다르다.

펜스 진동감지 센서 중 마찰전기를 이용한 센서와 알파센서는 고전압이 흐르는 전선 근처에는 사용할 수 없다. 또한 전자기파의 영향을 받는 곳에도 사용에 주의를 해야 한다. 이러한 전자기적인 환경에 비교적 영향을 덜 받는 센서는 광섬유 센서이다. 광섬유 센서는 진동을 감지하는 원리이기 때문에, 지진파 센서와 같이 대형 자동차가 근처를 지나가는 등의 유사한 환경에 대해서는 오보가 발생할 수 있다.

펜스 진동감지 센서의 특징은 다음과 같다.

(i) 일부 케이블 유형은 침입이 발생한 위치를 제공하는 기능이 있으며, 이러한 정보로부터 빠르고 정확한 알람 판단을 하는데 도움을 준다.

(ii) 대부분의 펜스 진동감지 센서는 상대적으로 시스템 및 설치 비용이 저렴하다. 이유는 이미 외곽 침투 방지를 위해 설치된 펜스가 있으며, 단지 기존의 펜스 위에 설치하기 때문에 비용이 저렴하다.

(iii) 펜스 진동감지 센서는 건물 내부에 있는 자산을 방호하는데 아주 탁월한 방호 수준을 제공한다.

(iv) 펜스를 매우 천천히 자르거나 타고 올라가는 침입자는 펜스 진동감지 센서에 탐지되지 않을 수도 있다. 그러나 실제로 이렇게 천천히 하는 것은 매우 어렵다. 이런 시나리오는 침입자가 알람 생성을 위한 이벤트 수와 시간 간격을 알고 있는 경우 악용될 소지는 있다.

(v) 대부분의 센서는 펜스의 형태에 따라 다양한 형태로 설치할 수 있다.

(vi) 광섬유 센서를 제외하고는 고압 전력선이 지나가는 근처에는 설치하지 않는 것이 좋다. 또한 전자기파는 마찰전기 케이블 센서에 영향을 미칠 수 있으므로 설치에 유의해야 한다.

펜스 진동감지 센서의 성능 시험은 의도한 기능 범위를 통해 센서의 성능 수준을 검증하도록 진행한다. 펜스 진동감지 센서는 침입자가 펜스를 타고 올라가거나 자르는 시도를 탐지하도록 설계되어 있다. 먼저 센서가 설치된 일반적인 영역과 설치된 센서의 외관 검사를 시작으로 성능 시험을 시작한다. 시험을 진행하는 사람은 유지보수 내용을 참조하고 필요한 정기적인 유지보수는 반드시 진행해야 한다. 탐지 능력 또는 오보 알람에 영향을 미칠 수 있는 모든 관련 프로세서 판독값 및 설정값을 기록한다. 이것은 제조사마다 다른 센서 설정값을 갖고 있기 때문이다. 또한 시험 중 측정한 전류값이 제조업체에서 추천한 값과 같은지 비교과정도 포함된다. 펜스를 타고 올라가는 행위에 대한 탐지 능력을 시험하기 위해서는 시험자가 직접 펜스의 그물망을 타고 올라가야 한다. 특히 절단 시험의 경우, 실제로 절단을 하게 되면 펜스의 그물망에 손상이 가기 때문에, 〈그림 4-13〉과 같이 펜스 그물망을 손상시키지 않고 펜스에 일관성 있게 펜스 절단을 시뮬레이션을 할 수 있는 검증된 시험 장치를 이용하는 것이 좋다.[11] 이 도구는 펜스 그물망을 손상시키지 않고 펜스를 절단시 발생하는 충격파를 생성시키는 도구이다. 스테인레스 재질로 된 원통형 내부에 무거운 추가 스프링으로 연결되어 있다. 스프링을 트리거 할 수 있는 고정 위치가 3군데 있으며, 충격 강도를 조절할 수 있도록 스프링이 고정되어 있다. 이 도구의 무게는 약 220g 정도이다. 트리거를 놓게 되면 스프링의 장력에 의해 스프링에 연결된 무거운 추가 펜스의 그물망을 치게 되고, 펜스에 전달된 충격파가 실제 그물망을 절단할 때 발생하는 충격파와 유사하게 나오도록 고안된 도구이다.

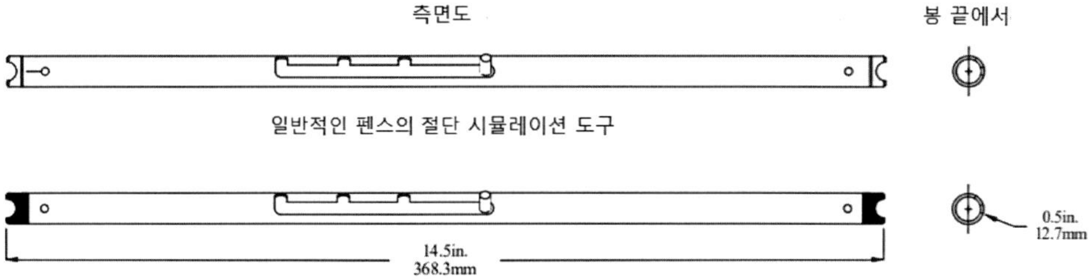

〈그림 4-13〉 펜스 절단 시뮬레이션 도구의 외관

그물망을 절단하는 모의시험은 〈그림 4-14〉와 같이 두 가지 방법이 가능하다. 하나는 앞에서 설명한 시뮬레이션 도구를 사용하여 펜스 그물망에 충격파를 가하는 방법이고, 다른 하나는 그물망 사이에 유사한 재질의 와이어를 그물망 사이에 설치하여 이것을 절단해서 유사한 충격파를 생성시키는 방법이다.[12] 이 시험은 바닥에서 30cm 높이 지점, 펜스의 꼭대기에서 아래로 30cm 위치, 그리고 펜스의 중앙의 위치에서 충격

11) Product Profile #519B, "Cut simulator Tool", Southwest Microwave, Inc.
12) "Cut and climb Intrusion simulation", Fiber Sensys

시험을 실시한다. 이 시험은 위치를 변화시키면서 총 30회 시험을 실시하여 탐지 확률 (Ps)을 측정한다. 이렇게 하면 95% 신뢰수준의 결과를 얻게 된다. 만약 30번 절단 시험을 수행해서 30번 탐지에 모두 성공했다고 하면, 이 시험은 95% 신뢰수준에서 90% 탐지 확률을 가진다고 볼 수 있다.

(a) 절단 시뮬레이션 도구를 이용하는 경우

(b) 그물망과 유사 재질을 실제 절단하는 경우

〈그림 4-14〉 절단시 발생하는 충격파를 만들기 위한 두 가지 방법

그물망을 타고 올라가는 시험도 절단시험과 마찬가지로 30회 측정한다. 이렇게 하면 95% 신뢰도 수준을 확보하게 된다. 〈그림 4-15〉와 같이 펜스의 바깥 부분(비보호 구역)에서 설치된 길이 방향으로 동일한 간격으로 30회 올라가는 시험을 실시한다. 시험자가 펜스 상단까지에 올라가서 펜스를 넘는 시도를 할 때까지 알람이 생성되지 않으면 탐지 실패로 기록한다.

〈그림 4-15〉 펜스의 바깥부분(비보호 구역)에서 펜스를 올라가는 시험

4.4.2 기계식 펜스 센서

기계식 펜스 센서(mechanical fence sensors)에는 관성 센서(inertial sensor)와 수은 스위치 센서(mercury switch sensor)가 있다. 이것은 펜스의 진동으로 인해 센서 내부에 있는 스위치가 움직여서 접점의 상태를 변하게 하여 진동을 감지하는 원리이다. 관성센서와 수은 스위치 센서의 내부 구조는 〈그림 4-16〉과 같다. 관성 센서는 센서 내부에 설치된 관성추가 펜스의 흔들림에 따라 움직이고, 흔들림의 정도가 임계점을 지나게 되면 관성추에 의해 전기적인 접촉의 단락이 생성된다. 전기적인 접촉의 단락에 따라 전기적인 펄스가 출력 단자로 나오게 된다. 이런 원리로 펜스의 진동을 감지할 수 있다.[13] 최근에는 MEMS 기술로 만든 소형 3차원 가속도 센서를 사용하여 펜스의 진동을 감지하는 센서도 사용되고 있다. 수은 스위치 센서는 관성추 센서와 원리가 유사하다. 진공으로 된 유리관(또는 금속성이 아닌 재료) 내부에 수은볼이 놓여 있고, 임계점 이상으로 기울어지게 되면 수은볼이 두 단자를 접촉하게 되어 관성센서와 동일한 원리로 전기적인 펄스 신호가 출력 단자로 나오게 된다.[14] 이런 센서는 순간적으로 충분히 강한 세기의 펜스 충격이 전달되어야만 탐지가 가능하다. 따라서 이런 센서는 펜스에 일정한 간격을 두고 설치하여, 알람을 결정하는 이벤트의 횟수를 카운트하는 용도로 사용된다.

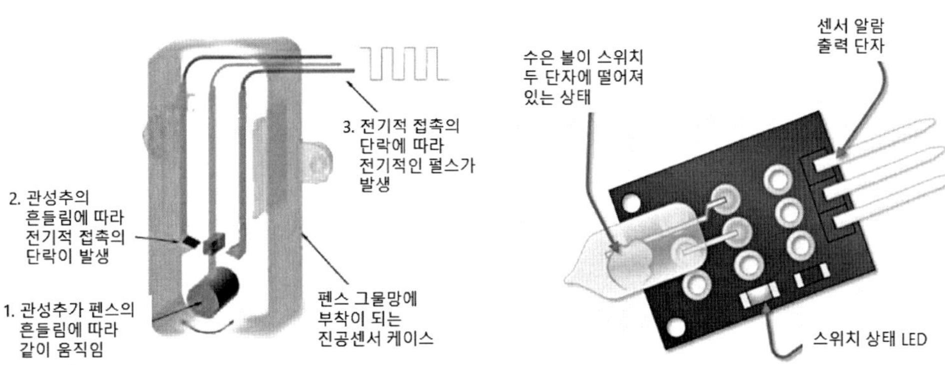

(a) 관성 센서 내부 구조 (b) 수은 스위치 센서 내부 구조

〈그림 4-16〉 관성 센서와 수은 스위치 센서의 내부 구조

13) Tesla Sistemi, "Principle of operation of mechanical sensor", 홈페이지: www.perimetar.co.rs

14) Henry's Bench, "Arduino Mercury Switch: Tutorial"

4.4.3 지중음 센서

전기기계식 펜스 센서(electromechanical fence sensors) 중의 하나인 지중음 센서(geophone sensor)는 자기장의 스프링에 의해 매달린 코일이 있고, 진동이 케이스에 전달이 되면 스프링은 이러한 진동에 따라 움직이게 된다. 고정 코일에 대한 이러한 케이스의 움직임은 케이스에 대한 코일 속도에 비례하는 전압이 발생하여 진동을 감지하는 원리를 이용한 센서이다. 지중음 센서의 내부 구조는 〈그림 4-17〉과 같다. 지중음 센서는 지중음 센서는 오직 하나의 축 방향에 대한 움직임을 감지하기 때문에 펜스에 설치할 때, 펜스의 수직 방향의 진동을 감지할 수 있도록 펜스에 수직한 방향으로 설치한다.[15] 압전 센서는 압력에 따라 출력전압 특성이 변하는 특성을 가진 압전소자(piezoelectric device) 위에 무게추가 놓여 있으며, 외부의 진동이 케이스에 전달되면 무게추가 관성에 의해 움직이게 되고, 이러한 움직임으로 압전소자에 압력의 변화가 발생하게 된다. 압전 센서는 내부 회로에 의해 이러한 압력의 변화에 비례하는 전압이 발생하여 진동을 감지하는 원리이다. 기계식 펜스 센서와 마찬가지로 펜스에 일정한 간격을 두고 설치하여 운영한다.

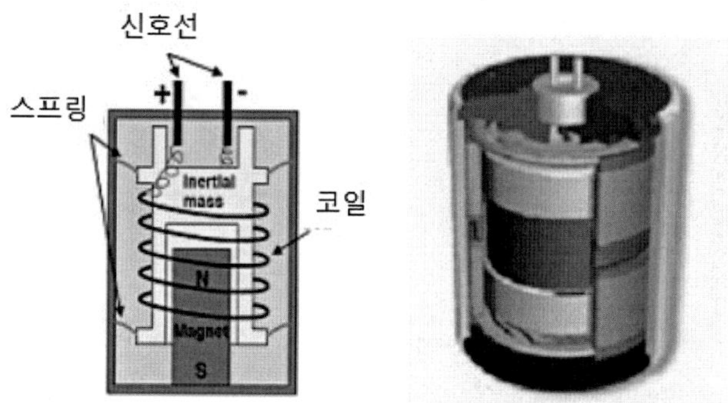

〈그림 4-17〉 지중음 센서의 내부 구조

4.4.4 음향 센서

전기기계식 펜스 센서(electromechanical fence sensors) 중의 하나인 음향 케이블센서(mirophonic cable sensor)는 전기용량(capacitance)의 변화를 이용한 것과 마찰전기 효과(triboelectric effect)를 이용한 것이 있다. 전기용량을 변화를 감지하는 센서의 내부 구조는 〈그림 4-18〉과 같다. 외피는 자외선 등을 보호하기 위해 폴리

---

15) DESY 홈페이지, https://vibration.desy.de/equipment/geophones/

에틸렌 재질의 자켓으로 감싸 있으며, 내부 코어인 구리 와이어와 외부 구리 브레이드 사이에 압전 재료인 PVDF(polyvinylidene fluoride) 필름으로 구성되어 있다. 전기적인 입장에서 보면 두 개의 구리 금속 사이에 고유전율인 PVDF가 있는 구조이다. 두 금속판 사이의 유전율의 변화는 내부 코어에 있는 구리 와이어는 자유롭게 움직일 수 있도록 공간이 있다. 펜스의 진동이 케이블 센서에 전해지면, 코어에 있는 구리 와이어가 움직이게 되어, 이때 구리 와이어의 진동으로 두 금속 사이의 거리가 변하게 되고, 이로 인해 금속 사이에 있는 고유전율의 PVDF로 인해 고정전하가 금속에 유도되며, 이는 곧 전기용량의 변화로 나타난다.

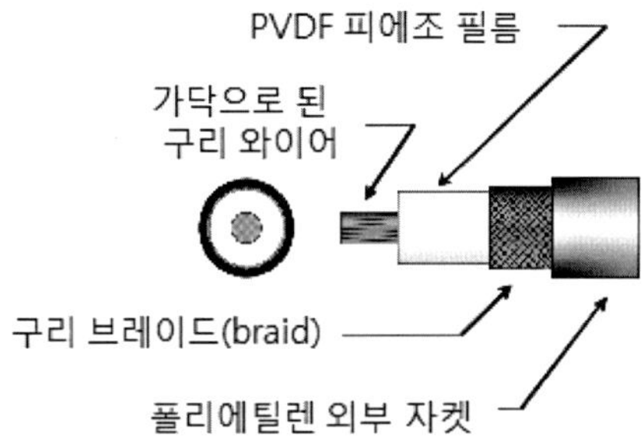

〈그림 4-18〉 음향 케이블 센서 내부 구조

마찰전기 효과를 이용한 센서는 케이블이 펜스의 진동에 의해 발생하는 마찰에 의한 정전기를 이용한 센서이다. 마찰전기 효과는 두 물질을 서로 문지르게 되면 마찰에 의해 전하가 생성되는 전기적인 현상이다. 전기용량 방식과 마찰전기 방식은 그 내부구조가 거의 동일하다. 펜스 침입 감지용으로 사용되는 마찰전기 케이블의 내부는 〈그림 4-19〉(a)와 같다.[16] 케이블 중심부에 도체가 놓여 있고, 이 도체를 감싸고 있는 유전체 재료로 된 외부 튜브와는 공간이 거의 없이 서로 붙어 있다. 만약 케이블이 미세하게 휘어지게 되면, 유전체 피막의 굽힘 정도와 도체의 굽힘 정도가 차이가 발생하여 그림(b)와 같이 유전체(폴리에틸렌 재료)로 된 외부 튜브 사이에 마찰전기가 발생된다. 이렇게 발생된 마찰전기에 의한 전하의 변화량을 끝단에서 측정함으로써 진동을 감지하는 원리로 동작한다.

16) "Triboelectric, ranging, or dual use security sensor cable and method of manufacturing same", US Patent 7479878B2, 2004년 7월 28일 출원, 출원인 : Senstar Stellar Group

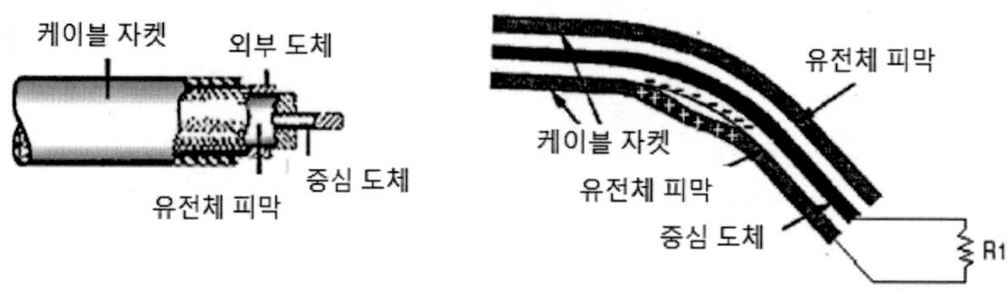

(a) 마찰전기 센서 내부 구조 (b) 굽힘에 의한 전하 발생

〈그림 4-19〉 마찰전기 센서의 내부 구조 및 전하 발생 원리

침입 탐지용으로 사용하는 경우, 알람 신호 발생순서는 〈그림 4-20〉과 같다. 우선 침입자가 펜스를 움직이게 되면, 펜스의 움직임이 케이블에 전달이 된다. 케이블 중앙에 있는 도체가 이런 움직임에 따라 진동을 하게 됨으로써 외부 튜브 사이에서 마찰전기에 의해 전하가 생성된다. 생성된 양의 전하는 부도체 쪽으로 이동하고, 음의 전하는 주장치 쪽으로 이동하게 되며, 주장치에서는 음의 전하량 변화로부터 움직임을 감지하여 알람 신호를 발생한다.

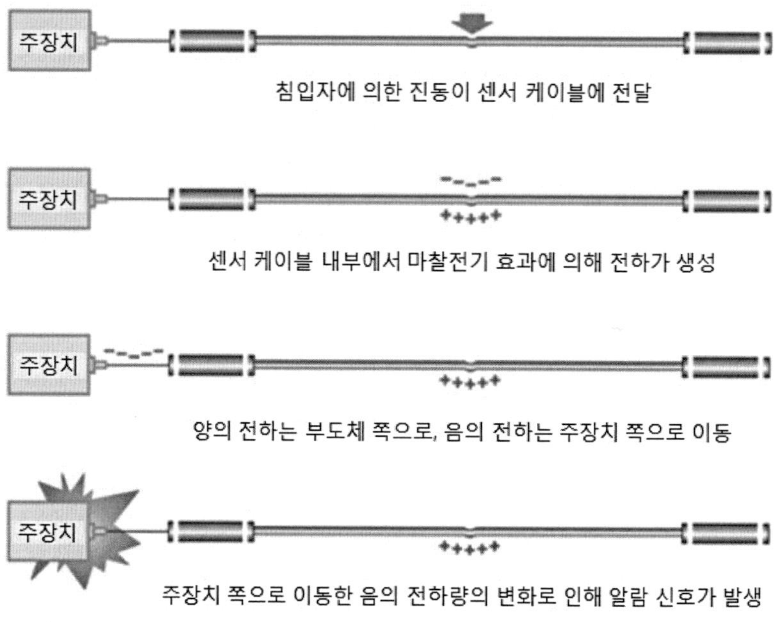

〈그림 4-20〉 마찰전기에 의한 전하 이동 순서

4.4.5 알파 센서

알파 센서(alpha sensor)는 영국의 Geoquip사에서 개발한 센서이다. 이 센서의 기본 동작 원리와 내부 구조는 〈그림 4-21〉과 같다.[17] 이 센서의 동작원리는 자기유도 효과이다. 그림(a)는 알파센서의 동작원리를 설명한 것이다. 고무로 된 영구자석이 케이블 중심에 위치해 있고, 자유롭게 움직이는 도체를 감싸고 있는 외부 튜브가 자석의 외곽에 위치해 있다. 외부 튜브 내에 위치한 도체는 케이블의 진동에 따라 움직이게 되는데, 이러한 움직임으로 인해 신호 출력선에 자기유도 효과에 의해 전압이 출력되는 원리이다. 이러한 원리를 이용하여 제품으로 개발된 알파센서의 내부 구조는 그림(b)와 같다. 신호 출력선은 중심부에 위치해 있고, 진동에 의한 자기유도 효과를 발생하는 도체는 좌우로 배치되어 있으며, 이 도체가 케이블의 진동에 따라 자유롭게 움직이면서 기전력을 발생시키게 되고, 이러한 기전력의 변화를 신호선에서 감지한다.

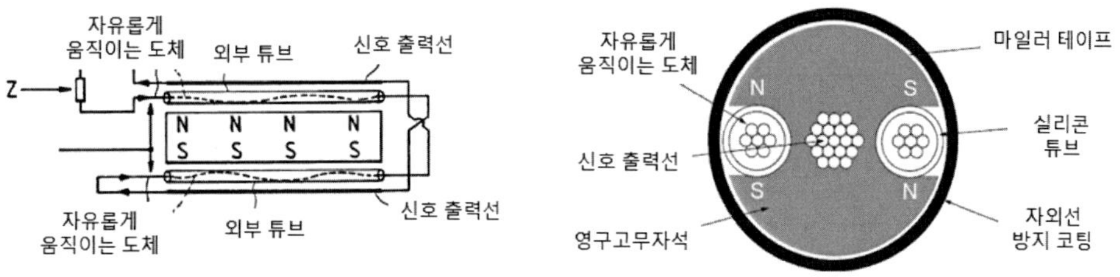

(a) 알파센서 동작 원리　　　(b) 알파센서 내부 구조

〈그림 4-21〉 알파센서의 동작 원리 및 내부 구조

4.4.6 광섬유 센서

광섬유 센서(optical fiber sensor)는 광섬유를 이용한 센서이다. 광섬유의 내부구조는 코어(core), 클레딩(cladding), 버퍼코팅(buffer coating) 3가지 요소로 구성되어 있다. 코어는 얇은 유리섬유의 중심이 되는 부분으로 빛이 이동하는 통로가 되며, 이 중심부분의 굴절률은 바깥부분의 굴절률보다 약간 크도록 설계되어 전반사(total reflection) 현상을 이용해서 빛이 손실없이 이동이 가능하도록 되어 있다. 클레딩은 코어의 외부를 감싸고 있는 요소로 빛을 코어 안쪽으로 반사시켜 전반사 조건이 되도록 해 주는 역할을 한다. 버퍼코팅은 플라스틱 섬유의 코팅으로 광섬유를 보호하는 역

17) "Vibration-Sensitive Transducer", US patent 4760295, 출원일: 1988년 7월 26일, 출원인: Geoquip security Systems Ltd.

할을 한다. 광섬유 코어의 굴절률을 클래드의 굴절률보다 높게 하면 〈그림 4-22〉와 같이 코어에 들어온 빛은 코어와 클래드의 경계에서 전반사를 반복하며 코어속을 전파한다. 즉, 클래딩은 광을 흡수하지 않고 전반사시켜 광원을 손실없이 코어를 따라 아주 먼 거리까지 보낼 수 있다. 물리적으로 코어의 굴절률을 클래드의 굴절률보다 크게 해 주었다고 해서 반드시 전반사가 일어나는 것은 아니다. 광이 입사하는 각도에 따라 다양한 내부반사가 생길 수 있는데, 광원의 입사각도가 임계각도(critical angle) 보다 클 경우는 항상 전반사가 일어나게 되어 클래딩은 광을 전혀 흡수하지 않으므로 광섬유가 구부러지거나 휘어져 있더라도 먼 거리까지 광을 전파시킬 수 있다. 광섬유의 코어 직경이 9 ㎛인 것을 단일모드 광섬유(SMF, single mode fiber)라고 하며, 125 ㎛인 것을 것을 다중모드 광섬유(MMF, multi mode fiber)라고 한다. SMF는 대역폭이 넓고 장거리로 전송하는데 유리하고, MMF는 대역폭이 좁고 단거리 전송용에 적합하다. 센서용으로는 주로 감도가 우수한 SMF를 사용한다.

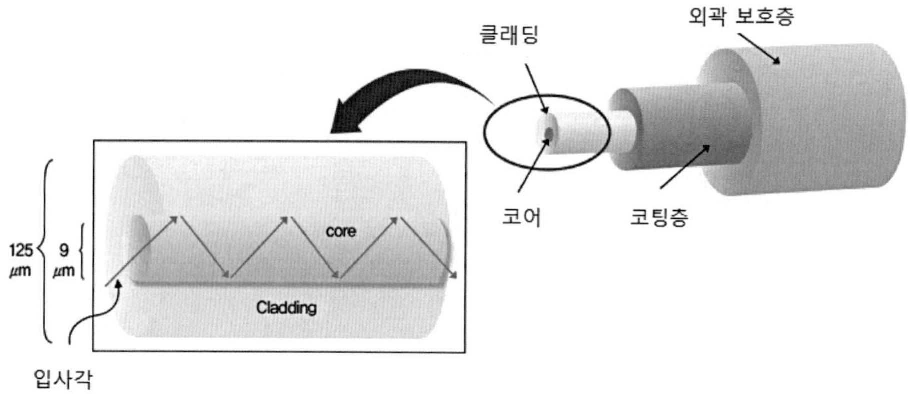

〈그림 4-22〉 광섬유 센서의 내부 구조

광원인 LED 또는 레이저 다이오드를 광섬유 끝부분에 연결하고, 되돌아오는 빛을 수광하는 부분에는 광센서를 연결하여 빛의 변화량을 측정한다. 광섬유 센서의 가장 큰 장점은 전자기파의 간섭이나, 온도와 습도의 변화에 전혀 간섭을 받지 않는 점이다. 광섬유 수광부에서의 광분산(speckle) 패턴과 광 강도는 광섬유의 길이 함수로 결정된다. 광섬유의 움직임, 진동 또는 압력은 빛의 위상 변화를 일으켜서 〈그림 4-23〉과 같이 수광부에서의 광분포가 평상시와는 달리 변화가 생긴다. 수광부에 있는 광센서로부터 감지되는 광분산 패턴에서 이러한 위상 변화 또는 미세한 변화를 감지할 수 있다. 이러한 변화로부터 알고리즘에 의해 펜스를 자르거나 기어오르는 사람에 의해 생성된 것으로 구분할 수 있다. 그리고 발생한 이벤트가 설정된 알람의 기준을 만족하게 되면 주장치에서는 알람신호로 분류하여 관제로 전송하게 된다. 센서로 동작하는 MMF 광섬유와 주장치 사이에 SMF 광섬유를 사용하면 수십 km까지 떨어진 지점의 알람 신호를 모니터할 수 있다. 또한 OTDR(optical time-domain reflectometer) 기능을 사용하면 광섬유가 끊어진 지점을 정확히 알 수 있다.

〈그림 4-23〉 광섬유 센서에서 광경로에 이상 발생시 생성된 수광부의 광분포

펜스의 진동을 감지하는 광섬유 센서는 한쪽 끝에서 다른 쪽 끝까지 빛을 반사하기 위해 곧게 일직선으로 설치될 필요가 없기 때문에, 펜스의 다양한 형태에 따라 설치가 용이하고 또한 땅 속에 매립하여 설치할 수도 있다. 펜스 부착형으로 사용하는 경우에는 〈그림 4-24〉와 같이 고정용 매듭을 약 3m 간격으로 고정하여 펜스의 진동을 센서에 잘 전달이 될 수 있도록 단단히 고정하여 사용한다.

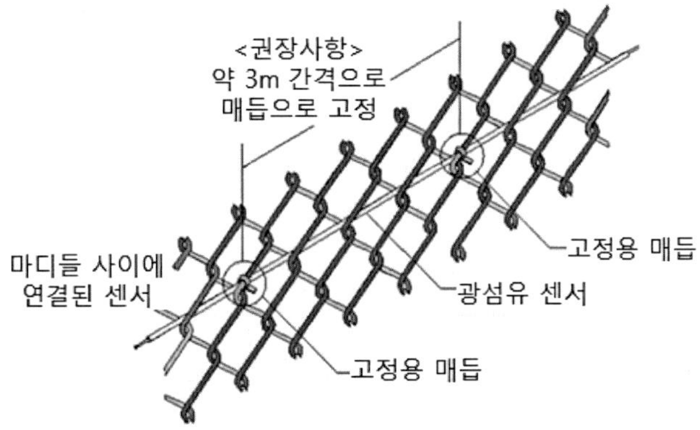

〈그림 4-24〉 펜스 부착형 광섬유 센서의 설치 방법

광섬유 센서를 펜스 부착형으로 사용하는 경우, 침입자가 펜스를 올라타거나 펜스를 절단하는 행위에서 발생하는 펜스의 진동을 감지하는 원리로 동작하기 때문에 이와 유사한 진동이 발생하면 오보로 인식된다.

(i) 펜스 그물망의 장력과 펜스의 설치 조건에 따라 오보는 많이 발생할 수 있다. 그물망의 장력이 좋으면, 펜스를 타고 올라가거나 망을 절단하는 미세한 신호도

센서에 잘 전달이 될 수 있다. 반대로 그물망의 장력이 좋지 않으면, 다른 원인에 의해 그물망이 흔들리는 잡음 신호와 침입 신호를 구분할 수가 없게 된다.

(ii) 비, 우박, 얼음, 바람, 바람에 날리는 조각들, 천둥, 그리고 펜스가 설치된 물리적인 조건 등의 다양한 요인에 의해 오보가 생성될 수 있다. 이러한 환경 요인들이 미치는 정도는 센서의 종류, 설치된 방법, 센서 유지관리 정도, 민감도 및 다른 변수들의 설정 등에 따라 다르다.

(iii) 일반적인 다른 센서들은 고전압이 흐르거나 번개 등에 의한 오보가 발생할 수 있는데 이러한 전자기적인 환경에 비교적 영향을 덜 받는 센서가 광섬유 센서이다. 광을 이용한 센서이기 때문에 전자기적인 문제에 대해서는 비교적 강인한 특성을 가지고 있다.

펜스 부착형으로 사용하는 경우, 광섬유 센서의 특징은 다음과 같다.

(i) 펜스 부착형으로 괌성유 센서를 사용하는 경우에는 상대적으로 시스템 및 설치 비용이 저렴하다. 이유는 이미 외곽 침투 방지를 위해 설치된 펜스가 있으며, 단지 기존의 펜스 위에 설치하기 때문에 비용이 저렴하다.

(ii) 펜스를 매우 천천히 자르거나 타고 올라가는 침입자는 광섬유 센서에 탐지되지 않을 수도 있다. 그러나 실제로 이렇게 천천히 하는 것은 매우 어렵다. 이런 시나리오는 침입자가 알람 생성을 위한 이벤트 수와 시간 간격을 알고 있는 경우 악용될 소지는 있다.

(iii) 펜스 부착형 센서는 펜스의 형태에 따라 다양한 형태로 설치할 수 있다.

4.4.7 광망 센서

광망 센서(optical fiber net sensor)는 〈그림 4-25〉와 같이 펜스 그물망과 유사한 형태로 제작하여 펜스에 부착하여 사용하는 모드이다.[18] 망을 광섬유로 제작한 것이 특징이며, 망의 크기는 사람이 통과하지 못하는 정도의 크기(약 20cm×20cm 이내)로 제작한다. 광망 센서 시스템은 펜스의 진동과는 전혀 무관하고, 펜스를 절단하고 침입하려는 시도를 방지하기 위해 사용된다. 따라서 펜스를 절단한 후 진입하는 것을 막기 위해 2차적으로 설치한 것이 광망 시스템이다.

18) 에스원 홈페이지, http://www.s1.co.kr

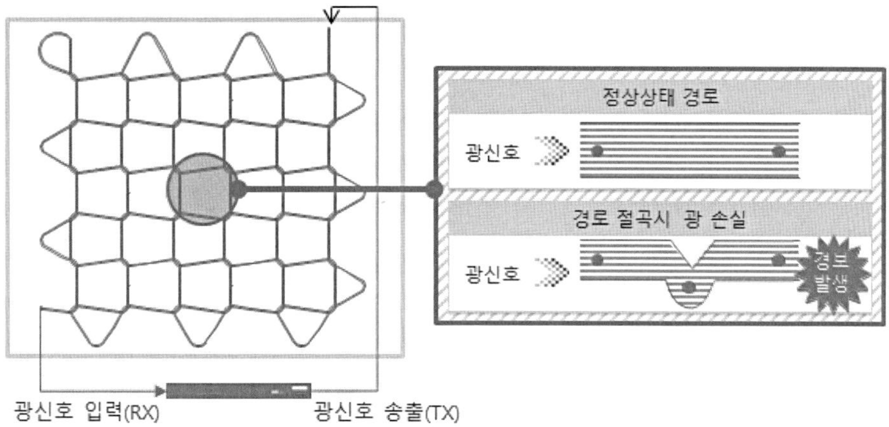

〈그림 4-25〉 광망 센서의 구조

하나의 광섬유로 망을 제작하기 때문에 망이 서로 교차하는 지점은 망이 서로 꼬여 있으며, 꼬인 부분을 외부에서 쉽게 풀지 못하도록 보호덮개(다른 말로 크로스오버버튼)로 덮혀 있다. 보호덮개는 제조사마다 약간 다른데, 폴리우레탄 또는 경금속을 이용해서 만든다. 보호덮개는 쉽게 풀 수가 없기 때문에 망을 풀려고 하면 망을 상당히 많이 잡아 당기거나 끊어야만 가능하다. 따라서 이러한 시도를 하게 되면 광 수신부에서 광의 변화를 모니터하여 침입행위를 탐지하는 원리이다. 광망은 펜스를 절단해서 침입하는 행위를 탐지하는 것이기 때문에 월장하거나 펜스 하부의 땅을 파고 침입하는 행위에 대해서도 대비를 세워야 한다. 따라서 광망 시스템 단독으로 PIDS로 사용하는 것은 바람직하지 않고, 별도의 센서와 통합하여 운영해야 한다.

광망 시스템으로 설치하는 경우에는 〈그림 4-26〉과 같이 Y자형 그물망의 상단까지 광망을 설치해야 한다. 광망의 보호덮개(크로스오버버튼)는 자외선과 염분에 의해 열화가 되지 않는 재질로 제작한다. 광망이 기존 펜스 구조물과 잘 결합되어 있는지 확인한다. 광망과 펜스 사이에 공간이 있으면, 이 사이로 침입자가 빠져 나올 수가 있기 때문이다. 하나의 감지영역을 대략 50m 정도로 설정하고, 광 신호를 발신하고 수신하는 광송수신장치 1대에 4개 이상의 감지영역을 담당하도록 설정한다. 광망 센서는 펜스를 월장하거나 땅을 파고 침입하는 행위에 대해서는 탐지를 하지 못하기 때문에 이 부분에 대해서는 다른 종류의 센서를 이용하여 보완을 해야 한다.

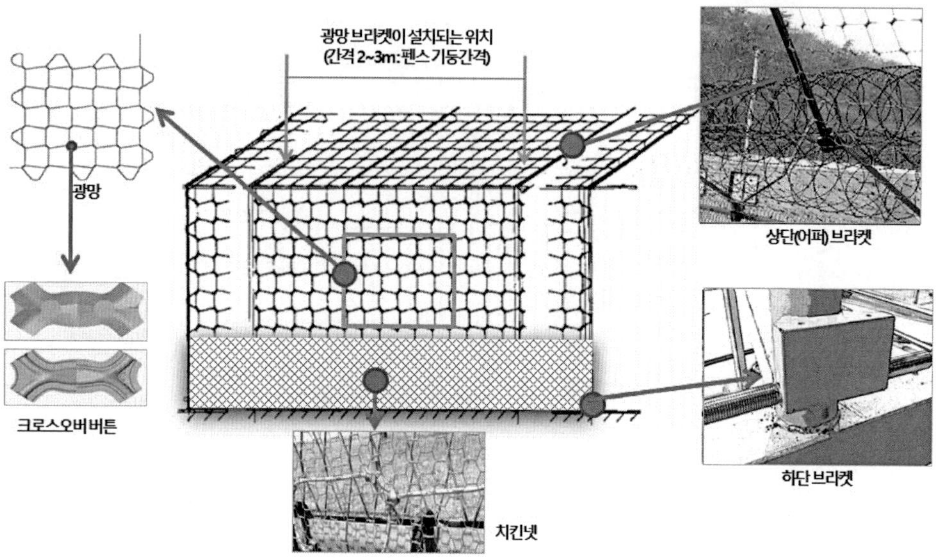

〈그림 4-26〉 광망 시스템의 설치 구성품

광망 센서로 사용하는 경우에는 특별한 오보가 발생하지 않는다는 점이 가장 큰 장점이다. 다음 예는 극히 드물지만 이런 요인에 의해서 오보가 발생할 수 있기 때문에 주의를 해야 한다. 들쥐 등이 광섬유를 갉아먹게 되면 광의 신호에 변화가 생기기 때문에 오보를 발생할 수 있다. 만약 이와 같이 광망 일부가 손상이 된 경우에는 그 부분만 교체하여 사용할 수 있다.

광망 센서의 특징은 다음과 같다.

(i) 광망 센서로 사용하는 경우, 극히 예외적인 상황을 제외하고는 오보 요인이 거의 없다. 다만 광망 센서는 펜스를 넘어 오거나 땅을 파고 침입하는 경우에 대해서는 무감지가 될 가능성이 있기 때문에 다른 종류의 센서를 결합하여 이와 같은 문제를 보완해야 한다.

(ii) 광망으로 사용하는 경우에는 광망을 제작하는 비용이 추가적으로 발생하며, 또한 제작한 광망을 기존 그물망 펜스에 부착하는 작업에도 많은 비용이 소요된다.

광망 센서로 사용한 시스템의 성능 시험은 광망의 일부를 약 90도 이상 구부렸을 때 알람 신호가 발생하는지 확인한다. 감지 영역마다 서로 다른 위치에서 30회의 시험을 실시한다. 만약 30회 모두 탐지하게 되면 95% 신뢰수준에서 90%의 탐지 확률을 갖는다고 볼 수 있다.

4.5 동축 케이블 센서

4.5.1 동작 원리

동축 케이블 센서(정식 명칭은 ported coaxial cable sensor)는 외피에 작고, 인접된 구멍이 있는 동축 케이블로 된 센서이다. 외피에 있는 작은 구멍을 통해 RF(radio frequency) 형태의 전자기파 에너지가 근거리 영역으로 발산되어 나온다. 이러한 기능을 구현할 수 있는 동축 케이블 센서용 케이블 종류는 〈그림 4-27〉과 같다. 케이블의 외피에 있는 작은 구멍을 통해 형성된 RF 전자기장 영역으로 침입자가 진입하게 되면 전자기장에 변화가 생기게 되어 침입자를 탐지하는 원리이다. 한쪽 케이블에서 RF 전자기파를 발산하고, 나머지 한쪽 케이블에서는 RF 전자기파를 수신한다. 이 센서는 능동형 센서이며, 감지 영역이 입체형이며, 지형 추적형인 특성이 있다. 센서 시스템은 쌍으로 된 개방형 케이블과 다양한 증폭기, 필터 회로, 알고리즘이 내장된 마이크로프로세스 등으로 구성되어 있다.

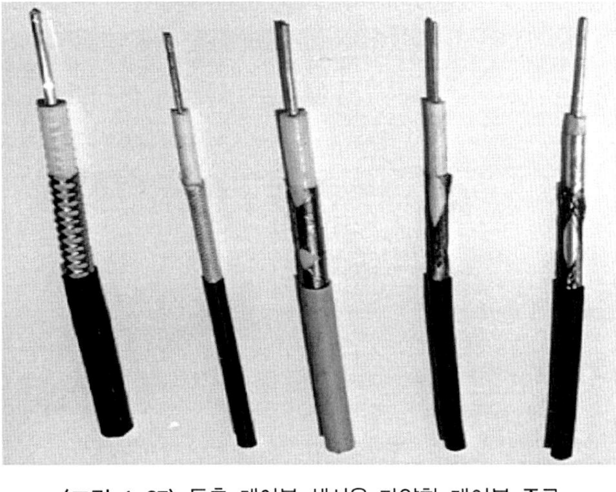

〈그림 4-27〉 동축 케이블 센서용 다양한 케이블 종류

동축 케이블의 외피에 전자기파가 새어 나가도록 고의로 조그만 구멍들을 일정한 간격으로 만들어 놓았는데, 이 구멍으로 동축 케이블 내부로 흐르는 전자기파가 이 구멍을 통해 한쪽 케이블에서는 발산되고, 다른 한쪽 케이블에서는 수신된다. 따라서 케이블이 매립된 영역에 입체적으로 전자기장이 형성되어 있다. 이 영역 내로 침입자가 진

입을 하게 되면, 인체의 내부에는 수분이 있기 때문에 체내에 있는 수분의 영향으로 전자기장에 약간의 변화가 발생한다. 일정한 레벨 이상으로 변화가 발생하면 침입자로 간주하고 알람을 발생시키는 원리로 동작한다.

〈그림 4-28〉과 같이 동축 케이블은 약 1~2m 정도의 거리를 띄우고 두 선으로 설치한다.[19] 약 20~30cm 정도의 깊이로 매립한다. 이렇게 설치를 하면 보통 전자기장은 평균 약 3~4m 정도의 폭, 지상으로 약 1m 정도의 높이, 땅속으로 약 1m 깊이까지 입체적인 전기장이 형성된다. 센서 케이블이 매립된 방향을 따라 감지 영역의 크기와 민감도를 측정하여 제대로 설치되었는지 확인한다. 감지 영역의 크기와 민감도는 위치에 다라 약간씩 달라질 수 있다. 그 이유는 센서 케이블이 매립되는 깊이의 차이, 매립된 땅 근처의 금속성 물질의 존재 여부, 토양의 성분 등이 차이가 나기 때문이다. 그러므로 센서 케이블이 매립된 방향으로 가장 민감도가 낮거나 감지영역이 작은 지역이 어딘지 확인을 한 후, 원인을 제거하여 민감도와 감지영역을 개선하는 작업을 해야 한다. 토양 성분에 따라 수신부 케이블에서의 신호 크기의 변화가 꽤 많이 발생한다. 토양에 습기가 많으면 수신되는 전자기장에 감쇄가 발생한다. 이유는 젖은 토양이 마른 토양에 비해 전도성의 특성을 가지고 있기 때문이다. 그러므로 계절별에 따라 센서 민감도가 변하므로 계절에 따라 민감도의 재교정 작업을 실시해야 한다.

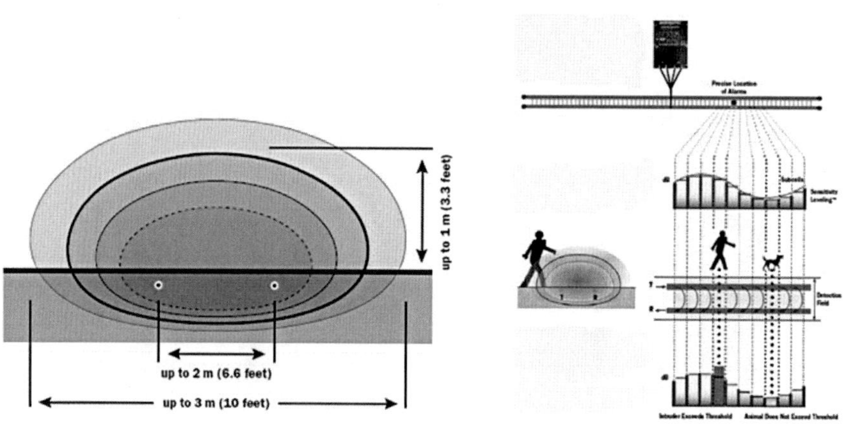

(a) 개방형 동축 케이블 매립 형태

(b) 침입자 탐지 알고리즘

〈그림 4-28〉 개방형 동축 케이블 설치 형태 및 침입자 탐지 알고리즘 개념

[19] Southwest Microwave사 홈페이지, http://www.southwestmicrowave.com/

RF 에너지를 펄스 또는 연속 방식으로 사용할 수 있다. 펄스 방식은 레이더 시스템에서 사용하는 방식과 유사한 방식의 원리이기 때문에 침입자의 위치 정보까지 알 수 있다. 이러한 시스템의 거리 측정 기능뿐만 아니라, 소프트웨어적으로 감지 영역을 2개 이상 설정할 수 있다. 즉 소프트웨어적으로 각 센서 케이블을 약 1~2m 정도의 작은 서브 감지 영역으로 나눌 수 있다. 또한 이런 서브 감지 영역은 독립적으로 설치 환경에 맞도록 설정이 가능하다. 따라서 각 서브 감지 영역마다 알람을 생성시키는 조건들을 달리 적용할 수가 있다. 연속 방식은 일정한 시간동안 연속적으로 RF 에너지를 발산하므로 펄스 방식의 거리 개념 구현이 불가능하다. 연속 방식은 약 40~60 MHz의 주파수로 동작한다. 거리 개념이 없기 때문에 센서 케이블 전체의 알람 조건이 동일하게 설정되어 있다. 연속 방식은 침입자의 침입 여부는 알지만, 어느 지점에서 침입이 발생했는지는 알 수가 없다.

동축 케이블 센서는 다른 센서에 비해 잘 설계된 센서이며, 다만 설치 시 몇 가지 사항만 주의한다면 오보율은 비교적 낮은 편이다. 지상에 생긴 웅덩이에 고여 있는 물이 바람에 의해 표면에 물결이 생기거나, 쌓인 눈이 녹으면서 생성된 물 때문에 생기는 오보가 대부분이다. 이것은 물이 RF 전자기장에 영향을 주는 요인이기 때문이다. 또 다른 오보 요인으로는 금속성 물체 또는 유전체 물체(동물 또는 식물 등)가 센서 케이블의 감지영역으로 진입을 하게 되면 오보가 발생한다. 동물 중에서도 4kg보다 가벼운 동물은 감지 영역으로 진입하더라도 전기장에 큰 변화를 일으키지 않기 때문에 오보를 발생시키지는 않는다. 그렇지만 이렇게 작은 소동물도 무리를 지어 감지영역으로 진입하다면 오보가 발생한다.

4.5.2 센서 특징 및 설치 기준

동축 케이블 센서의 특징은 다음과 같다.

(i) 감지 영역이 입체형이며, 매립형이기 때문에 침입자에게 감지영역이 노출되어 있지 않다.

(ii) 이 센서는 노출되어 있지 않기 때문에 미학적 고려가 필요한 곳에 종종 사용된다.

(iii) 이 센서는 기어오면서 침입하는 침입자를 탐지하는데 아주 탁월하다. 그러므로 이 센서는 다른 센서(마이크로웨이브 센서, 전기장 센서, 능동형 적외선 센서 등)들이 갖고 있는 단점을 보완하여 복합적으로 사용하면 침입을 효과적으로 차단할 수 있다.

(iv) 펄스 방식을 사용하면 침입자의 침입 위치 정보를 정확히 알 수 있다.

(v) 동축 케이블로 형성된 전자기장 영역은 상대적으로 폭은 2~3m 정도로 넓은 편이지만, 수직 방향인 높이 방향으로는 1m 정도로 낮기 때문에 침입자가 높이 방향으로 뛰어 넘을 수 있는 도구를 이용한다면 센서에 감지되지 않고 침입이 가능하다. 이를 방지하기 위한 다른 대책을 세우지 않으면, 근처에 있는 펜스나 담장을 이용하여 뛰어 넘어갈 수 있다. 이런 이유 때문에 높은 보안이 요구되는 곳은 이 센서만 독립적으로 사용하는 것을 권장하지 않고 다른 센서와 복합적으로 사용할 것을 권장한다.

(vi) 이 센서를 설치하려면 광범위한 영역의 땅을 파야 한다. 추가적으로 일단 이 시스템이 설치가 되면, 부품 교체 및 센서 위치 변경 등을 하려면 많은 노력과 비용이 수반된다.

(vii) 이 시스템은 지형 추적형으로 설치가 가능하여 직선 시야를 필요로 하지 않지만, 물로 인한 방해 오보를 없애기 위해 적절한 배수를 하는 것이 매우 중요하다.

(viii) 위치에 따라 불필요한 오보율을 허용 가능한 수준으로 낮추기 위해, 케이블 주위로 동물들이 진입하지 못하도록 부가적인 펜스 설치도 필요하다.

동축 케이블 센서는 우선 제조사의 사양에 따라 설치하는 것이 중요하다. 일반적으로 이 시스템은 다른 시스템보다 매우 긴 영역에서 침입 감지용으로 사용할 수 있다. 그렇지만, 가능하면 하나의 감지 영역을 100m 이하의 길이로 구분해서 운영하는 것이 좋다. 지형 추적형으로 설치가 가능하지만, 곡선이 있는 구간에서는 제조사의 최소 사양을 확인하여 설치해야 한다. 두 개의 동축 케이블 사이의 거리는 최대 2m 이내로 설치하는 것이 좋다. 지면에서 깊이 방향으로 약 20~30cm 위치에 매립하는 것이 좋다. 물이나 폭풍 배수관에 사용되는 전기 케이블 또는 금속 파이프용 매립 금속 도관에 수직 방향으로 동축 케이블을 설치하면 감지 기능이 저하되거나 불필요한 오보가 발생할 수 있다. 만약 케이블 근처에 이런 금속 도관이 있다면 제조사에서 제공하는 최소 거리를 확인하고 설치해야 한다. 또한 토양의 전도성은 감지영역에 영향을 주므로 이를 고려해서 설치를 해야 한다. 토양에 금속이나 소금 성분을 많이 포함하고 있으면 전도성이 좋다. 풀잎, 흐르는 물 또는 고여 있는 물, 그리고 잡초 같은 것이 감지 영역 내로 물체가 움직이면 오보가 발생할 수 있다. 들쥐들이 케이블을 갉아 먹을 수도 있다.

승용차나 트럭 등이 센서가 설치된 위치 근처에 다니게 되면 오보가 발생할 수 있으므로 이런 지역에는 센서를 설치할 때 유의해야 한다. 또한 센서가 설치된 위쪽 방향으로도 이와 유사한 물체가 없도록 해야 한다. 만약 이런 물체가 있으면 수직 방향으로의 감지영역의 크기에 영향을 미칠 수 있기 때문이다. 센서가 설치되는 지역은 배수가 잘 되도록 해야 하며, 설치 지역에 나무, 잡초, 덤불 등이 있으면 이를 제거해야 한다. 센서 근처에 고여 있는 물이 얼게 되면 민감도에 영향을 미친다. 그리고 케이블의 일부라도 지상으로 노출되지 않도록 유의해서 설치를 해야 한다.

센서가 설치된 근처에 펜스나 담장이 있으면 침입자가 이를 이용하여 센서의 감지영역을 뛰어 넘어 갈 수 있으므로, 설치시 이런 장애물과는 거리를 두고 설치를 해야 한다. 이런 것을 고려해서 2.4m 높이의 그물망 펜스와 센서 사이의 이격거리는 최소 2.4m 이상 떨어져 있어야 한다. 센서가 설치된 영역 근처에 지상 및 땅 속에 금속성 물질(금속배관 또는 배전함 등)이 없어야 한다. 만약 이것을 설치해야 한다면, 이것을 피해서 센서 케이블을 설치해야 한다. 그리고 콘크리트나 아스팔트 밑에 센서를 설치해야 한다면 제조사에서 권장하는 지침을 따라야 한다. 동축 케이블 센서의 설치 지침을 요약하면 다음과 같다.

(i) 동축 케이블 시스템이 매립되는 땅이 단단하고 움직이는 물체가 없는지 확인한다.
(ii) 물이 고여 있으면 물의 표면이 바람에 흔들리게 되면 오보가 발생하므로 배수가 잘 되고 있는지 적절한지 확인하다.
(iii) 들쥐들이 케이블을 손상시킬 수 있으므로 들쥐들이 땅을 파는지 확인해야 한다.
(iv) 센서 케이블은 전원선과 금속 배관을 피해서 설치한다. 최소 이격 거리는 제조사에서 제공하는 사양을 참고하여 설치한다.
(v) 곡선 진 구간에서는 감지 영역이 확대될 수 있다.
(vi) 드물지만 극한의 토양의 조건(매우 건조한 흙 또는 전도성이 높은 흙)의 경우, 토양 전도성 시험은 시스템의 성능이 저하되지 않도록 보장할 수 있다.

4.5.3 성능 평가 및 유지 보수

걷기, 달리기, 점프, 기어오기, 구르기 등의 행위를 했을 때 센서가 탐지를 하는지 여부를 확인한다. 탐지 확률은 센서가 설치된 구성, 시스템의 파라미터 설정값, 토양의 전도성, 침입자의 방향과 속도, 금속 물체의 존재 여부 등에 의해 영향을 받는다. 각 위치 95%의 신뢰수준에서 90%의 탐지 확률을 갖는지 시험한다. 감지 영역 내로 기어오기, 점프, 달리기, 등을 탐지하는지 여부를 시험한다. 또한 성능 시험에 무감지 가능성도 시험해야 한다. 오리걸음으로 걸으면서 탐지 여부를 시험하게 되면, 인체의 크기가 가장 작은 크기로 되기 때문에 최소의 감지 확률 결과를 얻을 수 있다. 따라서 센서 시스템의 모든 변수는 최소한 오리걸음에 대한 행위는 탐지할 수 있도록 조정되어야 한다. 동작 시험은 단순히 걷는 시험으로 진행한다. 시험자는 센서의 예상 감지 영역을 통과하여 주장치에서 알람이 수신되는 것을 확인한다. 성능 시험은 센서에 손상이 있는지 여부 또는 주장치의 템퍼를 확인하는 수준에서 진행한다.

동축 케이블 센서는 땅 속에 매립하여 운영하기 때문에 설치가 완료된 이후에는 수정을 하기가 매우 어렵다. 따라서 설치 완료 후의 유지 보수는 최소한의 범위에서 이루어져야 한다. 주기적인 시험은 최소한 6개월에 한번은 실시해야 하며, 이때 다음과 같은 내용을 확인한다.

(i) 접지 위에 위치한 센서 케이블 섹터 사이의 종단 및 디커플러를 점검하여 마모 또는 누출의 징후가 있는지 확인한다.
(ii) 주장치에 물리적인 손상, 침수, 부식, 벌레 등의 들어왔는지 등을 확인한다.
(iii) 주장치의 전기 접지 연결부의 접속 상태 및 부식 여부를 점검한다.
(iv) 적절한 전압이 주장치에 인가되고 있는지 확인한다. 주장치에 내장된 배터리의 상태를 점검한다.
(v) 센서 케이블 위에 식물, 이물질, 수분 축적, 침식 및 설치 장소의 침하 등이 있는지 검사한다. 그리고 문제가 있으면 이를 해결한다.
(vi) 주장치의 변수 설정을 확인하여 문서화된 변경 사항이 없는지 확인한다.

4.6 기타 매립형 센서

4.6.1 지진파 센서

지진파 센서(seismic sensor)는 다른 말로 매립형 지중음 센서(buried geophone sensor)라고도 한다. 이 센서는 센서의 감지영역 위로 침입자가 걸어갈 때 발생하는 저주파수의 지진파를 탐지하는 센서이다. 이 센서는 탐지로 판단하는 알고리즘이 내장된 주장치와 지중음 센서로 구성되어 있다. 지중음 센서는 센서가 매립된 지면에서 침입자가 뛰거나, 기어가거나, 달릴 때 발생하는 지진파 에너지의 진동을 감지한다. 지진파 에너지는 센서에 의해 전기적인 신호로 변환되어 알람 판단을 위해 주장치로 전송된다. 주장치에서는 센서로부터 입력된 전기적인 신호를 필터링을 거친 후, 알고리즘을 통해 침입자의 형태가 아닌 신호는 무시하고 침입자만의 신호를 분류해서 알람을 생성시킨다.

지진파 센서로 검출한 신호의 한 형태는 〈그림 4-29〉와 같다.[20] 이 논문에 걸음걸이 패턴 인식을 통해 사람의 탐지율을 높이는 방법이 제시되어 있다. 지중음 센서에서 측정한 신호는 센서의 공명 특성으로 인해 0.1Hz~100Hz의 주파수 범위를 가진다. 지중음 센서의 주파수 응답은 좁은 주파수 대역에 속하지만, 스펙트럼 분석을 통해 사람, 말(다리가 네 개인 동물), 그리고 차량으로 인한 진동을 구별할 수 있다. 그러나 사람과 동물의 걸음걸이 메커니즘이 매우 유사하기 때문에 사람과 동물의 지진파 패턴은 매우 유사하다. 따라서 주파수 분석만을 사용해 사람과 동물의 발걸음을 구분하는 것은 매우 어렵다. 이러한 문제점을 해결하기 위해 지진파에 대한 걸음걸이 패턴 분석을 사용하면 개선될 수 있다. 위의 그림은 지진파 센서에서 읽어들인 시간에 따른 주파수 파형을 나타낸다. 이것을 패턴 인식 알고리즘으로 분석한 결과가 아래에 있는 그림이다. 사람은 2박자 걸음걸이에 해당되고, 말은 4박자 걸음걸이에 해당된다. 보다 자세한 패턴 인식 알고리즘은 참고문헌에 자세히 기록되어 있다.

---

20) Alireza A. Dibazar, etc., "Intelligent Recognition of Acoustic and Vibration Threats for Security Breach Detection, Close Proximity Danger Identification, and Perimeter Protection", Posted on January 2011, Supplement: Best Papers from the IEEE Conference on Technologies for Homeland Security

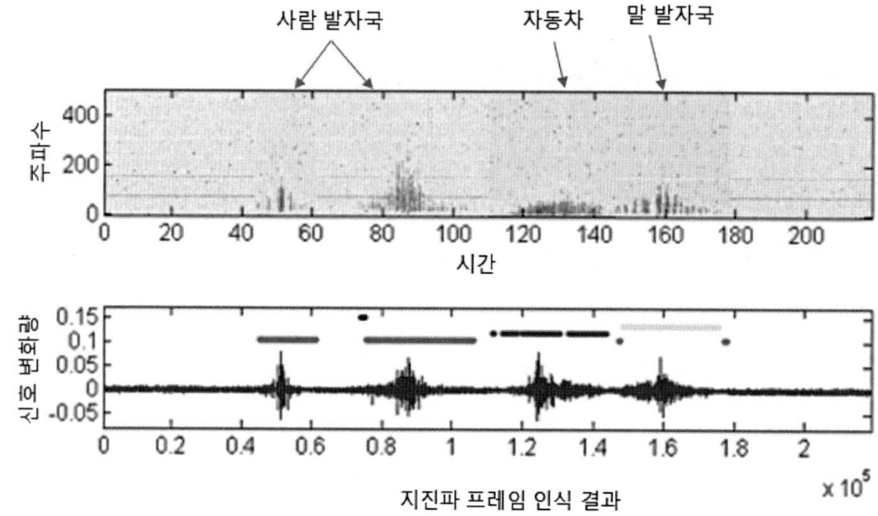

〈그림 4-29〉 지진파 센서의 스펙트럼과 프레임 인식 결과

지중음 센서는 라인당 20~50개의 센서를 연결하며, 센서 사이는 대략 1.5~3m 정도의 간격으로 설치한다. 일반적인 토양의 경우에는 지상에서부터 약 15~ 30cm 정도의 깊이에 설치하고, 아스팔트의 경우에는 약 15cm의 위치에 설치한다. 센서의 전체 길이는 약 100m 정도가지 확장하여 사용할 수 있다. 지중음 센서는 펜스 진동감지용으로도 사용되며, 매립형으로도 사용된다. 지중음 센서는 자기장의 스프링에 의해 매달린 코일이 있고, 진동이 케이스에 전달이 되면 스프링은 이러한 진동에 따라 움직이게 된다. 고정 코일에 대한 이러한 케이스의 움직임은 케이스에 대한 코일 속도에 비례하는 전압이 발생하여 진동을 감지하는 원리이다.

지중음 센서가 밀도가 작거나 무른 토양에 설치되어 있다면 지상에서 발생한 진동이 센서까지 제대로 전달이 되지 않아 무감지 될 수도 있다. 감지영역 폭이 작은 경우, 센서가 설치된 근처에 펜스나 담장이 있으면 침입자가 이를 이용하여 센서의 감지 영역을 뛰어 넘어 갈 수 있으므로, 설치시 이런 장애물과는 거리를 두고 설치를 해야 한다. 이런 것을 고려해서 2.4m 높이의 그물망 펜스와 센서 사이의 이격거리는 최소 2.4m 이상 떨어져 있어야 한다. 그리고 지진파 센서는 매우 낮은 지진파 에너지에도 반응을 하는 민감한 센서이다. 따라서 나무가 센서에 근처에 있으면, 바람이 불 때 나무가 흔들리는 진동이 뿌리로 전달되어 오보가 발생할 수 있다. 또한 센서가 설치된 근처에 부실한 기둥(전봇대, 조명등 타워, 전신주, 펜스 기둥 등)이 있다면, 펜스가 바람에 흔들리게 되면 그 진동이 기둥으로 전달되어 오보가 발생할 수도 있다. 따라서 나무나 기둥이 있는 곳으로부터 최소한 약 10m 정도는 떨어진 곳에 설치하는 것이 좋다. 또한 큰 동물이 센서가 있는 곳을 지나가게 되면 오보가 발생할 수 있으므로, 만약 주위에 동물이 있다면 근처에 오지 못하도록 보조 펜스를 설치하는 것이 바람직하다.

4.6.2 압력 튜브 센서

압력 튜브 센서(balanced buried pressure tube sensor)는 땅속에 매립하여 지상의 진동을 감지하는 센서이다. 사람, 동물, 자동차 등이 매립된 센서 위로 지나갈 때 이러한 진동이 발생한다. 압력 튜브 센서의 설치 형태는 <그림 4-30>과 같다. 압력 튜브는 유연하고, 양쪽 끝이 밀봉되어 튜브 내부에 압력이 잘 유지되고 있으며, 튜브 내에는 물 또는 잘 얼지 않는 액체로 채워져 있다. 일반적으로 한 쌍의 센서 튜브가 하나의 감지영역을 구성한다. 감지영역의 크기는 토양의 밀도와 성분에 따라 달라질 수 있다. 압력 튜브는 압력에 매우 민감하며, 외부에서 압력이 가해지면 튜브 내부에 있는 액체가 주회로 쪽으로 움직이게 된다. 주회로에서 평상시와 다른 액체의 압력 변화를 감지하여 침입을 탐지하는 원리이다.

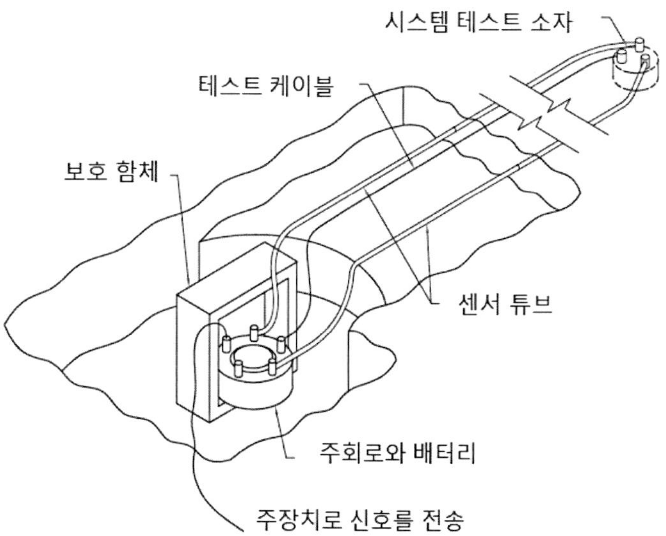

<그림 4-30> 압력 튜브 센서의 설치된 형태

센서가 있는 감지영역으로 침입자나 자동차가 진입하게 되면 지면은 무게의 의한 압력과 이동에 따른 충격을 받게 되고, 이 압력과 충격이 그대로 압력 튜브 센서로 전달된다. 달리는 사람에 의해 발생하는 충격(압력의 변화량)은 걸어다니는 사람에 비해

발생하는 충격보다 훨씬 크며, 체중이 많이 나가는 사람이 직립으로 걸어 다니면서 발생하는 충격은 체구가 작은 사람이 기어오면서 발생하는 충격보다 크다. 이런 압력의 변화가 토양을 통해 한 쌍의 튜브 중 가까이에 있는 센서 튜브에 먼저 전달된다. 잠시 후 비례적인 압력이 약간 떨어져 있는 센서 튜브에도 전달된다. 압력을 감지하는 부분에서 양쪽 튜브의 압력 변화를 감지하고 이에 비례하여 전기적인 신호로 변환된다. 이 결과가 주장치로 전달되고, 주장치에서는 두 개의 튜브에서 전달된 압력이 설정한 값을 초과하게 되면 알람 신호를 출력한다. 일부 모델에는 자가보정 밸브가 내장되어 있다. 이것은 토양 내의 습도와 온도 변화에 따른 영향을 최소화하기 위해 튜브 내의 압력을 일정 수준으로 유지하는 용도로 사용된다. 그러나 이 밸브는 사람이나 자동차의 압력, 그리고 지진 또는 폭발과 같은 갑작스런 현상에 의해 발생하는 빠른 압력 변화에 대해서는 즉각적으로 반응하지 않는다.

센서 튜브 쌍의 거리는 약 1m 정도 거리를 두고 띄워놓고, 토양에 따라 다르지만 일반적으로 약 25cm 정도 깊이에 설치한다. 만약 아스파트 밑에 설치한다면, 깊이는 10~15cm 정도가 적절하다. 콘크리트는 사람에 의해 발생하는 작은 압력을 전달하기에는 좋은 매개체가 아니며, 어떤 측면에서는 사람의 움직임이 전혀 전달이 되지 않을 수도 있다. 만약 넓은 영역에 콘크리트가 깔려 있다면, 침입 탐지용으로는 다른 종류의 센서를 설치하여 운영하는 것이 좋다. 그리고 토양에 따라 다르지만 일반적으로 하나의 감지영역은 약 100m 정도로 설정하여 운영하는 것이 좋다.

두 개의 압력 튜브에서 발생하는 압력차로부터 감지하는 원리와 자가보정 밸브 등을 갖추고 있기 때문에 기후 변화 또는 일반적인 환경 잡음에 대해서는 오보가 발생하지 않는다. 그러나 나무뿌리가 약 3m 이내에 있으면, 바람에 나무가 흔들리는 진동이 그대로 뿌리로 전달되어 센서에 오보를 발생시킬 수 있다. 또한 센서가 설치된 근처에 부실한 기둥(전봇대, 조명등 타워, 전신주, 펜스 기둥 등)이 있다면, 펜스가 바람에 흔들리게 되면 그 진동이 기둥으로 전달되어 오보가 발생할 수도 있다. 따라서 나무나 기둥이 있는 곳으로부터 최소한 약 3m 정도는 떨어진 곳에 설치하는 것이 좋다. 또한 큰 동물이 센서가 있는 곳을 지나가게 되면 오보가 발생할 수 있으므로, 만약 주위에 동물이 있다면 근처에 오지 못하도록 보조 펜스를 설치하는 것이 바람직하다. 또한 폭설이 있는 지역(또는 모래의 이동)은 눈과 모래의 깊이와 구성에 따라 지진 진동이 제대로 센서에 전달되지 못할 수도 있다.

4.6.3 지자기 센서

지자기 센서(geomagnetic sensor)는 PIDS에서 매립형 자석 케이블 센서(buried magnetic cable sensor)라고 한다. 지자기 센서는 기본적으로 패러데이 법칙을 이용한 센서이다. 패러데이 법칙에 의하면, 폐회로를 이루고 있는 전선의 폐회로 루프 내에는 지구 자기장의 미세한 변화에 의해 전류가 형성되고, 이로 인해 센서 케이블 주위로 자기장이 발생한다. 이와 같은 자기장 내부로 유전체 물질이 들어오게 되면 자기장에 변화가 생긴다. 인체는 유전체인 수분으로 이루어져 있기 때문에 센서의 감지영역으로 진입하게 되면 자기장의 변화가 생기게 되어 침입자를 인식하게 된다. 이 센서는 자체적으로 어떠한 전기적인 신호를 내보내지 않고, 다만 폐회로 루프를 따라 형성된 지구 자기장을 이용한 것으로 수동형 센서이다. 그리고 감지영역이 폐회로 주위로 입체적으로 감지영역이 형성되므로 입체형 센서이다.[21]

〈그림 4-31〉과 같이 폐회로 루프가 하나의 감지영역으로 정의되며, 하나의 감지영역은 길이 방향으로 10~200m 정도, 폭은 약 1.2m 정도이다. 설치 깊이는 지면에서부터 약 40cm 정도에 매립한다. 이 정도 깊이에 설치하게 되면 수직방향으로 약 2m까지 감지영역이 형성된다. 침입자 인식은 소동물과 구분하기 위해 약 45kg 이상의 체중을 가진 사람이 진입을 하면 감지할 수 있도록 설계되어 있다.

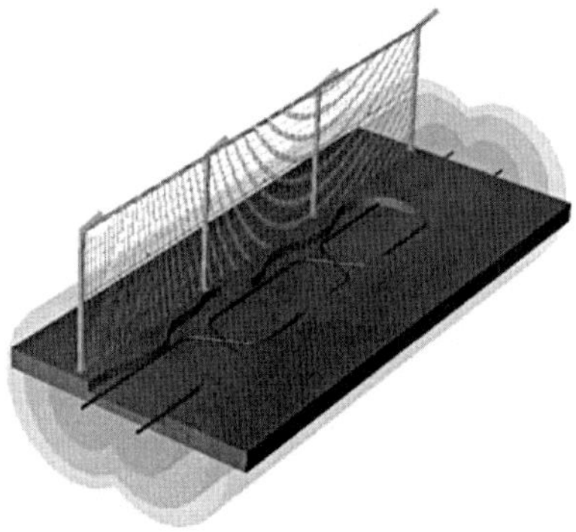

(a) 지구 자기장에 의해 폐회로 루프에 형성된 자기장

(b) 지구 자기장 센서의 매립 형태

〈그림 4-31〉 자기 센서에 형성된 자기장 형태와 매립 형태

지자기 센서는 폐회로 루프 내에 유전체의 진입에 의해 감지하는 원리이기 때문에 바람, 안개, 온도 변화, 모래폭풍 등에는 오보의 영향이 전혀 없다. 다른 매립형 센서

21) RBtec 홈페이지, http://www.rbtec.com/documentation

는 대부분 땅 위의 진동을 감지하는 원리로 동작하는 반면, 지자기 센서는 이런 진동과는 무관하다. 따라서 일반적인 매립형 센서의 오보 원인들에 의해서는 오보가 발생하지 않는다. 다만, 사람과 크기가 유사한 동물이 지나갈 때에는 오보가 발생할 수 있다. 자동차 또는 다른 움직이는 물체들이 약 10m 정도 떨어진 곳에서 움직이는 경우에는 지자기 영향을 전혀 받지 않기 때문에 오보가 발생하지 않는다. 또한 근처에 식물들이 약 30cm 정도의 높이까지 자라더라도 오보가 발생하지 않는다.

4.6.4 매립형 광섬유 센서

매립형 광섬유 센서는 주로 이중 펜스의 사이에 설치하여 첫 번째 펜스를 월장하고 넘어온 침입자를 이차적으로 탐지하기 위한 목적으로 주로 사용한다. 그리고 매립형 광섬유 센서로 이중 펜스 모든 영역에 설치하는 것 보다는 취약 지점이나 매우 보안 등급이 높은 곳에 설치하여 사용하는 것이 좋다. 그리고 매립형 센서 땅 위에서 발생하는 진동으로부터 침입자를 탐지하는 원리로 동작하기 때문에 콘크리트 또는 아스팔트와 같은 지역 아래에 센서를 설치해서는 안된다. 또한 근처에 대형 자동차가 지나가면서 진동을 일으키게 되면 오보를 발생시킬 수 있으므로 설치에 유의해야 한다.

광섬유 센서를 매립형으로 사용할 때의 한 예는 〈그림 4-32〉(a)와 같다.[22] 땅의 진동이 센서로 잘 전달되도록 매트를 깔고 매트 하부로 지면에서 약 5cm 이내로 광섬유 센서를 지그재그 형태로 설치한다. 그리고 지그재그 광섬유 센서 사이의 간격은 약 20cm, 매트 끝 부분은 광섬유 센서보다 약 10cm 정도 더 넓게 설치한다. 광섬유 센서로 광을 보내고 수신하는 전기 회로부는 외부 충격이나 공격으로부터 보호하기 위해 맨홀 내부에 설치한다. 전기 회로부에서 나온 신호선과 전원선 케이블은 주장치와 연결한다. 센서가 설치된 지역에 사람과 자동차에 의한 신호 구분 알고리즘 그림(b)와 같다. 정상 상태에서는 신호에 아무런 변화가 없지만, 사람이 감지영역으로 진입하게 되면 신호의 변화가 발생한다. 그림에서 보듯이 사람의 움직임에 의해 발생된 신호의 크기와 사람보다 큰 자동차의 움직임에 의해 발생된 신호의 크기는 차이가 있다. 그러나 단순히 신호의 크기만으로 사람인지 아닌지 구분하는 것은 무리가 있다. 이러한 신호 감도의 차이로부터 사람과 사람이 아닌 다른 물체(자동차 또는 소동물)를 구분한다. 그러나 사람과 유사한 크기의 동물이 진입하게 되면 센서 신호가 사람과 거의 유사하기 때문에 오보가 발생할 가능성이 있다. 따라서 매립형 광섬유 센서가 설치된 지

22) NISE East, "Perimeter Security Sensor Technologies Handbook", 1997

역에는 동물이나 기타 움직이는 물체가 근처에 지나가지 않도록 조치를 취해야 한다. 겨울철과 같이 땅이 얼어 있는 경우에는 땅 위의 진동이 센서로 잘 전달이 될 수 있지만, 여름철에 비가 많이 오게 되면 진동이 잘 전달이 되지 않을 수기 때문에 환경에 따라 신호 크기를 구분하여 운영하는 것이 좋다. 그러나 매립형으로 광망 센서를 사용하는 경우에는 우선 땅을 파야 하기 때문에 초기 설치 비용이 많이 드는 단점이 있다.

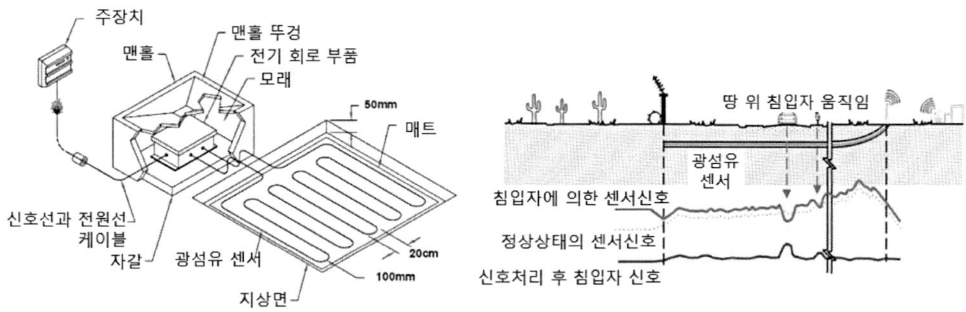

(a) 광섬유 센서의 지중 설치 형태 (b) 매립형 광섬유 센서의 침입 알고리즘

〈그림 4-32〉 매립형 광섬유 센서의 설치 사례 및 침입자 탐지 알고리즘

광섬유 센서를 매립형으로 사용하는 경우, 침입자의 발자국에 의한 진동을 감지하는 원리로 동작하기 때문에 이와 유사한 진동이 발생하면 오보로 인식된다.

(i) 광섬유 센서 근처에 나무뿌리가 있으면 오보가 발생할 수 있다. 나무가 바람에 의해 흔들리게 되면 이러한 나무의 움직임이 뿌리로 전달되고, 뿌리의 흔들림에 의해 땅의 미세한 진동 또는 압력의 변화가 광섬유 센서로 전달될 수 있다.

(ii) 광섬유 센서 근처에 펜스 기둥이 있으면 바람에 의해 펜스 기둥이 흔들리게 되고, 이러한 기둥의 움직임이 광섬유 센서에 전달되어 오보가 발생할 수 있다.

(iii) 광섬유 센서 근처에 큰 동물이 센서가 매립된 지역을 지나가게 되면, 사람의 발자국과 동물의 발자국을 정확히 구분할 수가 없어 오보가 발생할 수 있다.

(iv) 매립형 센서가 설치된 지역에 강한 비가 내린다든지 잡초가 있으면, 센서가 땅 위로 노출되거나 더 깊이 잠길 수도 있다. 이렇게 되면 센서의 감도가 변할 수 있기 때문에 무감지 또는 오보가 발생할 수 있다.

매립형 센서는 센서가 설치된 영역에서 기어가거나, 보통 속도로 걸어가거나, 뛰어가거나 하는 행위를 탐지하는지 시험한다. 시험자는 체중이 최소 35kg 이상인 사람이어야 한다. 매우 느린 속도로 기어가게 되면 센서가 탐지하지 못할 수도 있기 때문에,

최소 초당 5~10cm 정도의 속도로 기어가면서 시험한다. 각 감지영역마다 30회의 시험을 실시한다. 만약 30회 모두 탐지하게 되면 95% 신뢰수준에서 90%의 탐지 확률을 갖는다고 볼 수 있다.

4.7 음향 난류 센서

음향 난류 센서(acoustic air turbulence sensor)는 헬리콥터가 최종 착륙 단계 또는 근접 범위(1~2마일)에서 발생하는 저주파를 탐지하는 센서이다. 이 센서는 일반적인 펜스 및 지상을 탐지하는 경계 센서를 우회(bypass)할 수 있는 헬리콥터로 인한 침입 시도를 탐지하는 데 매우 유용하다. 음향 난류 센서는 헬리콥터 날개에 의해 생성된 기본적인 음압파를 감지한다. 헬리콥터에는 다음과 같은 주요 4가지 음향원이 발생한다. 1) 헬리콥터를 공중에 유지하기 위해 중앙 날개에서 지면으로 작용하는 음향, 2) 헬리콥터가 전방으로 전진하기 위해 중앙 날개에서 발생하는 음향, 3) 헬리콥터의 방향을 잡아주기 위해 작용하는 뒤 날개에서 발생하는 음향, 4) 헬리콥터가 날기 위해 엔진에서 발생하는 엔진 잡음 등이다. 헬리콥터가 보호 대상 지역으로 접근할 때 발생하는 이러한 음향은 대체로 20~40Hz 주파수를 가진다. 일단 센서에서 헬리콥터에서 발생하는 음향 주파수를 감지하면, 센서는 신호 처리부로 신호를 보내고, 신호 처리부에서 헬리콥터의 높이와 무관한 주파수로 필터링한다. 필터링된 주파수가 20~40Hz 대역으로 분석이 되면, 센서는 헬리콥터가 접근한다고 판단하여 알람을 발생한다.

일반적으로 헬리콥터가 150m 정도로 오게 되면 센서는 신호를 검출하기 시작한다. 그러나 검출의 확률과 신뢰도를 높이기 위해 센서의 민감도는 약 90m 범위로 설정해서 운영한다. 감지 영역은 하나 이상의 센서가 보호 영역의 모든 영역을 커버할 수 있도록 〈그림 4-33〉과 같이 겹쳐서 설치한다. 고속 트럭 또는 열차 이동에 의해 발생하는 압력 및 바람의 난기류로부터 잠재적인 간섭을 최소화하기 위해, 센서는 도로 및 철로로부터 멀리 떨어진 위치에 설치한다. 시스템 통신이 적절히 설계된다면, 주장치에서 센서까지의 거리에 대한 제한은 없다. 따라서 보호 지역은 수 마일에 걸쳐 확장될 수 있다.

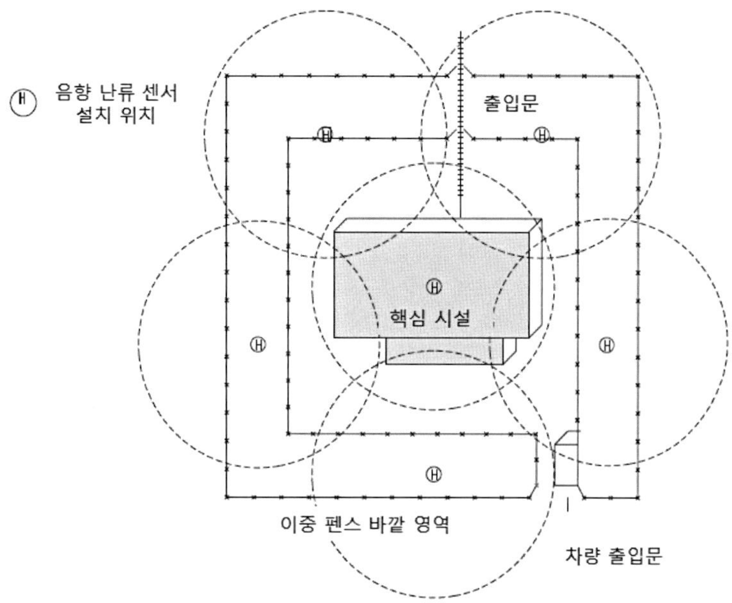

〈그림 4-33〉 음향 난류 센서 설치 사례

센서의 감도를 너무 낮게 설정하면 차량에 의한 잡음을 보상할 수 없다. 또한 센서 간의 간격을 적절히 배치하지 않으면, 감지하지 못하는 영역이 생길 수 있다. 음향 난류 센서의 주 오보원은 넓은 대역의 소음을 발생하는 바람이다. 바람의 점도와 지형의 거칠기로 인해 발생하는 난류는 오보를 일으킬 수 있다. 그리고 이 센서는 글라이더, 낙하산 또는 초경량 등 다른 방법으로 공중으로 진입하는 수단은 감지하지 못한다.

4.8 배수구 침입감지 센서

4.8.1 동작 원리

일반적인 배수구 침입감지 센서(waterborne sensor)는 광섬유 그리드 센서를 이용한다. 광섬유 그리드 센서의 기본 원리는 광망센서와 유사한 원리로 동작한다. 광섬유 그리드 센서는 그것이 부착된 구조물이나 시스템의 운용 능력에 최소한의 영향만 미치면서 다양한 배수구 응용 및 구성을 수용하도록 만들 수 있다. 광섬유 그리드 센서는 광섬유 그리드의 휘어짐과 절단을 인식하여 침입을 감지한다. 일반적으로 광섬유는 단일 모드 직경의 광섬유를 사용하고, 광원으로는 약 1,500nm 파장의 근적외선을 사용한다. 단일 모드 광섬유의 특성으로 광섬유의 휘어짐과 절단을 몇 초 이내로 신속하게 감지할 수 있다. 광섬유의 최대 길이는 보통 수 km 정도이며, 어떤 제품은 최대 길이가 수십 km인 것도 있다. 총 신호에 손실 없이 신호 감쇄를 초래하는 휘어짐은 잠재적 오보 특성에 따라 달라진다. 만약 광섬유가 강한 바람이 불 때 휘어진다면, 실내에서 감쇄되는 양보다 더 많은 손실이 발생할 수 있다. 따라서 현장 상황에 맞게 설정을 하여 사용해야 한다.

광섬유 그리드가 설치된 배수구로 침입자가 보호 중인 시설에 진입하기 위해서는 광섬유를 절단해야 하는데, 광섬유는 이를 감지하여 주장치로 침입신호를 보낸다. 주장치는 광섬유에 광 신호를 송신하고 반대쪽 끝단에서 수신하여 신호가 크게 감쇠되거나 제거되지 않는지 확인하면서 광섬유가 휘어지거나 절단되었는지를 점검한다. 일부 감지 시스템은 이벤트 자체 외에도 OTDR 기능을 이용해서 광섬유 라인에서 이벤트가 발생하는 위치를 감지할 수 있지만, 이 기능은 비용 문제로 잘 사용하지 않는다. 대부분의 광섬유 감지 시스템은 휘어짐과 절단 이벤트를 감지할 때, 릴레이 접점을 open 또는 close 모드로 동작하는데, 그 상태는 응용의 요구에 따라 조정이 가능하다.

4.8.2 광섬유 그리드 유형

지역이나 표면을 보호하는 데 있어서, 몇몇 제조사들은 광섬유망을 만드는 데 성공했고, 몇몇은 광섬유를 플라스틱이나 금속 격자에 넣어 강도를 강화하였다. 강도가 높아지면 광섬유의 절단은 우발적이거나 환경에 의한 것이 아니라 침입자에 의해 의도적으로 절단되었다고 확신을 할 수 있게 된다.

(i) 광망(fiber net)은 보호 중인 물체나 표면을 쉽게 감쌀 수 있고, 보호하고자 하는 배수구에 걸쳐 쉽게 설치할 수 있다. 광망은 유연하기 때문에, 망을 풀기 위해서는 망을 구부려야 하는데, 망의 휘어짐 정도로부터 침입 이벤트를 감지할 수 있다.

(ii) 광섬유 격자(fiber grate)는 일반적으로 제어해야 할 배수구에 걸쳐 설치되는 강체 구조물이다. 침입을 위해서는 강체로 된 격자를 파손해야만 하며, 광섬유에서 강체 구조가 파괴되고 있음을 감지할 수 있다.

두 가지 유형 모두 해양 환경에 배치될 경우, 시간이 경과하면 〈그림 4-34〉와 같이 그리드 표면에 생물 부착(조류, 간석기 또는 단순한 전기화학적 부식을 포함한 수중 성장)이 생성되어 센서 민감도가 감소될 수 있으므로 이를 방지해야 한다.

〈그림 4-34〉 시간에 따른 생물 부착 현상

4.8.3 오보 유형

광섬유 그리드의 두 가지 유형 중에서, 광망 방식이 해저 환경에서 오보가 더 많이 발생할 수 있다. 해양 포유동물들은 종종 호기심이 많고 광망을 건드릴 수 있는데, 이때 오보를 발생하기에 충분한 신호 감쇠가 발생할 수 있다. 광망을 통해 흐르는 강한 물줄기는 광망을 휘어지게 만들 수 있어 오보의 요인이 될 수 있다. 이러한 오보를 줄이기 위해 감지 시스템에서 이러한 유형의 이벤트를 허용하도록 임계값을 조정할 수 있지만, 실제 침입시 발생할 수 있는 휘어짐을 감지하지 못해 무감지가 발생할 가능성이 있다. 또한, 해양 포유류에 의한 간섭을 정확하게 특정하기에는 어려움이 있다. 반면 광섬유 격자는 보다 단단한 구조물로 되어 있기 때문에 상기 설명된 오보는 거의 발생하지 않는다.

CHAPTER 05 실내용 센서

실내용 탐지 센서(interior detection sensors)는 건물의 내부에 설치하여 침입을 사전에 탐지하고자 하는 목적으로 사용하는 센서이다. 침입자는 건물 내부에 있는 핵심 자산을 도난 또는 훼손시키기 위해 침입하므로, 외부에서 건물 내부로 진입할 수 있는 모든 경로를 고려하여 침입을 탐지해야 한다. 따라서 실내용 센서는 다음의 내용을 수행하는 목적으로 설치하여 운영한다.

(i) 창문, 문, 벽, 천장, 지붕과 같은 경계 영역을 침입하는 침입자를 탐지
(ii) 핵심 자산이 있는 방으로 가는 복도와 방 내부에서 움직이는 침입자를 탐지
(iii) 핵심 자산을 침입자가 옮기거나, 만지거나, 들거나 하는 행위를 탐지

이러한 실내에서의 침입자 행위를 탐지하기 위해서는 센서를 설치하는 위치에 따라 〈표 5-1〉과 같은 센서를 사용한다. 창문에 사용하는 센서는 창문을 문단으로 열거나, 유리를 깨고 진입하는 행위를 탐지해야 한다. 문에 사용하는 센서는 문을 무단으로 열거나, 부수고 진입하는 행위를 탐지해야 한다. 벽과 천장에 설치하는 센서는 벽과 천장을 부수고 진입하는 행위를 탐지해야 한다. 그리고 복도와 방에 설치하는 센서는 핵심 자산이 있는 방으로 가는 행위와 핵심자산을 만지는 행위를 탐지해야 한다.

〈표 5-1〉 실내용 탐지 센서의 분류

창문	문	벽/천장	복도/방
자석스위치 센서	자석스위치 센서	벽 진동 센서	MW 센서
AIR 센서	AIR 센서	선절단감지 센서	PIR 센서
유리 깨짐 센서		케이블 센서	영상 센서
			근접 센서

실내용 탐지 센서의 대부분은 실내외 겸용 센서로 사용이 가능하다. 이 중에서 케이블 센서는 진동을 감지할 수 있는 광섬유 센서, 알파 센서, 음향 센서 등을 의미하는데, 이들 센서는 주로 실외에서 사용하고, 실내용으로는 아주 특별한 용도가 아니면 사용하지 않는다. 따라서 실내용으로만 사용하는 센서는 자석스위치 센서, 유리 진동

센서, 벽 진동 센서, 근접 센서 등이 실내용으로 사용되는 센서이다. 자석스위치는 창문이나 문의 위치를 감지하는 센서이다. 유리 깨짐 센서는 유리가 깨질 때 발생하는 고주파의 진동을 감지하는 센서이며, 벽 진동 센서는 벽을 부술 때 발생하는 저주파의 진동을 감지하는 센서이다. 근접 센서는 핵심 자산의 움직임을 감지하는 센서이다.

5.1 자석스위치 센서

5.1.1 동작 원리

자석스위치(magnetic switch) 센서는 문과 창문의 보안용으로 가장 많이 사용되고 있는 소자이다. 이것은 창문 또는 문 위에 설치하는 자석(magnet)과 문틀에 설치하는 리드스위치(reed switch)로 구성되어 있다. 문이나 창문이 닫혀 있을 때, 리드스위치는 자석에 의해 닫힌 상태로 있게 된다. 문이나 창문이 열리게 되면, 자석이 제거되면서 리드스위치가 열린 상태로 변하게 되어 알람이 발생한다. 동작 원리는 리드스위치의 접점이 외부 자석에 의해 on, off 되는 원리를 이용한 것이다. 리드스위치 내부 구조는 〈그림 5-1〉(a)와 같다. 리드스위치의 유리 캡슐 내부는 금속접촉면의 산화방지를 위해 불활성 가스로 채워져 있으며, 스위칭 부분은 전기적 접촉을 좋게 하기 위해 전도성이 우수한 금속으로 코팅되어 있다. 자석스위치의 동작원리는 그림(b)와 같다. 외부자석이 OFF 상태인 리드스위치에 가까이 가게 되면, 떨어져 있는 두 접점이 붙게 되어 ON 상태가 된다. 이 상태에서 다시 자석을 떼어내게 되면 금속 리드의 탄력성 때문에 접점이 떨어져 OFF 상태가 된다. 이런 원리를 이용해서 문이나 창문에 리드스위치와 자석을 조합하면 문의 열림 상태에 따른 리드스위치의 상태를 구분할 수 있다. 문틀에는 리드스위치를 붙이고, 문에는 문을 닫았을 때 리드스위치 바로 아래 위치에 자석을 붙여 놓는다. 이렇게 설치하면 문이 닫힌 경우에는 자석이 리드스위치에 영향을 주어 리드스위치를 ON 상태로 만들어 준다. 만약 문이 열리게 되면 자석이 없어지므로 리드스위치는 OFF 상태로 된다.

리드스위치는 접점 방식에 따라 Form A, Form B, Form C등 3종류가 있다. Form A는 평소에 두 리드스위치 접점이 떨어져 있다가 자석이 접근하게 되면 두 접점이 붙는 형태이며, Form B는 이와 반대이다. 이런 원리 때문에 Form A를 normally open

방식이라 부르며, Form B는 normally close 방식이라 부른다. Form C는 출력단에 2개의 리드가 존재하여 필요에 따라 Form A, Form B 두 가지 동작 구현이 모두 가능한 스위치이다. 일반적인 상태에서 접점이 붙어 있는 쪽을 NC 리드라고 하고, 자석의 자장에 의해 붙는 쪽을 NO 리드라고 한다. 이런 스위치 원리는 3.2절에서 언급된 센서 출력 모드의 용도로 사용되기도 한다.

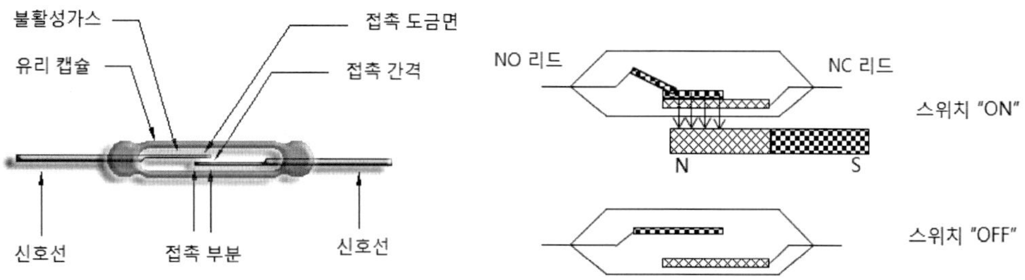

(a) 리드스위치 내부 구조 (b) 리드스위치 동작원리

〈그림 5-1〉 리드스위치 내부 구조 및 동작원리

약 1만원 이하의 저렴한 가격으로 단순 자석스위치를 제작할 수 있으며, 보안 등급이 낮은 곳에 널리 사용되고 있다. 그러나 단순 자석스위치는 원리가 너무 간단하여 외부에서 쉽게 무력화가 될 우려가 있다. 스위치가 있는 위치에 외부에서 강한 자석을 갖다 대고 문을 열면, 리드스위치가 아무런 동작을 하지 않아 문열림 감지 기능을 하지 못하는 문제점이 있을 수 있다. 이런 문제점을 개선하기 위해 개발된 것이 이중 자석스위치(balanced magnetic switch, BMS)이다. BMS를 무력화하기 위해서는 단순 자석스위치보다 훨씬 정교한 기술이 필요하다.

BMS는 리드스위치 내부 또는 인접에 별도의 자석을 추가로 사용한다는 것이 일반 단순 자석스위치와는 다르다. 단순 자석스위치와 이중 자석스위치의 차이는 〈그림 5-2〉와 같다. 그림(a)는 단순 자석스위치를 사용한 경우의 문의 열림과 닫힘에 따른 리드스위치의 상태 변화를 나타낸 것이다. 문이 닫혀 있는 경우, 자석에 의해 리드스위치는 ON 상태를 나타낸다. 문이 열리게 되면, 리드스위치는 OFF 상태로 된다. 만약 문이 닫혀 있는 상태에서 리드스위치 근처에 강한 자석을 붙힌 상태에서 문을 열면 여전히 외부의 자석 때문에 스위치는 떨어지지 않게 되어 문의 열림 감지를 인식하지 못한다. 그러나 그림(b)처럼 이중 자석스위치를 사용하게 되면, 이와 같은 외부의 자석을 이용한 무력화는 어렵게 된다. 그 이유는 다음과 같다. 이중 자석스위치에서 문에 있는 자석의 자력과 거의 유사한 자력을 가진 자석을 리드스위치의 상단에 자석을 갖다 놓고 극성을 반대로 해 놓으면, 두 자석의 자력이 서로 상쇄되어 리드스위치는 OFF 상태를 유지한다. 이 상태에서 문을 열게 되면, 하나의 자석이 없어졌기 때문에 리드스위치에 붙어 있는 자석에 의한 자력만 존재하므로, 이 자력에 의해 리드스위치의 접점은 ON 상태로 변하게 된다. 문이 닫힌 상태에서 단순 자석스위치와 같이 이를 무력화 시키려고 외부에서 자석을 갖다 대면 두 자석에 의한 자력의 평행이 깨지게 되어 리드스위치의 접점이 바뀌게 된다. 따라서 외부에서 자석을 갖다 대는 순간 접점의 상태가 문의 열림의 상태로 바뀌게 되므로 무력화 시도를 알 수 있게 된다.

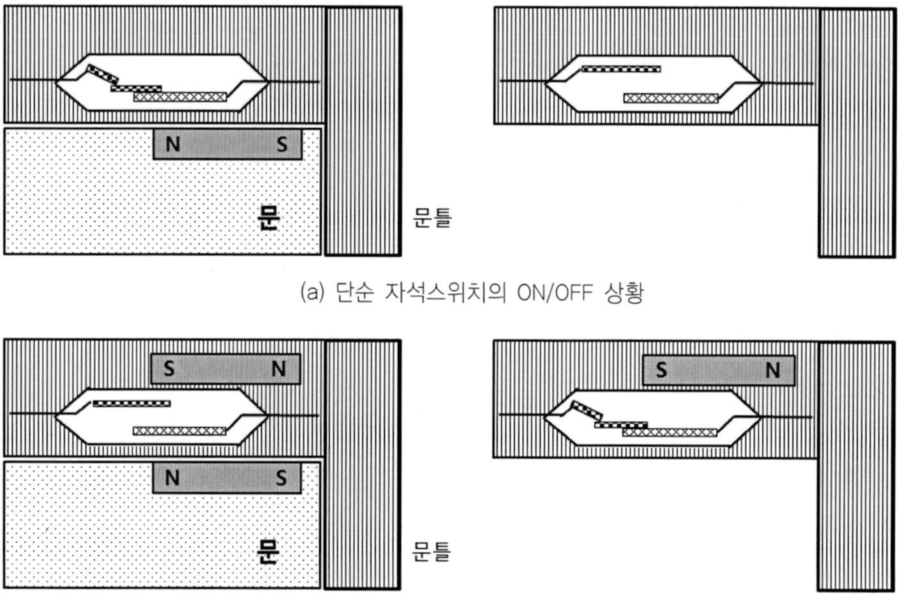

(a) 단순 자석스위치의 ON/OFF 상황

(b) 이중 자석스위치의 ON/OFF 상황

〈그림 5-2〉 단순 자석스위치와 이중 자석스위치의 동작 차이

자석스위치는 일반적으로 출입통제장치와 연동하여 사용한다. 보안은 문이 닫혀 있는 상태에서 시작되므로, 보안이 유지된 상태에서 문의 열림 감지 신호는 정상적인 동작에 의해서만 문이 열려야 한다. 즉 보안 카드나 생체인식 등의 출입통제장치에서 정상적인 출입 절차로 문이 열리는 경우에는 알람이 발생하지 않는다. 그러나 출입통제장치에서는 아무런 신호가 없는데 문의 열림 감지 신호가 발생하게 되면, 이것은 무단 침입으로 인식하게 된다. 〈그림 5-3〉과 같이 자석스위치는 문과 창문에 설치하여 무단으로 문을 여는 것을 탐지하는 목적으로 사용한다.

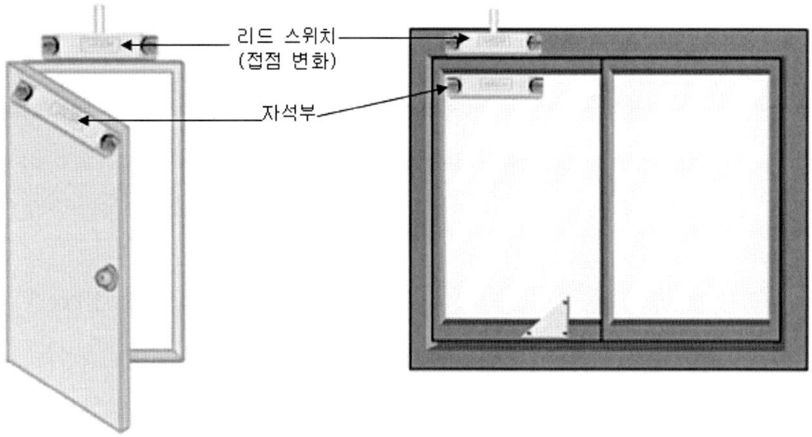

〈그림 5-3〉 자석스위치의 문과 창문의 적용 사례

5.1.2 오보 요인

자석스위치 센서는 하드웨어가 양호한 상태로 올바르게 설치된 문 또는 창문에 올바르게 설치하면 매우 안정적이다. 자석스위치 자체로만은 오보가 거의 발생하지 않는다. 대부분의 오보는 문이나 창문의 상태가 불량하거나 리드스위치와 자석의 위치가 맞지 않게 설치되었을 때 발생한다. 문이 낡아서 힌지에 고정이 잘 되지 않거나, 설치 불량으로 문이 바람 등에 움직일 때 주로 오보가 발생한다.

자석스위치 센서를 큰 셔터 문 등에 사용할 때, 셔터 문의 위치가 잘 맞지 않으면 오보가 발생할 수 있다. 적절한 센서 작동을 위해 이러한 유형의 문을 정렬 상태로 유지하는 것은 시간이 지남에 따라 어렵다. 문, 창문 또는 출입문의 과도한 이동을 야기하는 극한 기후 조건도 자석스위치 센서의 오보를 증가시킬 수 있다.

5.1.3 설치 기준 및 센서 특성

자석스위치 센서의 리드스위치는 고정 표면 내부에 장착하고, 자석은 경첩의 반대편에 있는 가장자리 이동 표면의 상단 근처에 설치하며, 또한 보안 구역 내부에 설치해야 한다. 문과 문틀 사이의 수직 부분에 〈그림 5-4〉와 같이 단차가 많이 있는 곳에 설치할 경우에는 리드스위치와 자석 사이에 길이 조절이 가능한 스페이서를 사용하여 위치를 맞추어 설치한다. 만약 문틀이 강철인 경우, 리드스위치 작동에 방해가 되지 않도록 문틀과 리드스위치 사이에 비철(알루미늄 또는 플렉시글라스) 재료인 스페이서를 이용해서 리드스위치를 방해받지 않도록 설치해야 한다. 마찬가지로 만약 철문에 자석을 바로 설치를 해야 한다면, 비철 재료인 스페이서를 이용해서 자석을 설치해야 한다. 또한 자석 스위치의 알람 출력 신호선은 보호 구역 내부에 있어야 하며, 외부에서 쉽게 절단하지 못하도록 도관 내부에 설치해야 한다.

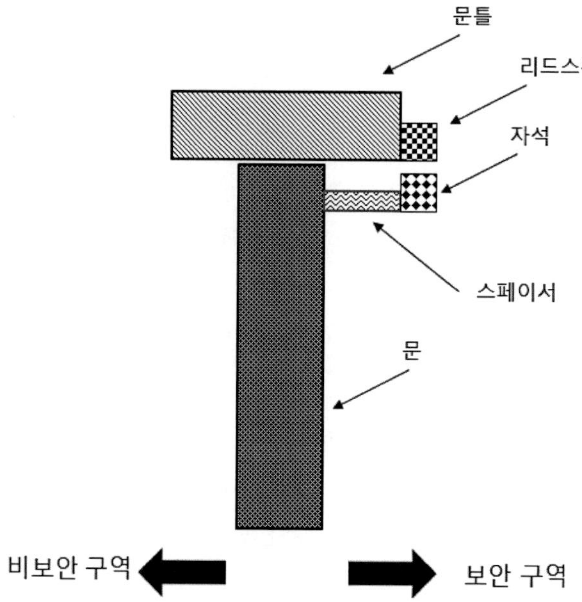

〈그림 5-4〉 스페이서를 이용한 자석스위치 센서 설치

자석스위치 센서는 동작원리가 수동형이며, 센서가 노출된 노출형이며, 감지영역이 이차원인 선형이며, 경계를 통과하는 행위를 감지하는 센서이다. 자석스위치 센서는 매우 오랫동안 사용된 센서이며, 설치만 잘 되어 있다면 오보도 거의 발생하지 않는다. 단일 자석스위치 센서인 경우에는 외부 자석을 이용하여 센서를 무력화 시킬 수 있지만, 이중 자석스위치 센서인 BMS를 사용하게 되면 외부에서 무력화 시키는 것은 거의 불가능하다. 문을 열지 않고 문에 구멍을 내어 침입하거나, 유리문인 경우에는 유리를 깨고 침입하는 경우에는 자석스위치 센서가 반응을 하지 않는다. 리드스위치와 자석을 붙은 채로 뜯어내면 감지하지 않기 때문에, 자석스위치 센서는 보안 구역 내에 설치해야 한다. 낙뢰, 전력 서지 또는 스턴트 건 등으로부터의 고전압 방전을 리드스위치에 가하게 되면, 스위치의 접점이 영구적으로 붙어버리거나 떨어질 수도 있으며, 이런 경우에는 자석스위치 센서가 무용지물이 될 수 있다.

5.2 근접 센서

5.2.1 동작 원리

근접 센서(proximity sensor)는 값어치 나가는 물건에 누군가가 다가가거나, 손을 대거나, 집어 들거나 하는 행위를 탐지하는 센서이다. 따라서 근접 센서는 PPS에서 가장 내부 또는 최종적으로 설치하는 센서이다. 이 센서는 주요 자산에 가장 근접한 위치에 설치하며, 침입 신호가 접수되면 대응팀에서 대응하는 시간이 매우 짧아 적절한 조치를 취할 시간이 부족하다. 이런 이유 때문에 근접 센서는 고위험 자산의 주요 탐지용 센서로 사용되어서는 안된다. 따라서 근접 센서는 내부자에 대한 보호에 가장 효과적이다. 근접 센서는 동작 원리에 따라 전기용량(capacitance), 유도용량(inductance), 압력(pressure), 스트레인(strain), 스위치(switch) 센서 등이 있다.

전기용량 센서는 전기적인 커패시터와 동일한 원리로 동작하는 센서이며, 〈그림 5-5〉와 같이 센서의 전면부에 있는 대상 물체의 움직임을 감지하는 센서이다. 이 센서는 금고나 파일 캐비닛과 같이 지면에서 격리될 수 있는 금속 용기를 보호하는 데 사용된다. 전기적인 커패시터는 두 장의 도체 사이에 유전체가 삽입된 형태로 구성된다. 유전체의 전기적인 특성이 바뀌게 되면 두 도체 사이에서 전기용량이 변하게 된다. 전기용량 근접 센서의 경우, 센서쪽 금속판 맞은 편에 보호 대상인 금속 물체가 있고, 그 사이에 있는 공기가 유전체 역할을 한다. 사람이 근처에 근접하거나 물체에 손을 대게 되면, 유전율이 변하게 되어 결과적으로 전기용량의 변화가 일어난다. 설정한 임계값 이상으로 변하게 되면 센서는 알람을 생성한다.

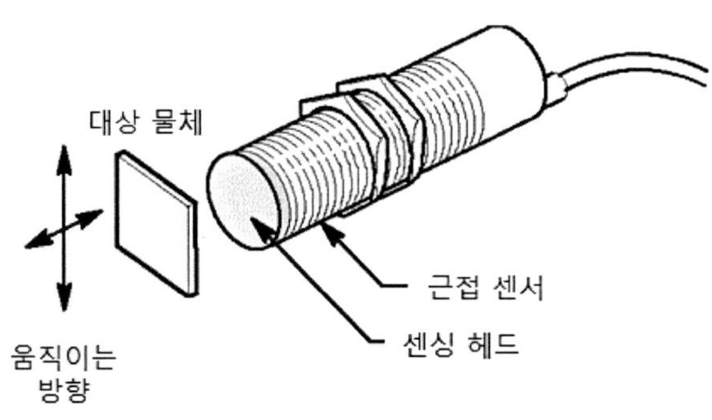

〈그림 5-5〉 근접 센서의 동작 원리

유도용량 센서는 전기용량 센서와 원리가 거의 동일한데, 대상물체가 금속인 경우에만 적용된다는 차이점이 있다. 두 센서의 동작 원리 비교는 〈그림 5-6〉과 같다.[23] 전기용량 센서는 전기장의 변화를 감지하는 센서이고, 유도용량 센서는 전자기장의 변화를 감지하는 센서이다. 전기용량의 변화는 대상물체가 금속이 아닌 비금속 물체도 유전율의 변화로 변화가 발생하지만, 유도용량의 변화는 금속 물체인 경우에만 전자기장의 변화가 발생한다.

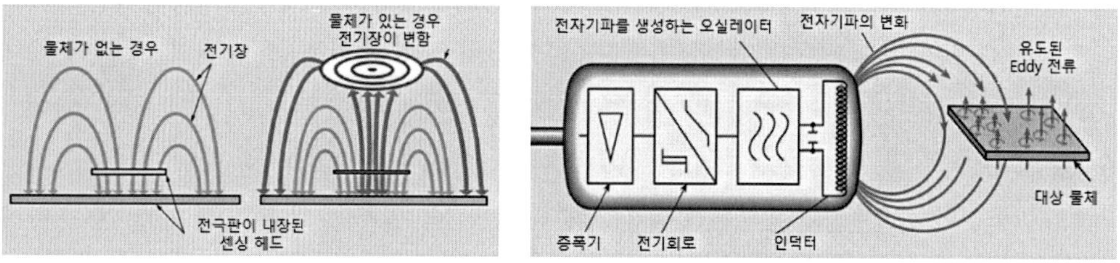

(a) 전기용량 센서의 동작 원리 (b) 유도용량 센서의 동작 원리

〈그림 5-6〉 전기용량 센서와 유도용량 센서의 동작 원리 비교

압력 센서는 센서에 가해지는 무게 변화를 감지하는 원리로 동작한다. 센서 역할을 하는 압력 매트는 리본 스위치가 일정한 간격으로 동일 평면에 삽입되어 있는 구조로 되어 있다. 리본 스위치는 〈그림 5-7〉과 같이 두 개의 금속 전극 사이에 절연체 재료인 필름이 삽입되어 있는 구조로 되어 있다.[24] 리본 스위치 위로 적절한 압력이 가해지면, 두 금속 전극이 서로 전기적인 접촉을 하게 된다. 주요 대상 물체가 리본 스위치가 내장된 압력 매트 위에 놓이게 되면, 전기적인 접촉을 하게 되고, 침입자가 대상물체를 들게 되면, 두 금속 전극이 서로 떨어지게 되어 물체가 들림을 알 수 있게 된다. 또한 압력 매트는 대상 물체의 들림을 감지할 수 있지만, 카펫 밑에 압력 매트를 설치해 놓으면, 카펫 위로 침입자가 접근하게 되면 침입자가 근접함을 알 수 있게 된다. 이와 같은 매트 센서는 일반적인 압력 센서로 대표된다.

---

23) Thomas A. Kinney, etc., "Proximity Sensors Compared: Inductive, Capacitive, Photoelectric, and Ultrasonic", Machine Design, Dec 22, 2015

24) Ken-ichi Nomura, etc., "A flexible proximity sensor formed by duplex screen/screen-offset printing and its application to non-contact detection of human breathing" Scientific Reports, vol.6, Published: 22 January 2016

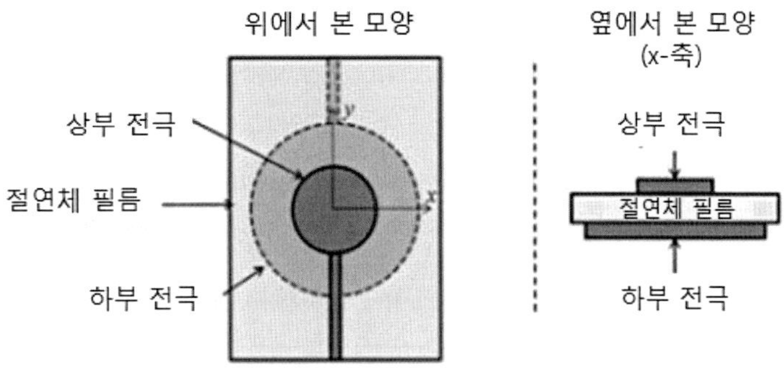

〈그림 5-7〉 리본 스위치의 내부 구조

스트레인 센서는 표면의 미세한 구부림의 양을 검출하는 센서이다. 스트레인 센서의 핵심은 프로세스에 연결된 하나 이상의 센싱 소자이다. 센싱 소자는 표면 변형 또는 구부림을 검출할 수 있는 압전, 압저항, 금속 포일 등을 사용할 수 있다.[25] 이런 소자를 스트레인 소자로 사용하게 되면, 표면이 구부러지거나 변형이 되면, 저항과 같은 전기적인 특성이 변하게 된다. 전기적인 특성이 설정한 임계값을 넘어서게 되면 알람으로 출력한다.

스위치는 동작 원리상 점 센서로 사용된다. 보호하고자 하는 물체를 스위치 위에 놓으면, 전기적인 접점이 open 또는 close 중 하나의 접점으로 유지하게 된다. 이 상태에서 물체를 들어 올리게 되면 스위치의 접점이 바뀌게 되어 물체의 도난을 감지할 수 있다. 스위치 센서를 설치할 때에는 외부에서 쉽게 스위치를 제거하지 못하도록 보안 구역 내부에 설치를 해야 한다.

5.2.2 오보 요인

전기용량 센서의 민감도는 급격한 상대 습도의 변화 또는 센서 근처로 금속성 물체를 가까이 가져 오거나 멀리 치우는 행위 등에 의해 영향을 받는다. 상대 습도의 변화는 공기의 유전율 특성을 변화시킨다. 급격하게 상대 습도가 증가하게 되면 공기의 유전율이 증가하게 되어 결과적으로 전기용량을 감소시켜 오보가 발생할 수 있다. 마찬가지로 상대 습도가 급격히 건조해지면 공기의 유전율이 감소하게 되어 결과적으로 전기용량이 증가하여 오보가 발생할 수 있다. 덩치가 캐비넷, 책상과 같은 큰 금속 물체(높은 전기 전도도를 가짐)를 센서 근처로 옮기게 되면 센서의 민감도가 변할 수 있다.

25) 정용택, "센서원리 및 응용기술", 진샘미디어, 2017

만약 민감도가 증가하게 되면 오보가 발생할 확률이 증가하게 되고, 반대로 민감도가 떨어지게 되면 무감지가 일어날 가능성이 높아진다.

압력 매트 센서의 경우, 리본 스위치 접점을 분리하는 절연재나 분리재가 마모되거나 거친 조건에 노출되어 악화될 경우 오보가 발생할 수 있다. 특히 매트가 마모되거나 열화된 경우, 센서의 동작 범위를 벗어난 극도의 난방 및 냉방은 추가적인 오보의 발생원이 될 수 있다. 매트가 설치된 구역 근처에 많은 작업자나 다른 직원이 자주 다니게 되면, 부주의하게 센서를 밟게 되어 오보의 원인이 될 수 있다. 매트 압력 센서는 설치를 주의깊게 해 놓으면 거의 오보가 발생하지 않는다.

스트레인 센서는 온도와 습도의 변화에 영향을 받아 오보가 발생할 수 있다. 일부 스트레인 센서는 온도 변화의 영향을 줄이거나 제거하도록 구성되어 있다. 습도가 변하는 경우, 보호 대상 물체가 수분을 흡수하여 무게가 변하게 되고, 이로 인해 스트레인 센서는 오보가 발생할 수 있다.

스위치 센서인 경우, 적절하게 설치되어 있다면 거의 오보가 발생하지 않는다. 간혹 발생하는 오보는 대상 물체에 붙여 놓은 센서가 떨어지거나, 센서가 손상이 가거나 하는 매우 특별한 경우에만 오보가 발생할 수 있다.

5.2.3 센서 특성

앞에서 언급되었듯이 근접 센서를 고위험 자산에 대해 주요 감지 수단으로 사용해서는 안 된다. 그 이전에 다른 센서로 2차 또는 3차의 감지 수단을 가져야 하며, 반드시 보안 구역 내부에 설치를 해야 한다. 이 센서의 설치 목적은 접근해서는 안 되는 물체에 매우 가까이 있거나, 만지거나, 움직이는 내부자를 감지하는 것이다. 휴대용 고부가가치 물체는 절도를 빨리 하지 못하도록 캐비닛에 넣어 두거나 안전하게 묶어 놓아야 한다. 근접 센서를 설치해 대상 물체를 탈취하는 시도 또는 캐비닛의 문을 감지할 수 있다.

전기용량 센서는 매우 천천히 보호 대상물체 쪽으로 다가오는 것은 탐지하지 못할 수도 있다. 침입자는 전화 회사에서 지하 전화 케이블을 찾기 위해 사용하는 것과 같은 무선 주파수 필드 감지(radiofrequency field-sensing) 장비를 사용하면 정전용량 근접 센서의 존재를 감지할 수 있다. 전도성 물체를 보호 표면 가까이 또는 보호 표면으로부터 멀리 이동하면 보호 표면과 지면 사이에 작은 정전용량 변화가 발생하여 불필요한 경보가 발생할 수 있다.

전기용량 근접 센서의 일반적인 적용 분야는 안전 캐비닛 또는 파일 캐비닛용 도난 방지 알람센서이다. 안전 캐비닛 또는 파일 캐비닛은 반드시 블록 위에 설치하여 지면으로부터 격리시켜야 한다. 블록은 비전도성 플라스틱 또는 비수성 재료로 제작된 것을 사용한다. 목재 블록은 수경화성이기 때문에 일정 시간이 지나면 충분한 수분을 흡수하여 유전율이 변하게 되어, 캐비닛의 움직임을 감지하지 못할 수 있으므로 사용해서는 안 된다. 정전용량 센서는 보호가 필요한 물체 아래에 상대적으로 큰 구리 호일 시트 또는 금속 스크린을 설치하여 그림, 태피스트리 및 기타 물체를 보호하는 데 사용할 수 있다. 이러한 유형의 응용에서 금속 스크린은 안전 또는 다른 금속 물체처럼 보호회로의 일부로 작용한다.

전기용량 센서는 〈그림 5-8〉과 같이 신호 연결선과 접지 연결선이 필요하다. 그리고 보호 대상 물체는 지면으로부터 절연물체를 이용하여 분리시켜야 한다. 보호 대상 물체와 접지면 모두 프로세서 장치에 연결되어야 하며, 일반적으로 보호 대상 물체와 가까운 벽에 설치된다.

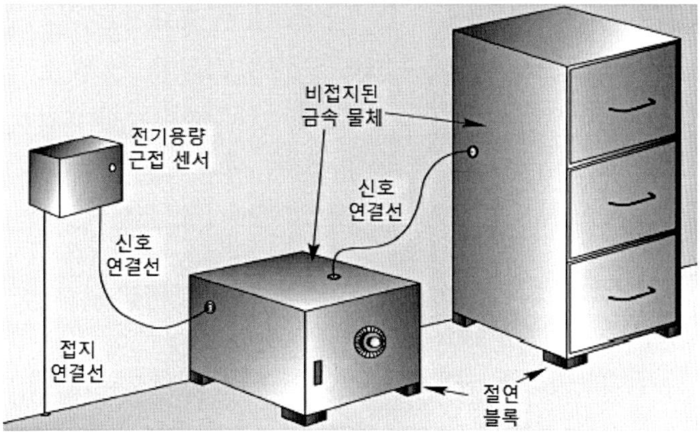

〈그림 5-8〉 전기용량 센서 설치 사례

압력 매트는 일반적으로 개방 제어장치 또는 기계 안전장치와 같은 산업 및 상업적 용도로 주로 사용한다. 압력 매트를 주로 잠재적인 침입자 경로 또는 귀중한 물체 주변에 설치하여 사용한다. 이 센서를 대개 카펫이나 바닥 아래에 눈에 보이지 않게 설치해 놓으면, 침입자가 센서의 존재를 확인할 수 없기 때문에 센서를 피해서 침입하는 것이 거의 불가능하다. 침입자가 압력 매트의 위치를 정확히 알고, 벽돌 등을 사용하여 그 위에 보드판을 설치하여 보드판 위로 걸어가거나 점프를 하게 되면 감지를 하지 못한다. 압력 센서도 보행이 잦은 곳에 설치되어 있으면 상당한 마모를 겪게 되기 때문에, 센서가 효과적으로 작동하는지 확인하기 위해 주기적으로 동작 시험을 수행해야 한다.

스트레인 센서는 물체의 무게를 지속적으로 감시할 수 있으며, 물체를 들어 올리거나 움직이거나 조작하는 것을 감지할 수 있다. 이 센서는 온도 또는 습도의 변화가 있는 환경은 피하는 것이 좋다. 또한 스트레인 센서는 보호 영역으로 침입하는 사람의 몸무게도 측정할 수 있다.

5.3 진동감지 센서

진동감지 센서(vibration sensor)는 압전체(piezo-electrics) 원리를 이용한 센서이다. 압전체는 전달된 진동을 전기적 신호로 변환해 주는 소자이다. 이러한 원리를 이용하여 물리보안용에서는 유리가 파손되는 될 때 전달되는 진동을 감지하는 유리감지 센서, 유리가 파손될 때 나오는 소리를 감지하는 음파감지 센서, 벽을 부수고 침입하기 위해 벽에 가하는 진동을 감지하는 벽감지 센서, 금고 등의 철판을 부수기 위해 가하는 진동을 감지하는 금고감지 센서 등이 있다. 각각의 센서들은 진동원에 따른 진동 주파수 및 크기에 적합하도록 설계가 되어 있지만, 근본적인 원리는 모두 동일하다.[26)]

금속감지 센서는 특수한 목적용 감지를 위해 사용되는 것이고, 나머지 유리감지 센서, 벽감지 센서, 음파감지 센서는 외부에서 벽 또는 창문을 깨고 침입하는 것을 감지하기 위해 사용한다. 이러한 진동감지 센서의 회로 개념도는 〈그림 5-9〉와 같다. 파괴에 의한 진동이 압전소자로 전달이 되면, 압전소자에서는 특정한 주파수만 선택하는 필터회로를 거쳐 감지회로를 지나 이상유무를 판단하는 회로로 구성되어 있다.

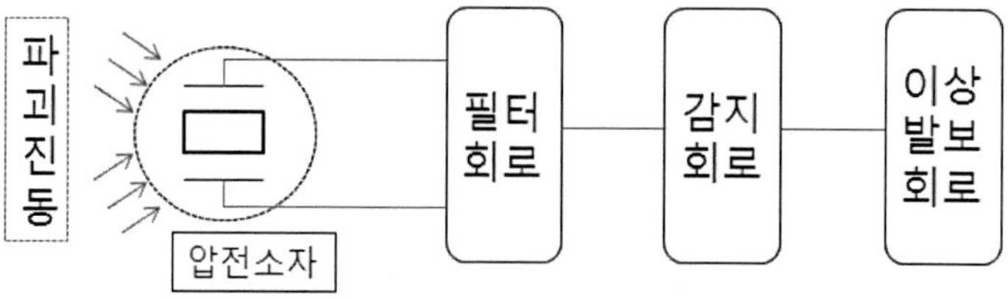

〈그림 5-9〉 진동 감지기의 기본 회로 개념도

26) 정용택, "물리보안용 센서의 원리와 응용", 인포더북스, 2012년

유리가 깨지는 것을 감지하는 목적으로는 압전센서를 사용한 유리 감지 센서(glass break sensor)와 집음 마이크를 이용한 음파감지 센서(microphonic sensor)를 사용한다. 대표적 압전소자인 PZT는 티탄산납($PbTiO_3$)과 지르코산납($PbZrO_3$)를 일정비율로 썩어 세라믹으로 만든 것이다. 이것은 크기당 감도가 우수하며, 사용 주파수 범위가 0.5Hz~10kHz로 매우 넓은 편이며, 신호대비 잡음 비율(S/N)이 좋아 상대적으로 적은 신호도 잘 측정할 수 있다. 압전소자를 얇게 만들어서 양쪽면에 전극용 금속을 증착하여 진동에 의한 전기신호를 읽을 수 있도록 하고 외형 기구물에 삽입하면 일반적인 유리감지 센서가 된다. 유리감지 센서가 유리에 부착되는 면은 진동을 잘 전달할 수 있는 금속재질로 만든다. 음파감지 센서는 압전소자 모듈 대신에 소형 마이크를 소자로 이용하며, 마이크로 소리가 잘 전달될 수 있도록 만든다.

유리감지 센서와 음파감지 센서는 유리가 깨지는 것을 감지하는 것이 목적이다. 유리감지기는 유리에 부착해서 유리가 깨질 때 나오는 진동을 감지하는 것이고, 음파감지기는 천정에 설치해서 일정역역 이내에 유리가 깨지는 소리를 감지하는 원리이다. 유리감지 센서는 유리에 부착해서 사용하기 때문에 감지율은 높으나 미관상 좋지 않고 감지할 수 있는 유리 크기가 한정되어 있으며 감시하고자 하는 유리마다 부착해야 한다는 단점이 있다. 반면 음파감지 센서는 하나의 센서로 여러 개의 유리창을 감지할 수 있는 장점은 있으나, 소리를 감지하는 원리이기 때문에 유사한 종류의 소리가 주위에 발생하면 오보가 발생할 수 있다는 단점과 마이크 부분에 테이프 등으로 가리면 쉽게 무력화가 될 수 있다는 문제점이 있다.

유리가 깨질 때는 저주파부터 고주파까지 매우 넓은 범위의 파장이 나온다. 일반적인 충격이나 소음에 대한 오보를 줄이고 유리가 파손되는 것을 감지하기 위해 저주파 대역과 고주파 대역을 동시에 감지되도록 회로를 설계한다. 이렇게 회로를 설계하더라도 모든 종류의 유리 파손만을 감지하도록 설계하는 것은 원리적으로 매우 어렵다.

유리감지 센서 및 음파감지 센서는 모든 종류의 유리 파손을 감지하는 것은 아니며, 유리종류, 유리크기, 유리두께, 센서 설치방법 및 장소에 따라 약간씩 감지성능에 차이가 있다. 따라서 센서를 설치한 후 반드시 감지여부를 확인하여 추가 설치를 검토해야 한다. 특히 유리감지 센서는 유리면에 장기간 접착할 수 있도록 접착제를 잘 선택해서 시공해야 한다. 유리면에 코팅이 되어 있거나 유리면이 울퉁불퉁하다면 접착력이 현저히 떨어져 사계절의 온도변화에 대해 유리면에서 탈락할 수도 있다. 이런 점을 고려해서 유리감지 센서는 접착제 선택, 센서가 접촉되는 면의 상태 등을 면밀히 따져서 설치를 해야 한다. 반면 음파감지 센서는 유리가 깨지는 소리를 감지하는 원리이기 때문에 소음제가 설치된 경우 또는 커텐이나 양탄자 등이 바닥에 깔려 있는 경우는 센서를 규정보다 많이 설치를 해야 한다.

벽감지 센서(vibration sensor)는 콘크리트벽 또는 3공블럭벽 등을 깨고 침입하는 것을 감지하기 위해 사용하며, 벽감지 센서도 유리감지 센서와 유사한 개념으로 설계 및 제작한다. 유리는 망치나 주먹 등으로 한 번의 충격으로 깰 수 있지만, 벽은 해머나 매우 무거운 도구를 사용하여 여러 번의 충격을 가해야만 깨질 수 있다. 이러한 행위 때문에 벽감지 센서는 유리감지 센서와는 달리 두 가지 종류의 감지회로로 구성되어 있다. 즉, 단 시간 내에 수회 정도의 큰 충격을 감지하는 충격진동감지회로와 일정 시간 내에 수십회 정도의 작은 충격을 누적으로 감지하는 연속진동감지회로로 구성한다. 보통 충격진동회로는 10초 이내의 간격으로 해머 등의 충격성 진동이 수회 이상 감지될 때 발보를 하며, 연속진동감지회로는 연속성 진동이 1초 이내의 간격으로 수십회 감지될 때 발보를 하도록 설계한다.

또한 벽에서 나오는 진동을 잘 감지하기 위해 앵커볼트를 이용해서 벽에 밀착해서 부착해야 한다. 기둥이나 대들보 등에는 벽감지 센서를 설치하면 안되며, 보통 하나의 벽감지 센서로 약 10~20m 정도를 감지할 수 있다. 그러나 중간에 기둥이나 틈이 있는 경우는 감지거리가 더 짧아질 수 있다. 벽감지 센서의 설치높이는 일반적으로 바닥면에 가깝게 설치하는 것이 좋다. 그 이유는 벽의 진동원이 보통 사람 허리부분이기 때문이다. 그러나 미관을 고려해서 바닥에서 약 2m 이내의 높이에 설치해야 최적의 감도를 얻을 수 있다.

5.4 초음파 센서

초음파 센서(ultrasonic sensor) 보호구역 내 초음파 음에너지를 "듣고" 침입시도 관련 고주파에 반응하는 동작감지 센서이다. 초음파 센서는 수동형과 능동형 모드로 사용이 가능하며, 수동형 초음파 센서는 20~30kHz 범위의 주파수를 탐지하는 센서이다. 이 범위의 주파수는 금속끼리 마주치는 소리, 아세틸렌 토치에서 나는 소리, 콘크리트나 벽돌의 분쇄 소리 등에 주로 발생한다. 이런 소리는 주로 벽을 부수거나 철문을 절단할 때 발생하는 소리이다. 이렇게 생성된 소리는 주변 공기를 통해 파동 형태로 전달된다. 수동형 초음파 센서는 주변에서 발생된 여러 주파수를 항상 받아들이고 있으며, 신호 판단회로에서 침입으로 판단이 되면 알람 신호를 주장치로 전송한다.

수동형 초음파 센서는 〈그림 5-10〉과 같이 주로 벽이나 천장에 설치하고, PIR 센서와 같이 설치하여 탐지 확률을 높이는 용도로 사용한다. 그러나 실내의 제어할 수 없는 환경 요인에 의해 초음파 센서의 오보율도 증가한다. 수동형 초음파 센서의 장점은 열의 변화와는 무관하다는 점이다. 초음파 에너지는 일반적으로 벽, 지붕 또는 칸막이를 통과하지 않기 때문에 특정 영역 내로 감지 영역을 설정하기도 용이하다. 단점은 가구나 기타 장애물(상자, 상자)을 통과하지 못해 "사각 지역(dead zone)"을 만들 수 있다는 것이다. 이러한 단점은 센서의 사각 지역을 보완하기 위해 추가 센서를 두 번째와 세 번째 위치에 배치함으로써 극복할 수 있다.

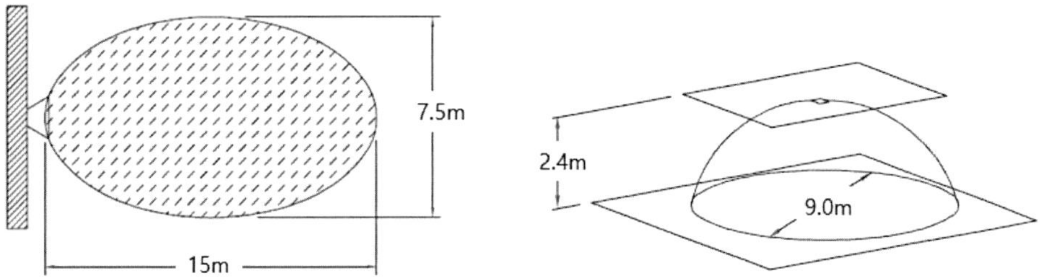

(a) 벽에 설치 시 감지 영역 형태
(b) 천장에 설치 시 감지 영역 형태

〈그림 5-10〉 수동형 초음파 센서의 설치에 따른 감지 영역 형태

초기 설치 및 교정 중 온도나 습도의 극단적인 변화가 생긴다면 감지 신뢰성에 변화를 야기할 수 있다. 따라서 대부분의 센서와 마찬가지로 수동형 초음파 센서는 계절별로 정기적으로 재보정해야 한다. 수동형 초음파 센서의 주요 오보원은 난방 및 냉방 시스템으로부터의 공기 이동, 창문과 문의 흔들림, 전화 벨소리 등이다. 이러한 모든 소리는 초음파 범위 근처 또는 그 범위 내에서 잡음을 발생시켜 오보를 발생시킬 수 있다. 수동형 초음파 센서는 협소한 주파수 스펙트럼을 가지고 있기 때문에, 침입과 관련된 소음이외에는 오보를 발생시키지 않는다. 이러한 이유로 적절한 감지를 보장하기 위해 능동형 센서(실내용 MW 센서)와 같이 사용하는 것을 권고한다.

능동형 초음파 센서는 초음파 에너지를 감시 영역에 방출하고, 반사된 에너지 패턴 변화에 반응하는 동작감지 센서이다. 능동형 초음파 센서는 반사된 에너지의 주파수 변화로부터 침입자를 감지하는 기술을 사용한다. 침입자가 방에 들어오면, 초음파 에너지는 방해를 받아 배경에 비해 더 빨리 반사되어 주파수를 증가시키게 되고, 센서는 침입으로 간주하여 알람 신호를 발생한다.

수동형 초음파 센서와 마찬가지로 능동형 초음파 센서도 천장과 벽에 설치하며, PIR 센서와 같이 설치하여 침입 탐지 확률을 높이는 용도로 사용된다. 그러나 수동형과 마찬가지로 오보도 같이 증가할 수 있다. 수동형과 마찬가지로 센서에서 나온 초음파가 실내에 있는 소파나 책상 등에 의해 사각 지역이 존재할 수 있으며, 이러한 사각 지역을 최소화 할 수 있도록 센서를 겹쳐서 설치하여 운영한다. 환경적인 영향은 수동형과 동일하지만, 일반적으로 능동형이 수동형에 비해 오보가 작은 편이므로, 수동형에 비해 능동형은 동일한 환경에 대해서 오보가 상대적으로 적은 편이다.

5.5 선 절단감지 센서

선 절단감지 센서(break wire sensor)는 〈그림 5-11〉과 같이 금속으로 된 가늘고 긴 경계 와이어의 한쪽 끝을 고정 갈구리로 고정하고, 나머지 한쪽 끝에는 와이어의 움직임을 감지하는 센서가 내장된 센서 몸체로 이루어진 매우 간단한 구조의 센서이다. 와이어의 움직임을 감지하는 방법에는 여러 가지 방법이 있을 수 있으나, 가장 간단한 방법은 리드스위치와 자석을 이용하는 방법이다. 센서 몸체 내부에 리드스위치와 자석이 내장되어 있으며, 경계 와이어의 끝 부분은 강한 용수철로 와이어의 장력을 유지할 수 있도록 하고, 그 사이에 자석을 붙여 놓는다. 그리고 자석이 있는 위치에 리드스위치를 설치한다. 만약 경계 와이어가 외력에 의해 절단되거나 장력에 의해 일정 거리가 움직이게 되면, 와이어의 움직임에 따라 자석의 위치가 변하게 되어 자력이 리드스위치에 영향을 미치는 범위를 벗어나게 되면 리드스위치의 접점이 바뀌어 알람 신호를 출력하는 원리이다.

상기와 같이 자석을 이용하는 방식은 외부에서 강력한 자석을 갖다 된 이후 와이어를 절단하게 되면, 센서 내부에 있는 자석의 위치가 변하더라도 외부의 강력한 자석 때문에 리드스위치의 접점은 바뀌지 않게 되어 무감지가 될 가능성이 있다. 이러한 무감지를 방지하기 위해 자석 대신에 마이크로 스위치를 이용하는 방식도 있다. 경계 와이어의 끝부분에 마이크로 스위치를 위치시키고, 마이크로 스위치의 접점 변화를 읽기 위해 기구적으로 미세하게 굴곡진 곳에 마이크로 스위치를 위치시킨다. 만약 경계 와이어가 당겨 지거나 끊어지게 되면, 내부의 용수철 힘 때문에 마이크로 스위치의 위치가 변하게 되어 스위치의 접점이 ON에서 OFF로(또는 그 반대로) 변하게 되어, 알람 신호를 출력하는 원리이다.

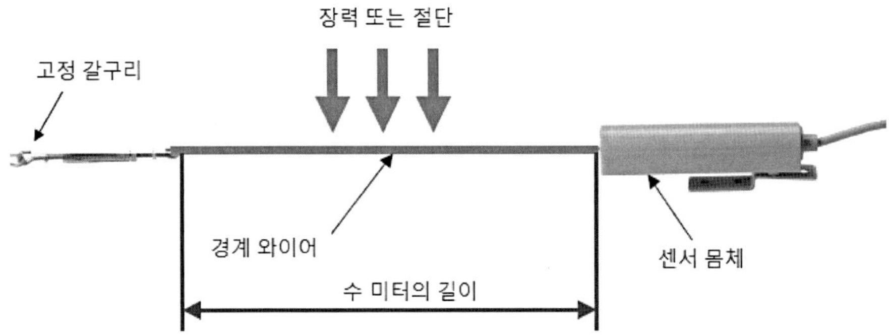

〈그림 5-11〉 선 절단감지 센서의 외관 형태

이와 같은 선 절단감지 센서는 주로 경량벽 또는 얇은 벽으로 이루어진 실내로 침입자가 경량벽을 부수고 침입하는 경우, 또는 벽에 있는 유리창을 부수고 침입하는 경우 등을 탐지하는 목적으로 사용된다. 보통 센서를 하나만 설치하지 않고, 〈그림 5-12〉와 같이 사람 몸이 통과할 수 없을 정도인 상하 20~30cm 간격으로 여러 개 설치한다. 침입자가 경계 와이어를 만나게 되면 와이어를 벌리든가 절단하는 행위를 해야 하는데, 그 순간 와이어의 장력이 변하여 센서 몸체에 있는 리드스위치 또는 마이크로스위치의 접점이 변하게 되어 알람 신호가 출력된다.

경계 와이어는 보통 금속으로 만들기 때문에 온도에 의한 열팽창을 고려해야 한다. 추운 겨울철과 더운 여름철의 온도를 비교해 보면 최대 약 50도 정도의 온도 변화를 고려해서 온도에 따른 선재 길이의 변화가 리드스위치 또는 마이크로스위치의 위치 변화를 가져올 것보다 작아야 한다. 이러한 제약 사항 때문에 경계 와이어의 길이를 무작정 길게 할 수가 없다. 또한 열팽창이 작은 금속 재질은 가격적인 문제도 고려해야 한다. 비록 실내에 설치해서 사용을 하지만, 습도의 변화도 고려해야 한다. 습도가 있으면 금속은 쉽게 부식이 되는 특성이 있다. 장기간 온습도의 변화에 따라 물리적인 특성의 변화가 없는 경제적인 선재를 선택하는 것이 중요하다.

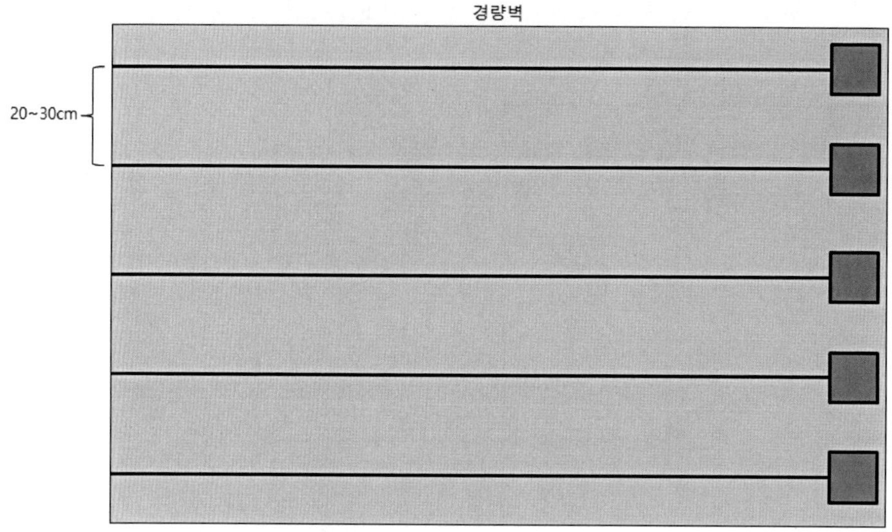

〈그림 5-12〉 선 절단감지 센서의 설치 형태

CHAPTER 06 실내외 겸용 센서

6.1 수동형 적외선 센서

6.1.1 동작 원리

수동형 적외선(passive infrared, PIR) 센서는 실내용 침입탐지용 센서로 가장 많이 사용되고 있는 센서이다. P는 수동형이라는 뜻을 가진 passive의 약자이며, IR은 적외선이라는 뜻의 infrared를 줄여서 쓴 표현이다. 따라서 PIR 센서를 우리말로 표현하면 '수동형 적외선 감지기'란 뜻이며, 열선감지기라고도 부른다. PIR 센서가 감시하고 있는 영역 내에 일정 시간 동안 열 또는 온도의 변화가 생기면 - 예를 들어 약 20초 이내에 약 1℃ 정도의 온도변화가 2~3회 정도 발생할 때 - 이를 감지하고 알람 신호를 내보내는 센서이다. PIR 센서는 온도의 변화를 감지하는 초전소자(pyroelectrics)를 이용한 것이며, 물리적 현상 중에서 초전효과(pyroelectric effect)를 이용한 센서이다. PIR 센서는 센서 자체로부터 열선이 나와서 물체에 부딪힌 후 이의 변화를 보는 능동형(active type)이 아니라, 물체가 실내 온도에 의해 자발적으로 방출하는 적외선의 변화를 수동적으로 감지하는 원리이다.[27] PIR 센서의 내부 구조는 〈그림 6-1〉과 같다. 인체의 온도는 실내 배경의 온도보다 일반적으로 높으며, 사람이 움직이게 되면 인체에서 나오는 적외선 에너지의 변화량이 프레넬렌즈로 집광되어 초전소자의 전기적인 특성이 바뀌게 된다. 이러한 변화로부터 침입자를 인식하는 원리이다.

---

27) 정용택, "적외선 센서의 최신 기술동향", 홍릉과학출판사, 2014

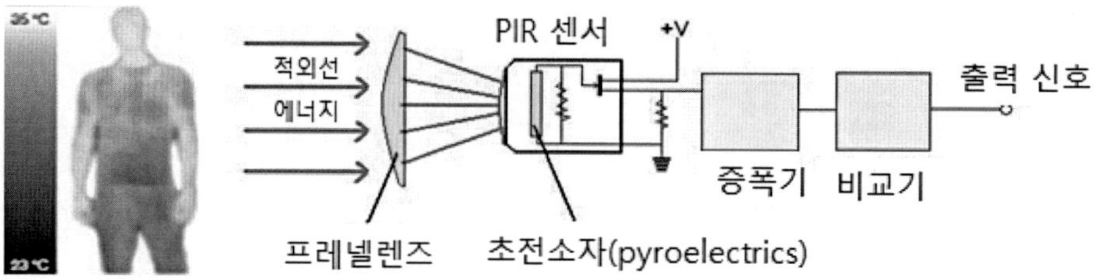

〈그림 6-1〉 PIR 센서의 동작 원리 개념도

PIR 센서에 사용되는 초전소자는 열형 적외선 감지소자이며, 열형소자는 열의 변화를 감지하기 위해 쵸퍼를 사용해야 한다. PIR 센서에서 쵸퍼의 역할과 적외선을 집광하는 두 가지 목적으로 프레넬(Freznel)렌즈를 사용한다. PIR 센서는 프레넬렌즈를 통해서 여러 개의 구역을 나누어서 동시에 감지하고 있다. 이 구역은 보통 고양이 보다는 크고, 사람보다 약간 크거나 작은 영역으로 정의된다. 실내에 어떠한 온도변화도 없다면, 즉 침입자가 없다면 PIR 센서가 바라보고 있는 여러 구역의 배경(벽 또는 실내 물건 등) 온도는 변화가 없이 일정하다. 이런 상황에 감지영역 내에 침입자가 생기면 특정 구역의 배경온도가 바뀌게 되어 PIR 센서가 침입상황을 인식하게 되는 원리이다. 그러나 이 구역 내에 침입자가 움직이지 않고 가만히 있으면 더 이상의 온도변화가 없어서 PIR 센서의 신호는 변화가 없게 된다. 만약 침입자가 일정 시간 내에 계속 움직이면 감시 구역이 바뀌게 되어 바뀐 구역 수만큼 감지신호가 발생하는데, 이것을 펄스신호라고 한다. PIR 센서의 외관 형태는 벽부형과 천정형으로 구분되며, 감지방식에 따라 입체형, 면형, 스폿(spot)형으로 구분하여 사용한다.

PIR 센서에는 아날로그 방식과 디지털 방식이 있다. 아날로그 형태 또는 디지털 형태에서 가장 핵심은 초전소자와 프레넬(Fresnel) 렌즈이다. 초전소자에서 발생한 전기적 신호를 디지털로 처리하면 회로도 간단하여 양산 가격도 낮출 수 있다. 초전소자에서 나오는 미세한 전기적 신호를 증폭기(amplifier)를 통해 일차증폭하고, 비교기(comparator)를 통해 문턱전압(threshold voltage) 이상인지를 확인한다. 만약 문턱전압보다 높으면 일정 시간 내에 몇 번 문턱전압을 넘었는지 확인을 하고, 알람으로 판단되면 – 예를 들어 20초에 3회의 문턱전압을 넘었다고 판단이 되면 – LED를 ON 하고 릴레이(relay)에 출력 접점 신호를 보내게 된다. 디지털형은 이러한 일련의 판단을 마이컴 내에서 수행하도록 한 것이며, 좀 더 복잡한 알고리즘의 탑재가 가능하다. 또한, 운영 중 알고리즘을 변경해야 한다면 아날로그형인 경우는 회로를 새로이 설계 및 제작해야 하지만, 디지털형인 경우는 펌웨어(firmware)만 교체하면 된다. 이러한 장점 때문에 최근에는 디지털 제품이 주류를 이루고 있다.

PIR 센서용 초전소자의 대표적인 외관 및 내부구조는 〈그림 6-2〉와 같다. 그림(a)는 Murata사에서 제작한 SMD(Surface Mountable Device) 형태이며, (b)는 TO-5 형태의 외관이다(일본 Murata사 카탈로그 참고). 예전에 트랜지스터 용도로 사용되었던 TO-5라고 하는 금속 통에 조립한 제품을 주로 사용했으나, 최근 소형화에 대한 요구로 SMD 형태로 만들고 있다. (b)는 TO-5의 내부 조립도를 도식화한 것인데, SMD의 개념적인 내부구조는 TO-5와 같다. 3개의 핀은 각각 어스단자, 드레인단자, 소스단자의 용도로 사용한다.[28)]

(a) Murata사 TO-5, SMD 센서

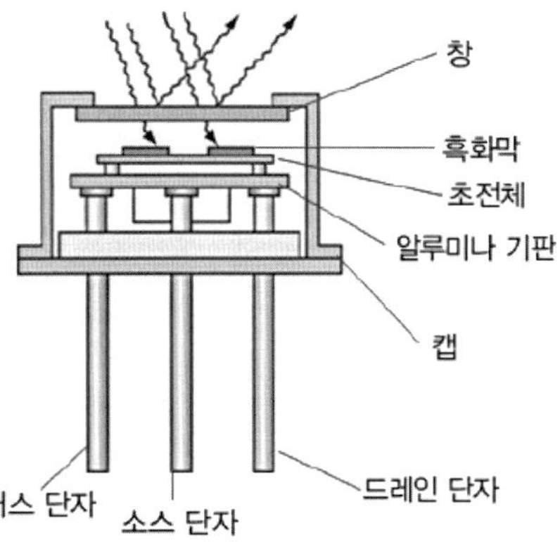

(b) TO-5 센서의 내부 구조

〈그림 6-2〉 초전소자의 외관 및 TO-5 내부 구조

초전소자의 내부는 진공으로 되어 있으며, 윗부분에는 가시광에 의한 잡음을 없애기 위해 적외선만 투과하는 투과창(window)이 있다. 이 투과창은 적외선만 투과하는 특성이 있는 Si, Ge, Polyethylene 등의 재질로 코팅한다. 이런 재질은 3~12μm 대역의 적외선 투과율이 약 60%~80% 정도이다. 적외선 투과율을 더 높게 하려고 투과창 표면에 무반사(anti-reflection) 코팅을 한다. 무반사 조건에 맞는 두께로 코팅하게 되면 90% 이상의 투과도를 얻을 수 있다. 이러한 코팅 때문에 투과창 표면은 검게 보인다. 금속 케이스 내에 초전소자는 보통 Dual, Quad 등 2개 이상을 쌍으로 배열하여 제작한다. 하나의 초전소자에서 나오는 출력은 매우 낮아서 외부의 환경변화와 침입을 구분하기 위해 이중(dual)으로 배열하여 신호를 증폭시켜 사용한다.

투과창을 통해 입사한 적외선(또는 열선)에 의해 〈그림 6-3〉 (a)와 같이 초전소자의 표면 온도가 ΔT만큼 변하게 된다. 이러한 온도변화 때문에 초전소자의 표면전하

28) Murata사 Home Page, http://www.murata.com/products/sensor/index.html

가 변하게 되고, 이런 변화량이 출력 전압으로 나타난다. (b)와 같이 (+), (−) Dual로 초전소자를 배열하면 출력전압이 2배로 되어 S/N(Signal to Noise) 비율을 높여 출력신호 특성을 좋게 한다. 일반적으로 Dual형을 많이 사용하고 있으나, 일부 특수 목적용으로 2쌍으로 된 쿼드(Quad)형, 전방향 쿼드(Omni-Directional Quad) 등도 사용하고 있다.

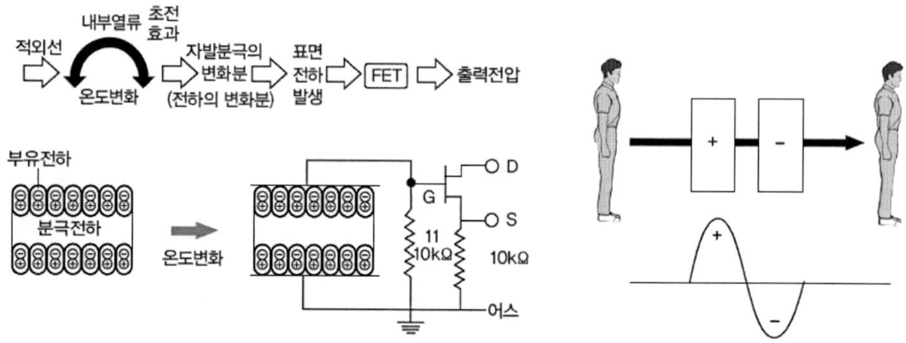

(a) 적외선 입력에 따른 초전소자 출력　　　　(b) Dual 초전소자에 의한 출력

〈그림 6-3〉 적외선 입력에 따른 초전소자의 출력 형태

초전소자에 적외선(열선)을 모아주기 위해 렌즈가 필요하다. 일반적으로 빛을 모으기 위해서는 볼록렌즈를 사용하지만, PIR 센서용으로는 이보다 매우 얇은 프레넬렌즈 또는 반사거울을 사용한다. 프레넬렌즈의 장점은 매우 얇은 구조로도 〈그림 6-4〉와 같이 볼록렌즈와 동일한 효과를 얻을 수 있다. 프레넬렌즈의 톱니 모양같이 생긴 것을 그루브(Groove)라고 하며, 이 그루브의 각도에 의해 빛이 굴절되어 초점을 맞추게 된다.[29] 이와 같이 얇은 프레넬렌즈는 볼록렌즈와 동일한 효과를 나타낸다. PIR 센서에서 사용하는 프레넬렌즈는 위의 그림과 같은 렌즈 여러 개를 〈그림 6-5〉와 같이 하나의 렌즈로 만들어서 사용한다. 반사거울 방식도 프레넬렌즈와 동일하다.

29) Fresnel Technologies, Inc. Home Page, http://www.fresneltech.com

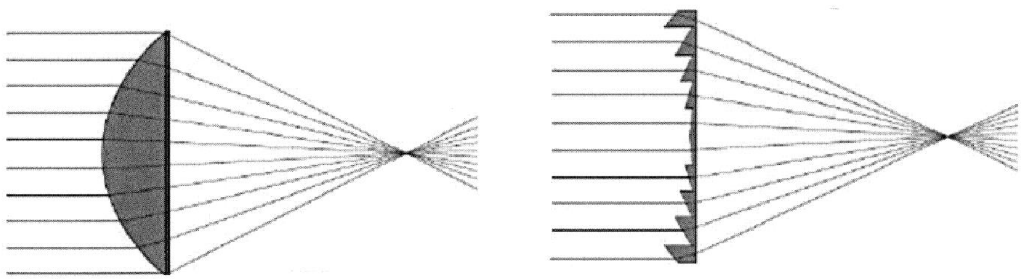

(a) 볼록렌즈의 집광 원리 (b) 프레넬렌즈의 집광 원리

〈그림 6-4〉 프레넬렌즈와 볼록렌즈의 집광 형태 비교

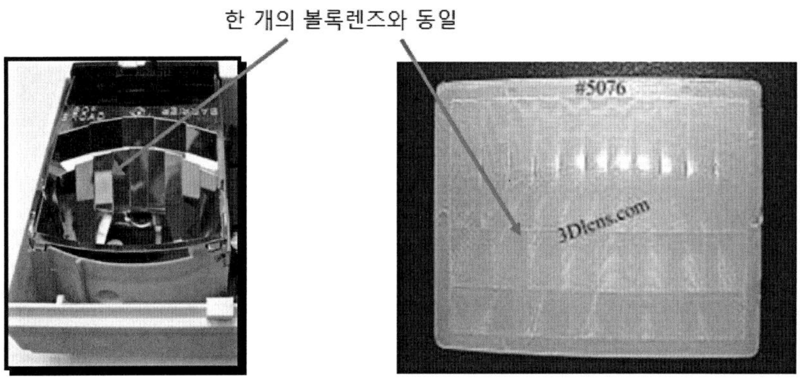

(a) 반사거울의 감지 영역 (b) 프레넬렌즈의 감지 영역

〈그림 6-5〉 반사거울과 프레넬렌즈의 감지 영역

PIR 센서에 사용하는 프레넬렌즈는 한 개만 사용하는 것이 아니라 쵸퍼의 역할을 해야 하므로 여러 개의 프레넬렌즈가 복합된 형태로 되어 있다. 따라서 〈그림 6-6〉과 같이 하나의 렌즈 내에 여러 개의 프레넬렌즈가 있는 다중 프레넬렌즈를 만들어서 사용한다. 단일 감지존 내에서 움직이면 전체적인 온도변화가 없어서 감지할 수 없으나, 멀티 감지존 내에서 열원체가 움직이면 온도변화를 감지할 수 있다. 하나의 집광렌즈에 여러 개의 다중 프레넬렌즈가 구현되어 있으며, 렌즈 상단 부분은 원거리를 집광하고, 렌즈 하단 부분은 근거리를 집광한다. 프레넬렌즈 1개에 해당하는 영역을 감지영역이라 하며, 수평과 수직 감지영역에서 보면 감지영역 사이에 비감지영역이 존재하게 된다. 이러한 비감지 영역과 감지영역이 골고루 배치되어 있어서 열원체가 움직이게 되면 열의 변화를 감지할 수 있게 된다. 프레넬렌즈의 한 개 면이 하나의 감지존을 형성하게 되며, (b)는 위에서 내려다본 수평 감지영역을 나타낸다. 수평 감지영역을 통해 수평 감지각도와 최대 감지거리를 알 수 있다. (c)는 옆에서 본 수직 감지영역을 나타낸다. 이 그림을 통해 PIR 센서의 설치높이에 따른 감지영역을 알 수 있다.

(a) 다중 프레넬렌즈　(b) 수평 감지영역　(c) 수직 감지영역

〈그림 6-6〉 다중 프레넬렌즈의 형태와 수평/수직 감지영역

앞에서 언급한 초전소자, 프레넬렌즈, 증폭회로 등을 하나의 기구물 내에 조립하게 되면 PIR 센서가 된다. PIR 센서는 사용용도에 따라 다양한 형태가 있다. 감지영역의 형태에 따라 입체형, 면형, SPOT형으로 구분되며, 감지거리에 따라 단거리, 중거리, 장거리형으로 구분되며, 고정 형태에 따라 벽부형, 천정형으로 구분된다. 〈그림 6-7〉의 입체형은 수평 감지각도가 80도 이상 되는 넓은 영역을 감지하는 방식으로 가장 많이 사용되는 형태이다. 면형은 수평 감지각도가 20도 이하의 좁은 영역을 감지하는 방식으로 좁은 복도 등을 감시할 목적으로 사용된다. 스폿(spot)형은 천정에 설치하여 하단부의 360도를 감지하는 방식으로 십자형태의 복도 중간, 또는 방 한가운데에 설치하여 360도 감지하는 목적으로 사용된다. 그리고 안티 마스킹(anti-masking)형은 프레넬렌즈를 무력화하는 행위를 막아주는 특별한 형태의 감지기이다.[30)]

PIR 센서는 초전소자를 사용하기 때문에 초전소자의 특성을 그대로 따른다. 초전소자는 반도체와는 달리 응답속도가 느린 편이다. 쵸퍼의 속도가 빠르거나 느리면 초전소자의 전하변화량은 거의 제로이다. 쵸퍼의 속도는 감지영역 내에 이동하는 물체의 속도와 같은 개념이며, 이러한 응답속도 때문에 감지할 수 있는 물체의 이동속도 범위가 정해진다. 일반적인 PIR 센서들은 대부분 0.3~1.5m/s의 속도 범위로 움직이는 물체만 감지하며, 0.3m/s보다 느리거나 1.5m/s보다 빠른 속도로 움직이게 되면 거의 감지하지 못한다. 실내에서 침입하는 사람의 이동속도가 대부분 이 범위에 있기 때문에 일반 보안용 감지기에 문제없이 사용하고 있다.

30) Optex사 Home Page, http://www.optex.co.jp

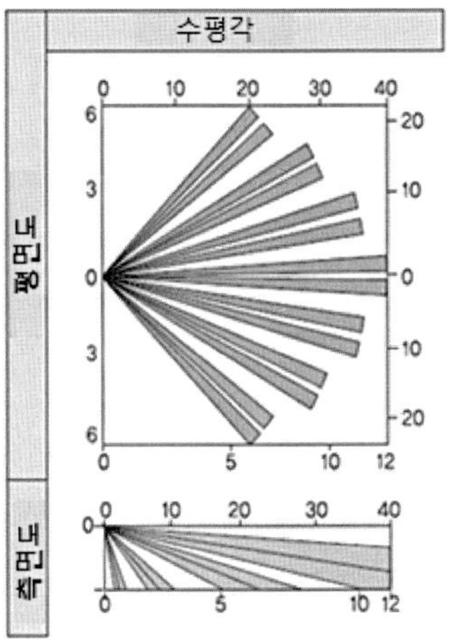

(a) 입체형

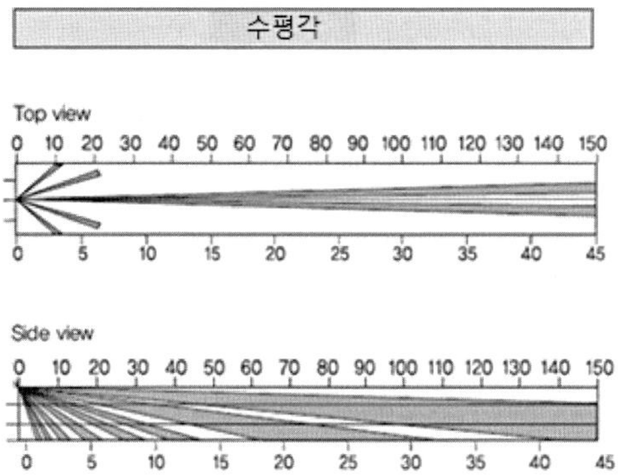

(b) 면형

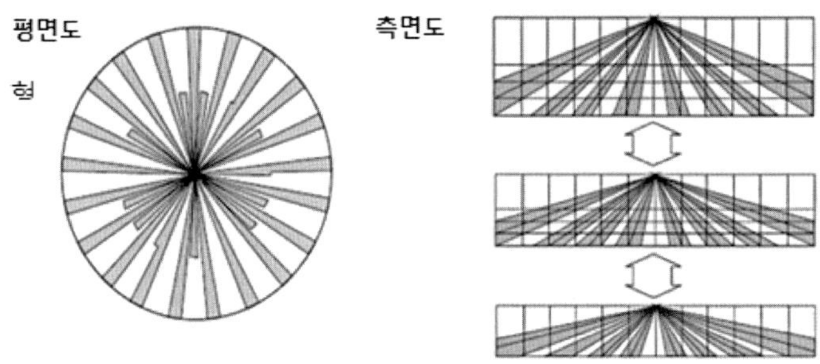

(c) SPOT형

〈그림 6-7〉 프레넬렌즈의 감지형태에 따른 분류

6.1.2 오보 요인

PIR 센서의 감지영역은 〈그림 6-8〉과 같이 두 가지 영역으로 나누어서 구분한다. 감지영역에는 감시영역과 비감시영역이 있으며, 감시영역은 사람을 확실히 감지할 수 있는 거리이며, 비감시영역은 센서가 사람을 감지하지 못하지만 사람보다 크기는 작으나 사람보다 높은 온도의 열원체가 움직이면 감지될 수 있는 영역을 의미한다. 일반적으로 PIR 센서의 감지영역은 감시영역까지의 거리를 의미한다. PIR 센서를 설치할 때, 이러한 비감시영역을 고려해서 오보가 발생하지 않도록 설치해야 한다. 이러한 오보요인을 피해 설치를 할 수 있도록 해 주는 것이 브라켓(bracket)이다. 브라켓은 PIR 센서의 수직 및 수평 각도를 쉽게 조절해 줄 뿐만 아니라 천정이나 벽면에 쉽게 설치를 할 수 있도록 도와주는 부속품이다.

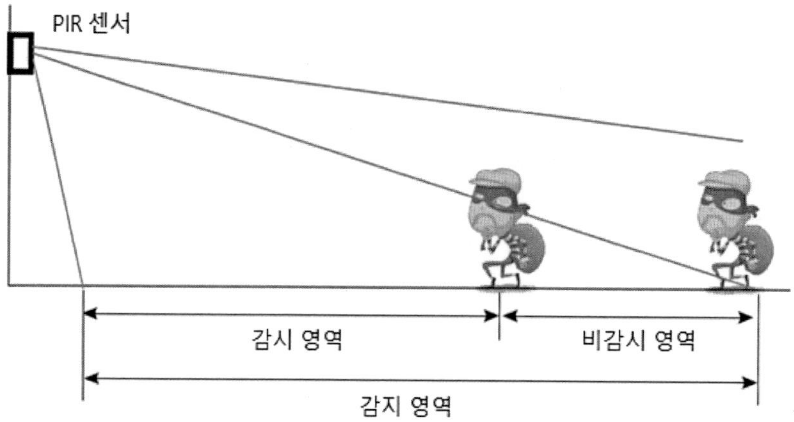

〈그림 6-8〉 PIR 센서의 감지 영역의 구분

PIR 센서는 열의 변화를 감지하는 원리 때문에 미세한 열변화에 의한 오보도 많이 발생한다. 통계에 의하면 보안업체에서 발생하는 PIR 센서 알람신호의 약 90% 이상이 오보라는 보고도 있다. 대부분의 오보 원인은 감지영역 내에 개, 고양이, 쥐 등 소동물의 움직임을 감지하여 오보가 많이 발생한다. 일부 PIR 센서는 이러한 소동물의 움직임을 감지하지 않도록 소동물 회피(Pet-Immunity) 기능을 탑재한 PIR 센서가 개발되어 있다. 이 기능은 〈그림 6-9〉와 같이 프레넬렌즈를 설계할 때, 바닥면에서 일정 높이까지 감지도를 낮출 수 있도록 설계를 하거나 듀얼 감지존 방식으로 설계한다. 듀얼 감지존 방식은 가격이 높으므로 일반적으로 감지도를 낮추는 방식을 많이 사용된다. 그러나 이러한 PIR 센서도 설치 높이를 준수해야만 소동물 회피 기능이 제대로 작동하고, 설치 높이를 너무 낮게 하면 역시 소동물의 움직임에 의한 오보는 발생한다.

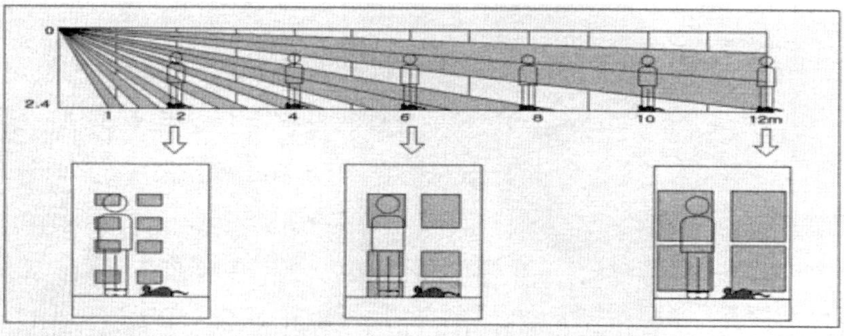

〈그림 6-9〉 PIR 센서의 소동물 회피(Pet Immunity) 기능 원리

실내에서 발생하는 대표적인 오보요인은 감지영역 내에 움직이는 열원체가 있는 경우이다. 그 대표적인 것이 〈그림 6-10〉과 같은 열전사 방식의 팩스의 용지 출력에 의

한 오보이다. 보통 열전사 방식의 팩스에서 나오는 용지는 온도가 약 47℃ 정도로 매우 높다. 이러한 고온의 용지가 감지영역 내의 감지존 내에 있게 되면 오보가 발생할 수 있다. 또 다른 오보요인은 PIR 센서가 열원체(냉동고, 히터, 열배관, 창문 등)를 바라보고 설치한 경우이다. 대표적인 것이 슈퍼마켓의 냉동고를 바라보게 설치할 때 발생하는 오보이다. 냉동고는 내부 식품보관 장소의 온도가 설정온도 이상이 되면 온도를 낮추기 위해 냉기가 뿜어져 나오는 데, 이러한 냉기의 방출로 오보가 발생할 수 있다. 또한, 창문을 바라보게 설치할 경우, 창문의 틈을 통해 들어오는 바람에 의해 블라인드나 커튼의 흔들림에 의해 오보가 발생할 수 있다.

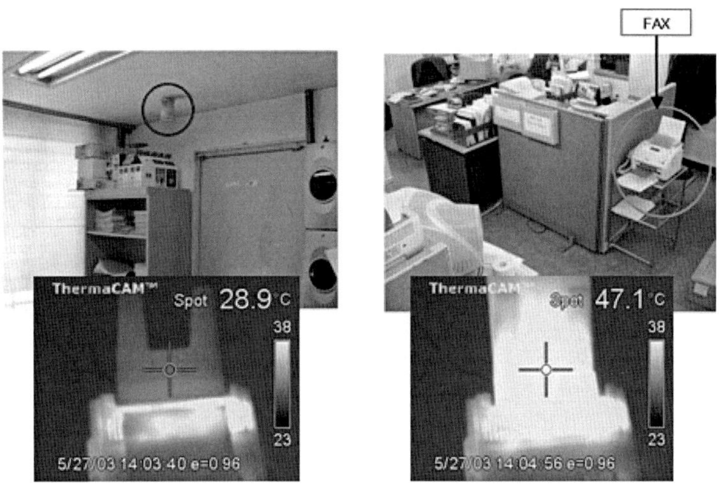

팩스 수신 전 팩스 수신 후

〈그림 6-10〉 팩스에 의한 오보 요인

또한 에어컨이나 냉풍기 등에 의해 찬 공기 또는 따뜻한 공기가 열선감지기의 프레넬렌즈에 직접 닿을 때 오보가 발생할 수 있으며, PIR 센서의 신호선 부분의 보호 피막이 벗겨져 이를 통한 노이즈 유입 또는 다른 전원선 등과 같이 설치할 때 전원선에 의한 전원노이즈에 의한 오보도 생길 수 있다. PIR 센서의 오보 유형은 업종의 특성에 따라 약간 다르다. 식당과 소형 슈퍼마켓에는 쥐에 의한 오보가 많이 발생하며, 사무실 등 비교적 환경이 깨끗한 경우에는 감지영역 내에 팩스나 창문 등 열원체에 의한 오보가 많이 발생한다. 외곽에 있는 대형 공장이나 창고인 경우는 외부 바람 유입이나 새와 같이 날아다니는 물체에 의한 오보가 발생할 가능성이 높다.

또한, 계절별로 오보의 원인도 달라진다. 여름철에는 나방과 같이 큰 곤충이 열선감지기의 프레넬렌즈 앞을 날아다니게 되어 오보가 발생할 수도 있다. 매우 특이한 경우이지만 여름철에 매우 작은 벌레가 PIR 센서 내부의 초전센서 앞으로 들어감으로 인해 오보가 발생하는 예도 있다. 특히 여름철에는 날씨가 무더워 창문을 열어 놓는 경우가 많은데, 이러한 창문 사이로 바람 유입에 의한 물체 흔들림으로 오보가 많이 발생한다. 또한, 여름에는 낙뢰 때문에 기기파손 및 오보도 종종 발생한다. 이러한 낙뢰에 의한 피해를 줄이기 위해서는 전기적 외란간섭에 강인하도록 회로를 설계해야 한다. 겨울철에는 새벽에 신문배달을 하면서 출입문 틈새로 신문을 유입하는 경우, 〈그림 6-11〉과 같이 기본적으로 실내 바닥의 온도와 신문 표면의 온도는 차이가 있으며, 문 틈새로 바람이 유입되면 신문이 움직이게 되어 오보가 발생할 수 있다.

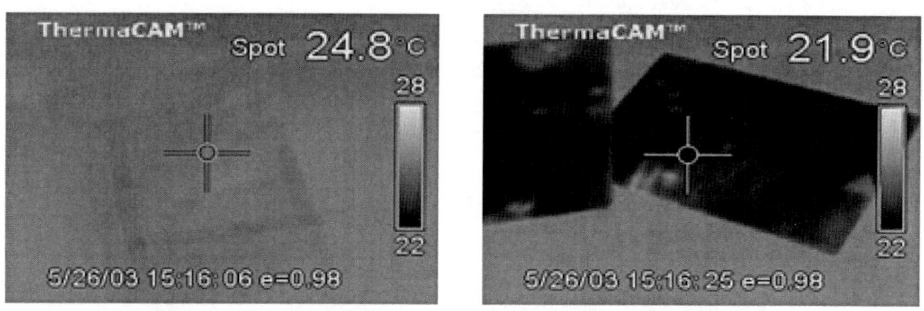

신문 유입 전 신문 유입 후

〈그림 6-11〉 출입문 밑으로 신문이 바람에 날리면서 오보 발생

대부분의 PIR 센서에 의한 오보는 사전에 주위 환경을 잘 살펴보면 충분히 없앨 수 있다. 제일 중요한 것은 감지영역 내에 움직이는 열원체가 될 만한 소지를 없애는 것이 가장 좋다. PIR 센서는 열원체의 쵸핑 효과를 감지하는 원리이므로, 무조건 열원체가 있다고 해서 오보가 발생하는 것이 아니라 열원체의 온도가 바뀌거나 움직임이 있을 때 감지하는 것이므로, 가장 중요한 것은 감지영역 내에 움직일 수 있는 물체를 없애는 것이 최선이다.

6.1.3 센서 특징 및 설치기준

PIR 센서를 무력화 시키는 방법은 센서 앞을 이물질로 가리거나, 렌즈를 마스킹하거나, 우산이나 스키복으로 침입자의 열 방출을 차단하는 방법 등이 있을 수 있다. 이 중에서 가장 무력화가 쉬운 방법이 〈그림 6-12〉와 같이 센서 앞에 이물질로 감지영역을 가리는 방법이다. 종이나 비닐 등은 원적외선이 투과하지 않기 때문에 센서 앞에 이런 물질을 이용해서 가리게 되면 침입자를 감지하지 못하게 된다. 이러한 행위를 못하게 하는 방법이 안티마스킹(anti-masking) 방법이다. 이것은 근적외선 LED와 포토다이오드를 PIR 센서 내부에 설치해서 근적외선이 이물질에 반사되어 오는지를 지속적으로 모니터링을 하는 방법이다. 만약 PIR 센서 앞에 이물질에 의한 가림막이 없으면 LED에서 나온 빛이 반사되지 않으므로 포토다이오드에는 신호가 잡히지 않게 된다. 이 경우는 정상적으로 PIR 센서가 감지를 할 수 있다는 의미이다. 반대로 이물질이 PIR 센서 앞에 놓이게 되면 LED에서 나온 빛이 일정량 반사되어 돌아오게 되므로 이 신호로부터 이물질이 가리고 있다는 것을 알게 되어 마스킹된 상태를 알게 된다. anti-masking 기능을 위해 사용되는 센서는 근적외선 LED와 포토다이오드를 사용하는 방법 이외에도 초음파를 이용하는 방법도 있다. 두 번째 방법인 렌즈를 마스킹 하는 행위는 렌즈 표면을 페인트 또는 테이프로 가리는 것이다. 이런 행위 인식은 렌즈 내부에 근적외선 LED와 포토다이오드를 이용해서 앞에서 설명된 anti-masking 기법과 유사한 방법으로 인식할 수 있다. 정상 상태에서 렌즈 표면에 반사되어 온 빛의 양과 렌즈 표면에 페인트 또는 테이프로 가리게 되면 렌즈에서 반사되어 온 빛의 양이 많아지는데, 이 두 빛의 양을 비교해서 일정 레벨을 넘어가게 되면 렌즈가 masking 되었다는 사실을 알게 되는 원리이다.

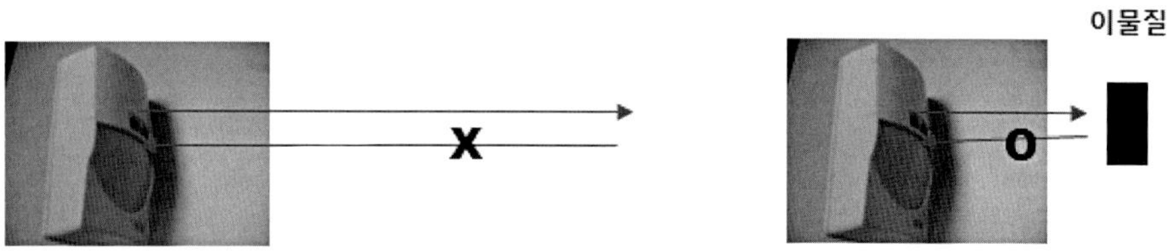

〈그림 6-12〉 anti-masking 기능 개념

세 번째 방법인 우산으로 침입자 앞을 가리거나 스키복을 입고 침입하는 경우에는 PIR 센서로 감지하기가 원리적으로 어렵다. 특히 비닐 우산의 경우, 건물 밖에서 건물 내부로 들어오게 되면 약 1분 이내에 실내 온도와 우산 표면의 온도 차이는 불과 0.5℃ 이내로 거의 동일하게 되어, 우산 뒤에 숨어서 움직이게 되면 침입자를 감지하지 못한다. 스키복을 입은 경우도 이와 유사해서 인체의 열이 스키복을 통해 나가지 못하고 스키복 표면은 실내 온도와 유사해서 스키복을 입고 움직이게 되면 PIR 센서는 감지를 하지 못한다. 이런 경우를 감지하기 위해서는 PIR 센서와 같은 수동형 감지기가 보다는 마이크로웨이브 또는 초음파 센서와 같은 능동형 센서가 필요하다. 이러한 능동형 센서는 배경과 침입자의 온도 차이를 감지하는 것이 아니라 움직임을 감지하는 원리이기 때문에 무력화하기가 매우 어렵다. 그러나 능동형 센서의 경우의 단점은 감지 영역을 정확하게 정의하기가 어렵다는 것이다. 즉, 유리나 얇은 벽이 있는 실내에 능동형 센서를 설치하면, 마이크로웨이브는 이 벽을 뚫고 나가 실외의 움직임까지 감지할 수 있어 오보가 많아질 수 있다는 단점이 있다.

PIR 센서가 넓은 영역을 동시에 감지할 수 있다는 장점 때문에 물리보안용 실내용 센서로 가장 많이 사용되고 있지만, 센서의 원리를 모르고 무작위로 설치하면 오보 또는 무감지가 발생한다. PIR 센서는 원리상 센서를 바라보고 정면으로 걸어오게 되면 센서에 따라 알람이 발생하지 않을 수도 있다. 이는 프레넬렌즈의 설계에 따라 다를 수도 있지만, 대부분 판매되고 있는 PIR 센서의 약 5m 이전까지는 정면으로 바라보고 걸어오게 되면 감지를 못한다. 이러한 문제점을 해결하기 위해 〈그림 6-13〉과 같이 PIR 센서를 설치할 때는 반드시 침입자 동선의 대각선 방향으로 설치해야 한다. 또한 온도가 자주 변하는 창문을 마주보게 설치하는 것은 오보의 원인이 될 수 있으므로 가급적 창문을 바라보지 않도록 수평과 수직 각도를 조절하여 감지존 내에 오보를 일으키는 열원체가 없도록 해야 한다.

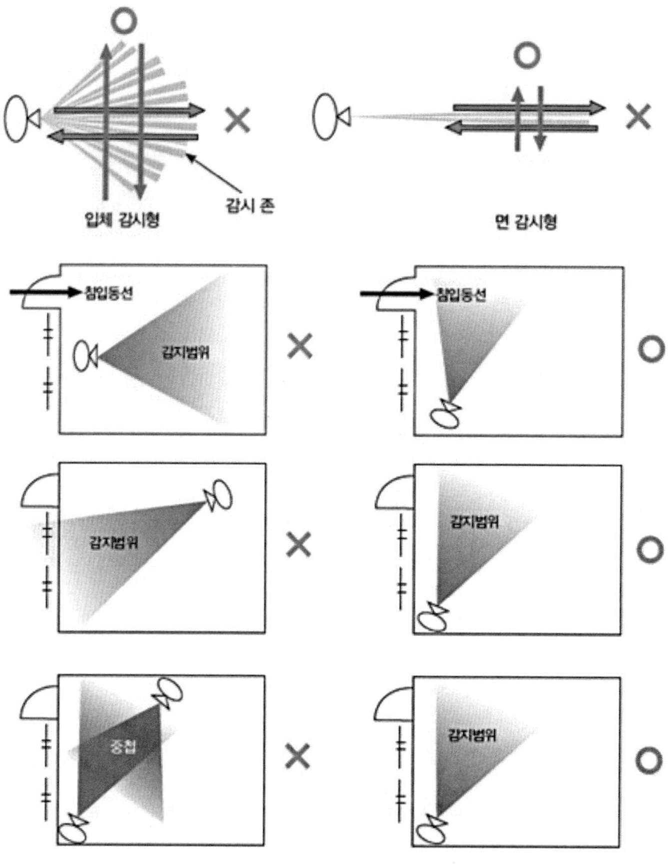

〈그림 6-13〉 PIR 센서의 올바른 설치 방향

6.1.4 성능 시험

성능 시험은 PIR 센서의 전자 부품의 교체, 설치 각도 변경 등을 하게 되면 성능 시험을 통하여 원래 승인 시험 시 작성된 문서화된 성능과 일치하는지 검증하기 위해 수행한다. 시험을 수행하는 시험자는 유지보수 섹션을 참조하고 신중한 정기 관리를 수행해야 한다. 시험은 제조사에서 추천하는 방법으로 수행하는 것이 좋다. 일반적인 성능시험 절차는 다음과 같다.

(ⅰ) 시스템이 제조업체의 사양과 권장 감지 가능성을 충족하는지 확인한다.
(ⅱ) 감지 영역에 무감지 영역이 존재하는지 확인한다.
(ⅲ) 보안 해제 상태와 보안 상태 모드에서 신호선이 제대로 있는지, 그리고 템퍼(tamper) 기능이 작동하는지 확인한다.

초기 시험 능력, 센서 감도 설정, 그리고 전압 출력에 대한 기록을 유지하여 센서 기능의 저하를 확인하고 감시할 수 있어야 한다. PIR 센서가 감지하는 모든 영역에 대해 걷기 시험을 수행하고 초기 승인 시험 결과와 비교하여 센서 커버의 성능 저하 여부를 점검해야 한다. 걷기 시험은 〈그림 6-14〉와 같이 접선 방향과 반경 방향으로 걸으면서 감지 여부를 시험하는 방법이다.

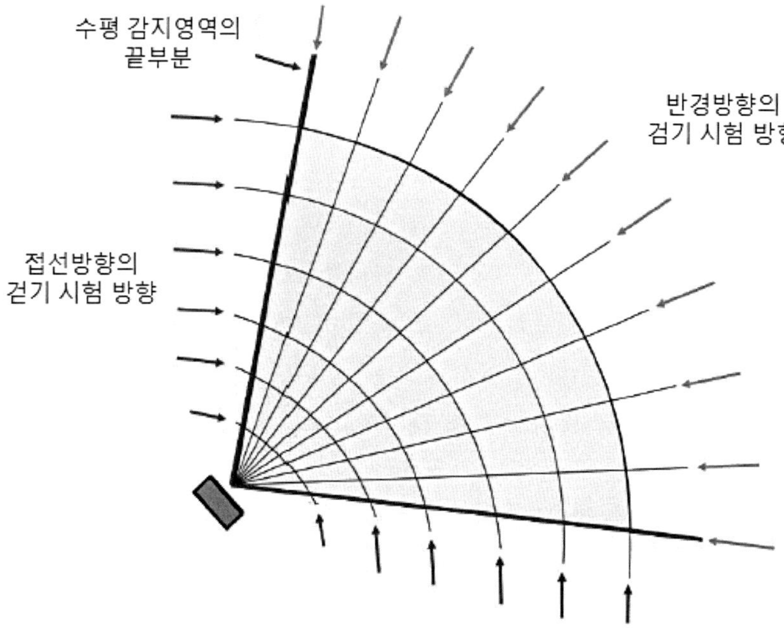

〈그림 6-14〉 PIR 센서의 걷기 시험의 접선 및 반경 방향의 시험 방향

(a) 접선(아크) 걷기 시험

접선(아크) 걷기(tangential path walking) 시험은 접선 경로를 따라 걸으면서 감지 여부를 확인하는 시험이다. 이 시험을 통해 PIR 센서가 어느 방향이 가장 민감한지 알 수 있다. 시험 순서는 다음과 같다.

(i) 수평감지영역의 한쪽 끝부분에서 시작하여 첫 번째 접선 경로를 따라 초당 30cm의 속도로 걷는다.

(ii) 감지 알람이 발생하면 정지하고 위치를 표시한다.

(iii) 다시 출발점으로 되돌아가서, 센서가 리셋될 때까지 약 30초 정도 기다린 후 동일한 경로를 따라 걷기 시험을 다시 수행한다.

(iv) 필요한 수의 테스트가 완료될 때까지 해당 경로에 대해 시험을 반복한다. PD(탐지 가능성)를 확립하기 위해서는 각 시험 경로를 따라 여러 번의 시험이 필요하다. 예를 들어 신뢰도 95%에서 최소 90%의 PD를 확보하려면 30번 시험 중 29번을 감지해야 한다.

(v) 남은 경로에 대해서도 동일한 방법으로 시험한다.

(b) 반경방향 걷기 시험

반경방향 걷기(radial path walking) 시험은 반경방향의 경로를 따라 걸으면서 감지 여부를 확인하는 시험이다. 이 시험을 통해 PIR 센서가 어느 방향이 가장 덜 민감한지 알 수 있다. 시험 순서는 다음과 같다.

(i) 수직감지영역의 한쪽 끝부분에서 시작하여 센서를 향해 반경방향으로 초당 30cm의 속도로 걷는다.

(ii) 감지 알람이 발생하면 정지하고 위치를 표시한다.

(iii) 다시 출발점으로 되돌아가서, 센서가 리셋될 때까지 약 30초 정도 기다린 후 동일한 경로를 따라 걷기 시험을 다시 수행한다.

(iv) 필요한 수의 테스트가 완료될 때까지 해당 경로에 대해 시험을 반복한다. PD(탐지 가능성)를 확립하기 위해서는 각 시험 경로를 따라 여러 번의 시험이 필요하다. 예를 들어 신뢰도 95%에서 최소 90%의 PD를 확보하려면 30번 시험 중 29번을 감지해야 한다.

(v) 남은 경로에 대해서도 동일한 방법으로 시험한다.

센서가 설치된 방 내부의 인테리어가 변경이 되면 센서의 감지 능력에 어떤 변화가 생겼는지 체크해야 한다. 만약 인테리어가 전면적으로 변경이 되었다면, 센서의 성능 시험은 초기에 시험했던 것과 동일한 방식으로 다시 실시해야 한다. 시험을 실시하기 전 각 구간에서 가장 취약한 부분과 침투하기 쉬운 접근 방법(예: 걷기, 달리기, 점프, 기어 다니기, 롤링 또는 오르기)을 결정해야 한다. 대부분의 경우 이 결정은 센서와 위치에 따라 달라진다. 각 접근방식에 대해 동일한 수의 시험이 가능하지 않은 경우 가장 자주 감지하기 어려운 침투 접근방식을 시도해야 한다. 다양한 접근 경로에 대해 임의의 순서로 시험해야 하며, 이는 환경 영향 및 기타 알려지지 않은 요인이 시험 결과(탐지 또는 감지되지 않음)에 영향을 미칠 가능성을 배제하는 방법이다. 이와 같은 무작위 의 방법을 사용하면 시험 결과가 편중될 가능성이 감소한다.

시험자가 방 안에 있는 주요 자산의 최적의 위치를 결정할 때, PIR 센서 감지 패턴을 나타내는 〈그림 6-15〉와 같은 감지 그래프를 지침으로 참고하면 좋다. 주요 자산은 침입자가 어느 방향에서 접근하더라도 방향에 관계없이 가장 높은 탐지확률을 나타내는 위치에 두면 가장 좋다.

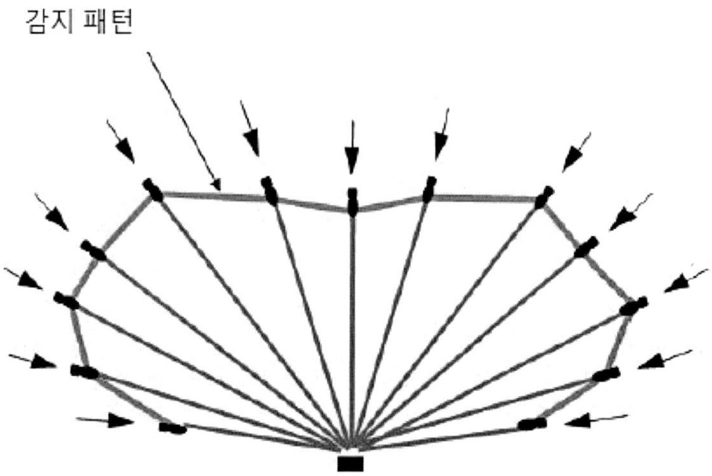

〈그림 6-15〉 걷기 시험에서 얻은 PIR 센서의 감지 패턴

6.2 능동형 적외선 센서

6.2.1 동작 원리

능동형 적외선(active infrared sensor)센서는 움직임을 감지하는 PIR 센서와 구분해서 AIR 센서라고 줄여서 부른다. AIR 센서는 다른 표현으로 적외선빔 센서(photoelectric beam detector)라고도 하며, 주로 주택, 공장, 창고, 사무실 등 외곽을 감시하고자 하는 목적에 가장 많이 사용되고 있다. 이 센서는 원리가 매우 단순하여 잘 설치해야만 효과를 볼 수 있다. AIR 센서는 〈그림 6-16〉과 같이 투광기와 수광기가 1조로 되어 있으며, 투광기의 적외선 LED에서 900~1,000nm 파장대의 근적외선 펄스빔이 나오며, 수광부의 포토다이오드(PD)를 통해 일정 시간 펄스가 차단되는 시간으로 침입 여부를 판단하는 센서이다.

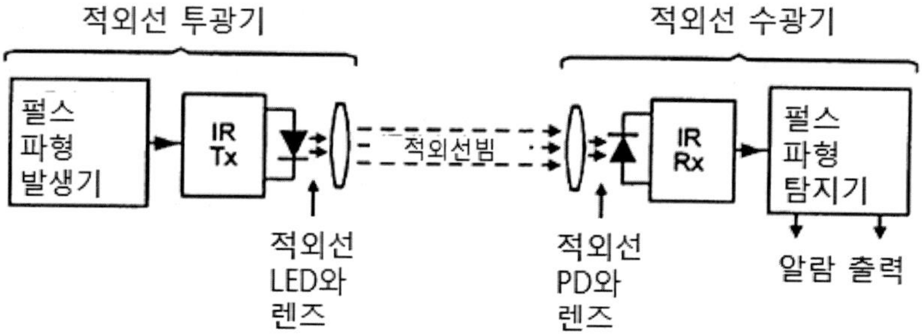

〈그림 6-16〉 AIR 센서의 동작 원리

근적외선을 사용하는 이유는 눈에 보이지 않는 빛을 사용하여 외부 침입자가 경계영역을 쉽게 볼 수 없도록 하기 위함이다. AIR 센서의 투광기 및 수광기의 내부 회로 개념도는 〈그림 6-17〉과 같다. 투광기의 LED는 회로의 이상 유무를 표시하기 위함이며, MCU(Micro Control Unit)에서 설정된 주파수를 만들어서 광학부 내부에 있는 PD의 전원을 제어하여 펄스형태의 적외선을 내 보도록 한다. 주파수 설정부는 한 면에 여러 개의 AIR 센서를 설치할 때 서로 혼선이 일어나지 않도록 하기 위해 보통 2~4개 정도의 주파수를 선택해서 사용하도록 한다. 수광기에서는 투광기에서 나온 적외선 빔을 광학부의 렌즈를 통해 PD의 초점에 맞도록 한다. 광학부의 PD는 적외선 빔을 전기적 신호로 바꾸어 주는 역할을 하며, 신호증폭 및 처리를 하여 MCU로 보낸다. MCU에서는 설정된 주파수와 차광시간을 비교해서 최종 감지 여부를 출력하게 한다. 수광기의 탬퍼감시부는 수광기의 뚜껑을 외부에서 여는 것을 감지하는 센서이며, 알람메모리 회로부는 이전에 알람 발보 사항을 기억해 두는 회로이다.

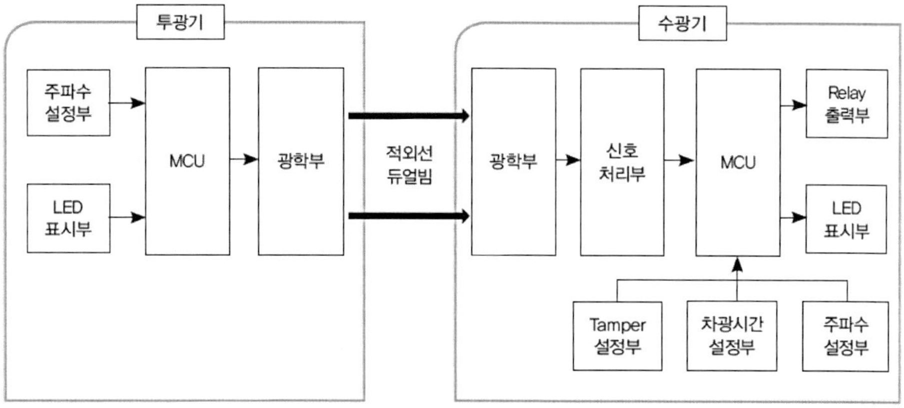

〈그림 6-17〉 AIR 센서의 투/수광기 블록 개념도

AIR 센서는 사용용도에 따라 LED와 PD의 수량이 결정된다. 단순한 출입규제용으로 사용되는 센서에는 각각 1개씩 들어가 있으며, 실내의 창문이나 담의 월장을 감시하는 용도로 사용할 때에는 투수광기에 각각 2개 ~4 개 정도의 LED와 PD를 사용한다. 매우 넓은 면적을 감지할 때에는 이보다 더 많은 소자를 사용하기도 한다. 그리고 투광기의 LED는 레이저와 같은 빔을 방사하는 것이 아니고 어느 정도 각도를 가지고 퍼져서 나오게 된다. 경계 감시거리를 늘리기 위해서는 적외선 빔을 멀리까지 보내야 하는데, 이를 위해서는 두 가지 기술이 필요하다. 하나는 광이 퍼지지 않도록 하는 집광기술이고, 다른 하나는 외부 커버가 적외선 투과를 잘하도록 하는 재질로 만들어야 하는 점이다. 광량은 거리의 제곱에 반비례해서 감소하기 때문에 집광해 주는 기술이 매우 중요하다. 적외선 빔을 멀리 보내기 위해 LED에 전기적 출력을 높이면 되겠지만, 이렇게 하면 LED의 수명이 단축되기 때문에 집광기술이 필요하다.

일반적으로 집광을 위해 〈그림 6-18〉과 같이 반사거울 타입과 구형렌즈 타입이 사용되고 있다. 구형렌즈 타입은 색수차 및 구면수차 문제 때문에 반사거울 타입보다 집광의 효율성이 떨어지는 단점은 있지만, 가격적인 측면 때문에 구형렌즈 타입을 많이 사용하고 있다. AIR 센서는 주로 외부에 노출하여 설치하기 때문에 사계절에 의한 온도 변화, 비와 먼지에 의한 방수구조, 태양의 자외선, 겨울철 눈이나 온도에 의한 열충격 등에 강인해야 한다. 이런 이유로 광학부와 전기 회로부를 감싸고 있는 외부 커버는 매우 중요한 부품이다. 광학적으로는 적외선을 잘 투과해야 한다. 이런 용도로 폴리카보네이트(polycarbonate, PC) 레진을 가장 많이 사용하고 있다. 〈그림 6-19〉는 PC 레진으로 만든 외부커버의 적외선 투과도이다. x축은 파장(wavelength), y축은 적외선 투과도를 나타낸 것이다. 가시광 영역인 700nm보다 짧은 파장은 전혀 투과하지 못하고, 900~1,000nm 영역의 근적외선 파장만 약 85% 이상 투과하는 특성을 보이고 있다. 이러한 광투과도 특성은 근적외선의 광을 최대한 활용할 수 있도록 해 주며, 외부에 의한 광잡음을 최소화해서 S/N비를 최대로 할 수 있다. 이러한 투과도 특성은 환경 요인에 의해 많이 감소할 수도 있다.

(a) 반사거울 타입 (b) 구형렌즈 타입

〈그림 6-18〉 적외선 빔집광 방법 종류

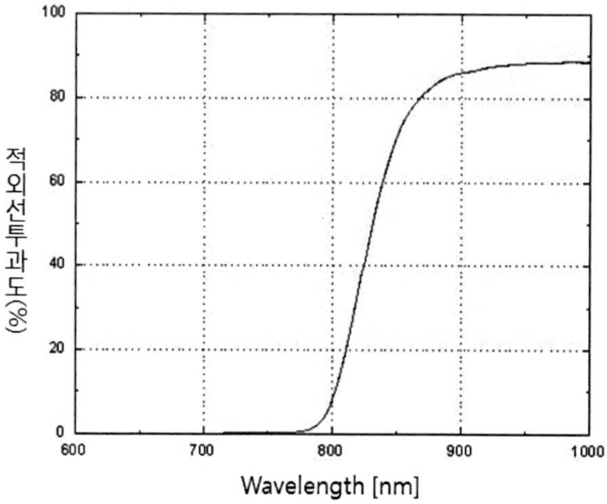

〈그림 6-19〉 PC레진의 적외선 투과도 특성

6.2.2 오보 요인

AIR 센서의 주요 오보는 다음과 같은 3가지 요인에 의해 발생한다. (1) 투광기와 수광기 사이의 적외선빔이 차단되는 경우, (2) 투광기 또는 수광기를 지지하는 지지대가 흔들려 빔의 축이 어긋나는 경우, (3) 수광기 쪽에 외부에서 강한 빛이 입사하는 경우 등이다.

먼저 적외선빔이 차단되어 발생하는 오보는 주로 기후적인 요인과 환경적인 요인으로 구분이 된다. 기후적인 요인으로는 짙은 안개, 폭우와 폭설로 인한 경우이다. 안개가 짙게 내리거나 폭우가 내리게 되면 적외선빔의 투과율이 급격히 떨어지는데, 이런 환경에서는 투광부에서 나온 적외선빔이 수광부로 도달하는 양이 극히 작아지게 되어 마치 적외선빔이 차단된 것과 같은 효과가 발생한다. 이런 환경적인 요인을 극복하기 위해 AIR 센서에는 자동이득조절(automatic gain control, AGC)이 탑재되어 있다. 이것은 수광기의 MCU에 〈그림 6-20〉과 같은 자동이득조절 기능을 탑재되어 있다. 이것은 서서히 변하는 환경적인 요인으로 인한 적외선빔의 투과율이 작아지는 것에 오보가 발생하지 않도록 하는 자체 조절기능이 내장되어 있으며, 날씨에 의한 투과도가 점진적으로 변하는 특성을 고려해서 문턱레벨을 가변적으로 자동 조절하여 오보를 최소화하는 기능이다. 다만 이런 기능이 구현되기 위해서는 적외선빔이 맑은 날 투과해서 도달할 수 있는 거리보다 약 1/5~1/10 정도 되는 거리에 투광기와 수광기를 설치해야만 AGC 기능이 제대로 동작할 수 있다. 보통 AIR 센서 제조사들의 권장 설치 거리는 이런 조건을 고려해서 감지거리를 정의하고 있다. 그러나 안개가 자주 짙게 끼는 지역은 권장거리보다 더 짧게 설치하는 것이 좋다.

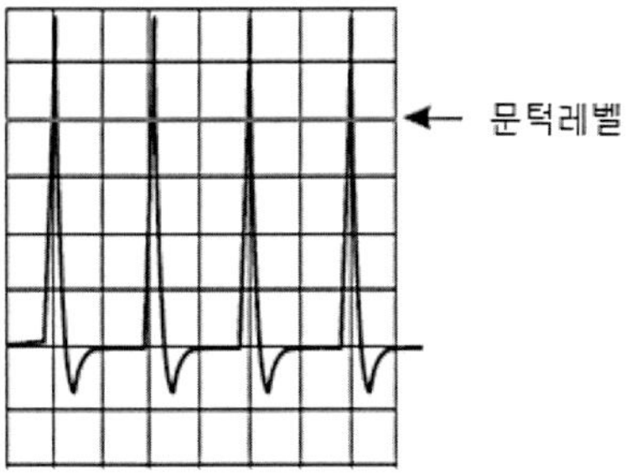

(a) 맑은 날씨의 출력 신호

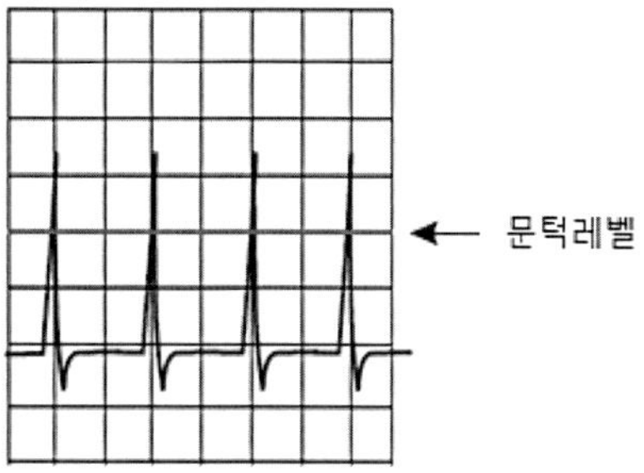

(b) 안개나 비에 의한 출력 신호

〈그림 6-20〉 AIR 센서의 AGC 기능

AIR 센서의 외부커버는 겨울에 폭설이나 얼음이 커버에 쌓이지 않도록 기구적으로 설계되어 있는데, 이것을 성에 방지(anti-frost) 기능이라 한다. 외부 커버에 돌출된 부분이 있는데, 이러한 구조가 성에 방지 기능을 하도록 설계가 된 것이다. 겨울철에 폭설이 내려 땅에 쌓이게 되면 AIR 센서의 최하단 빔이 차단될 가능성이 있으며, 이로 인해 오보가 지속적으로 발생하게 된다. 이런 경우에는 최하단 빔의 동작을 차단하게 되면 더 이상 오보가 발생하지 않는다. 그러나 눈이 그치고 정상적인 환경으로 돌아오게 되면 최하단 빔의 동작을 정상상태로 되돌려 놓아야 한다. 그렇지 않으면 침입자가 지면에 기어서 침입하게 되면 최하단 빔이 동작하지 않으므로 침입자를 감지하지 못하는 사태가 발생한다. 또한 일부 AIR 센서인 경우, 추운 겨울철에 외부커버 표면에 고드름이나 얼음이 어는 경우를 대비해서 센서 내부에 열선을 내장하여 일정 온도 이하로 내려가면 열선이 동작하여 외부커버 표면에 얼음이 생기지 않도록 하는 기능도 있다.

새, 동물, 차량, 바람에 날리는 이물질, 하는 경우는 이물질이 바람에 날려 빔을 일시적으로 차단하게 되면 알람이 발생한다. 한 마리의 작은 새가 날아서 빔을 차단하는 경우에는 AGC기능과 내부 알고리즘에 의해 오보가 발생하지 않지만, 새 떼가 날아다니면서 빔을 차단하거나, 큰 새 또는 동물이 빔을 차단하게 되면 오보가 발생하게 된다. 동물인 경우에는 센서 근처로 진입하지 못하도록 다른 조치를 취하면 되지만, 큰 새가 날아오는 경우는 사실 별다른 대책이 없다. 따라서 이러한 상황을 파악하기 위해 반드시 AIR 센서는 CCTV와 연동하여 운영해야 한다. 영상을 보고 큰 새로 인한 오보가 확인된 경우에는 대응팀을 출동시키지 않아도 된다.

투광기와 수광기의 지지대가 단단하지 않으면, 바람이 불게 되면 지지대가 바람에 흔들려 광축이 어긋나게 되어 오보가 발생한다. 또한 대형 자동차가 근처를 지나가게 되면, 자동차의 움직임에 의해 지지대가 흔들리게 되고 이로 인해 오보가 발생한다. 이러한 오보를 줄이기 위해서는 지지대를 단단한 지면 위에 외력에 의해 흔들리지 않도록 고장해야 한다.

수광기 쪽에 강한 빛이 입사하는 경우이다. 이것은 주로 일출이나 일몰시 수광기가 태양을 바라보게 설치된 경우에 자주 발생하는 오보 현상이다. 또한 가끔 자동차의 헤드라이트가 수광기 쪽을 강하게 비추게 되면 오보가 발생할 수 있다. 이런 오보는 수광기 설치시 태양의 일출 및 일몰시 위치를 고려하여 설치하거나, 태양에 의한 차광막을 설치함으로써 해결할 수 있다.

6.2.3 설치 기준

AIR 센서는 용도에 따라 감지거리로 구분하며, 20m 감지거리부터 200m까지 감지할 수 있는 모델까지 다양하게 있다. AIR 센서는 설치한 후에 투광기와 수광기의 미세조절 나사를 이용해서 수광기의 출력전압이 최대가 되도록 설정해 주고(이것은 투광부와 수광부의 광축이 정확하게 일치한 경우에 최대가 됨), 최종적으로 차광시간을 선택해 주어야 한다. 차광시간은 일정 시간 동안 빔이 차단되었을 때 알람을 발보하게 하는 조건을 의미한다. 창문 등에 설치했을 때에는 침입자의 속도가 비교적 느리게 때문에 차광시간을 길게 잡아 주어야 하며, 출입문 등에 설치했을 때에는 침입자가 빨리 침입할 수 있으므로 차광시간을 짧게 해 주어야 한다. 기술적으로는 차광시간을 짧게 해 주면 감지성능이 좋아지지만 그만큼 미세한 변화에 의한 오보도 많이 발생하므로 현장에 적합한 차광시간으로 설정해야 한다. 일반적으로 사람이 뛰는 속도는 약 6m/s이므로 차광시간을 50ms 근처로 설정하면 되고, 보통 걷는 속도는 약 3m/s이므로 차광시간을 100ms 근처로 설정, 느리게 걷는 속도는 약 0.6m/s 정도이므로 차광시간을 500ms 근처로 설정해서 운영한다.

AIR 센서의 투광기에서 나오는 근적외선은 레이저빔과 같은 것이 아니라 어느 정도 각도를 가지고 퍼져 나온다. 이때 투광기와 수광기 사이에 〈그림 6-21〉과 같이 적외선을 잘 반사하는 면에 설치하고자 할 때, 수광기와 투광기를 벽에서 어느 정도 띄워 놓고 설치를 하면, 침입자가 투광기와 수광기 사이의 빔을 차단해도 벽에서 반사되어 온 빔 때문에 수광기는 빔이 차단되었다고 판단하지 않는 무감지 현상이 발생할 수 있다. 이런 경우의 무감지를 방지하기 위해서는 투광기 및 수광기를 벽에 가능한 밀착시켜 설치해야 침입자를 정확히 감지할 수 있다.

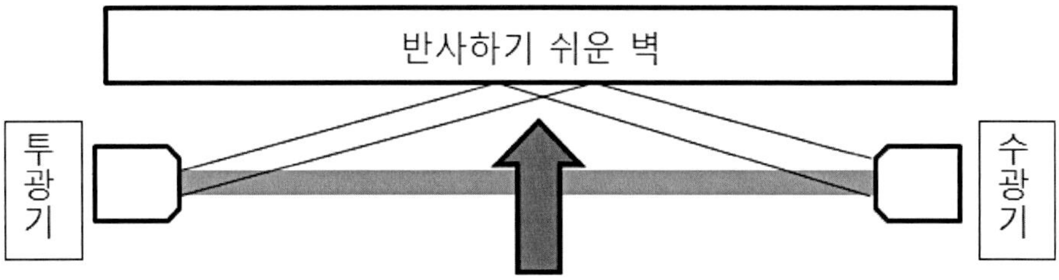

〈그림 6-21〉 AIR 감지기의 빔 퍼짐에 의한 무감지 가능성

AIR 센서는 주로 주택이나 공장, 창고 등에서 창문 규제용으로 주로 사용하는데, AIR 센서는 여러 개의 창문을 동시에 규제할 수 있어 경제적인 장점이 있지만, 감지하

고자 하는 영역이 외부에 노출되어 있어 센서의 위와 아랫부분으로 침입할 수 있다는 단점이 있다. 따라서 이러한 침입 여부를 고려해서 2조 또는 3조로 설치해서 사용한다. 설치 시 수광기 쪽이 태양과 같은 강렬한 광원을 바라보지 않도록 해야 한다. 태양은 가시광뿐만 아니라 적외선도 발산하고 있기 때문에 투광기의 입력신호가 태양에 의해 가려질 수 있다. 태양뿐만 아니라 외부에서 수광기 쪽에 외부광을 입사시킨 상태에서 침입하게 되면 무감지가 발생할 수 있다. 이런 현상을 막기 위해 AIR 센서는 일정 이상의 광량이 조사되면 알람을 출력하도록 설계를 하는데, 이 경우에는 태양에 의한 오보가 생길 수 있다. 그리고 센서를 2개 또는 3개 이상으로 같은 면에 설치를 할 경우에는 〈그림 6-22〉와 같이 투광기와 수광기를 번갈아 가면서 설치를 해야 한다. 만약 이렇게 하지 않고 한 쪽에는 수광기, 다른 맞은편에는 투광기를 설치하게 되면, 투광기 내부에 있는 적외선 LED에서 나온 빔의 퍼짐 현상 때문에 다른 수광기에도 빔이 입사하게 되어 서로 간섭 현상 때문에 무감지가 발생할 가능성이 있다.

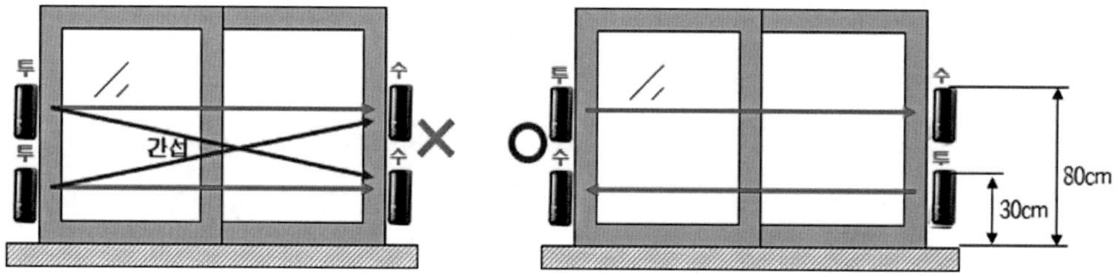

〈그림 6-22〉 AIR 감지기 설치시 유의사항

이러한 간섭 현상을 피하기 위해서는 두 가지 방법이 가능한데, 하나는 빔의 퍼짐이 거의 없도록 레이저빔이 나오도록 하는 방법이고, 다른 하나는 투광기에서 나오는 빔의 주파수를 디지털로 출력시키는 방법이다. 레이저빔으로 나오게 하는 방법은 거리가 가까운 경우에는 투광기와 수광기를 일치시키는데 큰 문제가 없으나, 만약 거리가 제법 떨어져 있다면 투광기와 수광기의 빔 위치를 맞추기가 매우 어렵게 된다. 따라서 이 방법은 매우 가까운 거리(대략 2~3m 이내)의 용도로는 적합하지만 일반적인 외곽 감시용으로는 부적합하다. 따라서 주로 두 번째 방법인 디지털 출력 방법을 주로 사용한다. 여기서 디지털이란 의미는 출력 신호를 디지털처럼 0과 1로 출력한다는 뜻이 아니고, LED에서 나오는 빔을 일정한 주파수를 갖도록 해서 수광기로 보내고, 수광기에서는 같은 주파수를 갖는 신호만 받아들인다는 의미이다. 이러한 주파수를 여러 개로 만들게 되면, 각 주파수마다 1번 채널, 2번 채널이라는 이름으로 정할 수 있다. 따라서 하단 감지기는 1번 채널로 고정하고 상단 채널은 2번 채널로 고정하면 기존 아날로그

출력으로 인한 간섭 현상은 없앨 수 있다. 최근의 AIR 센서는 이와 같이 출력 신호를 디지털화하여 채널을 선택할 수 있는 디지털 제품이 출시되고 있다. 아날로그형 AIR 센서는 연속적으로 출력을 내기 때문에 빔의 세기가 비교적 높은 편인데 반면, 디지털형은 비연속적인 출력 신호가 나오기 때문에 빔의 세기가 약간 낮아지게 되며, 이로 인해 감시할 수 있는 최대거리가 짧아지는 단점이 있다.

디지털 AIR 센서를 사용하면 〈그림 6-23〉과 같이 베란다와 같은 큰 창문을 하나의 AIR 센서로 감지할 수 있다. 아날로그 AIR 센서로 베란다에 있는 큰 창문을 감지하려면 4개 이상을 연속적으로 설치를 해야 하며, 이로 인해 설치된 외관이 보기에 좋지 않은 단점이 있다. 그러나 길이가 약 1.5m 이상인 4단 AIR 센서는 일체형으로 한번의 공사로 설치할 수 있으며 미관도 좋아 보이는 장점이 있다. 일체형 센서의 투광부 LED의 출력 신호는 디지털로 출력이 되며, 최소한 4개 이상의 다른 주파수를 갖도록 설계되어 있다. 그리고 일체형의 가장 큰 장점은 외부에서 보았을 때, 빔이 어디에서 나오는지 알 수가 없으므로 보안적인 측면에서 우수하다고 볼 수 있다.

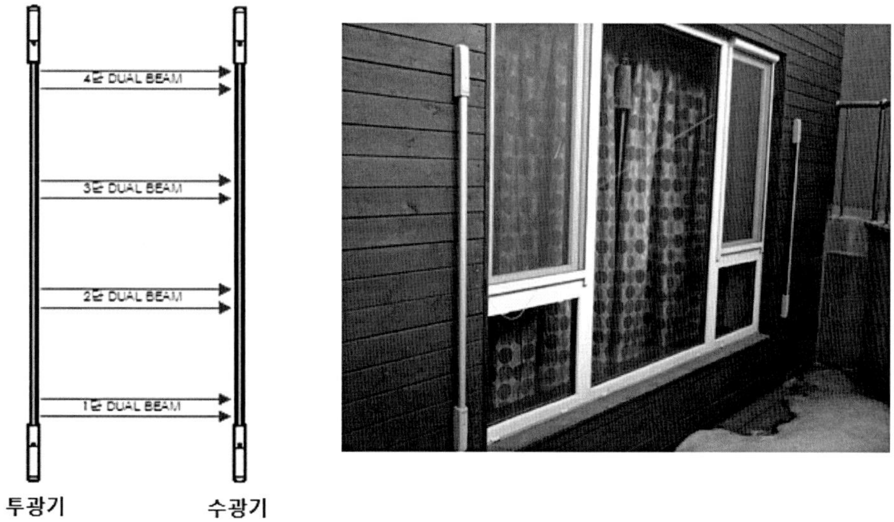

〈그림 6-23〉 4단 디지털 AIR 센서 외관 및 설치 사례

AIR 센서는 편평하고 지면이 고른 지면 위에 설치해야 한다. 또한 센서는 보통 약 3.7m 정도의 최대 높이까지 감지를 하며, 최하단 빔에 감지되지 않기 위해 땅을 파서 진입할 수도 있으므로 지면은 콘크리트 등과 같은 단단한 재료로 덮여져 있어야 한다. 최하단 빔은 지면으로부터 약 15cm 이내에 위치하도록 설치를 해야 한다. 이렇게 해야만 지면에 몸을 바싹 붙여서 기어서 침입하는 행위를 감지할 수 있기 때문이다. 어

떤 센서는 최하단 빔이 없는 센서도 있는데, 이런 경우에는 다른 종류의 센서를 이용하여 기어서 침입하는 행위를 반드시 감지할 수 있는 별도의 방법이 필요하다.

외곽감지용으로 2중 펜스 내에 AIR 센서를 설치하는 경우, 감지해야 할 영역이 매우 길거나 코너진 부분이 생길 수 있다. 이런 경우에는 AIR 센서를 이중으로 설치를 해야 하는데, 〈그림 6-24〉와 같이 반드시 투광기와 수광기가 서로 겹치는 영역이 존재하도록 하여 설치해야 한다. 이렇게 겹쳐서 설치하지 않으면, 감지 영역에서 빈 공백이 생기게 되고, 침입자는 그 사이로 AIR 센서에 감지되지 않고 침입을 할 수 있게 된다. AIR 센서 교차법은 그림에서와 같이 2가지 방법이 있을 수 있는데, 좌측의 그림과 같이 설치하는 것을 바스켓 위브(basket weave) 교차법이라고 하고, 우측 그림과 같은 설치법을 평행(parallel) 교차법이라고 한다.

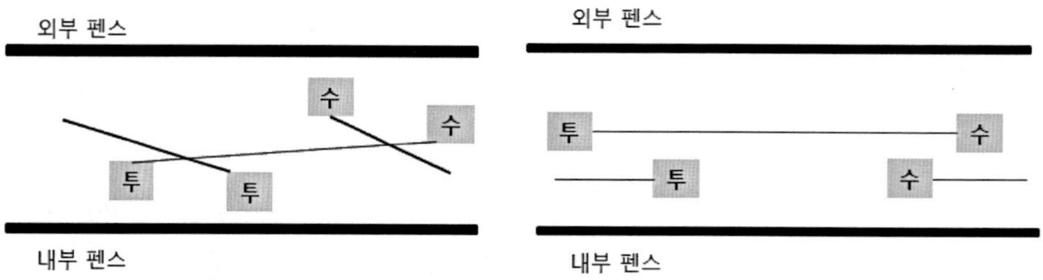

(a) 바스켓 위브식 (b) 평행 교차법

〈그림 6-24〉 AIR 센서 교차 설치법

6.2.4 성능 시험

성능 시험은 의도된 기능의 범위를 통해 AIR 센서의 성능 수준을 검증하도록 설계되어야 하며, 시스템에 적용되는 모든 무감지 가능성에 대해서도 시험을 해야 한다. 전자부품의 교환, 광축의 조정, 민감도를 변경시킬 수 있는 변경사항이 발생하면 성능 시험을 실시하는 것이 좋다. AIR 센서의 성능 시험은 다음과 같은 순서로 진행한다.

(i) 성능 시험에는 센서 및 센서가 설치된 일반 영역에 대한 육안 검사를 포함해야 한다. 감지 영역 내에 식물이 자라는지, 이물질이 놓여 있는지 등을 확인하고, 있으면 제거해야 한다. 그리고 투광기와 수광기의 외부커버에 적외선 빔이 지나가는 영역의 표면 상태가 깨끗한지 점검한다. 투광기와 수광부기 지지대가 단단하게 잘 고정되어 있는지 점검하고 조치한다.

(ii) 모든 설정값 및 측정값을 기록하고, 이전값과 비교한다. 대표적인 것이 수광기의 출력 전압값이다. 출력 전압값이 이전과 달리 측정값보다 작게 측정이 되었다면, 광축이 미세하게 어긋난 것이므로 반드시 보정을 하여 원래의 값이 되도록 조정한다.

(iii) AIR 센서는 걷기 시험에서는 100% 감지를 해야 한다. 왜냐하면, AIR 센서는 적외선 빔이 차단되는 것을 탐지하는 센서이므로, 민감도와는 무관한 사항이기 때문이다. 내부 전자회로에 문제가 생기지 않는 이상, 빔이 차단되면 반드시 알람이 발생해야 한다. 따라서 빔이 차단되었는데도 알람 신호가 발생하지 않으면, 신호선과 전원선, 내부 전기회로의 동작 여부까지 확인한다.

(iv) AIR 센서는 타이밍 기능을 사용하기 때문에, 빠르게 움직이는 침입자가 적외선 빔이 지나가는 경로를 관통 시 감지되는지 확인해야 한다. 최하단부의 빔은 다른 빔들에 비해 가장 짧은 시간 동안의 빔 절단을 감지할 수 있도록 설정이 가능하기 때문에, 침입자는 최하단부의 빔에 감지되지 않고 최대한 빨리 통과할 수 있는지 시험한다.

(v) 센서가 겹치는 부분에서 감지되지 않고 통과할 수 있는지 시험한다.

(vi) AIR 센서는 지면으로 기어가거나, 도구를 이용하여 기어오르거나 점프하여 감지되지 않고 침입할 수도 있다. 만약 AIR 센서를 단독으로 사용한다면, 최하단 빔의 하부 지면이 편평한지 확인해야 한다. 센서의 최하단 빔 밑으로 기어갈 수 있는 공간이 있는지 확인을 해야 한다. 이런 위치를 쉽게 확인하기 어려우면, 센서의 감지영역의 길이 방향으로 여러 위치에서 기어가는 시험을 실시해야 한다.

(vii) 만약 AIR 센서가 다른 센서와 결합하여 사용하고, 다른 센서가 기어가는 것을 탐지하는 센서라고 한다면, 다른 센서가 기어가는 것을 정확히 탐지하는지를 시험해야 한다.

(viii) AIR 센서의 광축이 정렬되어 있지 못하면, 오보가 날 가능성이 있다. 만약 오보가 자주 발생한다면, 주위에 동물이나 이물질이 없는지 먼저 확인을 하고, 광축 정렬 신호 레벨을 확인한다. 만약 오보의 원인이 이슬이나 서리로 판단이 되면, 내장 히터가 제대로 동작하는지 확인한다.

(ix) AIR 센서의 외부커버는 장기간 강열한 태양에 의한 자외선 노출, 비바람 및 급격한 온도 변화를 겪기 때문에 시간이 지나면 표면이 열화될 가능성이 매우 높다. 외부커버를 벗긴 상태에서 광축 정렬을 한 후의 신호 레벨과 외부커버를 조립한 상태에서 신호 레벨을 비교하여 이 값이 차이가 있는지 점검한다. 만약 이 값이 10~20% 이상 차이가 난다면 새로운 외부커버로 교체하는 것이 좋다.

(x) 오보가 증가하는 원인을 식별할 수 없는 경우에는 제일 먼저 광축 정렬을 수행한다. 정렬 후에도 오보가 지속적으로 발생한다면 투광기 또는 수광기 내부의 회로 모듈에 결함이 있을 가능성이 매우 높으므로 제조사에 문의하여 회로 모듈의 교체를 검토해야 한다.

6.3 마이크로웨이브 센서

6.3.1 동작 원리

실내를 입체적으로 감지하기 위해 가장 많이 사용하고 있는 것이 PIR 센서이다. PIR 센서는 수동형으로 물체에서 나오는 열선을 감지하는 방식이다. 그러나 박스나 파티션 등으로 이동하는 물체(또는 침입자)를 가리게 되면 PIR 센서는 감지하지 못한다. 이런 문제점을 보완할 수 있는 센서가 능동형인 마이크로웨이브(microwave, MW) 센서이다. MW 센서는 PIR 센서와는 달리 〈그림 6-25〉와 같이 능동형으로 전파를 내 보내는 발신부(transmitter)와 반사되어 돌아오는 전파를 감지하는 수신부(receiver) 2개의 안테나로 이루어져 있다. 전파의 특성상 금속을 제외한 대부분의 물체는 투과하는 특성을 가지고 있기 때문에 침입자가 은닉할 수 있는 방법이 없다. MW 센서는 일반적으로 길고 평평한 주변 지역을 감지하기 위해 사용된다. 이 센서는 동작 원리상 능동형이며, 발신부와 수신부가 노출되어 있는 노출형이며, 감지영역이 3차원인 입체형이며, 설치 형태가 시야형인 특성을 가진 센서이다.

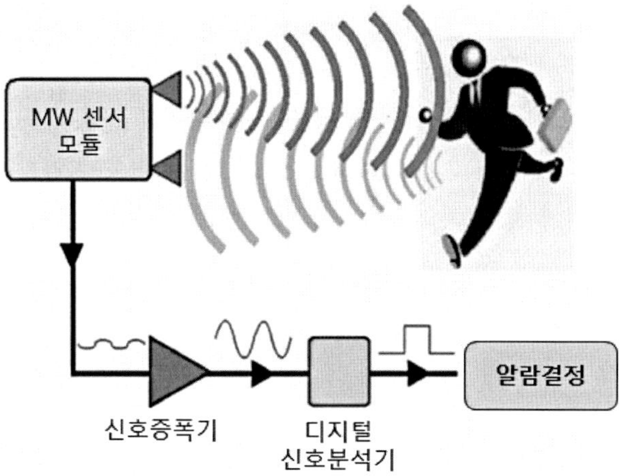

〈그림 6-25〉 전파 감지기의 개념도

마이크로웨이브는 전자기파 중에서 주파수가 0.3GHz~300GHz 영역에 해당하는 전자파를 의미한다. 파장으로 보았을 때 1m~10cm 영역의 파를 데시미터(decimeter)파, 1cm~1mm를 밀리미터(millimeter)파라 한다. 첨두어 "micro-"는 파장이 micrometer 영역이라는 뜻이 아니고, 일반적인 라디오 방송 주파수에 사용되는 파에 비해 상대적으로 작다는 의미로 사용된다. 다른 전자기파와 구분하여 마이크로웨이브의 파장 및 주파수 영역은 〈표 6-1〉과 같다. 즉, 마이크로웨이브는 라디오파와 적외선 사이에 존재하는 전자기파이다.

〈표 6-1〉 전자기파의 영역대별 파장, 주파수, 에너지 분류

이름	파장	주파수 (Hz)	광자 에너지 (eV)
감마선	0.02nm 이하	15EHz 이상	62.1keV 이상
X선	0.01nm - 10nm	30EHz - 50PHz	124keV - 124eV
자외선	10nm - 400nm	30PHz - 750THz	124eV - 3eV
가시광선	390nm - 750nm	770THz - 400THz	3.2eV - 1.7eV
적외선	750nm - 1mm	400THz - 300GHz	1.7eV - 1.24meV
마이크로웨이브	**1mm - 1m**	**300GHz - 300MHz**	**1.24meV - 1.24μeV**
라디오파	1mm - 30,000km	300GHz - 10KHz	1.24μeV - 12.4feV

보안용으로 사용이 가능한 전파대역은 통신용과 방송용과의 간섭 문제를 피하기 위해 FCC(미국연방통신위원회)에서 사용이 가능한 주파수와 출력을 규정하고 있다. FCC 규정에 의하면 ① 902~928MHz, ② 2.435~2.465GHz, ③ 5.785~5.815GHz,

④ 10.50~10.55GHz, ⑤ 24.075~24.175GHz 등이 허용되어 있으며, 안테나로부터 3m 떨어진 지점에서 각각의 출력이 ①, ②, ③ 대역의 경우 1.6mV/m, ④, ⑤ 대역의 경우 25.0mV/m로 제한되어 있다. 한국에서도 침입 탐지용으로 사용이 가능한 주파수는 미국 FCC 규격과 거의 유사하다. 국내는 라디오파와 전자기파는 방송 및 통신용도로 널리 사용되고 있으며, 두 영역대를 합친 무선 주파수 스펙트럼 대역을 〈표 6-2〉와 같이 구분하여 엄격히 법적으로 규제를 하고 있다. 또한 미국의 전기전자학회(IEEE)에서는 마이크로웨이브 중에서 응용이 가장 활발한 1~40GHz 영역을 별도로 구분해서 마이크로웨이브 대역을 〈표 6-3〉과 같이 세분화하여 정의하고 있다.[31] 일반적인 MW 센서에서 사용하는 주파수는 X 밴드인 8.0~12.0GHz 대역의 파장을 주로 사용하며, 출력은 5~10mW(milliwatts) 이다.

〈표 6-2〉 마이크로웨이브 주파수별 주요 용도

밴드 이름	약어	주파수 범위	주요 용도
Very low frequency	VLF	3~30KHz	표준시간 주파수방송
Low frequency	LF	30~300KHz	선박 및 항공기 유도비콘
Medium frequency	MF	300KHz~3MHz	AM방송, SOS신호
High frequency	HF	3~30MHz	국제방송, 아마츄어무선
Very high frequency	VHF	30~300MHz	FM방송, VHF TV
Ultra high frequency	UHF	0.3~3GHz	UHF TV, 이동통신, GPS, 택시무선통신
Super high frequency	SHF	3~30GHz	시외/국제전화, TV 위성중계, 각종 레이더
Extra high frequency	EHF	30~300GHz	우주통신, 미사일유도

〈표 6-3〉 미국 전기전자학회에 의해서 배정한 마이크로웨이브(전자파) 대역

대역 구분	주파수 범위(GHz)	파장 범위
L band	1.0~2.0	15cm~30cm
S band	2.0~4.0	7.5cm~15cm
C band	4.0~8.0	3.75cm~7.5cm
X band	8.0~12.0	2.5cm~3.75cm
Ku band	12.0~18.0	1.67cm~2.5cm
K band	18.0~26.5	1.13cm~1.67cm

31) 정용택, "센서 물리학 개론", 홍릉과학출판사, 2013

〈표 6-3〉 미국 전기전자학회에 의해서 배정한 마이크로웨이브(전자파) 대역(계속)

대역 구분	주파수 범위(GHz)	파장 범위
Ka band	26.5~40.0	0.75cm~1.13cm
Q band	33.0~50.0	0.6cm~0.91cm
U band	40.0~60.0	0.5cm~0.75cm
V band	50.0~75.0	0.4cm~0.6cm
E band	60.0~90.0	0.33cm~0.5cm
W band	75.0~110.0	0.27cm~0.4cm
F band	90.0~140.0	0.21cm~0.33cm
D band	110.0~170.0	0.18cm~0.27cm
G band	140.0~220.0	0.14cm~0.21cm

MW 센서 모듈에는 출력안테나에서 전파를 내 보내어 움직이는 물체에서 반사되어 온 전파를 입력안테나에서 받아서 신호증폭을 거쳐 파형의 변이 여부를 판단하여 침입자를 판단하는 원리이다. MW 센서는 분리형(bistatic)와 일체형(monostatic)의 두 가지 형태로 사용한다. 분리형은 발신부와 수신부를 서로 마주보게 설치하여 이 사이로 지나가는 침입자를 감지하는 방식으로 주로 실외용으로 사용된다. 일체형은 발신부와 수신부가 하나의 몸체 내에 있어 발신부에서 발산된 전파가 배경에 의해 반사된 전파를 다시 수신부에서 감지하여 반사되어 온 전파의 변화를 보고 침입자를 감지하는 방식으로 주로 실내용으로 사용된다.

분리형은 〈그림 6-26〉과 같이 한 쪽에 발신부, 반대편에 수신부를 설치하여 운영하는 방식이다. 한쪽 발신부 안테나를 통해 변조된 저전력 전파에너지가 발산되고, 맞은편 수신부 안테나에서 지면 또는 근처 물체 등에서 반사된 전파에너지를 수신한다. 발신부와 수신부 사이에 전파에너지가 지나는 부분이 감지 영역에 해당된다. 감지 영역 내에 움직이는 물체가 있으면 수신부에서의 신호에 미세한 변화가 생기는데, 이런 변화의 정도를 보고 침입자 여부를 판단한다. 환경적인 변화로 인한 점진적인 신호 변화량이 생기는 것은 자동이득조절 회로에서 보상을 해 준다. 감지 영역의 크기와 형태는 안테나의 형태, 사용 주파수, 그리고 수신부와 발신부 사이의 거리 등에 의해 결정된다. 일반적으로 감지 영역은 3차원의 형태를 가지며, 가장 가운데 부분에서 가장 넓은 감지 영역을 가지며, 감지 영역의 끝부분에서 가장 작은 감지 영역을 가진다.

〈그림 6-26〉 분리형 MW 센서의 감지 영역

일체형은 〈그림 6-27〉과 같이 하나의 몸체 내에 수신부와 발신부가 같이 있는 형태이다. MW의 에너지 형태에 따라 진폭 변조형(amplitude modulated, AM)과 주파수 변조형(frequency modulated, FM)의 두 가지 모드가 있다. AM 모드는 분리형과 유사한 방식으로 수신된 신호의 순수 벡터합의 변화를 측정하는 방식이고, FM 모드는 펄스 도플러 전이(Doppler shift) 효과에 기반을 둔 동작 방식으로 거리 정보를 알 수 있다. 일부 펄스 도플러 MW 센서는 불필요한 오보를 최소화하기 위해 센서 방향 또는 센서로부터 멀어지는 움직임만 감지하도록 설정할 수 있다. 일반적으로 일체형 MW 센서의 유효한 감지 범위는 분리형보다는 상당히 짧다. 따라서 일체형은 분리형으로 적용할 수 없는 응용 분야에 사용될 수 있으며, 일반적으로 실내의 복도나 출입구의 움직임 감지 센서로 주로 사용한다.

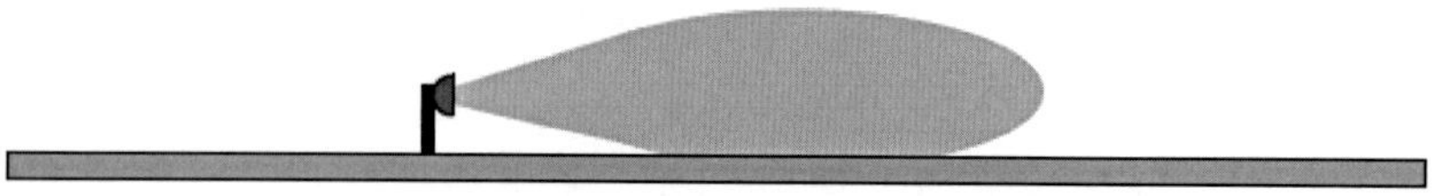

〈그림 6-27〉 일체형 MW 센서의 감지 영역

실내용 MW 센서의 감지 길이는 대략 9~30m 정도이다. 감지 영역은 바람이 잔뜩 주입된 고무 풍선 모양의 3차원이다. MW 송수신용으로 사용되는 안테나에는 〈그림 6-28〉과 같이 여러 종류가 있다. 실내용 일체형 MW 센서의 감지 영역의 형태는 안테나의 디자인에 의해 주로 결정되는데, 주로 혼 타입을 사용한다. 혼 타입 안테나는 그림과 같이 도파관(waveguide) 형태의 안테나이며, 도파관 끝 부분이 사각형 또는 원형의 깔때기처럼 벌어진 형상을 하고 있다. 안테나의 개구면의 크기는 파장에 비례하는 특성이 있다. 그래서 낮은 주파수에서는 크기가 너무 커서 사용이 어렵고 무거워지기 때문에 통상적으로 GHz 단위 이상에서 주로 사용하는 안테나 형상이다. 특성이 균일하고 이득이 높은 것이 특징이다.

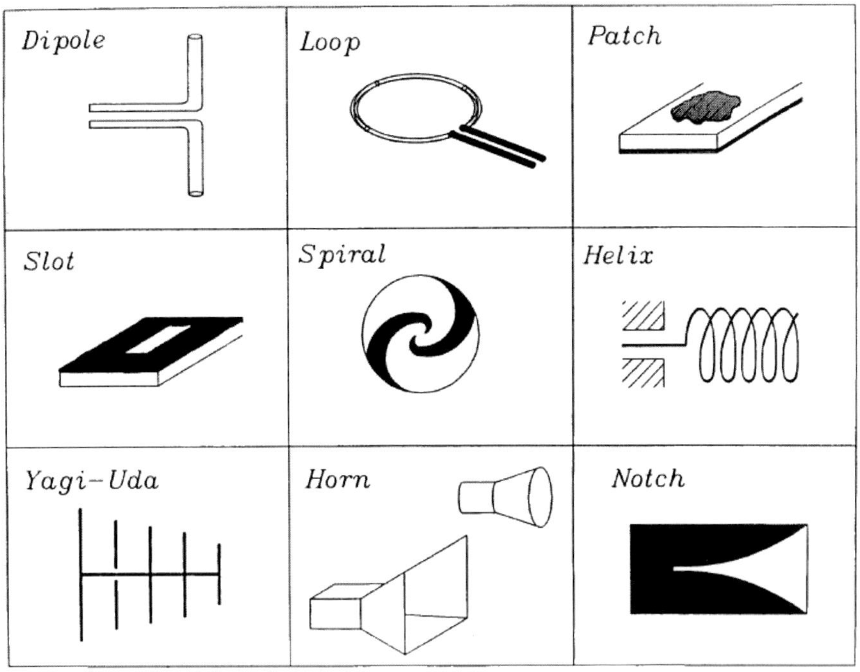

〈그림 6-28〉 마이크로웨이브 송수신용 목적의 다양한 안테나 형태

6.3.2 오보 요인

MW 센서는 대부분의 기후 조건에서는 오보 없이 동작을 잘한다. 그러나 수 초만에 폭우가 내린다든가 하는 특수한 기후 조건에서는 오보를 발생할 수도 있다. 일반적인 비가 내리는 상황에서는 내부에 있는 자동이득조절 회로에 의해 센서는 비에 의한 출력 감소를 고려해서 오보를 발생시키지 않는다. 〈그림 6-29〉와 같이 MW 센서를 실외용으로 사용할 때, 젖거나 얼어붙은 조각들(낙엽, 종이, 판지 지푸라기 등)이 감지 영역 내로 날아다니게 되면 오보가 생길 수 있다. 그러나 이런 조각들이 젖은 상태가 아니고 마른 상태의 경우에는 거의 오보가 발생하지 않는다. 그 이유는 마이크로웨이브는 수분에 반사를 잘 하는 특성이 있기 때문이다. 감지 영역 사이에 큰 물웅덩이가 있어 물표면이 바람에 의해 출렁거릴 경우 오보가 생성될 수 있다. 또한 토끼 크기 정도 이상의 동물이나 새 떼가 감지 영역으로 날아다닌 경우에도 오보가 발생할 수 있다. 강한 번개나 강력한 전자기파가 주위에 있으면 오보가 발생할 수도 있다. 마지막으로 MW 센서의 감지 영역 내에 펜스와 같은 금속성 구조물이 바람에 흔들리는 경우에도 오보가 발생할 수 있다.

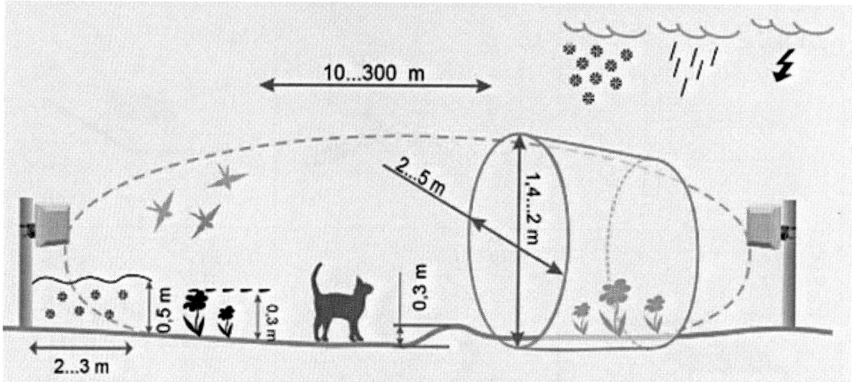

〈그림 6-29〉 실외용 MW 센서의 오보 가능성

MW 센서를 실내용으로 사용하는 경우, 특히 주의해야 할 사항은 〈그림 6-30〉과 같은 경우이다. MW 센서는 금속재료로 된 벽이 아닌 대부분의 재료로 만든 벽은 투과하는 특성이 있다. 투과특성으로 인해 감지하고자 하는 특정영역을 정확히 설정할 수가 없어 감지영역 밖에서 움직이는 사람까지 감지할 수 있는 단점이 있다. 다만 금속성 재질의 캐비닛이 있으면 그 이후의 영역은 MW가 도달하지 않아 사각 지역이 존재할 수도 있다. 만약 이런 캐비닛이 실내에 있다면, 캐비닛에 의해 침입자가 실내를 자유롭게 움직일 수 있으므로 캐비닛 배치에도 신경을 써야 한다.

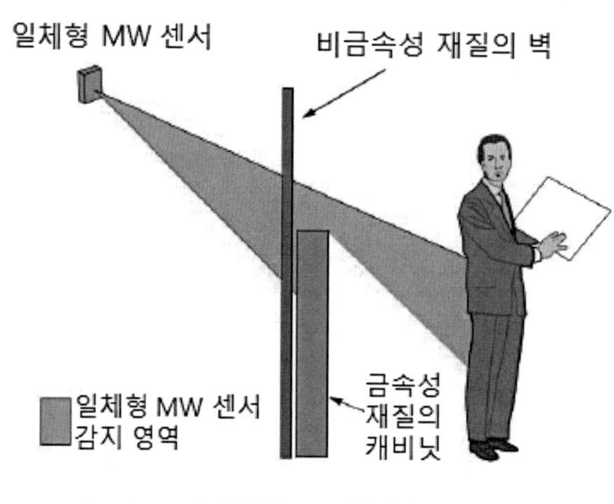

〈그림 6-30〉 실내용 MW 센서의 오보 유형

이와 같이 벽을 투과하는 특성 때문에 아직 실내 침입탐지용으로 단독으로는 사용하지 않고 있다. RF 센서 단독으로 사용하기 위해서는 감지거리를 조절할 수 있는 기능이 탑재되어 감지하고자 하는 영역에 맞게끔 감지거리를 조절해서 사용하는 기능이 있어야 한다. 그러나 아직 이렇게 하기 위해서는 기존 PIR 센서 대비 가격이 높아 실용성이 매우 떨어진다. 비록 감지거리 조절기능이 탑재된다고 하여도 전파는 눈에 보이지 않기 때문에 현실적으로 감지거리를 정확히 조절한다는 것은 매우 어렵다.

실내용 MW 센서는 환풍기, 쥐와 같은 소동물, 애완 동물 등에 의해 오보가 발생할 수 있다. 환풍기가 감지 영역 내에 있지 않더라도 오보 요인이 될 수 있다. 환풍기의 팬이 환기 덕트 내에 설치되어 있으면, 금속성 재질의 팬 날개에 마이크로웨이브가 반사되어 덕트 내부로 산란하게 되면 MW 센서의 수신부로 신호가 전달될 수 있기 때문이다. MW 센서의 마이크로웨이브가 도달하는 영역의 벽에 플라스틱 배관이 설치되어 있는 경우, 배관을 통해 물이 흐르게 되면 오보가 발생할 수 있다. MW 센서의 감지 영역 내에 형광등이 있으면 오보가 발생할 수 있다. 형광등 내에 있는 가스는 이온화될 때 마이크로웨이브 에너지를 반사할 수 있으며, 전원선 주파수에 의해 가스가 이온화하면서 깜빡거리는 현상에 의해 MW 센서에서 오보가 생성될 수 있다. 이런 형광등이 센서 근처에 있다면, 금속성 보호망으로 형광등을 가리는 조치가 필요하다. 이렇게 하여 형광등 근처로 가는 마이크로웨이브 에너지를 금속성 보호망에서 모두 반사하도록 하여 오보원을 없앨 수 있다.

만약 동일한 실내에 여러 개의 MW 센서를 설치하는 경우, MW 센서에서 나오는 전자기파들이 서로 간섭을 하여 오보를 생성할 가능성이 있다. 이런 상황에서는 MW 센서에 주파수 선택 기능이 있는 센서를 사용하여, 서로 다른 주파수로 설정하여 서로 간섭을 일으키지 않도록 설정해서 사용해야 한다. MW 센서의 감지 영역 내에 금속성 물체(예를 들면 파일 캐비닛, 휴지통, 전기 박스함 등)가 있으면, 이런 금속성 물체에 의한 반사로 인해 감지 영역이 더 넓어질 가능성이 매우 높다. 이런 경우에 원하지 않는 구역까지 감지를 하게 되면 오보가 발생할 가능성이 있다. 따라서 이런 금속성 물체가 있다면 감지 영역 밖으로 옮기든지, 다른 재질의 물체로 대체를 하든지 해야 한다.

6.3.3 센서 특성 및 설치 기준

실외용 분리형 MW 센서는 다음과 같은 특징이 있다.

(i) MW 센서는 입체형 센서이며, 넓은 감지 패턴을 가진다.

(ii) 마이크로웨이브는 눈에 보이지 않기 때문에 침입자는 센서의 감지 영역을 파악할 수 없다. 좀 더 큰 감지 영역을 만들기 위해 MW 센서를 겹쳐서 사용할 수 있다.

(iii) MW 센서는 대부분의 기후 조건에 대해 잘 동작한다. 그러나 MW 센서는 폭설이나 매우 짙은 안개가 내리거나 폭설이 내리는 경우, 마이크로웨이브가 수분성 입자들에 의해 난반사가 일어나기 때문에 감지 거리가 줄어들 가능성이 있다.

(iv) MW 센서는 길고, 좁고, 편평한 지역에 최적의 센서이다.

(v) MW 센서는 안테나가 외부 이물질로 차단이 되지 않는 한, 눈이 오더라도 감지 특성에 변화가 거의 없다.

(vi) MW 센서는 발신부와 수신부 바로 앞에서 기어가게 되면 감지를 못할 가능성이 있다. 따라서 이런 가능성이 있는 경우에는 또 다른 센서로 이에 대비해야 한다.

(vii) MW 센서는 배수가 잘 되지 않으면, 폭우가 내리는 경우 고여 있는 물에 의해 오보가 발생할 가능성이 있다.

(viii) MW 센서가 감지하는 영역의 바닥에 〈그림 6-31〉과 같이 구덩이가 있거나 하면 그쪽으로 침입하는 침입자는 감지를 하지 못한다. 따라서 지면은 평편하고 쉽게 땅을 팔 수 없도록 단단하게 유지해야 한다.

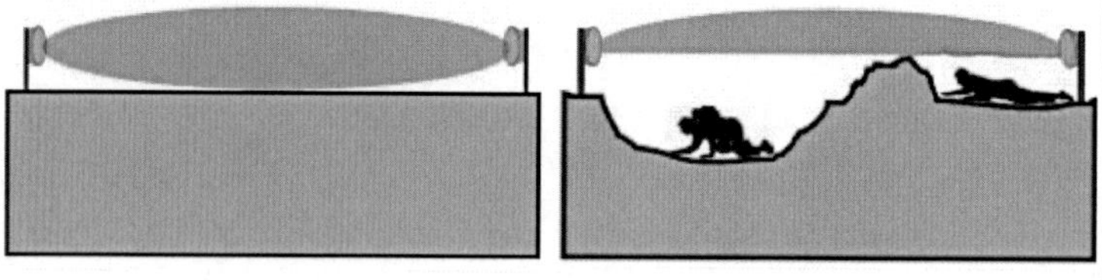

〈그림 6-31〉 MW 센서의 사용 가능한 지면과 불가능한 지면

(ix) MW 센서는 철망으로 된 금속성 펜스와는 최소한 6m 정도 떨어진 위치에 설치해야 한다. 그렇지 않으면, 철망이 바람에 의해 흔들리게 되면 이로 인해 오보가 발생할 수 있다.

(x) 무선 통신이 빈번히 일어나는 공항 활주로 근처에서는 MW 센서가 무력화 될 가능성이 있으므로, 이런 위치에는 광학식인 AIR 센서를 설치하는 것이 좋다.

(xi) 모든 전원선과 신호선은 보호 구역 내에 설치해야 하며, 쉽게 절단을 할 수 없도록 도관(conduit)을 사용하여 설치하는 것이 좋다.

실외용 분리형 MW 센서의 설치시 다음과 같은 사항을 주의해야 한다.

(i) 발신부와 수신부 사이의 거리를 120m 이상 떨어지지 않는 위치에 설치하는 것이 좋다.

(ii) 펜스를 주위로 외곽에 MW 센서를 설치하게 되면, 한 세트를 설치한 후 다른 세트의 MW 센서를 설치할 때 AIR 센서와 마찬가지로 교차 설치를 하여 겹쳐서 설치를 해야 한다. 그래야만 빈 공백이 생기지 않는다. 〈그림 6-32〉와 같이 AIR 센서와는 달리 발신부와 수신부의 위치를 크게 고려하지 않아도 된다. 그림에서 M은 발신부 또는 수신부 중의 하나임을 나타낸다. 이렇게 교차하는 경우에는 교차되는 센서의 마이크로웨이브 주파수를 달리하는 것이 좋다. 제조사와 모델마다 약간의 차이는 있지만, 서로 교차되는 영역은 약 10m 정도가 적당하다. 이런 거리가 필요한 이유는 발신부와 수신부 가까이에서 기어가는 경우에는 무감지가 가능성이 있기 때문에, 이를 방지하기 위해 약 10m 정도를 서로 겹쳐서 설치하는 것이 좋다. MW 센서를 코너에 설치하는 경우에도 〈그림 6-33〉과 같이 기어가는 침입자를 감지하기 위해서 서로 겹치도록 설치해야 한다.

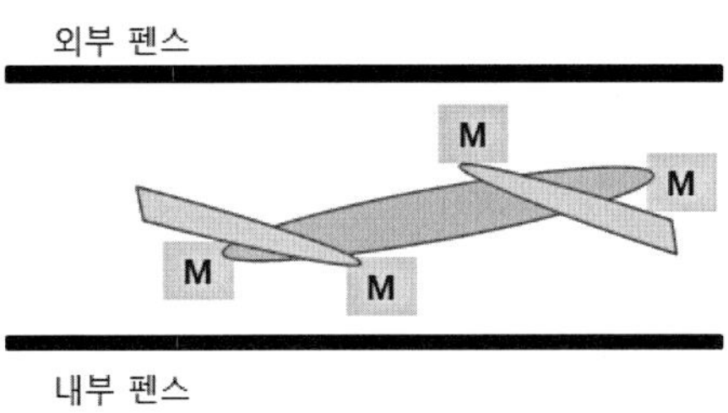

(a) 바스켓 위브식

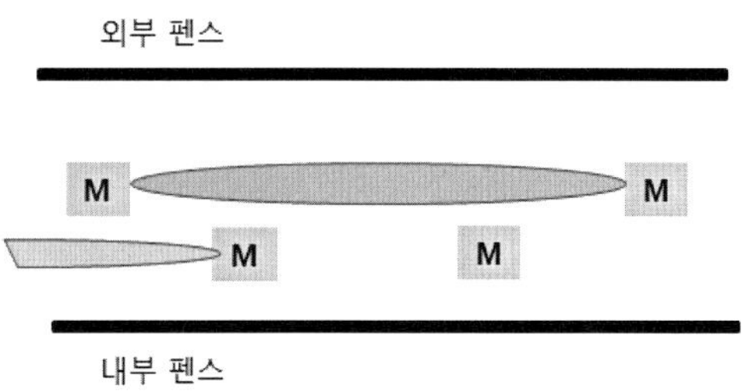

(b) 평행 교차법

〈그림 6-32〉 MW 센서의 교차 설치법

〈그림 6-33〉 코너에 겹쳐서 설한 사례

(iii) 만약 이중 펜스 사이에 MW 센서를 설치한다면, 두 가지 이유로 펜스 사이의 거리는 충분히 확보해야 한다. 만약 펜스 사이의 거리가 충분하지 않게 되면

한쪽 펜스 위에 올라가서 점프를 하여 MW 센서의 감지 영역을 뛰어 넘어갈 수 있기 때문이다. 다른 한 가지 이유는 이웃한 금속성 펜스가 바람에 흔들리게 되면 MW 센서의 수신부에 신호의 변화량이 생겨 오보가 발생할 수 있기 때문이다. 따라서 MW 센서 제조사로부터 마이크로웨이브 빔 패턴의 도면을 받아, 설치 현장과 도면을 비교하여 문제가 없는지 검토를 해야 한다.

(ⅳ) MW 센서를 〈그림 6-34〉와 같이 이중 삼중으로 적층으로 설치하게 되면 감지 영역의 높이 또는 폭을 확대할 수 있게 되어, 감지 능력을 향상시킬 수 있다. 이러한 적층 기술로 지면을 기어가는 행위를 잘 탐지할 수 있으며, 점프를 하여 감지 영역을 뛰어 넘는 행위를 방지할 수 있다. 적층 방식으로 사용할 경우에는 센서마다 주파수를 서로 달리하여 센서 상호간의 간섭을 회피해야 한다.

〈그림 6-34〉 MW 센서의 높이 방향 적층 사례

실내용 일체형 MW 센서는 다음과 같은 특징이 있다.

(ⅰ) MW 센서는 센서 방향으로 진입하는 침입자를 가장 효과적으로 감지할 수 있는 센서이며, 특히 천정, 특수 보관 장소, 복도 등에 설치하여 실내 공간을 입체적으로 감지할 수 있다. 이렇게 설치하여 문이나 벽을 향해 진입하는 침입자를 조기에 탐지할 수 있다. 만약 감지해야 할 영역이 잘 정의되어 있다면 일체형 MW 센서는 적절한 센서이다.

(ⅱ) PIR 센서와 연동하여 사용하면 감지 능력을 향상시킬 수 있다. MW 센서와는 달리 PIR 센서는 감지 영역의 접선 방향으로 움직이는 침입자를 잘 감지하는 반면, MW 센서는 반경방향으로 움직이는 침입자를 잘 감지한다. 이와 같이 두 가지 센서로 사용하게 되면 오보를 정확하게 평가할 수 있고, 무감지 가능성도 낮출 수 있다.

(iii) 마이크로웨이브 빔의 특성상 물체의 표면이 금속성이 아닌 경우에는 투과하는 특성이 있다. 이런 특성 때문에 MW 센서는 감지 영역 밖에 있는 지역에서 움직임을 감지할 수 있고, 또한 감지가 되어야 할 곳에서 움직임을 감지하지 못할 수도 있다. 예를 들면, 큰 금속성 파일 캐비닛이 감지 영역 내에 있으면, 캐비닛의 뒷부분은 마이크로웨이브가 도달하지 못하여 사각지대가 존재할 수 있다. 이런 사각지대 내를 침입자가 움직이게 되면 MW 센서는 감지를 하지 못해 무감지 가능성이 있다. 또한 마이크로웨이브 빔은 벽을 잘 투과하기 때문에, 감지 영역 밖에 있는 움직임에 대해 감지를 하게 되어 오보가 생성될 수 있다.

(iv) MW 센서는 움직임을 감지하는 데에는 매우 민감한 센서이기 때문에 오보도 많이 발생한다. 히터, 공조, 공기청정기 등의 팬에 의해 생성된 공기 흐름으로 움직이는 물체가 있다면 오보의 원인이 될 수 있다. 심지어 형광등의 깜빡임에 의해서도 오보가 생길 수 있다.

(v) MW 센서는 X 밴드 대역의 고주파 전자기파를 사용하기 때문에 이 대역과 인접한 영역의 다른 고주파 전자기파가 근처에 있으면 침입자를 감지하는 민감도를 떨어뜨릴 가능성이 있다. 따라서 강한 전자기파가 나오는 실내 공간에서는 MW 센서가 정상적으로 동작하는데 방해가 될 수 있으므로, 이런 전자기파를 사용하지 않게 하거나 차폐 등을 통해서 회피를 해야 한다. 자가 발생 신호 반사는 센서의 부적절한 위치 또는 설치로 인해 생성되는 일반적인 문제다. 센서를 벽 안에 내장하지 않고 외부와 평행하게 배치하면 이런 문제는 피할 수 있다.

(vi) 침입자가 매우 천천히 움직이게 되면 MW 센서는 감지하지 않을 수도 있다. 그러나 실제 상황에서 감지되지 않을 정도로 천천히 움직이는 것은 매우 어렵다. 감지되지 않을 정도의 속도 제한은 모델별, 제조사별로 다르다. 일반적인 MW 센서는 초당 2.5cm 이하의 속도로 움직이더라도 대부분 감지를 한다. 따라서 무감지될 정도로 천천히 움직이는 것은 실제로 매우 어렵다.

(vii) 센서를 향하거나 센서로부터 멀어지는 효과적인 움직임이 없는 완벽한 접선 방향으로의 원주 운동은 도플러 전이 효과를 발생시키지 않으므로 감지되지 않는다. 그러나 실제로는 센서에 감지되지 않고 접선 방향으로 움직인다는 것은 매우 어렵다.

(viii) 〈그림 6-35〉에 있는 3개의 그래프는 시험자가 걷기 방향에 따른 MW 센서의 감지 패턴 형상과 크기의 차이를 나타낸 것이다. 좌측 그래프는 센서를 향해서 걷는 행위에 대한 감지 결과로 가장 큰 감지 면적을 나타내며, 우측 그래프는 센서가 바라보는 면과 수직한 방향으로 걷는 행위에 대한 감지 결과이며, 중앙의 그래프는 센서가 바라보는 면과 평행한 방향으로 걷는 행위에 대한 감지 결

과로 가장 작은 감지 면적을 나타낸다. 이런 방향성에 따른 결과는 도플러 전이 효과의 원리로 설명이 가능하다.

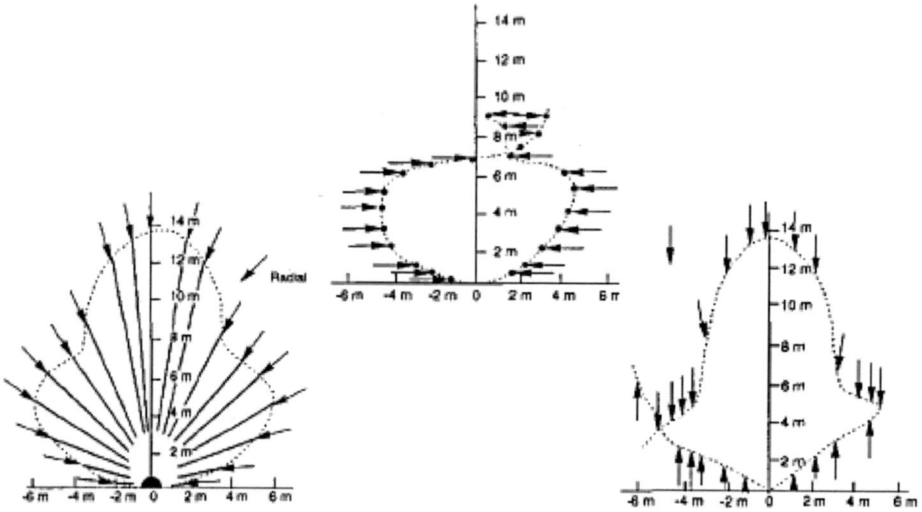

〈그림 6-35〉 진입 방향에 따른 걷기 감지 시험 결과 사례

MW 센서는 이상적으로는 천장 근처 또는 천장에 단단하게 고정이 가능한 브라켓을 사용하여 설치하는 것이 좋다. 그러나 실제 설치 위치는 감지 영역과 목적을 고려해서 천장, 코너, 벽 등에 설치한다. 설치시 센서의 성능에 영향을 미칠 수 있는 금속성 캐비닛, 팬, 에어컨 등이 감지 영역 내에 있는지 확인해야 한다. 마이크로웨이브 빔을 원하는 감지 형태로 만들 수 없기 때문에 위치와 감지 방향에 주의를 해야 한다.

6.3.4 성능 시험

(a) 실외용 분리형 MW 센서

최소 35kg 몸무게 이상의 침입자가 발신부와 수신부 사이의 감지 영역을 통과하는 침입자는 감지를 해야 한다. 걷거나, 뛰거나, 기어가거나, 점프 하거나 등의 침입 행위에 대해 감지를 해야 한다.

(가) 기어가는 시험

기어가는 시험은 최소 30회 실시한다. 이것은 95% 신뢰 수준에서 최소 90%의 감지 확률을 확인하기 위한 횟수이다. 길이 방향으로 30곳의 위치에서 시험을 하며, 특히 두 개의 MW 센서가 겹치는 영역에 대해 집중적으로 실시한다. 기어가는 시험을 일일이 사람이 할 수 없기 때문에 이를 대체할 수 있는 시험 장비를 이용하여 시험한다. 몸무게가 35kg인 사람을 대신할 수 있는 지름이 약 30cm인 알루미늄 구를 위치별로 굴려가면서 시험한다. 이런 알루미늄 구는 사람이 기어서 가는 단면적과 같은 효과가 있다. 구를 한쪽에서 천천히 잡아당기면서 센서의 감지 여부를 위치별로 시험한다. 구를 사용하면 구를 때 구의 단면적이 변하지 않기 때문에 마이크로웨이브의 반사율은 항상 동일하게 유지할 수 있다는 장점이 있다. 만약 알루미늄 구가 감지 영역 내에서 감지 영역의 중심선을 넘어서까지 잡아당겨도 감지가 되지 않으면, 센서의 설정값 변경이 필요하다. 구로 시험할 수 없는 지역은 사람이 직접 기어가면서 감지 성능 시험을 수행한다.

알루미늄 구는 비금속성 물질의 깔개 위에 올려놓고 시험을 한다. 깔개의 두께를 얇게 하여 구의 높이가 변하지 않도록 한다. 깔개는 보통 썰매를 사용하지만 가끔 바퀴가 달린 것을 사용하면 구가 찌그러지는 것을 막을 수 있다. 시험을 진행하다보면 구의 표면이 찌그러질 수도 있으므로, 이렇게 되면 구의 산란 단면적이 증가하게 되어 시험에 오차가 발생할 수 있다. 그러므로 바퀴가 달린 썰매를 사용하면 이런 문제점을 해결할 수 있다. 구를 잡아당기는 끈은 비금속성 재료로 된 끈을 사용해야 하며, 충분히 구를 잡아당길 정도의 길이를 확보한 상태에서 시험을 진행하는 것이 좋다.

(나) 기타 시험

일반적인 침입 행위(걷기, 달리기, 점프, 기어 올라가기 등)들의 조합으로 시행하는 기타 성능 시험은 각 감지 영역마다 길이 방향으로 최소 30회 실시한다. 걷기 시험은 안테나 정렬 오류를 식별하기 위해 센서의 감지 패턴을 유추하는 데 유용하다. 점프 시험은 센서의 감지 높이가 적절한지 확인하기에 좋은 방법이다. 점프는 근처 물체를 이용하거나 다른 도구를 이용해서 실시한다. 일부 마이크로파 센서는 일부 유형의 오보 발생원을 제거하기 위해 고속 차단 기능을 갖추고 있기 때문에 달리기 시험을 실시해서 감지 여부 시험을 실시한다.

(b) 실내용 일체형 MW 센서

성능 시험 이전에 다음과 같은 사항을 먼저 확인한다.

(i) 제조업체에서 제공하는 사양과 권장 감지 가능성이 시스템에 맞는지 확인한다.

(ii) 감지 영역 내에 사각지대가 있는지 확인한다.

(iii) 전원선과 신호선이 감지 영역 내에 있는지 확인한다.

(iv) 템퍼 지시 알람과 신호선 감시 알람이 주장치에서 제대로 받는지 확인한다.

상기 사항을 확인한 후, 초기 시험 능력, 장비 감도 설정 또는 전압 출력에 대해 시간에 따른 장비 기능의 저하를 비교할 수 있도록 기록한다. 걷기 시험을 센서가 감지하는 전 영역에 대해 실시하고, 이전 시험 결과와 비교하여 성능의 변화가 있는지 확인한다.

(가) 반경 방향 걷기 시험

반경 방향(radial path) 걷기는 센서가 가장 감지를 잘하는 시험 방향이다. 순서는 다음과 같다.

(i) 제조사에서 제안한 가장 먼 감지 거리에서부터 시작하여 반경 방향(센서를 향하는 방향)으로 초당 30cm의 속도로 걷는다.

(ii) 감지 알람이 발생하면 멈추고 위치를 표시한다.

(iii) 다시 원래의 자리로 되돌아가서 30초를 기다린 후, 동일한 경로로 동일한 시험을 실시한다. 95% 신뢰 수준에서 90% 감지확률을 확보하기 위해 30회 시험을 실시한다.

(iv) 다른 위치에서 다시 동일한 방법으로 30회 실시한다.

(나) 접선 방향 걷기 시험

접선 방향(tangential path) 걷기는 세서 입장에서 잘 감지되지 않는 시험 방향이며, 시험 순서는 반경 방향 걷기 시험과 동일한 방법으로 방향만 접선 방향으로 걸으면서 감지 여부 시험을 30회 실시한다.

(다) 천천히 걷기 시험

천천히 걷기 시험은 초당 15cm 이하의 속도로 시험을 수행한다. MW 센서와 같은 대부분의 입체형 센서는 감지 가능성이 감소하는 속도가 있으므로 감지 가능성이 발생하는 속도를 확인하고 기록한다.

6.4 복합형 센서

6.4.1 동작 원리

복합형 센서(dual sensor, 이중 센서라고도 함)는 센서의 오보 알람을 줄이기 위해 고안된 센서이며, 동작 원리가 다른 두 가지 종류의 센서를 하나의 몸체 내에 일체형으로 만든 센서이다. 두 센서는 오보를 줄이기 위해 전기적으로 AND 로직 결선으로 운영한다. 일정 시간 내에 하나의 센서에서 감지를 하고 다른 센서에서 감지를 하지 않으면, AND 결선에 의해 최종적으로 감지를 하지 않은 것으로 판단한다. 두 개의 센서는 침입자의 침입 행위에 대해 동시에 알람 신호를 내보내는 것이 아니고 약간의 시간 차이(보통 수 초 이내)를 두고 내보낸다. 침입자가 감지되면 두 센서는 일정 시간 차이를 두고 침입 알람 신호를 내보내는데, 이러한 시간 간격은 일반적으로 사용자가 상황에 맞게 지정하여 운영할 수 있다.

이런 방식으로 센서의 오보 알람을 줄이는 것은 매우 만족스럽게 보인다. 그러나 하나의 센서에서 오보에 덜 민감하게 만들게 되면, 실제 침입의 경우에도 민감도가 낮아진다는 의미이다. 이런 문제점 때문에 복합형 센서는 고위험 또는 높은 보안 등급이 요구되는 곳에는 사용하지 않는 것을 추천한다.

간혹 드물게 두 센서의 로직 결선을 OR로 해서 운영할 수도 있다. 이것은 둘 중 하나의 센서에서 알람이 발생하면 다른 센서의 감지 여부에 관계없이 무조건 침입 알람 신호로 인식하고 최종 알람을 내보내는 방식이다. 이것은 마치 동일한 영역에 분리형의 두 개 센서를 설치한 것과 같은 효과이다. 그러나 두 센서를 동일한 위치에서 최적으로 설치할 가능성은 낮다. 예를 들면, PIR 센서는 감지 영역의 접선 방향으로 움직이는 행위에 대해 민감한 반면, MW 센서는 반경 방향으로 움직이는 행위에 대해 민감하다. 그러므로 고위험 시설에서는 두 가지 다른 종류의 센서를 최적의 위치에 설치하는 것이 OR 로직 결선된 복합형 센서를 설치하는 것보다 더 바람직하다.

6.4.2 복합형 센서의 종류

실내용으로 사용되는 복합형 센서로는 다음과 같은 센서 있다.

(a) PIR-초음파 센서

PIR-초음파 센서는 PIR 센서와 초음파(ultrasonic) 센서를 복합화한 센서이다. 초음파 센서의 감지 영역은 눈물형의 패턴을 나타내며, 일반적으로 9m 길이와 8m 감지 폭을 가진다. 에너지 패턴에서 반경 방향으로 움직이는 물체로부터 반사된 에너지로부터 침입자를 감지하는 센서이다. 초음파의 감지 영역이 PIR 센서와 유사하며, 초음파와 PIR 센서에서 모두 감지가 되면 알람으로 출력한다.

(b) PIR-MW 센서

PIR-MW 센서는 PIR 센서와 MW 센서를 복합화한 센서이다. MW 센서는 도플러 전이 효과에 의해 반경 방향으로 진입하는 침입자에 대해 감지를 잘 한다. 두 센서의 감지 영역이 거의 유사하며, 감지 영역 내에서 두 개의 센서가 모두 감지를 하면 최종적으로 침입 알람 신호를 출력한다.

실외용으로 사용되는 복합형 센서는 PIR과 MW 센서를 복합화 하여 사용한다. 복합형 센서의 내부 구조와 각종 오보에 대한 반응 결과는 〈그림 6-36〉과 같다.[32] 이 센서는 가운데 마이크로웨이브 센서가 있고, 가장자리에 AIR 센서가 배치되어 있는 센서이다. AIR 센서는 작은 새, 작은 동물, 바람에 날리는 낙엽, 강력한 태양광 등에 오보가 발생하고, MW 센서는 강한 전자기파, 이웃한 금속성 펜스에서 반사되어 수신된 파, 형광등의 난반사 등에 의해 오보가 발생한다. 이 두 센서를 AND 로직 결선을 하게 되면, 우측의 표에서와 같이 이런 주요 오보 요인들에 대한 반응이 없어 오보를 생성하지 않는 장점이 있다.

---

[32] SICURIT Perimeter Protection Systems사 홈페이지, http://www.sicurit.com/index.php/perimeter-protections/

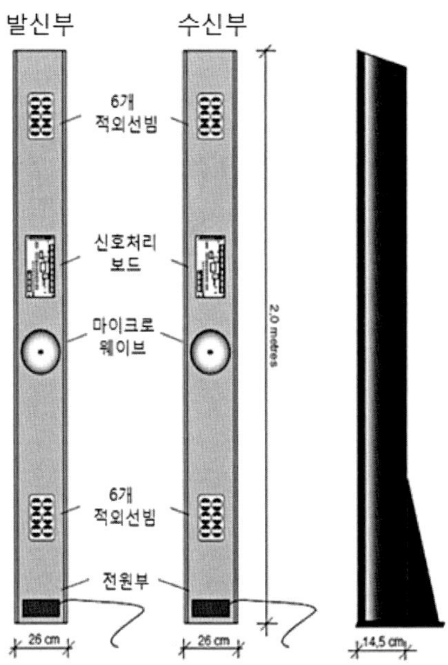

(a) AIR+MW 센서 내부 구조

	AIR 센서	MW 센서	AIR+MW
작은 새	오보	반응 없음	반응 없음
작은 동물	오보	반응 없음	반응 없음
바람에 날린 낙엽	오보	반응 없음	반응 없음
태양광	오보	반응 없음	반응 없음
강한 전자기파	반응 없음	오보	반응 없음
펜스에서 반사	반응 없음	오보	반응 없음
형광등 난반사	반응 없음	오보	반응 없음

(b) 오브 유형에 대한 알람 결과

〈그림 6-36〉 AIR+MW 센서 복합형의 오보 대응

6.4.3 센서 특징 및 설치 기준

복합형 센서는 단일 센서보다 오보 발생율이 낮은 것이 특징이다. PIR-MW 복합 센서의 장점은 두 센서 모두 길고 좁은 영역의 감지 영역에 대해 서로 상호보완적인 관계를 가진다는 점이다. 두 센서의 AND 로직으로 인해 오보율을 크게 줄일 수 있다. 이런 유형의 센서는 작은 감지 영역이나 단일 물체 감시에 국한되는 근접형 센서로 적합하다.

PIR-초음파 복합 센서는 약 7.6m×7.6m 크기의 영역을 감지할 수 있다. 초음파 에너지는 마이크로웨이브와는 달리 벽과 같은 물리적인 벽을 투과하지 않는 특성이 있으며, 벽에 흡수되거나 반사되는 특성이 있어 벽으로 둘러쌓인 공간을 효과적으로 감시할 수 있다. 바닥에서 3~4m 높이의 천장에 설치하게 되면, 에너지가 콘 형상으로 방사되어 직경이 약 9m 정도인 바닥 면적까지 방사된다. 따라서 천장에 설치하게 되면 물리적 방호가 필요한 영역 전체를 감시할 수 있다. 길고 좁은 에너지 패턴을 간진 초음파 센서는 복도나 현관의 감시에 적합하다. 초음파 단독으로 된 센서를 사용하면 약 21m 거리의 복도를 감시할 수 있다.

한쪽 방향으로의 침입만을 고려하면 단독 센서가 복합 센서 대비 높은 탐지 확률을 가질 수 있다. 초음파 센서와 MW 센서는 반경 방향으로 침입에 대해 높은 감지 확률을 가지지만, PIR 센서는 접선 방향으로의 침입에 대해 높은 감지 확률을 가진다. 따라서 두 센서를 복합화하여 AND 로직으로 결선하게 되면 단독 센서보다는 복합 센서의 감지확률이 떨어진다. 그러나 두 센서를 OR 로직으로 결선하게 되면, 감지 확률이 높은 쪽으로 반응을 하므로 단일 센서와 같은 효과를 얻을 수 있다. 복합형 센서의 취약점은 각 센서가 가지고 있는 취약점을 포함하고 있다. AND 결선을 하게 되면 둘 중 하나만 무감지 되어도 복합형 센서는 무감지 된다. 이런 이유 때문에 복합형 센서는 높은 보안 등급을 요하는 곳에는 두 센서 대신에 사용하는 것은 바람직하지 않다. MW 센서와 PIR 센서를 AND 결선으로 복합화하는 경우, 마이크로웨이브 센서의 감지 영역이 PIR 센서의 감지 영역 보다 훨씬 넓기 때문에, 두 센서의 감지 영역이 겹치는 분분까지 침입자가 진입해야만 감지되는 특성이 있다. 따라서 PIR+MW 복합 센서를 AND 로직 결선된 센서의 감지 영역은 PIR 센서의 감지 영역으로 한정된다.

6.4.4 성능 시험

실내용 복합형 센서의 성능 시험은 PIR 센서의 성능 시험과 거의 동일한 방법으로 진행한다. 성능 시험은 의도한 기능 범위를 통해 각 복합형 센서의 성능 수준을 검증할 수 있도록 해야 한다. 이러한 성능 시험은 전기부품이 교체되거나, 물리적인 배열에 변화가 있거나, 건물 리모델링을 실시한 이후, 가구와 장비의 위치를 크게 변경한 이후에는 반드시 성능 시험을 다시 실시해야 한다. 성능 시험에는 센서가 설치된 영역에 대해 일반적인 외관검사부터 실시한다. 또한 제조사에서 제안한 시험 방법이 있으면 이에 준수한다. 걷기 시험은 센서의 전 감지 영역에 대해 실시해야 한다. 실외형도 마찬가지로 설치된 환경에 변화가 있으면 성능 시험을 다시 실시해야 하며, AIR 센서와 MW 센서에서 수행한 시험방법과 동일한 방법으로 진행해야 한다.

6.5 영상 센서

6.5.1 동작 원리

영상 센서는 비디오 움직임 감지(video motion detection) 센서이며, 줄여서 VMD 센서라고도 한다. VMD 센서는 아날로그 카메라 및 디지털 카메라 모두에 적용이 가능한 기술이다. 이 기술은 모듈로 제공이 가능하여 카메라 내부에 장착할 수도 있고, 알람 스테이션에 장착할 수도 있다. 카메라 내장형의 경우, 디지털 신호 처리기(digital signal processor, DSP) 칩과 메모리가 내장된 디지털 카메라에 VMD 소프트웨어를 다운로드하여 카메라 내부에서 감지 기능을 수행할 수 있다. VMD 감지 이벤트가 발생하면, 카메라는 알람 메시지를 알람 스테이션으로 전송하고, 곧바로 화질이 좋은 영상 정보를 전송해 주기 위해 영상의 프레임 수를 늘려서 전송한다. 알람이 발생하기 직전의 영상은 카메라의 메모리에 저장하고, 알람 이벤트가 발생하면 DSP에서 알람 정보를 알람 스테이션으로 전송한다.

VMD 센서 기술은 2000년대 초부터 비약적으로 발전하기 시작했다. 저성능 모듈은 간단한 이동 감지를 제공하고, 고성능 장비는 정교한 알고리즘을 사용하여 이동 대상을 탐지하고 분류한다. 뒤에서 논의될 "물체를 놓고 가는 행위" 탐지 알고리즘을 제외하고, VMD 분석 알고리즘은 일반적으로 카메라의 시야 내에서 움직임이 발생할 때

활성화된다. 이 기술은 카메라 시야 내에서 무엇이 움직이고, 그 움직임의 본성이 무엇인지 결정한다. 화면 내 픽셀의 움직임을 그룹화하고, 픽셀의 그룹이 알람 상황인지 분석한다. 그 이후에 움직이는 방향 및 움직이는 속도를 계산한다. 이런 분석 알고리즘을 통해 움직임의 속성이 침입 행위에 해당한다고 판단이 되면, 알람 신호를 알람 스테이션에 전송하고, 알람 스테이션의 모니터에 이러한 이벤트 상황을 표시한다.

초창기 VMD는 카메라 내부에 모듈로 장착된 형태가 많았으며, 주로 움직임이 감지된 비디오 이미지의 부분을 강조하였다. 일부 장치는 카메라 시야의 특정 픽셀 비율이 변경되었을 때 비디오 이미지의 영역을 강조 표시하였다. 이러한 초기 VMD 모듈에서 구현된 비디오 프로세싱은 단순하여 수많은 오보를 생성하였으며, 따라서 신뢰할 수 있는 침입 감지 목적으로는 사용할 수 없었다. 초기 VMD 모듈은 카메라 전면 커버 글라스를 걷는 곤충들을 포함하여 기본적으로 움직이는 모든 것에 반응했다. 기술이 발전함에 따라 카메라 시야 내 영역을 다른 모든 시야 영역에서의 움직임은 무시하는 활성 감지 영역으로 설정할 수 있게 되었다. 활동 관련 탐지 알고리즘의 정교화가 향상됨에 따라, 다양한 탐지 이벤트에 대해 다양한 보기 영역을 활성화시킬 수 있게 되었다. 예를 들어, 한 영역은 어떤 이동이든 경보하도록 설정할 수 있는 반면, 다른 영역은 오른쪽에서 왼쪽으로 이동할 때 알람으로 설정할 수 있고, 왼쪽에서 오른쪽으로 이동할 때는 알람이 아닌 것으로 설정할 수 있다.

최근에는 선구적인 VMD 개발사에서는 동작을 분석하는 알고리즘에 상당한 정교함을 구현하였다. 사용자가 분류 목적, 물체 유형 결정(인간인지 차량인지), 속도, 크기, 방향 및 위치를 판별하기 위해 물체 크기에 적합하도록 카메라의 시야 범위를 보정할 수 있다. 예를 들어 카메라 시야 보정 중 한 가지 접근방식은 카메라의 가까운 시야에서 먼 시야까지 세 개 또는 네 개의 위치에 사람 크기를 두고, 각 위치에서 개별 높이를 소프트웨어적으로 계산한다. 각 위치에서의 높이 보정 정보를 탐지와 분류 알고리즘에 저장한다. 이렇게 하면 분석 소프트웨어에서 카메라 시야 내에 있는 위치별 물체의 크기를 비교할 수 있다. 사람은 카메라 시야에서 멀리 있을 때보다 가까이에 있을 때 많은 픽셀을 차지한다. 이러한 보정을 통해, VMD 소프트웨어에서 카메라 시야 내에 있는 사람의 움직임을 확인하고 탐지할 수 있다.

일부 VMD 장비 소프트웨어에서는 지상 표면에서만 움직임을 감지할 수 있도록 알람 알고리즘을 보정하여 지상 위로 발생하는 움직임이 알람 대상으로 분류되지 않도록 할 수 있다. 이것은 직립보행이나 바닥으로 기어가는 침입자를 발견하는 것이 관심의 대상이라고 가정한 것이다. VMD 감지 및 알람 통지는 시스템 운영자가 정의한 일련의 "규칙" 및 "관심 영역"을 기반으로 한다. 이 기능을 이용하면 특정 감지 기능은 카메라 시야의 특정 부분 내에서만 활성화되도록 할 수 있다. 이것은 감지 기능을 카메라 시야 전체 영역에 걸쳐 구현할 필요가 없다는 데 기반하고 있다. 예를 들어 관심 영역이 큰 방 내부에 있고 관심 영역 옆에 나란히 방을 통과하는 통로가 있는 경우, 침입 탐지 기능을 관심 영역에 대해서만 작동 가능하도록 구성하면 관심 영역 외부에서의 사람 이동에 대해서는 알람을 발생시키지 않게 된다. 현재 응용이 가능한 분야는 〈그림 6-37〉과 같다.

〈그림 6-37〉 VMD의 응용 분야

VMD 제조사들은 하드웨어 및 소프트웨어 구성에 대해 각사마다 고유의 많은 탐지 규칙을 보유하고 있다. 따라서 특정 종류의 규칙, 기능성 및 신뢰성은 제조사마다 그리고 응용분야마다 크게 다르다. 따라서 특정 제조사 제품을 설치하게 되면 관련 공급업체에서 제공하는 기술이 계획한 특정 응용 분야에 맞는지 철저한 시험을 해야 한다.

VMD 알고리즘의 기술 구조는 〈그림 6-38〉과 같다. 먼저 카메라를 통해 입력되는 영상에서 관심 있는 전경 영역과 배경 영역을 분리한다. 그 다음 관심 영역 내에서 움직임이 관찰되면 움직이는 물체가 사람인지 사물인지 객체 식별 과정을 거친다. 식별된 객체가 알람 이벤트로 판단되면 객체 추적 알고리즘을 통해 이동 경로와 물체의 특징을 정의한다. 보안 이벤트 모듈에서는 영상에서 객체들의 움직임, 상태 정보를 기반으로 사용자가 정의한 규칙에 위배되는지 여부를 검사하여 이벤트 발생 여부를 결정한다. 객체 인식은 얼굴 인식, 자동차 번호 인식과 같은 객체 신원을 확인하는 인식 기술이다. 인식 거리의 제한, 영상 내 인식 가능한 객체의 크기 제한 등 제약 조건이 많아 VMD와 다른 기술로 분류하여 기술 개발이 이루어졌으나, 최근 하드웨어 성능이 대폭 개선되면서 이 기술도 VMD로 포함된 제품도 나오고 있다.

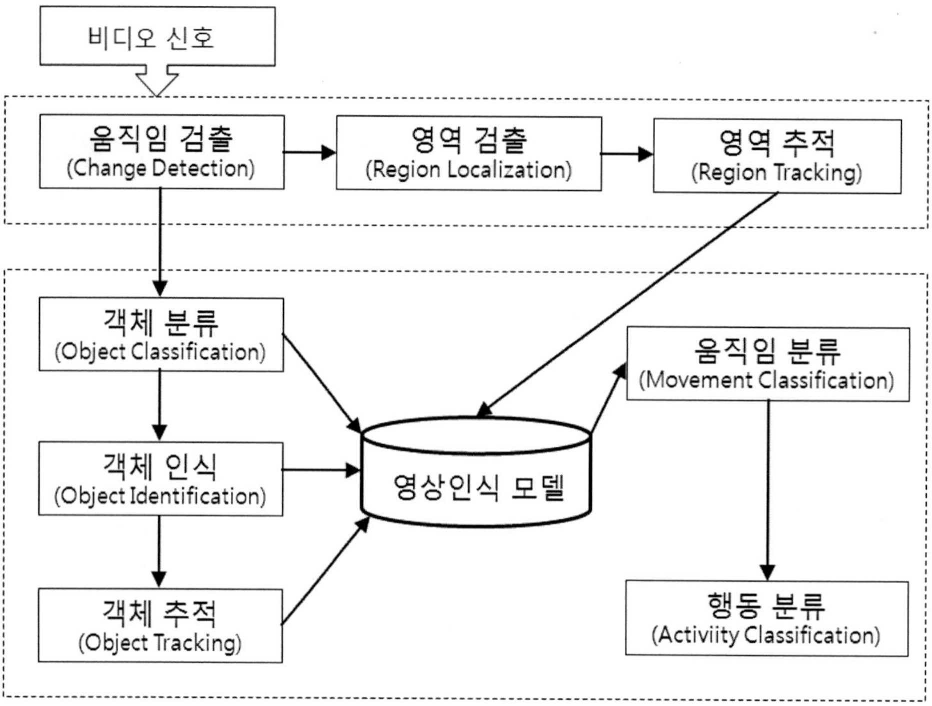

〈그림 6-38〉 VMD 알고리즘의 필요 기술 모듈

VMD는 다음과 같은 3가지 형태로 동작이 가능하다.

(i) 영상 수신 카드가 내장된 개인용 PC에 관련 소프트웨어를 설치하여 운영
(ii) 독립형의 단일 또는 복수 채널을 가진 하드웨어와 소프트웨어 모듈로 운영
(iii) DSP 칩과 관련 메모리가 내장된 디지털 카메라에 소프트웨어를 탑재하여 운영

첫 번째 구성은 일반적으로 알람 스테이션이 있는 곳에서 주로 사용한다. 아날로그 또는 디지털 카메라를 VMD 컴퓨터에 연결하여 분석하는 방식이다. 두 번째 구성은 카메라 또는 알람 스테이션 모두에서 사용할 수 있으며, 아날로그 또는 디지털 카메라를

VMD 모듈에 연결하여 분석하는 방식이다. 세 번째 구성은 디지털 카메라가 있는 위치에서 분석이 이루어지는 방식이다.

일부 제품은 추적 기능이 내장된 진보된 VMD 소프트웨어를 제공하고 있다. PTZ가 가능한 카메라를 사용하게 되면, 알람이 발생한 움직임이 감지되면 카메라는 물체를 따라 움직이고 줌을 하면서 물체를 추적할 수 있다. 또한 이 기능은 여러 대의 고정된 카메라와 연동하여 추적할 수도 있다. 시야에 들어오는 해당 카메라에서 물체를 추적하고, 시야를 벗어나게 되면 이웃한 카메라에서 다시 추적하는 방식이다. 카메라가 상하좌우로 이동하는 동안 VMD 소프트웨어는 카메라 시야 내에서 상대적인 움직임을 식별한 후 해당 움직임을 추적한다. VMD 장비와 카메라 사이의 전기적인 연결은 간단하고 직관적이다. 아날로그 카메라는 BNC 케이블을 이용하여 VMD 장비에 연결하고, 디지털 카메라는 LAN 케이블을 이용하여 VMD 장비에 연결한다.

6.5.2 오보 요인

실내에서 사용하는 VMD 기술은 실외 환경보다는 덜 도전적이다. 조명 조건의 큰 변화, 빛나는 물체로부터의 반사, 카메라 흔들림, 카메라 초점이 어긋남, 낮은 대비 배경, 배경과 유사한 색상의 배경 색, 시야에 충분한 픽셀을 점유하지 못하는 영상, 카메라 시야 내에서 나무나 큰 새와 같은 큰 대상물의 이동, 폭설 및 폭우 등은 VMD 기술에서 오보를 일으키는 원인이다. VMD는 침입자 탐지도 잘 하지만, 오보도 많이 발생시키는 특성을 가지고 있다. 따라서 VMD 시스템을 철저하게 테스트하여 시스템 구입 및 설치 전에 시스템이 예상대로 작동하는지 확인해야 한다.

환경적인 변수가 훨씬 적은 실내에서 사용할 경우 VMD 기술은 불필요한 오보를 훨씬 적게 발생시킨다. 대부분의 실내 장소의 조명은 하루 종일 비교적 일정하며, 일반적으로 카메라와 대상물까지의 거리는 실외에서 사용하는 것보다 훨씬 짧다. 또한 카메라는 실내에서 흔들리거나 진동하지 않으며, 오보를 일으킬 만한 동물들도 많지 않다.

6.5.3 센서 특성 및 설치 기준

VMD를 실내에서 카메라와 결합하면 물리적인 침입 탐지 센서를 사용하지 않고도 센서 기능으로 사용할 수 있다. 카메라와 VMD 소프트웨어는 감지 영역 내 침입자의 존재를 인지하지는 않는다. 영상 이미지의 변화 형태를 소프트웨어로 분석하고, 그 분석 결과로부터 알람인지 아닌지를 판단한다. 현재 비디오 분석 소프트웨어 기술은 인간의 감지 및 평가 능력의 일부분에 불과하다. VMD 감지 소프트웨어는 2000년 이후 상당히 개선되었지만, 여전히 VMD 소프트웨어는 인간의 시력과 인식력에 미치지 못하는 수준이다. 그러나 VMD 소프트웨어는 한 배경 내에서 사전 정의된 목표와 이동 특성에 대응하기 위해 하루 24시간, 365일 감시 기능을 제공한다는 점이 장점이다. 사람은 이렇게 긴 시간동안 집중해서 영상을 볼 수는 없다. 한 연구에 의하면, 사람이 20분 이상 모니터를 보고 있으면, 약 95% 이상의 이벤트 상황을 놓친다는 보고가 있다. VMD는 침입자의 존재에 대한 최종 결정을 사람이 내릴 수 있도록 지속적으로 관찰하고 알람 스테이션 운영자에게 정보를 제공한다. 물리적 센서와 마찬가지로 VMD에서 알람이 발생했다는 것은 관찰 중인 영역에 변화가 있음을 나타낸다. 알람을 발생시키는 변화는 물리적인 변화 보다는 시각적인 변화이다. VMD 소프트웨어는 영상 이미지의 특정 위치에 운영자가 쉽게 구분할 수 있도록 식별된 대상 주위에 상자로 표시한다. 이 정보로부터 운영자는 영상에 표시된 상자에 초점을 맞춰 VMD 알람 정보의 원인을 평가할 수 있다.

VMD를 설치하기 위해 설계할 때는 기술과 관련된 우선 감도에 대한 지식을 이해해야 한다. 이 기술은 카메라의 시야 내에서 횡단하는 움직임에 매우 민감하다. 반면 카메라를 향해 오거나 멀어지는 행위는 덜 민감하다. 이 이유는 카메라의 시야 내에서 횡단을 하게 되면, 카메라를 향해서 움직이는 것보다 더 많은 픽셀에서 움직임이 관찰되기 때문이다. 그러므로 VMD를 센서 용도로 사용하고자 하면, 카메라의 감시 패턴은 카메라 시야 내에서 횡단으로 움직이는 물체를 감시하도록 설치를 해야 한다. VMD는 배경 조명의 큰 변화가 자주 발생하는 지역에는 센서로 사용하지 않는 것이 좋다. 예를 들어, 카메라가 실내 바깥에서 안으로 들어가는 것을 볼 수 있도록 설치를 한다면, 햇살이 빛나는 밝은 맑은 날에 문을 열게 되면 배경 조명이 크게 바뀌게 된다. 이로 인해 분류와 탐지 알고리즘에 심각한 오류를 발생시켜 사람이 들어오는 것을 감지하지 못할 수도 있고 오보도 발생할 수 있다.

VMD는 흰색 픽셀 및 검은색 픽셀 이동에 더 민감한 경향이 있다. 이러한 색상은 색상 스펙트럼의 극단에 있으며, 회색 스케일의 중간이나 컬러 색상을 사용하는 픽셀 이동에 비해 픽셀 이동에 대한 분류 및 탐지 알고리즘을 쉽게 구현할 수 있기 때문이다. 흰색과 검은색 픽셀에 대한 민감성 때문에 VMD 감지에 대한 배경의 관심 영역에는 그림자가 움직이거나 햇빛 가리개가 움직이는 영역이 포함되지 않아야 한다. VMD를 창문이 있는 영역(특히 창문이 동이나 서쪽에 있는 경우)에 적용하면, 창을 통해 입사하는 낮은 태양 각도로 인해 건물에 의해 생긴 그림자 속에 침입자가 있게 되면,

그림자로 인해 침입자를 감지하지 못할 수 있다. 관심 영역에 움직이는 그림자가 드리워진 영역이 있을 경우, 감지 및 분류 알고리즘이 불필요하게 활성화되어 불필요한 오보가 발생할 수 있다.

VMD가 적용되는 카메라가 흔들리거나 진동하는 경우 문제가 된다. VMD 소프트웨어의 관점에서 카메라의 시야에 있는 모든 픽셀은 움직이는 것처럼 보인다. 이는 상당한 이미지 처리 및 분석을 초래한다. 움직임이 있는 모든 픽셀의 무작위 변화에서 어떤 패턴 움직임이 있는 경우, 분석 알고리즘에서는 "목적이 있는 동작"이 있는 것으로 나타나기 때문에 알람을 생성한다.

일부 VMD 시스템은 배경색과 유사한 색상의 픽셀 이동에 민감하지 않다. 침입자는 배경이나 바닥과 유사한 색의 직물로 자신을 가리고 매우 천천히 접근할 수 있다. 마찬가지로, 열화상 카메라를 VMD 분석의 비디오 소스로 사용하는 경우, 열화상 카메라가 사람의 움직임을 보지 못하도록 침입자는 절연성이 높은 의복으로 자신을 가린 다음 침입할 수 있다. 열화상 카메라 관점에서는 모든 것이 동일한 온도로 보이기 때문이다. 이와 같은 경우를 대비해서 상호보완적인 물리적인 침입탐지센서를 같이 사용하면 해결할 수 있다.

VMD 센서로 사용하는 경우 설치 유의 사항은 다음과 같다.

(i) 앞서 오보에서 설명한 것처럼 VMD용 카메라는 모니터 화면에서 침입자가 위 아래가 아니라 좌우로 이동할 수 있도록 감지 영역을 설정해야 한다. 카메라 각도는 관심 영역을 볼 수 있도록 조절해서 설치한다. 카메라를 천장에 장착하여 똑바로 내려다 볼 수 있도록 하는 것은 VMD 알고리즘에 문제가 있을 수 있다. 이는 바닥을 똑바로 내려다 보면 카메라 원거리 시야에 있는 상단과 바닥이 카메라로부터 같은 거리에 있는 것으로 인식하기 때문이다. 알고리즘은 일반적으로 카메라 시야(모니터 화면에서)의 상단이 아래보다 카메라로부터 더 멀리 떨어져 있는 것으로 계산한다.

(ii) 배경은 매우 밝은 색이나 매우 어두운 색보다는 중립적인 색이어야 한다. 배경색이 매우 밝거나 어두운 배경은 침입자의 옷 색상이 배경색에 의해 구분이 가지 않을 수가 있다.

(iii) VMD 센서용 카메라가 흔들리거나 진동하지 않도록 단단하게 고정되어 있어야 한다. 이렇게 해야 VMD 알고리즘이 수행해야 하는 계산량이 최소화되고 침입자를 탐지하는 기능을 개선할 수 있다.

(iv) 실내 위치에 사용하는 경우, 열화상 카메라보다 가시광선 카메라를 설치하는 것이 바람직하다.

(v) 감지 영역을 가로질러 그림자가 생기는 위치는 VMD 감지 영역으로 사용하지 않는 것이 좋다. VMD 검출 알고리즘 민감성 때문에 카메라 시야에서 그림자가 햇빛의 각도에 따라 이동하면 오보로 인식될 수 있다.

(vi) VMD 카메라가 실내 바깥에서 안으로 들어가는 것을 볼 수 있도록 설치를 하지 말아야 한다. 밝은 햇살이 비치는 날 문을 열면 카메라 시야에서 밝은 점들이 크게 나타나며, 이로 인해 VMD 알고리즘이 해당 영역의 침입자 움직임을 감지하지 못할 수 있다.

(vii) VMD 기술은 디지털 비디오 레코더 또는 네트워크 비디오 레코더와 통합되어 알람 비디오를 즉시 재생할 수 있도록 설치해야 한다. 디지털 미디어에 녹화하기 전에 VMD 모듈이나 프로세서를 통해 카메라 비디오 이미지가 처리되면, 녹화된 비디오에 "사각형 경보"가 표시된다. 즉, 녹화된 비디오에는 VMD 카메라가 움직임을 관찰한 영역 주위로 알람 상자로 표시해 준다. 이렇게 하면 운영자는 표시되지 않은 영상에서 이벤트를 검색할 필요 없이 움직임이 감지된 비디오 영상 부분에 집중할 수 있다. 대부분의 VMD 카메라는 일반적으로 허용 가능한 성능 표준인 감지로부터 2초 이내에 알람 스테이션과 같은 모니터링 위치에서 감시할 수 있는 이미지를 전송 및 생성한다.

6.5.4 성능 시험

승인을 위한 수락 시험은 다음과 같은 지침을 따른다.

(a) 카메라와 알람 스테이션 연결 시험

(i) 각 카메라가 모니터에 VMD 비디오 이미지를 생성하는지 확인한다.

(ii) 카메라 이미지에 그래픽 범례가 모니터에 표시되는 경우, 시험 중인 VMD용 카메라 채널에 대해 그래픽 범례 레이블이 올바르게 지정되었는지 확인한다.

(iii) 평가할 영역에서 VMD 침입 알람이 해당 카메라의 영상을 알람 스테이션 모니터에 나타나도록 표시하는지 확인한다. VMD 소프트웨어는 영상 이미지의 특정 위치에 운영자가 쉽게 구분할 수 있도록 식별된 대상 주위에 상자로 표시된다. 이러한 표시는 평가 비디오가 제조사에서 지정한 시간(일반적으로 허용 가

능한 표준) 내에 알람 스테이션 모니터에 나타나며(일반적으로 2초가 허용 가능한 표준), 녹화된 비디오 재생이 올바른 카메라에서 이루어지는 확인한다.

(b) 잠재적 문제를 시뮬레이션하여 오류 메시지 수정 시험:

(i) 현장에 설치된 카메라 접속 박스의 개별 카메라에 대한 전원 연결을 카메라로부터 끊고, VMD에서 “비디오 손실” 알람이 발생하는지 확인한다.

(ii) 검은색 비닐 봉투 또는 조밀한 천을 사용하여 카메라 렌즈 전면을 덮은 후, 이 카메라에 대해 VMD에서 “비디오 대비 손실” 알람이 발생하는지 확인한다.

(iii) 각 카메라 전면에 밝은 빛을 비추고 시험 중인 카메라에 대해 VMD에서 “비디오 대비 손실” 알람이 발생하는지 확인한다.

(iv) 카메라의 시야각 내에 있는 영역의 조명을 OFF 하고, 대비가 낮은 이미지를 생성한 후 시험 중인 카메라에 대해 VMD에서 “비디오 대비 손실” 알람이 발생하는지 확인한다.

(v) 각 아날로그 카메라에서 비디오 신호 케이블을 분리하고 연결을 끊은 각 카메라 채널에 대해 VMD에서 “비디오 손실” 알람이 발생하는지 확인한다.

(vi) 신호 전송용으로 광섬유 비디오 전송 케이블을 사용하는 카메라의 경우, 케이블의 연결을 해제한 후 분리한 카메라 채널에 대해 VMD에서 “비디오 손실” 알람이 발생하는지 확인한다.

(vii) 의도된 영상을 더 이상 볼 수 없도록 카메라를 물리적으로 이동하거나 회전시킨 후 오류 메시지가 생성되는지 확인한다.

(c) 이더넷 연결의 시험

(i) 각 디지털 카메라에서 이더넷 케이블을 분리하고 카메라 채널의 연결이 끊긴 경우, VMD에서 “비디오 손실” 알람이 발생하는지 확인한다.

(ii) 비디오 신호를 전송하는 이더넷 스위치에 대한 카메라 이더넷 케이블의 연결을 끊고 스위치에 연결된 모든 카메라에 대해 VMD에서 “비디오 손실” 알람이 발생하는지 확인한다.

(iii) 비디오 신호를 VMD 하드웨어에 연결하는 이더넷 스위치에 대한 전원 케이블을 분리하고 스위치에 연결된 모든 카메라 채널에서 VMD에서 “비디오 손실” 알람이 발생하는지 확인한다.

(d) 복수 감지 영역에서 복수개의 침입 알람 발보 시험

2개, 3개, 4개 및 5개의 인접 및 비인접 주변 영역에 동시에 침입 경보를 생성하고, 알람 평가 비디오가 기록된(사전 경보) 비디오를 대기열에 올려서 각 알람 영역에 대해 녹화된 비디오가 표시되는지 확인한다.

(e) 기타 시험

VMD는 성능 또는 기능이 저하되지만 기능이 완전히 중단되지는 않는다. 기준 영상의 물리적 변경도 VMD 성능에 영향을 준다. 예를 들면, 가구의 일부분이 영상에서 추가되거나 제거되면, 기준이 되는 배경 영상은 탐지 알고리즘의 기준 배경 영상을 수정 보완해야 한다. 일부 VMD 소프트웨어는 일정 기간 동안 기준 배경을 자동 보완해 주는 기능이 구현되어 있다. 그러나 적절한 성능 유지를 위해서는, 카메라가 바라보는 시야에 변화가 있으면 수작업으로 변경해 주는 것이 좋다.

디지털 네트워크 대역폭 활용도를 최적화하기 위해, 카메라에서 디지털 비디오 프로세싱은 일반적으로 비디오 이미지 압축을 포함한다. 비디오 압축을 통해 배경 해상도를 줄여 카메라에서 알람 스테이션으로 전송되는 정보의 양을 최소화한다. 적용된 압축의 양은 비디오 이미지에서 추출한 미세한 디테일의 양에 영향을 미친다. 20% 이상의 압축률을 적용하면 전송된 이미지의 세부 정보에 큰 영향을 미치기 시작한다. 압축률 증가에 따른 성능 저하는 처음에는 카메라의 원거리 시야에서 시작되며, 압축이 증가함에 따라 성능 저하는 점점 더 많은 부분에 영향을 미치기 시작한다. 대표적으로 압축으로 인해 물체의 가장자리가 흐릿해진다. VMD 소프트웨어는 이동 중인 픽셀 그룹의 가장자리를 분석하기 때문에 이미지를 흐릿하게 만드는 압축은 알고리즘 분석의 기능을 상당히 복잡하게 하고 저하시킨다.

VMD의 운영성 문제는 일반적으로 카메라 성능 저하 또는 고장, 비디오 전송 시스템 성능 저하 또는 고장, 비디오 시스템 전원 또는 2차 전원 고장, 시스템 접지 또는 접지 루프 또는 낙뢰 유발 이벤트 결과로 발생한다. 또한 운영성 문제는 VMD 영상의 감지 규칙 변경 또는 VMD 일정 또는 시간 스케줄의 변경으로 인해 발생할 수 있다. VMD 운영에 영향을 미치는 물리적 변화에는 카메라의 초점 흐림, 카메라의 초기 VMD 보정 위치에서 이동, 배경 대비 손실, 카메라 전자 장치의 저하 또는 고장, 배경 조명의 손실 또는 상당한 변화, 카메라 시야에서 나타나는 밝은 빛 등이 포함된다.

CHAPTER 07 CCTV 시스템

7.1 개요

CCTV는 폐쇄회로 텔레비전(Closed-Circuit Television)의 약자이며, 특정 장소에 설치된 장비를 통해 영상을 촬영하고, 획득한 영상정보를 폐쇄망으로 특정 수신자에게 전송 및 저장하는 시스템을 말한다. CCTV는 누구에게나 공개되는 방송용 TV와 구분되어, 특정 목적을 위해 제한적으로 시청한다는 점에서 폐쇄회로 TV라고 부른다. CCTV 시스템의 일반적인 구성은 CCTV용 카메라, 저장장치, 모니터, 관제용 컨트롤러 등으로 구성되며, 사용되는 카메라 대수에 따라 다양하게 구성을 할 수 있다.

CCTV 시스템은 사람과 자산을 보호하기 위해 알람 판단용(alarm assessment)과 영상 감시용(video surveillance)으로 주로 사용된다. 알람 판단용은 센서에 의해 감지된 침입 신호를 영상을 보고 오보인지, 실제 침입인지를 센서와 연동하여 카메라를 통해 입력된 영상을 보고 판단하는 용도이다. 영상 감시용은 센서와 연동하지 않고 관심 영역을 카메라를 통해 영상을 보고 판단하는 용도이며 주로 치안용으로 많이 사용된다. CCTV 시스템의 핵심 구성 요소는 카메라, 렌즈, 전송장치, 광원, 저장 및 재생장치, 관제, 서비스 등이며, 특히 카메라, 렌즈, 광원은 CCTV 시스템의 3요소로 가장 중요한 기술이다.

최초의 CCTV는 제2차 세계대전 시기에 독일 지멘스사가 V-2 로켓의 첫 발사 순간을 관찰하기 위해 고안되었다. 이후 CCTV는 1960년 후반부터 미국에서 범죄 예방을 목적으로 활용되면서 급속히 전파되었다.[33] 초기 CCTV는 아날로그 방식으로 촬영된 저해상도 영상이 자기테이프(VCR)에 저장되는 형태였다. 2000년대에 들어서면서 고해상도 영상이 디지털 방식으로 디지털 비디오 녹화기(digital video recorder, DVR)에 저장되었다. 이때까지 CCTV는 별도의 동축케이블로 영상신호를 전송하므로 제한된 장소에서만 영상을 볼 수 있었다. 2005년 이후 촬영장치는 일반적인 네트워크

33) 안전관리공단, 안전보건, 2015년 3월호

와 결합하여 인터넷으로 영상 신호를 전송할 수 있게 되었다. 인터넷만 연결되면 영상을 볼 수 있게 된 것이다. 이를 IP 카메라라고 부르며, 네트워크 비디오 녹화기(network video recorder, NVR)에 저장하는 기술로 발전하였다. 2015년 이후 CCTV의 영상 저장 기능이 DVR, NVR 등 하드웨어 장치에서 클라우드로 이동하고 있다. 제한된 용량의 하드웨어 장치로는 수많은 촬영장치에서 동시에 전송된 대용량 영상데이터를 전송, 저장, 분석하는 것이 불가능해짐에 따라 클라우드 기술로 대체되기 시작하였다. 클라우드 CCTV 이용자는 클라우드 서비스 사업자의 클라우드를 이용하므로 별도의 저장장치가 필요없어 초기 구축비용을 절감할 수 있고, 데이터 보호와 관리가 편리하게 되었다. 여기에 초고해상도 영상, 지능형 영상분석기술, IoT와 연계되면서 향후 CCTV는 클라우드 시스템을 기반으로 하는 지능형 CCTV로 진화될 수 밖에 없다. 이러한 CCTV 시스템의 기술 발전 내용은 〈표 7-1〉과 같다.[34)]

〈표 7-1〉 CCTV 시스템의 기술 발전 내용

년도	1980년대	1990년대	2000년대	2005년	2015년
주요 기술	• 흑백영상 • 저해상도 • 아날로그	• 컬러영상 • 저해상도 • 아날로그 • VCR 저장	• 컬러영상 • 저해상도 • 디지털 • DVR 저장	• 컬러영상 • 고해상도 • 디지털 • 네트워크 NVR 저장	• 컬러영상 • 초고해상도 • 디지털 • 네트워크 • 클라우드 • 지능형영상

알람 판단은 PPS의 3 요소인 탐지에서 매우 중요한 부분을 차지한다. 센서에 의한 탐지는 침입 여부의 판단으로 종료되며, 알람 신호의 판단으로 필요한 조치(필요시 대응)를 취할 수 있기 때문이다. 알람 판단에서 가장 중요한 요소는 확인(identification)이다. 만약 알람 신호를 판단해 보니 오보(소동물이나 바람 등의 요인)로 확인이 된 경우에는 오보의 내용을 자세히 기록한 후 다음 작업을 진행할 수 있다. 또한 알람 신호가 침해로 확인이 된 경우에는 대응팀을 즉각 현장에 파견하여 침입자의 행위를 저지할 수 있도록 한다. 따라서 알람 신호가 접수되면 빠른 시간 내에 확인을 하고 침입 여부를 판단해야 한다. 소규모의 보안 구역이나 임시로 운영하는 곳은 경비 요원이 알람이 발생한 곳을 직접 가서 확인을 할 수는 있다. 그러나 일반적인 주요 시설인 경우에는 보안 구역이 매우 넓기 때문에 알람이 발생한 곳을 경비 요원이 가서

34) KT 경제경영연구소, "진화하는 CCTV, SOHO에 주는 새로운 가치_보안을 넘어 경여으로 들어오다", 디지에코 보고서, 2017년 8월 21일

확인을 하는 것은 불가능하다. 그러므로 센서와 연동하여 알람이 발생한 곳을 CCTV 영상으로 관제 요원이 실시간으로 확인하여 판단하는 것이 효율적이다.

관제 요원은 비디오 판단 시스템의 도움으로 알람 신호에 대한 신속한 판단을 내릴 수 있다. 또한 실시간으로 알람이 발생한 지역을 영상으로 모니터가 가능하며, 영상을 저장할 수 있고, 과거에 알람이 발생했던 내용을 조회도 가능하다. 이런 비디오 판단 시스템이 제대로 작동을 하려면 다음과 같은 내용을 고려하여 디자인해야 한다.

(i) 설치된 모든 센서와 완전히 연동이 되어야 한다.
(ii) 오보 알람의 원인을 파악할 수 있어야 한다.
(iii) 침입자가 알람 발생 지역을 떠나기 전에 빨리 시스템이 반응을 해야 한다.

아날로그와 네트워크 비디오 시스템의 구성은 각각 〈그림 7-1〉과 〈그림 7-2〉와 같다. 비디오 알람 판단 시스템의 주요 구성 요소는 다음과 같다.

(i) 배경 영상을 전기적인 신호로 변환해 주는 카메라와 렌즈
(ii) 야간에 카메라에서 바라보는 시야각 내의 영상에 골고루 분산되고 충분한 광량을 내는 조명 시스템
(iii) 아날로그 비디오 시스템인 경우, 카메라를 알람 스테이션으로 연결해 주는 전송 시스템
(iv) 아날로그 비디오 시스템인 경우, 카메라로부터 획득한 영상을 저장시스템과 모니터로 분할해 주는 비디오 스위치 시스템
(v) 아날로그 비디오 시스템인 경우, 센서가 알람 신호를 생성했을 때 알람 신호를 관제의 모니터에 전달하기 위한 알람 센서 시스템과 비디오 알람 판단 시스템 사이를 연결해 주는 제어기
(vi) 카메라에서 획득한 영상을 표출하는 모니터

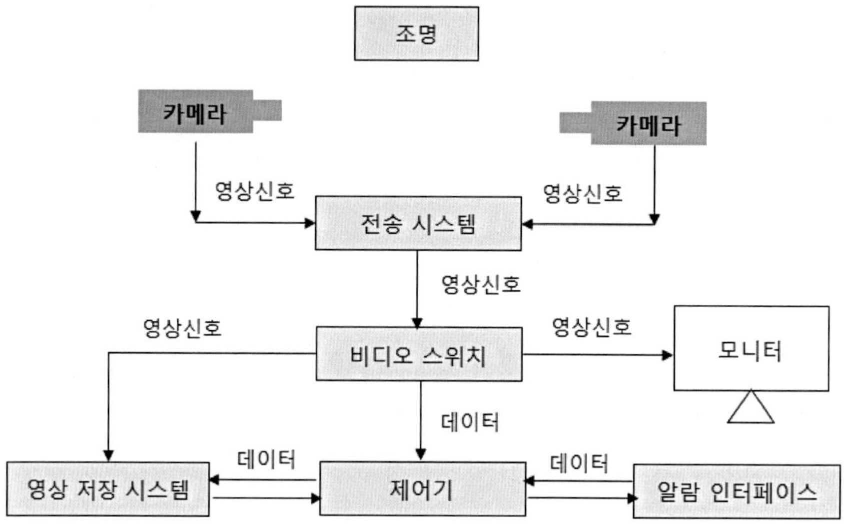

〈그림 7-1〉 아날로그 비디오 시스템의 개략도

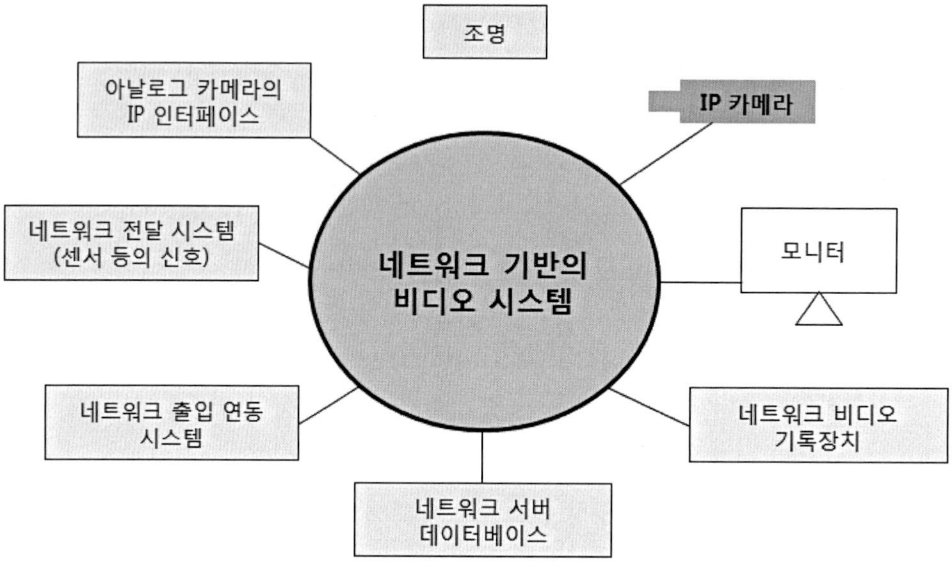

〈그림 7-2〉 디지털 비디오 시스템의 개략도

7.2 CCTV 시스템 디자인

CCTV 시스템을 목적에 맞게 설치하고 운영하기 위해서는 적절한 체크리스트가 필요하다. CCTV는 보안의 중요한 부분이기 때문에 보안의 위협요소를 극복하고 효율적인 운영이 가능하도록 설치되어야 하며, 이를 위해서는 사용자 또는 운영자의 요구사항을 분석하고, 보안 구역에 대한 이해, 적절한 장비의 선택과 설치가 이루어져야 한다. 이를 위해 〈그림 7-3〉과 같은 4단계 설치 순서도를 따라서 진행을 하면 목적하는 바를 달성할 수 있다.[35] 첫 번째 단계는 보안 요구사항 파악이다. 1단계에서는 보안 위협, 공공 안전문제 또는 기타 취약점과 같은 문제를 정의하는 것이며, 이에 대한 가장 적절한 대응책은 CCTV 시스템 설치인지 또는 다른 대안이 있는지를 판단하는 것이다. 2단계에서는 이러한 문제점을 해결할 수 있는 대안이 CCTV 시스템이라고 판단되면, CCTV 시스템 자체와 관련된 요구사항에 대해 정의하는 단계이다. 2단계에서 관심 영역을 정의하고, 운영자 이슈사항과 대응에 대한 이해, 가장 적절한 시스템 요구사항의 결정, 관리상의 영향 등을 정의한다. 3단계에서는 CCTV 시스템에 대한 상세한 기술적 사양을 결정하는 단계이다. 마지막 단계인 4단계에서 시스템을 설치하고 운영하는 단계이며, 사용자 또는 운영자의 요구사항에 맞게 동작하는지 확인하는 단계이다.

1단계 – 보안 요구사항 파악	• 전반적인 보안 요구 사항 정의
2단계 – 운영자 요구사항 파악	• CCTV에 대한 요구사항 정의
3단계 – 기술적 요구사항 정의	• 상세 CCTV 시스템 사양 결정
4단계 – 시스템 인수인계	• 설치된 CCTV 시스템의 성능 검증

〈그림 7-3〉 CCTV 설치 점검 흐름도

35) N. Cohen, J. Gattuso, and K. MacLennan-Brown, "CCTV Operational Requirements Manual", Home Office Scientific Development Branch, UK, 2009

1단계를 자세히 살펴보면 〈그림 7-4〉와 같이 다시 세분화 할 수 있다. 아직 CCTV 시스템 자체에 대한 요구사항을 파악하기 전에 해결해야 할 사항이나 위협의 성격을 정의하는 단계이다. 먼저 CCTV 시스템을 설치할 장소에 대한 도면을 그리고, 이 도면에 가능한 세부사항을 많이 기록한다. 그 이유는 카메라가 바라보는 영역에 태양 또는 나뭇잎 같은 잠재적인 환경 문제를 고려하여 조명과 카메라의 위치를 선정하는데 도움이 되기 때문이다(카메라에 입사하는 빛과 그림자에 의한 명암의 차이를 고려). 그 다음에는 설치 장소에 영향을 미치는 문제를 정의한다. 문제에는 일반적인 위협일 수도 있지만, 또한 일부는 특정 위치에 한정될 수도 있다. 식별될 수 있는 일반적인 위협 또는 군중 통제, 절도, 비승인자 출입, 공공 안전과 같은 것이 포함될 수 있다. 다음은 이해 관계자 파악이다. 만약 설치가 매우 복잡할 것으로 예상이 된다면, 모든 이해 관계자들과 이 단계에서 상담하고 현장 계획에 대한 그들의 요구사항을 확인해야 한다. 다음은 위험요소 판단이다. 실제적으로 발생할 것으로 예상되는 위험요소를 판단하여, 각 위험요소별로 수준이 높은지 또는 낮은지를 판단한다. 그리고 이러한 일련의 위험 행동이 모니터되거나 녹화되지 않은 경우에 어떤 문제가 생길지에 대해서도 판단해야 한다. 그 다음은 대응 방안이다. 도난방지를 어떻게 할 것인지, 침입자를 어떻게 확인할 것인지, 침입자의 행동을 어떻게 저지할 것인지 등이다. 마지막으로 이러한 위험요소와 연동하여 가장 효율적인 시스템이 무엇인지 결정하는 단계이다. 여기서는 조명을 어떻게 할 것인지, 물리적 방호 또는 장벽을 어떻게 할 것인지, PIDS와 어떻게 연동할 것인지 등을 결정해야 한다. 이와 같이 1단계에서 고려해야 할 요구사항에 대한 점검사항 사례는 〈표 7-2〉와 같다.

단계	내용
1. 설치장소 계획	• CCTV를 설치하고자 하는 장소를 정의
2. 문제 정의	• 위협 요소 파악, 자산 보안 문제
3. 이해 관계자	• 운영자 및 관리자의 요구사항 파악
4. 위험요소 판단	• 실제적으로 발생할 수 있는 위험요소 파악(요소별 매우 위험/보통/위험하지 않음 등)
5. 대응 방안	• 도난방지, 침입자 확인, 행동저지 등(언제 방어를 할 것인지 결정)
6. 연동 시스템	• 조도, 물리적 방호/장벽, PIDS 등 연동 결정(안전/보안)

〈그림 7-4〉 1단계 보안요구사항 파악 상세 단계

〈표 7-2〉 1단계 요구사항의 점검 사항

1) CCTV 시스템이 담당해야 할 구역은 얼마 정도인가?
2) 보호해야 할 가장 귀중한 자산은? a) 고가의 개인 재산 b) 주요 인프라 시설 c) 지식 재산권 등 d) 비밀 문서 또는 영업 비밀 등
3) 가장 취약한 지역은 어디인가?
4) 정보보안 장비가 카메라 숫자에 비해 충분히 지원이 되고 있는가?
5) 설치되어 있는 물리보안 시스템과 연동이 되는 시스템인가? a) Surveillance System b) Video Alarm Assessment System
6) 설치되어 있는 출입 시스템과 연동이 되는 시스템인가?
7) 정기적인 유지 보수, 교육, 시스템 업그레이드 등을 수행하기에 보안 예산은 충분히 지원이 되는가?
8) 시스템 설치자와 판매자가 시스템 운영에 필요한 적절한 교육을 제공하는가?

2단계인 운영자 요구사항 파악의 목적은 CCTV 시스템을 설치하기로 결정한 이후부터 효과적으로 시스템을 운영할 수 있도록 계획을 수립하는 것이다. 이 단계에서 첫 번째이자 가장 중요한 질문은 무엇을 볼 것이며, 왜 보느냐 하는 것이다. 대부분의 카메라는 인간의 행동을 관찰하는 것이 목적인데, 공공 안전부터 출입통제까지 다양한 응용 분야에 사용할 수 있다. 따라서 관찰하는 활동의 성격에 따라 CCTV 카메라의 선택은 달라질 수 있다. 시스템 운영자에 대한 지침을 제공하기 위해 일반 관찰 범주가 정의되며, 〈그림 7-5〉와 같이 사람이 화면에 나타나는 상대적인 크기에 기초한다. CCTV 운영자로부터 그림의 4단계 중에서 어떤 행위를 관찰할 것인지 질문을 하고, 그러면 그 답에 따라 CCTV 설치자는 운영자의 요구 사항에 맞는 적절한 카메라를 선택할 수 있다. 그림에서 탐지(detection)는 사람의 행위가 화면 높이의 약 10%에 해당하는 정도이며, 이것은 알람이 발생한 경우 침입자가 있는지 없는지의 유무를 판단할 수 있는 정도의 수준이다. 관찰(observation)은 사람의 행위가 화면 높이의 약 25%~30%에 해당하며, 이것은 독특한 의류와 같은 개인의 일부 특정 세부 사항을 파악할 수 있으며, 관측되는 영역의 일부 활동을 모니터링할 수 있을만큼 시야가 충분히 넓다. 그 다음은 인식(recognition)은 사람의 행위가 화면 높이의 약 50%에 해당하며, 사람 개개인을 구분할 수 있을 정도의 수준이다. 마지막으로 확인(identification)은 사람의 행위가 화면 높이의 약 100% 정도로 신원을 확인할 수 있을 정도의 수준이

다. 탐지 수준은 주차장과 같은 넓은 영역을 보고자 하는 용도에 적합하며, 관찰은 건물의 외곽 출입문 주위와 같은 영역을 보고자 하는 용도에 적합하며, 인식과 확인은 출입구를 통해 출입한 사람의 신원 확인과 같은 용도에 적합하다. 인식과 확인 단계에서 더 고려해야 할 사항은 화면에 보이는 크기뿐만 아니라 조도와 관찰하는 각도 등도 고려해야 한다.

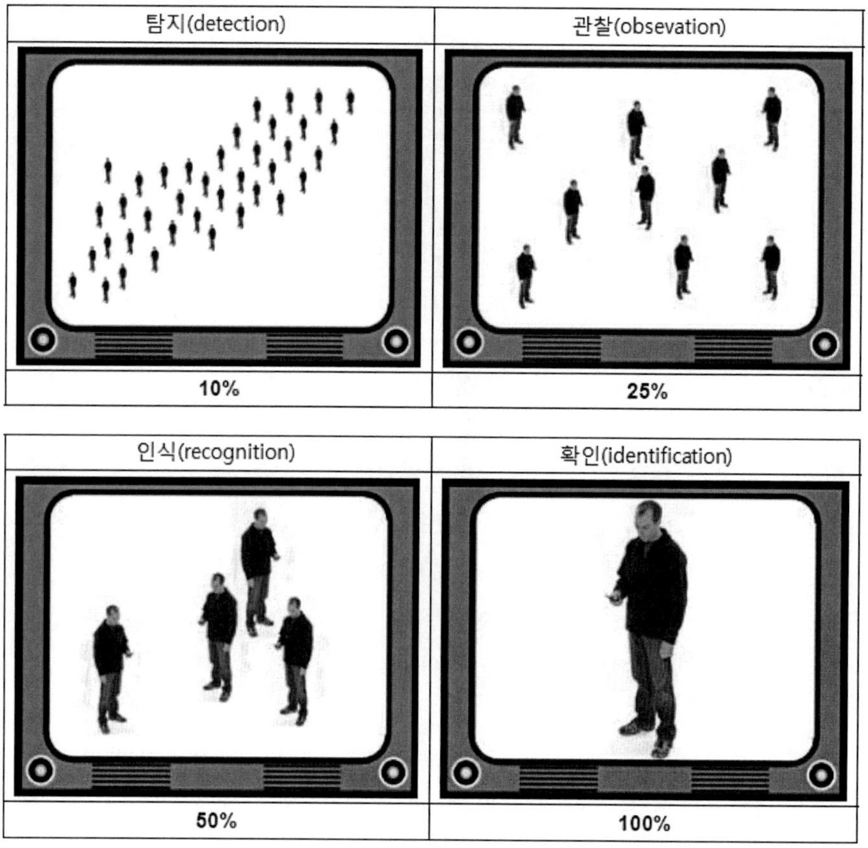

〈그림 7-5〉 일반적으로 사용되는 화면 높이 기반의 세부 수준

2단계 체크리스트를 요약하면 〈그림 7-6〉과 같다. 먼저 문제를 정의하고, 운영자 요구사항과 시스템 요구사항, 그리고 관리자 요구사항을 파악하는 순서로 진행한다. 문제 정의의 목적은 필요한 상세 수준으로 장면을 포착하기 위해 시스템 공급자가 적절한 카메라를 선택하기 위한 필요 정보를 수집하는 것이다. 일반적인 위협요소에 대해서는 1단계에서 정의하였다.

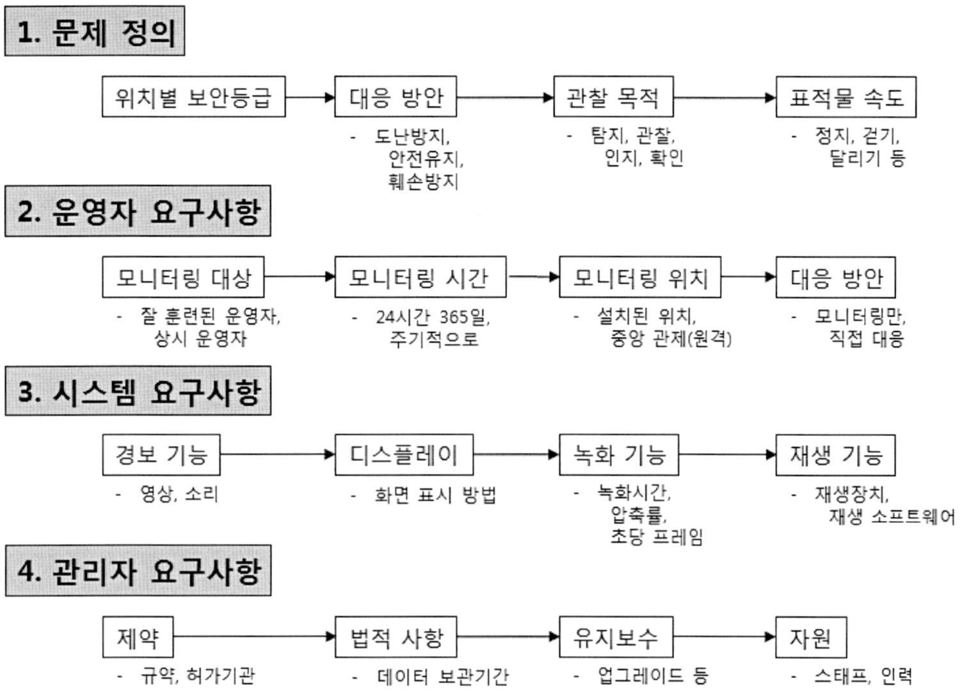

〈그림 7-6〉 2단계 운영자 요구사항 파악 상세 단계

2단계 문제 정의에서 이러한 위협요소를 위치별로 상세히 검토하는 단계이다. 어떤 위치는 특정 위협이 존재하는 지역이거나 위협으로부터 자유로운 전략적 위치일 수도 있으며, 출입구와 같은 위치는 고품질의 영상을 얻을 수 있는 곳이기 때문에 모니터링이 적절한 위치이다. 개개인을 추적하고 사각지대를 인식하기 위해 전 영역에 대해 감시할 필요가 있는지 파악한다. 또한 주차장, 창고, 또는 출입구와 같이 두 개 이상의 개별 활동을 감시해야 할 수도 있다. 예를 들어 주차장의 경우, 두 개의 위치가 존재하는데, 하나는 등록된 차량만 진입이 가능하도록 제어하는 자동차 출입구와 자동차가 주차 공간에 잘 있는지 등 두 개의 목적에 맞게 CCTV를 설치해야 한다. 대응 방안에는 도난, 공공 안전, 군중 상황, 비승인자의 출입, 반사회적인 행동 등을 모니터링하고 이에 상응하는 대응을 수립한다. 한 예로서 주차장에서의 자동차 도난 방지 또는 건물 입구의 안내 데스크에 접근할 때 신원확인 등의 대응이다. 다음은 관찰목적이다. 목적이 정의되면 영상에서 탐지, 관찰, 인식, 확인 등 얼마나 자세히 볼 것인지를 결정할 수 있다. 문제 정의의 마지막 단계는 표적물의 속도를 검토하는 단계이다. 이 속도가 결정되면 이벤트를 녹화할 때 적절한 프레임율을 결정할 수 있다.

다음은 운영자 요구사항의 파악이다. 즉 시스템을 모니터링 하는 사람, 감시하는 사람, 이벤트에 대해 대응하는 사람 등, 시스템의 일상적인 운영을 포함하고 있다. 모니터링 하는 사람이 잘 훈련된 운영자인지, 상시 운영자인지, 그리고 24시간 365일 항상 감시하는 것인지, 일정한 시간대에만 감시하는 것인지를 결정한다. 그리고 CCTV 제어실이 어디에 설치되고, 제어실 방의 크기와 형태 등을 결정한다. 마지막으로 이벤트가 발생했을 때 자체 대응팀에서 대응을 할 것인지, 근처에 위치한 경찰 또는 군의 도움으로 대응을 할 것인지 등을 결정한다.

다음은 시스템 요구사항의 파악이다. 경보 기능을 소리, 문자 또는 영상으로 어떻게 할 것인지를 결정한다. 요구되는 모니터의 개수를 파악하고, 각 모니터별로 무엇을 표시할 것인지를 결정한다. 또한 모니터를 LCD로 할 것인지, LED로 할 것인지 등도 결정한다. 녹화기능에 대해서도 얼마나 오랜 시간을 녹화할 것인지, 녹화하는 영상의 질을 어느 정도 할 것인지, 어느 정도 프레임율로 할 것인지, 부가정보는 무엇을 저장할 것인지 등을 결정한다. 그 다음은 재생을 어떻게 할 것인지를 결정한다. 즉 어떤 재생장치를 사용하고, 어떤 소프트웨어를 사용해서 재생할 것인지 등이다.

2단계의 마지막 체크리스트는 관리자의 요구사항 파악이다. 먼저 제약 사항 파악이다. 이것은 계획 제약, 면허 또는 공공 안전 규정과 같은 지방 또는 중앙정부가 적용하는 모든 규칙이나 규정을 파악하는 단계이다. 추가적으로 보험회사 또는 시설을 감독하는 전문 규제 당국의 내용도 파악하면 좋다. 이와 같은 제약 사항은 이해 당사자와 협의 과정을 통해 정리를 해야 한다. 다음은 정보의 저장 및 접근에 대한 법적 사항 파악이다. CCTV 운영자와 시스템 관리자는 이러한 법에 의해 그들이 준수해야 하는 요구사항을 알고 있어야 하며, 준수할 수 있는 절차가 마련되어 있어야 한다. 다음은 유지보수의 절차이다. 정기적으로 유지보수가 필요한 것은 무엇이지 결정하고, 누가 이것을 담당하고 진행해야 하는지를 결정한다. 마지막으로 자원의 분석인데, 이 시스템을 운영하기에 필요한 자원은 무엇인지를 정의한다. 여기에는 시스템 구매 이외에 추가되는 모든 관련 비용과 추가 지원 내용을 포함한다. 또한 인력과 인력에 대한 교육 훈련비 등도 포함된다. 2단계까지 검토가 끝나면 〈표 7-3〉과 같은 시스템 요구사항에 대한 설치 장소별 체크리스트를 정의할 수 있다.[36]

36) "CCTV Technology Handbook", Homeland Security, prepared by Space and Naval Warfare Systems Center Atlantic, July 2013

〈표 7-3〉 설치 장소별 체크리스트

운영 환경			
실내용			
실외용			
노출 환경 :			
물			
부식			
폭발물			
화재			
극한 온도			
카메라 설치 위치			
출입구			
건물 외부			
보안 등급 높은 실내 영역			
보안 등급 높은 실외 영역			
현관/복도			
주차장			
외곽 담장			
기타			
조도 밝기			
주간		야간	
렌즈			
광각(wide angle)			
표준(normal)			
망원(telephoto)			
줌(zoom)			
카메라 전원			
12 VDC			
12 VAC			
24 VDC			
카메라 형태			
실내용			
고정형		PTZ	
실외용			
고정형		PTZ	
총 카메라 설치 대수			

하우징			
돔형			
방수 기능			
탬퍼 기능			
기타(특수 제작)			
마운트			
벽		천장	
폴대		코너	
펜스		건물 외벽	
디스플레이/모니터			
크기			
화면 분할 디스플레이			
다중 화면 디스플레이			
비디오 월(video wall)			
녹화 장치			
DVR			
NVR			
하이브리드 DVR			
전송 방식			
유선 방식			
동축 케이블		연선	
광 케이블		전화선	
LAN 선			
무선 방식			
레이저			
적외선			
RF			
마이크로웨이브			
이더넷 방식			
IP 기반			
네트워크 저장 장치			
DAS(Direct Attached Storage)			
SAN(Storage Area Network)			
NAS(Network Attached Storage)			
기타			

7.3 CCTV용 카메라

7.3.1 동작 원리

카메라는 〈그림 7-7〉과 같이 카메라 내에 있는 이미지 센서로 집속된 광영상을 전기적인 신호로 변환해 주는 역할을 한다. 카메라의 분해능, 민감도, 시야각(field of view), 조리개(aperture) 등은 센서와 연동된 영역의 길이와 폭에 맞게 선택되어야 한다. 각각의 알람 판단 시스템은 전체 시스템 내에서 개별적으로 고려되어 디자인해야 한다. 어떤 판단 시스템은 녹화된 데이터로부터 알람 판단을 해야 할 필요가 있다면, 녹화하는 영상의 분해능을 고려해야 한다. 만약 녹화 영상의 저장 공간을 확보하기 위해 녹화의 분해능을 낮게 해야 하는 경우에는 카메라 사이의 간격을 줄이고, 촬영하고자 하는 영역의 최대 길이도 줄여야 한다. 따라서 녹화 판단 시스템에서는 분해능 제한 요소가 비디오 녹화와 저장 사양에서 주요 사양이 된다. 녹화된 영상으로부터 비디오 정보를 판독하게 된다면, 시스템 디자인의 요구사양에 맞는 영상의 분해능으로 녹화해야 한다.

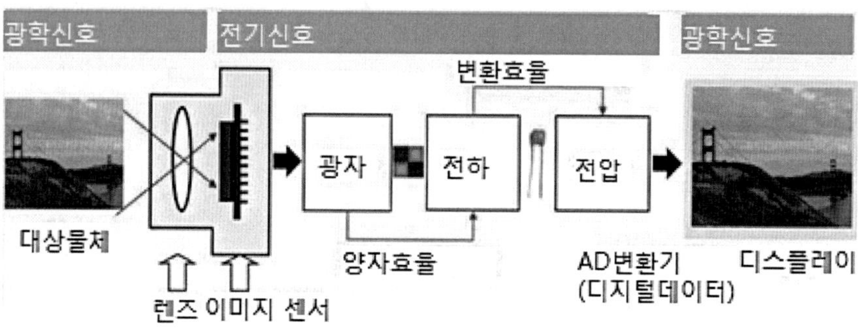

〈그림 7-7〉 카메라의 역할

사람 눈은 사물에 반사되어 빛에 반응하여 사물을 인식한다. 마찬가지로 카메라도 반사된 빛을 통해 영상을 획득한다. 만약 빛이 없으면 영상을 획득할 수 없다. 빛은 전자기파 복사 에너지이며, 가시광은 약 380nm에서 770nm 범위로 전자기파에서 보면 협소한 영역이며, 사람 눈은 오직 가시광에만 반응을 한다. 그러나 카메라 이미지 센서는 Si 반도체 재료로 제작하는데, Si 반도체는 〈그림 7-8〉과 같이 가시광 영역뿐만 아니라 근적외선 영역인 1,100nm까지 반응한다.

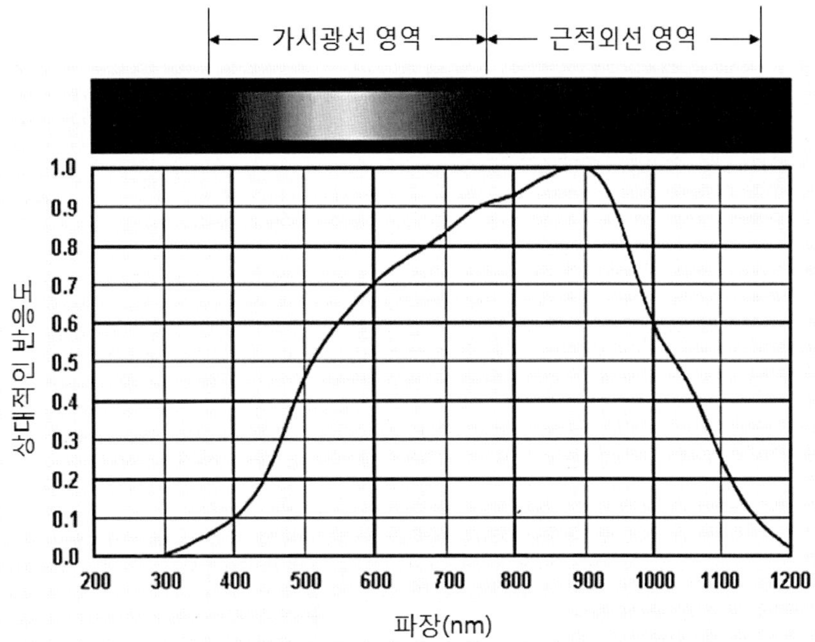

〈그림 7-8〉 Si 반도체의 파장에 따른 상대적인 반응도

구역을 감시하고자 하는 카메라의 위치는 사용하는 렌즈에 따라 달라진다. 감지하고자 하는 영역은 카메라의 시야각 내에 있어야 한다. 센서와 연동된 감시영역은 비디오 판단 시스템으로 완전히 모니터가 가능해야 하므로, 만약 카메라의 시야각이 감시영역을 완전히 커버하지 못하면 추가적인 카메라를 설치해야 한다. 비디오 영상은 초당 30 프레임 정도가 적절하다. 보안용 카메라는 흑백 카메라, 컬러 카메라, 주야간 겸용 카메라, 근적외선 흑백 카메라, 야시경 카메라, 열화상 카메라 등 6종류로 구분한다. 이들 카메라는 용도에 맞게 단독 또는 결합하여 사용한다. 한 예로 매우 낮은 초저조도(0.1 lux 이하) 상황에서 알람 판단을 해야 한다면, 컬러 카메라는 주간에 사용하고, 야간에는 열화상 카메라를 사용하는 것이 좋다. 카메라의 핵심은 이미지 센서이다. 이미지 센서는 빛을 전기적인 신호로 변환시켜 주는 역할을 한다. 이 센서는 Si 반도체를 이용해서 만든 CCD(charged coupled device)와 CMOS(complementary metal oxide semiconductor)이다.

(a) CCD 이미지 센서

CCD 센서는 〈그림 7-9〉와 같이 각 화소마다 구성된 포토다이오드(photodiode)와 신호 전자를 출력부로 전달하는 CCD 채널(channel), 그리고 전달된 전자의 개수에 비례하는 전압으로 변환해서 외부로 출력하는 출력부로 구성되어 있다. 각 화소에서 축적한 신호전자를 받아서 수직방향으로 전달하는 CCD를 수직전송로(shift register)라 하고, 이를 받아서 수평방향으로 전달하는 기능을 하는 CCD를 수평전송로라 한다. CCD이미지 센서는 이와 같이 각 화소에서 1-field 동안 빛에 의해 발생한 전자를 CCD의 수직/수평 전송로를 통해 출력부로 이동시켜서 전압으로 변환된다.

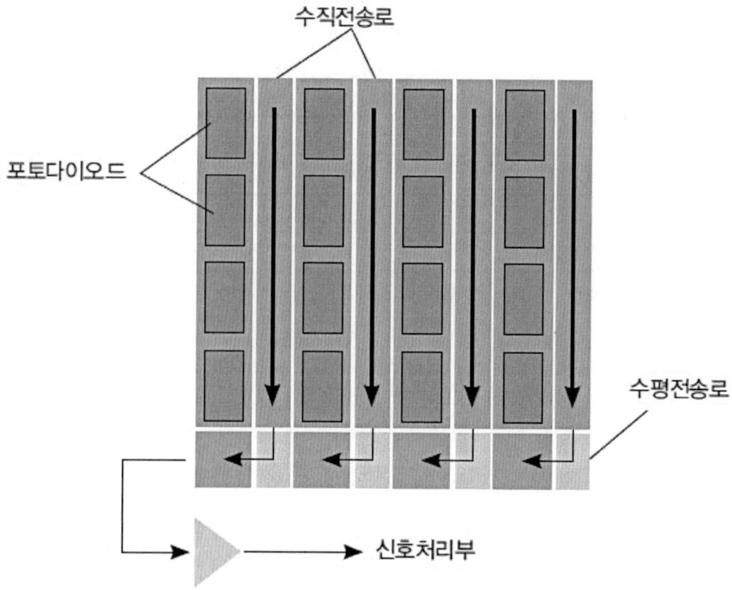

〈그림 7-9〉 CCD의 신호전송 원리

각 픽셀에 해당하는 포토다이오드에 빛이 들어오면 빛의 세기에 비례해서 발생한 전자가 각 포토다이오드의 퍼텐셜 우물(potential well)에 축적된다. 1 필드(VGA 방식의 경우 1/60초)의 시간이 지나면, 포토다이오드와 수직전송로 사이의 게이트(gate)에 높은 전압을 인가해서 각 화소의 신호전자를 포토다이오드로부터 수직전송로 쪽으로 이동시킨다. 수직전송로의 전압분포는 각 화소로부터 전달된 전자그룹이 서로 섞이지 않도록 형성되어 있다. 수직전송로의 게이트에 구동펄스가 인가되면, 모든 전자 그룹은 수평전송로 방향으로 한 칸 이동하는데, 이때도 각 전자그룹이 서로 섞이지 않으면서 이동한다.

가장 수평전송로에 가까이 있는 전자그룹은 수평전송로로 이동하고, 이 때 수직전송로는 잠시 대기한다. 수평전송로의 게이트에 빠른 속도로 구동전압을 인가하면 각 전자 그룹은 차례로 출력부로 이동한다. 출력부에서는 각 전자그룹이 올 때마다, 전자

수에 비례하는 전압으로 변환해서 출력패드를 통해 외부로 출력한다. 모든 전자그룹이 출력부로 전달되어서 수평전송로가 비워지게 되면, 다시 수직전송로가 구동되어서 다음 행의 전자그룹을 수평전송로로 이동시킨다. 빛은 계속 들어오기 때문에 이런 이동/출력 동작이 진행되는 동안에도 각 화소의 포토다이오드에서는 다음 필드를 위한 신호전자를 축적하고 있다. 따라서 1-필드 동안 모든 전자그룹의 이동/출력을 마쳐야, 다음 필드의 전자를 다시 옮기게 된다. 이러한 동작원리가 CCD 이미지센서의 프레임률(frame rate)을 제한하는 원인이 된다.

(b) CMOS 이미지 센서

전자를 직접 전송하는 CCD 이미지센서와는 달리, CMOS형 이미지센서는 화소에서 신호전자가 바로 전압으로 변환된다. 따라서 화소마다 몇 개씩의 트랜지스터가 필요하게 되고, 이 트랜지스터의 개수로 종류가 나뉜다. 화소에 들어있는 트랜지스터의 불균일도는 곧바로 영상으로 나타나 눈에 보이기 때문에 CMOS형 이미지센서 기술은 한동안 빛을 보지 못하다가 반도체 공정이 발달한 1990년도 중반 이후 상용화가 시작되었다. CMOS는 반도체 방식을 표현하는 단어이기도 하다. 반도체 중에는 MOS(metal oxide semiconductor)라는 방식이 있다. 이는 반도체 중에 움직이는 자유전자가 튀어 나온 후 정공의 전하를 운반하는 방식의 반도체이다. 이 전하 운반에 자유전자와 정공 쌍방을 이용해 동작 속도를 고속화 시킨 것을 CMOS라고 부른다. 즉 CMOS는 반도체의 방식 중 하나로써 촬상소자 이외에도 다양하게 사용된다. 따라서 본래 디지털카메라에 사용된 촬상소자는 CMOS 이미지센서라고 부르고 CMOS 메모리 또는 CMOS 오토포커스센서 등을 구별할 필요가 있지만, 디지털카메라에서 사용되는 CMOS는 특별한 경우를 제외하고는 CMOS 이미지센서라고 표현한다.

CMOS와 CCD의 큰 차이점 중에 하나는 신호를 읽어내는 방법이 다른 것이다. 앞서 CCD는 각 화소에 빛이 조사돼 발생한 전하를 그대로 CCD의 전송기능을 이용해 증폭기에 불러 그곳에서 처음 신호로 취급하여 증폭한다. 그러나 CMOS방식은 〈그림 7-10〉과 같이 각 화소에 전하를 축척한 후 화소 자체에 신호로써 취급하여 증폭한다. 이때 CCD처럼 저장고방식으로 신호를 전송하는 것이 아니고 화소 자체에 회로를 연결해 개별적으로 신호를 만드는 점이 다르다.

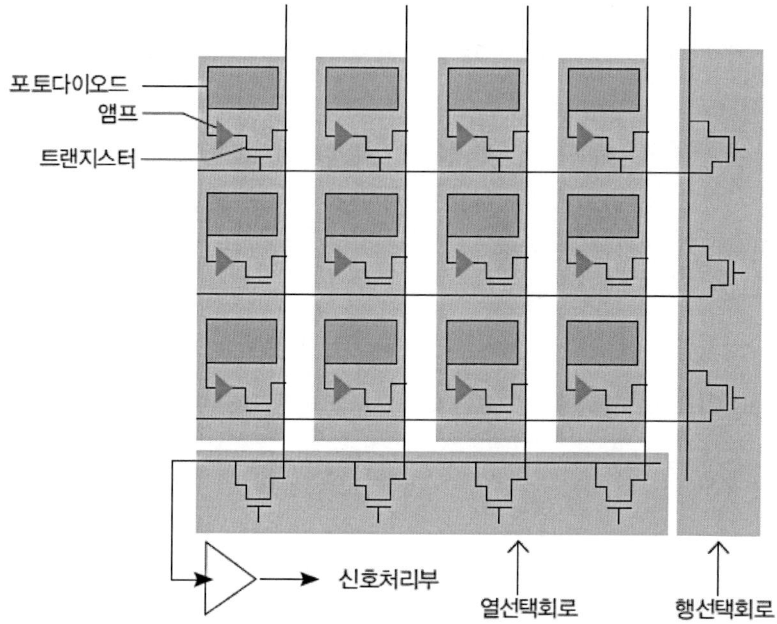

〈그림 7-10〉 CMOS의 신호 전송 원리

이것이 가능한 것은 CMOS의 구조와 동작이 CCD와 다른 구조를 갖고 있기 때문이다. CCD는 반도체의 종류 중 하나이지만 그 제조 프로세스는 반도체 제조방법과는 약간 다르다. 그러나 CMOS 방식은 통상의 LSI와 같은 제조 프로세스로 만들어진다. 따라서 CCD는 회로를 투입하는데 곤란한 반면 CMOS는 몇 개의 층 구조에 따라 회로와 이미지센서를 같은 칩(Chip)에 제작이 가능하다. CCD는 전하 발생이 포화량을 초과한 경우 수직전송용 CCD에 따라 다른 화소에 축척된 전하에 영향을 받지만 CMOS는 각 화소의 신호가 변화되므로 다른 화소의 전하에 영양을 받지 않는다. 또한 CCD와 비교해 작은 소비 전력으로 기동할 수 있는 큰 장점이 있다.

(c) CCD와 CMOS 비교

CCD형 이미지센서는 빛에 의해 발생한 전자를 그대로 게이트 펄스를 이용해서 출력까지 이동시킨다. 따라서 도중에 잡음이 들어오면 전압은 달라지더라도 전자의 수 자체는 변함이 없으므로 잡음이 출력신호에 영향을 주지 않는다. CMOS형 이미지센서는 빛에 의해 발생한 전자를 각 화소내에서 전압으로 변환한 후에 여러 CMOS 스위치를 통해 출력한다. 잡음은 원래의 형태로 들어오는 것이므로 잡음이 더해진 만큼 그대로 출력신호에 나타나게 된다. 또한 CCD형 이미지센서는 하나의 출력회로를 모든 화소가 거쳐감으로써 각 화소간에 차이가 없는데, CMOS형 이미지센서는 각각의 화소가 전자-전압 변환회로를 따로따로 가지므로, 각 화소의 소자 불균일성이 그대로 출력신호에 반영되게 된다. 이러한 이미지소자 자체의 기본적인 차이점은 〈표 7-4〉와 같다.

〈표 7-4〉 CCD와 CMOS 이미지센서의 기본적인 구조상 차이 비교

항목	CCD	CMOS
픽셀 신호특성	아날로그 신호	아날로그 신호
센서 신호특성	아날로그 전기신호	디지털 전기신호
시스템 크기	상대적으로 큼	작음
집적도	낮음	높음
동작 복잡성	다양한 전압 및 클럭이 필요	동작이 간편
전력 소모	전력소모가 높음	전력소모가 낮음
신호대 잡음비	노이즈 적응력이 높음	노이즈 적응력이 낮음
스미어,블루밍	드물게 발견	기본적으로 없음
반응속도	상대적으로 느림	상대적으로 빠름
저조도 특성	균일성이 높음	상대적으로 떨어짐
시스템 내구성	좋음	매우 우수

CMOS를 이용하면 시스템의 구조는 매우 간단해질 수 있고 전력소비량도 줄어들기 때문에 쉽게 작은 제품을 만들어낼 수 있지만, 어두운 곳에서 일반적으로 균일도가 떨어져 고성능의 제품을 만들어내기 위해서는 별도의 이미지 프로세서를 사용하여 극복해야 한다. CMOS와 CCD의 중요한 특성 차이 중 하나가 스미어(smear)와 블루밍(blooming)이다. 스미어는 부분적으로 강한 빛이 들어오는 영역의 상하로 수직의 밝은 선이 나타나는 현상이다. 스미어 신호는 밝은 영역에 들어오는 빛의 세기에 비례하며, 또한 밝은 영역의 수직 방향 화소 수에도 비례한다. 스미어는 원래 화상에 없는 패턴을 형성하므로 잡음에 해당하며, CCD에서 특히 잘 나타난다. 블루밍은 말 그대로 넘친다는 표현인데, 스미어와 원인은 다르지만 CCD가 과도한 빛을 받으면 전기신호가 넘쳐나서 사진에 빛이 번져 보이는 현상이기 때문에 스미어와 구별이 힘든 경우도 있다. 스미어는 밝기 차가 많은 피사체를 촬영했을 때 세로로 빛이 갈라져 보이는 현상인데, 이러한 문제도 카메라의 기술적인 발전으로 어느 정도 해결이 되고 있다.

신호전자는 CCD의 경우에는 출력부의 커패시터, CMOS의 경우에는 각 화소의 커패시터에서 전압으로 변환된다. 이 때, 신호전압=(신호전자 수×전자 전하량)/전기용량의

식으로 변환되기 때문에 전기용량의 값에 따라 신호전압은 달라진다. 감도는 입사광의 세기 대비 출력전압으로 나타나기 때문에, 감도를 높이기 위해서는 전기용량의 값을 줄여야 한다. 신호전압은 아날로그 회로에서 게인조절, 잡음제거 등의 과정을 거친 후 ADC에서 디지털 신호로 바뀐다. 이 디지털 신호가 영상을 형성한다. 이 과정에 입사된 빛의 정보가 디지털 출력으로 나가는 동안 많은 정보손실이 있을 수 있다. 이미지센서의 화소의 출력신호는 〈그림 7-11〉과 같이 조도에 따라, 잡음에 신호가 묻히는 영역, 조도에 비례하는 영역, 신호가 조도에 더 이상 증가하지 않는 영역으로 나뉘며, 특히 신호가 조도에 비례하는 영역을 동작 영역(active region)이라 한다.

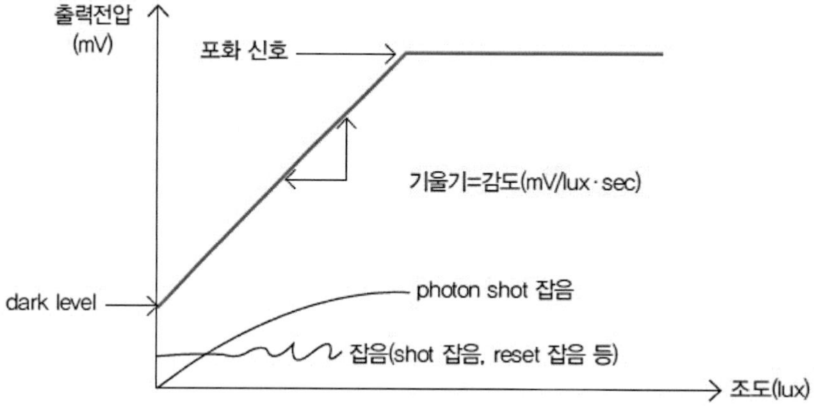

〈그림 7-11〉 이미지센서의 빛의 세기와 출력전압의 관계

이미지센서의 성능은 얼마나 어두운 빛에서부터 얼마나 밝은 빛까지 유효한 정보를 출력해 주는가에 달려 있으므로, 동작 영역을 늘리는 방향으로 연구가 진행되고 있다. 조도가 낮아지면 잡음신호에 가려서 신호의 의미가 없어지므로 잡음과 구별되어서 빛에 의한 정보를 출력할 수 있는 최소한의 조도를 최저 피사체 조도라고 부른다. 카메라에서는 렌즈의 특성과도 관련이 있으므로, 이미지센서에 직접 입사하는 조도를 이미지센서의 최저 피사체 조도라고 한다. 최저 피사체 조도는 빛에 의해 나타나는 신호가 잡음 신호의 표준편차와 같게 될 때로 정의한다. 최저 피사제 초도 감도가 높고 잡음이 적어야 최저 피사체 조도도 낮아진다.

(d) 컬러 구현

CCD와 CMOS는 빛을 받으면 전하를 축적하는 소자로 빛의 양을 전하적 양으로 변환하는 역할을 한다. 즉 CCD 또는 CMOS 자체적으로는 빛의 명암만을 파악할 수 있고 컬러정보는 파악할 수 없다. 최초의 사진기는 흑백 이미지만 저장할 수가 있었다. 그래서 초기의 사진작가들은 직접 흑백 사진에 색을 입히는 방법으로 색을 재생해야만 했다. 그러나 1860년 제임스 클럭 맥스웰(James Clerk Maxwell)은 컬러사진이 red, green, blue 세 가지 필터를 사용해 만들어질 수 있다는 사실을 발견했다. 그는 피사체를 각각 red, green, blue 필터를 사용해 세 번을 촬영하였고, 세 가지 사진을 각각 서로 다른 프로젝터를 이용해 한 스크린에 겹쳐서 컬러 영상을 구현했다. 이러한 원리가 지금도 그대로 적용되고 있다.

카메라에도 이와 유사한 원리를 사용한다. 즉 빨강(red), 초록(green), 파랑(blue)의 세 가지 컬러필터를 이용하는 방법이다. 컬러필터를 형성하는 목적은 각 화소가 목적하는 색에 해당하는 파장의 빛만 통과시켜서, 이를 포토다이오드에 입사시켜 그 출력 신호를 조합해서 컬러영상을 만드는 것이다. 이를 위해 실리콘 공정이 끝난 후, 통상 포토다이오드와 비슷한 유기물질로 구성된 컬러필터를 포토다이오드 위에 적층한다. 컬러필터는 해당하는 파장 대역의 빛은 통과시키고, 나머지 파장 대역의 빛은 필터물질이 흡수하게 된다. 따라서 컬러필터 물질은 해당하는 화소의 목표 색과 동일한 색으로 보인다. 컬러필터를 형성하는 방법에는 필터물질에 이미 해당 색의 안료를 포함해서 적층하면 곧바로 필터기능을 하는 안료 분산법이 있고, 무색의 필터물질을 적층한 후에 별도로 염색하는 염색법이 있다. 컬러구성 방식에는 red(R), green(G), blue(B)의 색을 쓰는 원색법과 yellow(Y), cyan (Cy), magenta(Mg)의 색을 쓰는 보색법이 있다. 원색법은 빛의 삼원색을 받아들이기 때문에 색이 선명하고 컬러신호처리가 쉬운 장점이 있지만, R, G, B의 3대역 중 한 대역만 포토다이오드로 통과시키고 나머지 대역은 필터에서 흡수되기 때문에 광효율이 낮다. 반면 보색법은 두 가지 색을 투과시키기 때문에 광효율이 높다는 장점이 있다. 그러나 RGB 신호를 얻기 위해서는 컬러연산을 해야 하고, 색의 선명도가 떨어지고 신호 연산 중에 잡음이 발생할 수 있기 때문에 주로 동영상 용도의 이미지센서에 사용된다. 〈그림 7-12〉는 색필터들의 파장에 따른 투과도 특성과 대표적인 필터의 배치 예이다.[37] 이처럼 컬러는 휘도를 받을 수 있는 센서 부위에 컬러필터를 씌워 일체화된 형태로 만든다. 즉 처음에는 모든 빛이 들어 올 수 있는데, blue 필터가 있는 셀은 blue만 투과하게 된다.

[37] 박상식, “CCD/CMOS 이미지 센서”, 두양사, 2009년

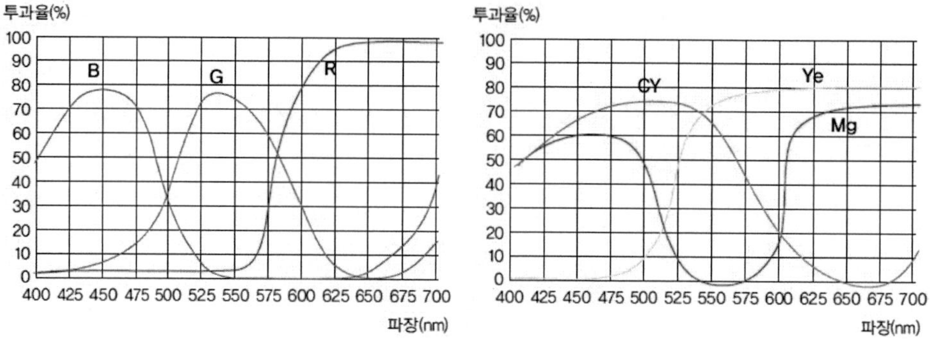

G	B	G	B	G	B
R	G	R	G	R	G
G	B	G	B	G	B
R	G	R	G	R	G

Ye	Cy	Ye	Cy	Ye	Cy
Mg	Gr	Mg	Gr	Mg	Gr
Ye	Cy	Ye	Cy	Ye	Cy
Mg	Gr	Mg	Gr	Mg	Gr

(a) RGB 필터의 투과도 특성 및 컬러필터 배치 (b) Cy, Mg, Ye 필터의 투과도 특성 및 컬러필터 배치

〈그림 7-12〉 컬러필터의 투과도 특성 및 필터 배치도

컬러필터를 CCD 또는 CMOS 센서 표면에 구현하는 대표적인 모델이 〈그림 7-13〉과 같은 베이어 모자이크패턴(Bayer mosaic pattern)이다. 전체 픽셀 중 녹색이 전체의 반을 차지하게 되는데, 그 이유는 사람의 눈이 녹색에 대해 더 민감하게 반응하므로 녹색의 정확도가 중요하기 때문이다. 이와 같이 컬러를 구현하게 되면 색상정보의 구현 때문에 해상도가 흑백에 비해 떨어지게 된다. 이렇게 색 정보를 저장 후에 다시 각각의 픽셀의 색 정보를 계산하는 과정을 디모자이크(demosaic)라 하고, 보간법(interpolate)이라는 수학적 기술을 이용한다. 이 과정은 〈그림 7-14〉와 같다. 그림에서 숫자 앞에 R의 의미는 빨간색 필터가 있는 픽셀이며, G의 의미는 초록색 필터가 있는 픽셀이며, B는 파란색 필터가 있는 픽셀이다. 픽셀 R33번은 빨간색 필터가 있는 픽셀이므로, 이 픽셀에서의 빨간색은 33번 픽셀에서 읽은 값 그대로 사용하면 된다. 그리고 이 픽셀에서의 파란색은 인접한 파란색 픽셀들인 B22, B24, B42, B44의 평균으로부터 구한다. 초록색도 마찬가지로 G23, G32, G34, G43의 평균으로부터 구한다. 이렇게 하면 한 픽셀에서 3가지 색의 조합으로 색상을 결정한다.

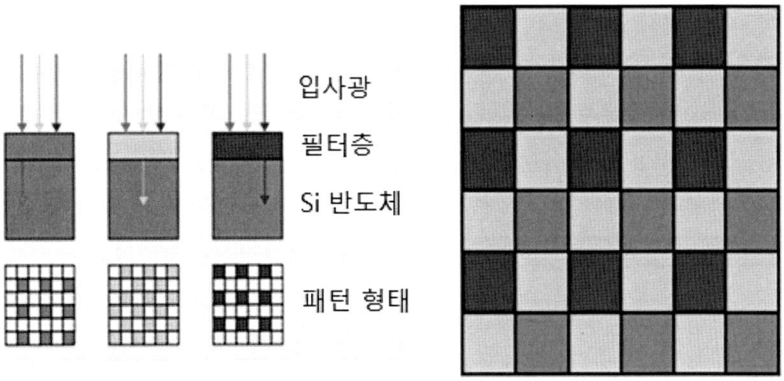

(a) 모자이크 패턴(mosaic pattern)   (b) 베이어 모자이크 패턴(Bayer mosaic pattern)

〈그림 7-13〉 모자이크 패턴과 베이어모자이크 패턴

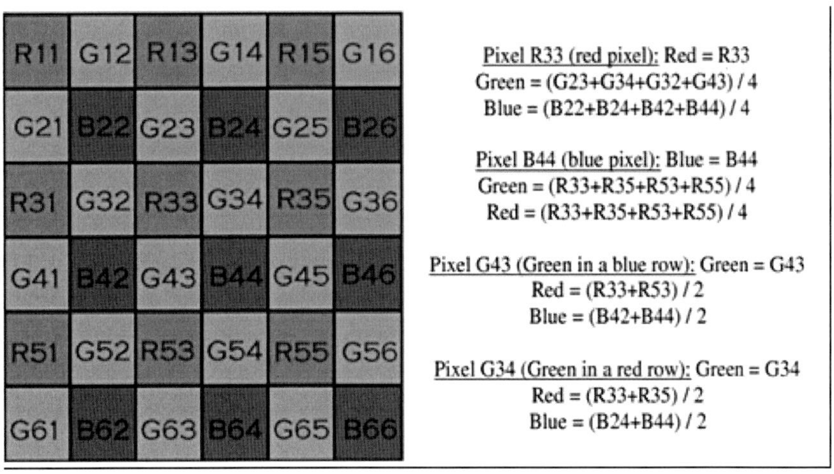

〈그림 7-14〉 컬러 색상 구현 원리

해상도는 전체 화면을 얼마나 세세하게 보여줄 수 있는가 하는 척도이며 화소수가 많을수록 해상도는 높아진다. 그러나 화소수가 늘어나면 센서의 전체 면적이 늘어나므로 가능한 한 화소의 면적을 작게 만들어야 한다. 화소의 면적을 줄이면 수광부의 면적이 줄어서 감도가 낮아지게 되므로 수광부를 제외한 다른 부분의 면적을 줄여야 한다. 화소의 동작에 사용되는 각종 트랜지스터를 2~4개의 화소가 공유하게 하거나, 실리콘의 깊이에 따른 빛 흡수특성의 차이를 이용해서 수광부를 3차원으로 설계하여, 한 화소에서 R, G, B 신호를 출력하게 하는 제품이 연구되기도 하며, 화소를 벌집 형태로 배치하여 해상도를 높이는 방법을 사용하기도 한다.

컬러를 구현하기 위해 회사마다 독창적인 아이디어로 제작하고 있다. 그 대표적인 것이 〈그림 7-15〉와 같은 예이다. 일본 Fujifilm 社에서 개발한 허니컴 구조는 포토다이오드의 모양을 팔각형으로 함으로써 화소 면적에 대한 면적비를 크게 할 수 있어 고감도와 높은 S/N비를 실현한 것이 특징이다. 반면 미국 Foveon 社에서 개발한 포비온은 포토다이오드의 소재가 되는 실리콘 결정에서 푸른빛은 비교적 표면에서, 붉은 빛은 약간 깊은 부분에서 흡수되는 等 파장에 따라 빛이 흡수되는 깊이가 다른 것에 주목해서 개발된 것이다. 포토다이오드의 깊이에 때라 RGB 각각의 신호전자를 끌어낼 수 있는 이미지센서를 개발해 하나의 화소로 RGB 모든 신호를 끌어낼 수 있도록 한 것으로 매우 해상도 높은 컬러이미지를 얻을 수 있다.[38][39]

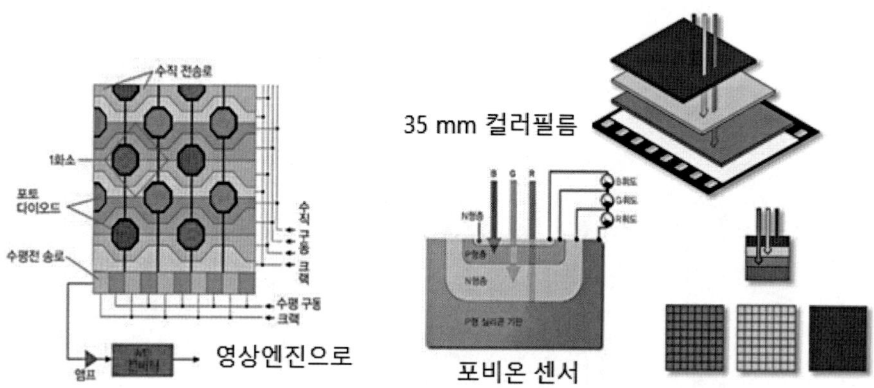

(a) 허니컴 구조　　(b) 포비온(Foveon) 구조

〈그림 7-15〉 허니컴 구조 및 포비온 구조

(e) 해상도

이미지 센서의 성능은 해상도, 민감도, 컬러 대 흑백, 그리고 적외선 또는 열화상 민감도 등의 요인에 의해 좌우된다. 좋은 성능의 아날로그 컬러 카메라의 해상도는 약 470 라인이다. 아날로그 흑백 카메라의 해상도는 약 570 라인이다. 반면 디지털 카메라의 해상도는 520에서 4,000 라인 정도이다. 근적외선 흑백 카메라는 저전력 적외선 발광체를 사용하여 동일한 해상도를 얻을 수 있다. 열화상 카메라의 해상도는 아직 기술적인 문제로 인해 160에서 480 라인 정도이다.

38) http://www.dpreview.com/glossary/camera-system/effective-pixels

39) http://www.foveon.com/article.php?a=67

해상도는 관찰하는 상의 세세한 부분까지 볼 수 있는 정도를 의미한다. 이것을 학문적으로 표현하면, 이미지 센서가 구분할 수 있을 정도의 흑백이 동일한 주기로 교차하는 선들의 공간 분해능 또는 선들의 수이다. 공간 분해능은 다른 말로 mm당 흑백 선의 수를 나타낸다. 이러한 해상도를 관찰하는 챠트의 예는 〈그림 7-16〉과 같으며, 이것은 주로 텔레비전의 해상도를 측정할 때 사용하던 방식과 동일한 방법이다. 이 챠트를 이용하면 수평 TV 라인을 기준으로 200~1,600 라인 사이의 해상도를 측정할 수 있다. 측정 단위는 수평 또는 수직 TV 라인이다. 수평 해상도가 점점 증가하면, 이미지의 자세한 부분까지도 관측이 가능해진다. 카메라의 해상도를 측정하기 위해서는, 카메라가 측정용 챠트 전체를 볼 수 있게 고정하고 조명은 카메라의 출력 레벨 값이 제대로 나올 수 있도록 충분해야 하며, 전체적으로 골고루 조사되어야 한다. 카메라와 연결된 모니터를 통해, 흑백 라인이 수렴하는 방향으로 따라가게 되면 끝 부분에서 두 선은 만나게 되어 있다. 이 점에서 4개의 흑백 라인은 더 이상 구분을 할 수 없게 된다. 라인 구분이 시작되는 지점이 수형 해상도가 된다. 예를 들어, 챠트에서 500과 600라인 사이의 1/4 지점에서 4개의 선을 구분할 수 없게 되면, 이 카메라는 525 라인 수평 해상도를 갖는다.

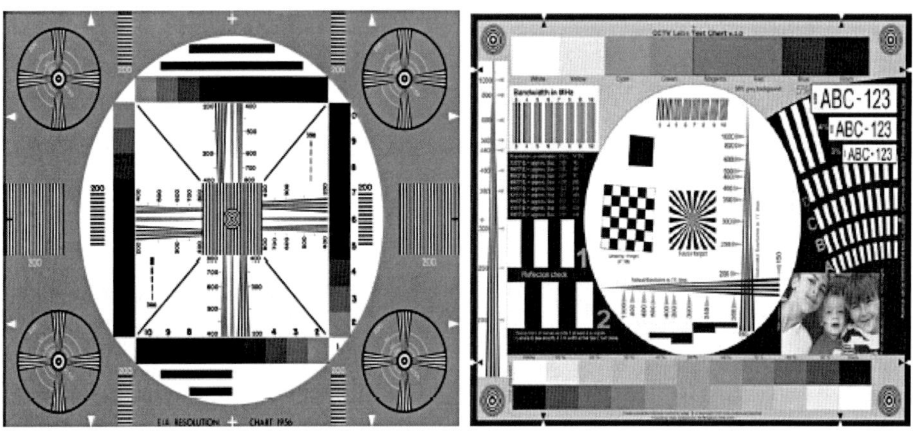

〈그림 7-16〉 흑백 카메라와 컬러 카메라의 해상도 측정용 챠트

영상을 통한 알람의 판단에는 탐지(detection), 구분(classification), 확인(identification)의 3단계 구분이 있다. 이런 구분에 대한 정의는 다음과 같으며, 직관적인 차이는 〈그림 7-17〉과 같다.

(i) 탐지 : 카메라의 시야각 내에 물체가 있는지의 유무를 판단하는 단계

(ii) 구분 : 카메라의 시야각 내에 있는 물체가 사람인지 아닌지를 판단하는 단계

(iii) 확인 : 카메라의 시야각 내에 있는 사람의 신원을 판단할 수 있는 단계

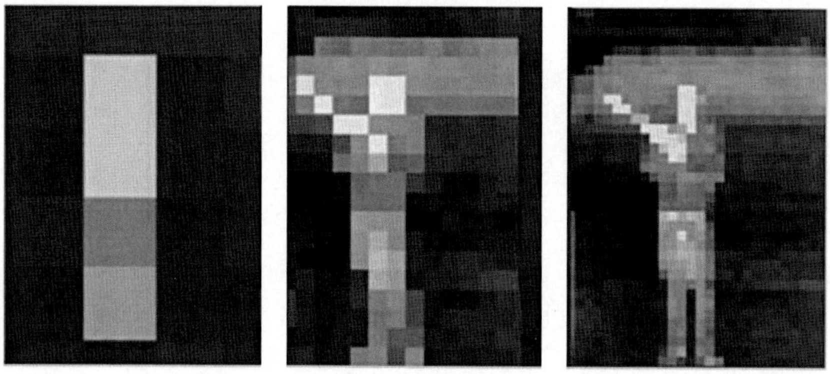

〈그림 7-17〉 픽셀 수에 따른 탐지, 인식, 식별의 구분

이와 같은 3단계 해상도 단계는 카메라의 해상도와 카메라로부터 물체까지의 거리 및 크기에 따라 달라진다. 카메라 해상도, 카메라로부터 물체까지의 거리 및 크기에 따라 사람의 신원을 확인할 수도 있고, 동물인지 아닌지를 판단할 수도 있다. 이러한 판단 기준을 통해 설치해야 할 카메라의 위치와 대수를 결정할 수 있다. 외곽 침입 감시 시스템에서, 보안 운영자는 야간에 외곽에서 침입자가 천천히 기어오는 행위를 구분할 필요가 있다. 기어오는 사람은 카메라에 근접해 있거나 카메라에서 멀리 떨어져 있을 수도 있다. 따라서 카메라로부터 최대로 멀리 떨어져서 기어오는 사람을 탐지, 구분, 확인을 위해 필요한 해상도는 〈표 7-5〉의 기준에 의해 계산할 수 있다. 표에 있는 숫자는 3가지 판단 유형에 필요한 최소한의 수평 픽셀의 수를 나타낸다. 고해상도 카메라에서의 픽셀과 HTVL(수평 TV 라인) 사이의 관계는 0.75이다. 8 픽셀은 6 HTVL과 동일하다. 예를 들면 침입자를 구분하기 위해서는 타겟의 수평 방향으로 1 ft당 8개 픽셀이 필요하다. 따라서 카메라의 시야각 내에 타겟의 1 ft당 8개 픽셀 또는 6 HTVL의 해상도를 가지면, 이 카메라로부터 획득한 이미지로부터 사람인지 동물인지 구분은 가능하다는 뜻이다. 즉, 외곽 알람 판단용 카메라인 경우 최소한 구분의 단계는 되어야만 센서에 탐지된 알람 신호가 사람이 기어오는 것인지, 동물에 의한 오보인지 구분이 가능하다. 그러나 실내용으로 카메라를 사용하는 경우에는 확인이 가능한 해상도로 설치를 해야 한다.

〈표 7-5〉 판단 유형에 따른 최소 픽셀 수 기준

판단 유형	최소 픽셀(ft당)
탐지(detection)	2~3
구분(classification)	6~9
확인(identification)	10~16

7.3.2 카메라의 종류

(a) 컬러와 흑백 카메라

컬러 카메라는 주간에 획득된 영상에 색상 정보를 추가함으로써 영상을 풍부하게 보여줄 수 있다. 동일한 영상에 대해 흑백 카메라와 비교하면, 컬러 카메라의 해상도는 흑백 카메라보다 약 18% 정도 떨어진다. 따라서 흑백 카메라는 야간에 컬러 대비 더 밝고, 또렷하고, 높은 대비를 가진 영상의 획득이 가능하다. 이미지 센서로 사용하는 Si 반도체가 가시광 뿐만 아니라 근적외선에도 반응을 하므로, 백색 조명(white light)과 적외선 조명(infrared light)을 사용한다. 백색 조명은 가시광 영역의 빛을 내보내어 컬러로 영상을 획득하기에 적합한 조명이다. 백색 조명은 컬러 카메라와 흑백 카메라의 조명으로 주로 사용된다. 야간에 컬러 카메라를 사용하는 경우, 백색 조명등으로 고압 나트륨등을 사용하면 문제가 발생할 수 있다. 고압 나트륨등의 영향으로 카메라에 입력된 영상은 황갈색의 색상이 나타나는 문제점이 있다. 이로 인해 밝은 회색과 둥글게 생긴 자갈로 구성된 외곽 바닥이 황갈색에 가깝게 카메라에 나타난다. 멀리서 보게 되면 이러한 색상 변화로 인해 침입자의 옷 색깔을 정확히 구분할 수 없는 문제점이 있다. 고압 나트륨등의 조명으로 인해 자연적으로 발생하는 색채가 왜곡될 수 있다.(〈그림 7-18〉 참고)

(a) 컬러 카메라의 영상 (b) 흑백 카메라의 영상 (c) 고압 나트륨등에서 영상

〈그림 7-18〉 컬러와 흑백 카메라의 영상 차이

(b) 주야간 카메라

주야간(True Day/Night, TDN) 카메라는 주간에는 컬러, 야간에는 흑백으로 촬영하는 카메라이다. 컬러와 흑백의 장점을 모두 살린 카메라이다. TDN 카메라는 〈그림 7-19〉와 같이 컬러 모드에서는 적외선 차단 필터를 사용하여 가시광의 영상만 획득하고, 흑백 모드에서는 적외선 차단 필터를 제거하여 근적외선의 빛까지 포함한 영상을 획득한다. 조도를 측정하여 주간과 야간 모드를 자동으로 전환한다. 조도 측정에는 센서를 사용하는 방식과 영상의 밝기 레벨로 하는 방식이 있다. 주간에서 야간으로 모드가 변경될 때, 카메라는 내부에 있는 근적외선 필터를 기계적으로 제거하고, 색상은 컬러에서 흑백 모드로 바뀌게 된다. 주간에는 막혀있던 근적외선의 빛까지 야간에는 센서로 입사하게 된다.[40] 필터를 제거함으로써 영상의 밝기도 개선되고, 흑백 모드로 동작하므로 해상도도 주간인 컬러 대비 18% 정도 향상되는 장점이 있다.

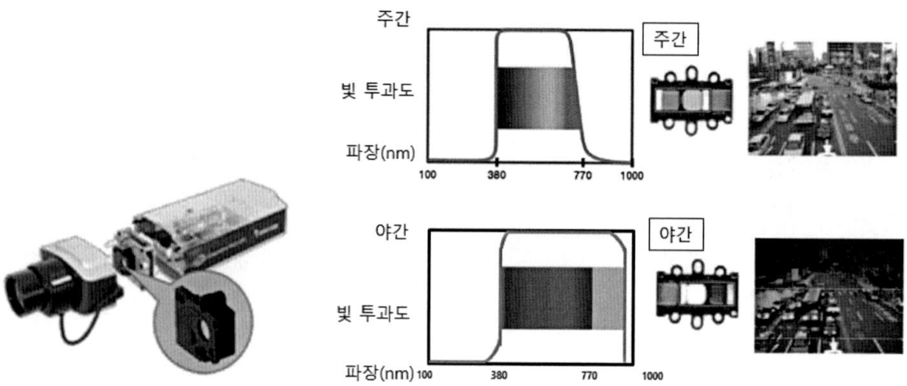

(a) 카메라 내의 적외선 필터

(b) 적외선 필터의 유무에 따른 주야간 영상 비교

〈그림 7-19〉 TDN 카메라의 주야간 운영

주간 모드에서 사용한 초점거리를 유지한 채, 야간에 가시광과 근적외선이 동일한 렌즈를 통과하여 이미지 센서로 입사하게 되면 적외선의 초점거리가 달라져 상의 손실이 발생할 수 있다. 따라서 주간 모드에서 야간 모드로 변경이 되면 초점거리의 조정이 필요하다. 야간에는 조리개를 최대한 열고 적외선의 초점거리에 맞도록 초점거리를 조정해서 사용한다. 적외선 조명을 사용하면 이러한 효과를 최대로 얻을 수 있다.

---

[40] Bulk CCTV Store, http://www.bulkcctvstore.com/vivotek-cctv-security-camera-term-removable-ir-cut-filter.html

(c) 근적외선 흑백 카메라

야간에 카메라로 촬영하고자 하면 열화상 카메라를 제외하고는 조명을 사용해야 한다. 적외선 조명은 빛에 의한 공해를 일으키지 않으며, 백색 조명보다 더 먼 거리까지 볼 수 있게 해 주는 장점이 있다. 또한 빛 공해 문제라든지 감시 영역을 대낮처럼 밝게 유지할 수 없는 곳에는 적외선 조명을 사용하는 것이 좋다. 적외선 조명은 보통 LED로 구현하며, 용도에 따라 다음과 같은 3가지 영역대의 조명을 사용한다.

(i) 715~730nm : 이 영역대의 조명은 사람 눈에 빨간색으로 보인다.

(ii) 815~850nm : 이 영역대의 조명은 민감한 사람에게는 보이지만, 일반 사람에게는 보이지 않는 영역대의 파장이다.

(iii) 880~950nm : 이 영역대의 조명은 사람 눈에 전혀 보이지 않는 근적외선 영역이다.

근적외선 흑백 카메라는 기존의 흑백 카메라 또는 TDN 카메라로 동작이 가능하다. 카메라 렌즈 주위에 적외선 LED를 장착하거나 별도의 적외선 LED 광원을 사용하여 근적외선 모드에서는 적외선 LED가 동작하도록 하여 흑백 영상을 획득하도록 설계되어 있다. 적외선 LED 조명의 사용 여부에 따른 영상의 차이는 〈그림 7-20〉, 〈그림 7-21〉과 같다. 〈그림 7-20〉에서 보듯이 적외선 LED가 OFF된 상태에서는 야간에 조도가 낮아 충분한 광량이 카메라로 입사하지 못해 화면에 노이즈로 보이는 점들이 많이 나타난다. 그러나 적외선 LED의 광원을 ON한 상태에서는 카메라로 입사하는 광량이 충분하여 영상에 노이즈로 보이는 점들이 사라지고 깨끗한 영상 획득이 가능하다. 또한 주간에도 적외선 영상 촬영이 가능하다. 〈그림 7-21〉에서 보듯이 주간에 컬러 카메라로 밝은 빛이 있는 곳을 향해서 보면 빛 때문에 밝고 어두운 부분의 조도 차이가 너무 많이 나게 되어, 이미지 센서에서 구현할 수 있는 다이나믹 범위를 벗어나게 되어 영상이 잘 보이지 않는다. 그러나 영상을 적외선 모드로 보게 되면, 적외선 광원에서 나온 빛만 물체에 반사되어 카메라로 입사하기 때문에 밝고 어두운 부분의 조도차이가 크게 나지 않게 되어 컬러 카메라로 볼 수 없는 환경에서도 깨끗이 볼 수 있다.

(a) 적외선 LED OFF (b) 적외선 LED ON

〈그림 7-20〉 적외선 LED 사용 여부에 따른 영상 비교

(a) 컬러 카메라 영상 (b) 적외선 영상

〈그림 7-21〉 컬러 카메라와 적외선 영상 비교

(c) 야시경 카메라

야간 투시경(night vision)은 조도가 매우 낮은 상황에서 물체를 볼 수 있게 해 주는 장비이다. 열화상 카메라는 빛이 없어도 물체에서 나오는 적외선을 검출해서 영상을 보여주는 장비지만, 야간 투시경은 고글(goggle) 형태로 무게가 매우 가벼워 휴대하기에 쉬우며, 밤에 달빛이나 기타 광원에서 물체를 반사해서 나오는 미세한 빛을 광증폭관을 거쳐 신호를 증폭하여 물체를 볼 수 있게 해 주는 장비이다. 야시경 카메라는 야간 투시경의 원리를 이용한 카메라이다.

야간 투시경의 핵심기술은 미세한 빛을 증폭시키는 광증폭관 기술이다. 실제로는 광이 증폭되는 것이 아니고 광증폭관을 거치면서 전자의 수가 증폭되는 것이다. 광증폭관은 다른 말로 광전자증배관(photomultiplier tube)이라고 하며, 그 원리는 〈그림 7-22〉와 같다. 광음극(photocathode)은 초고진공(약 10^{-10} Torr) 수준으로 유지된 유리 튜브의 입사면의 끝에 있으며, 표면은 광에 민감하게 반응하는 알칼리 금속으로 코팅되어 있다. 입사한 빛에 의해 광음극판에서 낮은 에너지를 가진 전자가 방출하게 된다. 광전자의 수는 입사한 빛의 광자수와 거의 동일하기 때문에 광전자 수는 너무 작아 직접 전기적 신호로 감지할 수 없다. 그래서 광전자증배관을 통해 잡음 없이 신호를 증폭할 필요가 있다. 전자 증배 부분(electron multiplier section)은 소위 다이노드(dynode)의 배열로 이루어져 있는데, 이런 다이노드들은 광음극과 양극(anode) 사이에 있다. 첫 번째 다이노드에 충돌한 전자는 외부 전기장에 의해 가속이 되어 높은 운동에너지를 갖게 되고, 이러한 운동에너지를 가진 전자들의 충돌로 더 많은 전자가 나오게 되어 증폭되는 원리이다. 이렇게 증폭된 전자들이 양극으로 증폭되어 신호로 기여하게 된다. 그림의 광증폭관은 광전자증배관의 양극 대신에 형광체를 이용해서 영상을 볼 수 있도록 하는 원리이다. 만약 광증폭관 방식의 야간 투시경으로 암흑 속에 들어가 있거나, 구름이 잔뜩 낀 날 숲이 우거진 속에 있거나 하면 야간 투시경으로는 아무런 영상을 볼 수가 없다. 이때는 외부조명이 반드시 필요한데, 백색광보다는 780nm 대역의 근적외선 LED를 주로 사용한다.

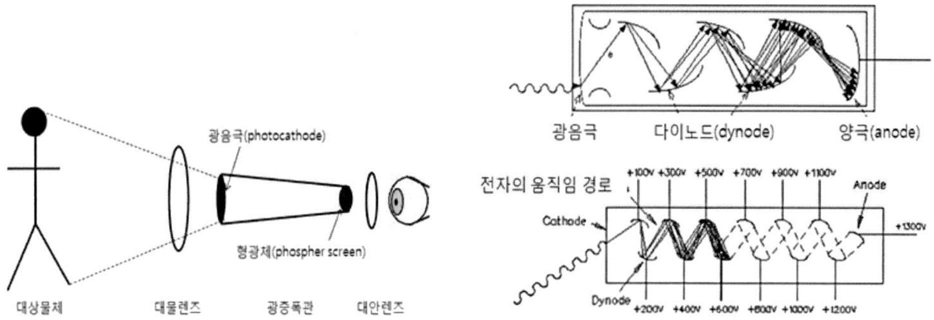

(a) 야간 투시경의 영상 과정 (b) 광증폭관의 원리

〈그림 7-22〉 야간 투시경의 광증폭 원리

현재는 혁신적인 광음극관 구조와 표면 활성화 기술의 개발로 넓은 스펙트럼 영역의 빛을 집광시켜 이전 장비보다 30% 정도 높은 효율을 갖는 3세대 장비가 주로 사용되고 있다. 광전음극은 유리에 입힌 박막재질로 1세대 및 2세대에서는 Ⅲ-Ⅴ족 화합물(Na-K-Cs-Sb)을 사용하였으며, 3세대 영상증폭관에서는 GaAs 박막을 사용하였다. 이렇게 함으로써 감응영역을 기존의 가시광선 영역에서 근적외선 영역까지 더욱 확장시켰고, 2세대와 비교하여 크기나 무게 등의 외형은 동일하나 감응도가 향상되었다. 또한, MCP 전면에 이온 방지막(ion barrier)을 설치하여 광음극판을 보호하게 하여 수명을 크게 향상했다. 특히 여명이나 야간에 수풀과 군복의 대조비가 큰 근적외선 영역에서의 감응도가 월등히 개선되었기 때문에 무월광, 별빛 하에서 관측성능이 2세대에 비해 매우 우수하다. 〈표 7-6〉에 세대별 야간 투시경의 성능 차이를 비교하였다. 〈그림 7-23〉은 일반적인 야간 투시경으로 관측한 영상 및 야간 투시경의 대표적인 형태사진이다. 야간 투시경의 형광영상은 눈에 감도가 우수한 초록색 영상이 나타나는 것이 특징이다. 야간 투시경은 일반 망원경처럼 볼 수만 있고, 디지털카메라처럼 촬영

하여 저장할 수 있는 기능이 없어 불편한 점은 있다. 그러나 야간 투시경은 한 손에 쥘 수 있을 정도로 가벼워 휴대성이 뛰어나고, 가격이 수십만 원대로 비교적 저렴하여 군인이나 경찰 등 야간에 활동을 많이 하는 사람들에게 많이 사용되고 있다.[41)42)]

(a) 야간 투시경으로 관측된 영상　　(b) 휴대용 야간 투시경(양안형 및 단안형)

〈그림 7-23〉 야간 투시경의 획득 영상 및 휴대용 야간 투시경 외형

〈표 7-6〉 야간 투시경의 발전 추세별 주요 특성

		1세대	2세대	3세대
개발시기		1960년대	1970년대	1980년대
증폭방식 특징		3단 영상증폭	MCP를 이용한 1단 영상증폭	MCP에 이온차단막 설치, 분해능 향상, 수명 연장
광음극	코팅	Sb-Na-K-Cs	Sb-Na-K-Cs	GaAs
	대역	400~800nm	400~900nm	560~900nm
	감도	150μA/lumen	300μA/lumen	1,200μA/lumen
수명		최소 2,000시간	최소 2,500시간	최소 7,500시간
증폭율		약 1,000배	약 20,000배	약 30,000~50,000배
운영조도		0.1 lux 이상	0.001 lux 이상	0.00001 lux 이상
주요특성		3단 증폭으로 크기/무게 과다, 영상왜곡이 심함	MCP 1단 증폭, 영상왜곡 감소, 섬광/잔상 효과 감소	감응대역 확장, 분해능 증대, 신뢰도 증대, 운영조도 개선

41) 홍석민, "전자광학 영상센서", 물리학과 첨단기술, January/February, 2006

42) (주)오이티, "야간투시경 영상증폭관 KIT-7 가속 수명 시험법 개발 및 신뢰성 향상", 최종보고서, 산업자원부, 2007

7.3.3 카메라의 개념

(a) 이미지 센서 포맷

디지털 카메라에서 이미지 센서는 필름의 역할을 대신한다. 빛을 통해 피사체를 포함한 프레임 안의 정보들을 전기적 신호로 변화해 우리가 눈으로 보는 이미지의 형태로 구현할 수 있도록 해 준다. 이 과정에서 프레임 안의 정보를 얼마나 잘 받아들이는지 또 그러한 정보를 얼마나 전기적 신호로 잘 변환해 후에 이미지 형태로 잘 구현될 수 있도록 하는지가 이미지 센서의 성능을 구분하는 기준이라 할 수 있다. 현재 디지털 카메라에는 대부분 전력소모가 작은 CMOS 이미지 센서를 사용하지만, CCTV용 카메라에는 아직도 CCD가 많이 사용되고 있다. 그 이유는 저조도 특성이 CCD가 CMOS보다 우수하기 때문이다. 그러나 고화소로 가면서 점점 CMOS로 대체되는 추세이다.

CMOS 이미지 센서는 크기에 따라 다양하게 분류하고 있다. 아날로그 카메라 시절인 35mm 필름 규격에서 정의된 규격을 기준으로 따르고 있다. 35mm 필름이라고 부르는 이유는 필름의 세로 길이가 35mm이기 때문이다. 이제는 필름 카메라에서 디지털 카메라로 바뀌면서 필름을 사용하는 대신 이미지 센서로 대체되었으며, 35mm 필름 카메라의 규격이 디지털 카메라로 넘어오면서 이미지 센서에도 그대로 적용이 되고 있다. 풀 프레임(full frame) 카메라는 35mm 필름의 각종 규격에 맞춰진 센서를 말한다. 현재 디지털 카메라에 사용하고 있는 이미지 센서의 종류는 〈그림 7-24〉와 같다.[43)]

---

43) 위키피디아, "Image sensor format", https://en.wikipedia.org/wiki/Image_sensor_format

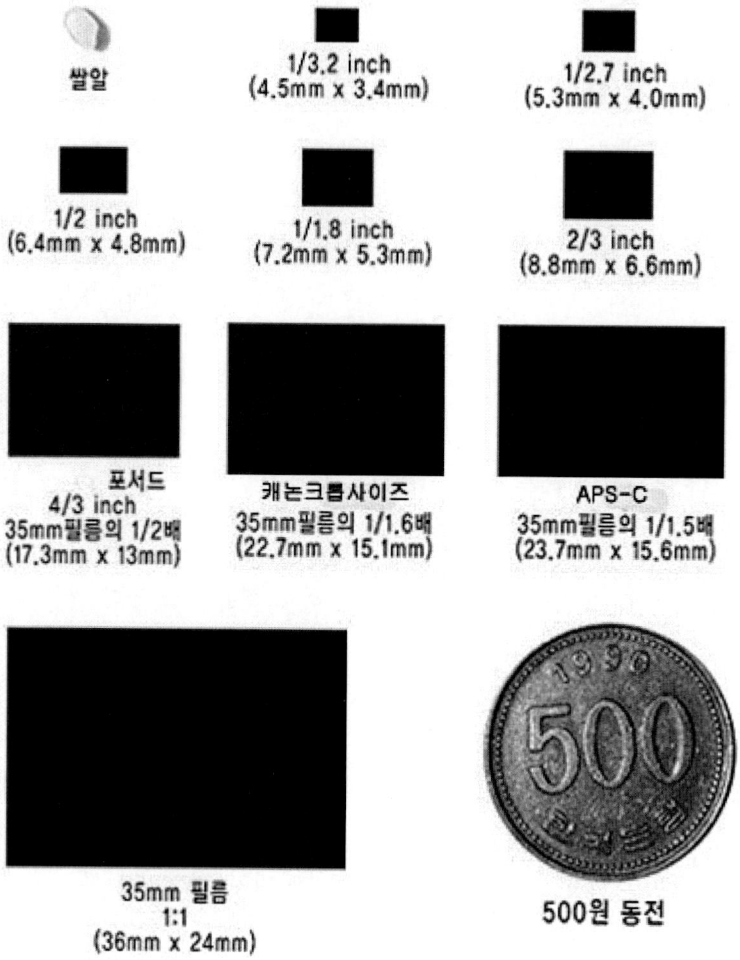

〈그림 7-24〉 디지털 카메라용 이미지 센서 종류

카메라 포맷 명칭은 이미지 소자의 크기 또는 포맷에 기초로 하고 있다. 카메라 포맷은 광에 반응하는 표면의 면적과 관련되어 있으며, 이미지 센서의 대각선 길이로 정의된다. 〈표 7-7〉은 오늘날 일반적으로 사용하고 있는 이미지 센서 포맷이며 단위는 인치이다. 이미지 포맷과 수광 면적 사이의 관계는 정의에 있는 그림과 같다. 예를 들어 1/3inch 이미지 포맷은 대각선이 6mm이고, 센서의 가로×세로가 4.8mm×3.6mm에 해당한다. 이 크기는 이미지 센서의 실제 대각선 길이가 아니고, 튜브 이미지 센서의 크기에 해당한다. 초창기 아날로그 카메라에 1인치 직경의 튜브형 이미지 센서를 사용하였는데, 여기에 맞는 센서의 수광 면적이 16mm 직경에 해당하였다. 이런 전통에 의하여 이후에 제작된 작은 크기의 이미지 센서에 대한 포맷도 기존에 존재하는 크기에 맞추게 되었다.

〈표 7-7〉 이미지 포맷과 수광 면적

정의	이미지 포맷	수광 면적	이미지 크기(H×W)
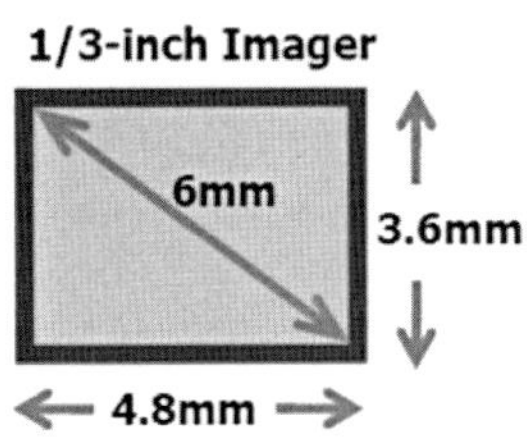	1inch	16mm 직경	9.6mm×12.8mm
	2/3inch	11mm 직경	6.6mm×8.8mm
	1/2inch	8mm 직경	4.8mm×6.4mm
	1/3inch	6mm 직경	3.6mm×4.8mm
	1/4inch	4mm 직경	2.4mm×3.2mm
	1/6inch	3mm 직경	1.8mm×2.4mm
	1/8inch	2mm 직경	1.2mm×1.6mm

이와 같이 여러 종류의 이미지 센서가 존재하기 때문에 공통적으로 서로 비교하기 위해서는 35mm 필름의 규격으로 환산하여 비교를 한다. 35mm 필름 규격으로 환산하는 방법은 다음과 같다.

$$A = 2\theta = 2\tan^{-1}\left(\frac{K}{2f}\right)$$

여기서 K는 이미지 센서의 크기이고, f는 초점거리, A는 시야각이다. 동일한 카메라 렌즈를 사용한 경우, 〈그림 7-25〉와 같이 이미지 센서가 크면 클수록 카메라에 입사하는 시야는 더 넓어진다.

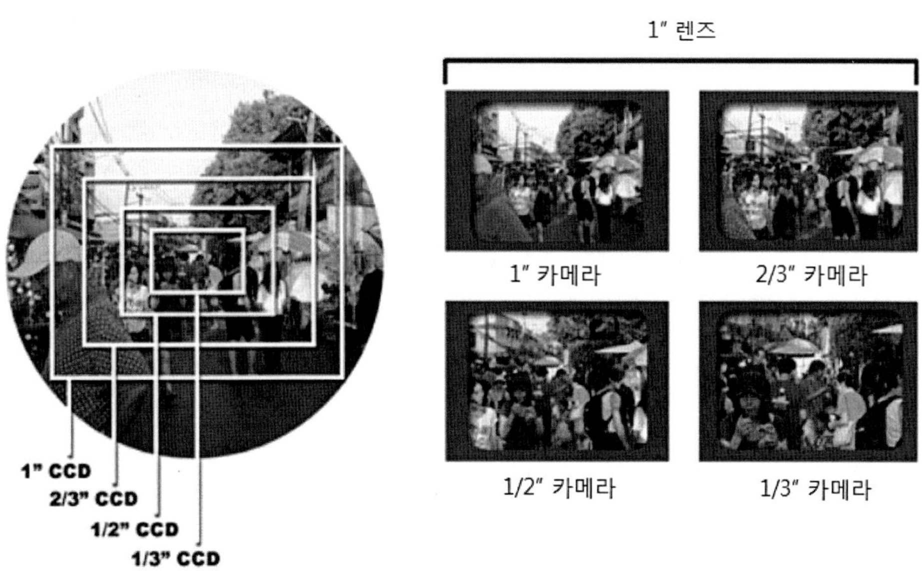

〈그림 7-25〉 이미지 센서 크기에 따른 카메라의 시야각 차이

이미지 센서의 폭과 높이에 대한 비를 화면비율(aspect ratio)라고 한다. 표준 비디오 카메라 이미지는 4:3의 화면비율을 가지는데, 이것은 직각 삼각형인 3:4:5의 비율과 같다. 즉, 수직면은 수평직면에 비해 0.75배, 직경은 수평 대비 1.25배이다. HDTV 카메라의 이미지 비율은 16:9이며, 수직면은 수평면에 비해 0.5625배, 직경은 수평 대비 1.1475배이다.

(b) 렌즈 포맷

카메라에서 렌즈는 〈그림 7-26〉과 같이 배경 영상에서 반사된 광을 카메라 내부 이미지 센서로 집광시키는 역할을 한다. 렌즈에서 센서까지의 거리를 초점거리라고 하고, 초점거리에 따라 센서에 맺히는 영상의 크기가 결정된다. 렌즈가 바라보는 배경 영상까지의 거리와 배경 영상의 크기에 의해 카메라의 시야각(field of view, FOV)이 결정된다. 또한 렌즈와 연동한 조리개(aperture)의 직경에 의해 센서로 입사하는 광량을 결정할 수 있다. 불량한 렌즈를 사용하여 질이 떨어진 영상은 어떤 방법으로도 회복이 되지 않는다. 따라서 렌즈는 카메라 영상의 질(quality)을 결정하는 아주 중요한 역할을 담당하고 있다. 렌즈를 선택할 때 고려해야 할 사항은 시야각, 이미지 센서 포맷, 그리고 조명 상태 등이며, 동일 조건(이미지 센서 포맷과 조리개)에서 렌즈는 mm 단위의 초점거리에 의해 구분하며, 기본적으로 고정 초점거리형, 가변 초점거리형, 줌형으로 구분이 된다.

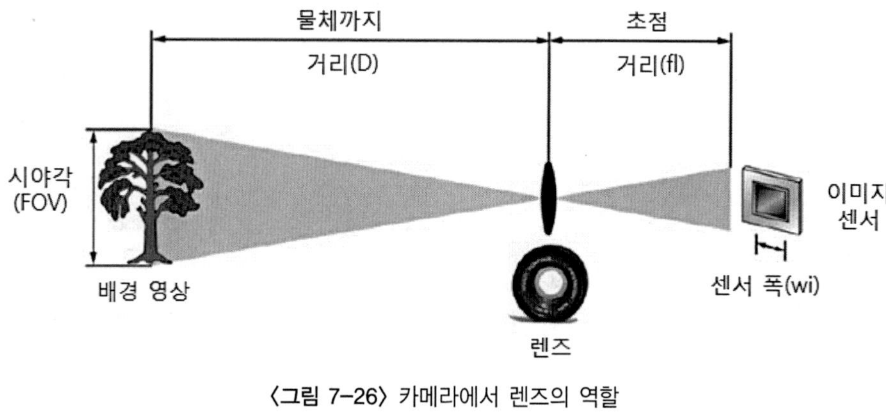

〈그림 7-26〉 카메라에서 렌즈의 역할

고정 초점형 렌즈(fixed focal length lenses)는 초점거리가 고정되어 있기 때문에 고정된 위치에 설치하여 사용하는 환경에 적합하다. 가변 초점거리형 렌즈(varifocal lenses)는 지정 범위 내에서 초점거리 조정이 가능하며, 초점거리가 변경이 되면 조리개와 초점을 다시 맞추어야 한다. 따라서 가변 초점거리형 렌즈는 환경에 따라 카메라의 설치 조건의 변경이 필요한 환경에 적합하다. 줌 렌즈(zoom lens)는 전기모터와 연동되어 원격에서 초점거리 조정이 가능하며, 또한 상하좌우 이동 및 확대/축소(pan tilt and zoom, PTZ) 기능을 이용하여 한 대의 카메라로 매우 넓은 영역에 대한 모니터링이 가능하다. 가변 초점형 렌즈와 줌 렌즈는 조절이 가능한 초점거리 범위로 표시를 하는데, 다음과 같은 표시법을 사용한다. 하나는 초점거리가 6~24mm라고 표시하거나, 확대율(zoom factor) 4x로 표시하기도 한다. 여기서 4x는 (6×4=24)를 의미한다. 확대율은 영상의 확대를 나타내는 것이 아니고, 오직 초점거리의 가변 범위를 나타낸다. 이미지 확대는 이미지 센서 크기와 렌즈의 초점거리의 함수로 결정되며, 초점거리를 변경하면서 영상을 확대하는 경우에는 이미지의 손상이 전혀 없이 확대가 가능한 장점이 있다. 반면 디지털 카메라에서 소프트웨어적인 디지털 줌 기능이 있는데, 이것은 단순히 이미지를 소프트웨어적으로 확대하는 기능이기 때문에 영상의 질이 떨어진다.

(c) 시야각

초점거리와 이미지 센서의 크기가 결정되면 렌즈가 받아들이는 시야각(field of view)이 결정된다. 만약 초점거리가 같은 두 종류의 렌즈가 있다면 이미지 센서에 맺히는 영상의 크기가 달라진다는 의미이다. 즉 두 개 중 하나의 렌즈는 이미지 센서 전체에 영상 정보를 구현하지 못하고 있다는 의미이다. 이미지 센서 포맷에 인치 단위로 1, 2/3, 1/2, 1/3, 1/4, 1/6, 1/8 표준이 있듯이 렌즈에도 mm 단위의 표준 포맷이 있다. 따라서 센서 포맷에 맞는 렌즈를 사용해야 하며, 그 기준은 〈표 7-8〉과 같다. 카메라의 시야각은 렌즈의 초점거리와 이미지 센서의 크기에 의해 결정된다.

〈표 7-8〉 이미지 센서에 맞는 표준 렌즈 포맷

이미지 센서 포멧	표준 렌즈 포맷
2/3inch	16mm
1/2inch	12mm
1/3inch	8mm

표준렌즈 보다 긴 초점거리를 가진 렌즈는 망원(telephoto) 렌즈가 되고, 표준렌즈 보다 짧은 초점거리를 가진 렌즈는 광각(wide-angle) 렌즈가 된다. 작은 크기의 센서 포맷 위에 같은 초점거리를 가진 렌즈는 망원 렌즈 이미지가 되고, 큰 크기의 센서 포

맷에 대해서는 광각 렌즈 이미지가 된다. 예를 들어 12mm 렌즈를 각각 다른 센서 포맷에 적용하면 다음과 같은 결과를 얻게 된다.

(ⅰ) 1/2inch 센서 포맷의 경우에는 표준 이미지를 획득
(ⅱ) 1/3inch 센서 포맷의 경우에는 망원 렌즈 이미지를 획득
(ⅲ) 2/3inch 센서 포맷의 경우에는 광각 렌즈 이미지를 획득

큰 센서 포맷에 맞는 렌즈를 작은 센서 포맷 카메라에 적용은 가능하다. 이 경우에도 〈그림 7-27〉(a)와 같이 가까운 거리에 있는 영상은 입력이 되지 않는다. 그러나 이와 반대로 적용하게 되면 그림(b)와 같이 코너와 모서리 부분의 이미지가 검게 나올 수 있다. 즉 1/2 inch 센서 포맷에 맡게 디자인된 렌즈는 1/3 inch 센서 포맷용 카메라에 적용은 가능하지만, 반대로는 적용이 안 된다. 센서 포맷에 맞게 디자인된 렌즈를 사용하는 것이 가장 좋은 영상을 획득할 수 있다.

(a) 렌즈포맷이 이미지센서 포맷보다 큰 경우　　(b) 렌즈포맷이 이미지센서 포맷보다 작은 경우

〈그림 7-27〉 렌즈 포맷이 이미지센서 포맷과 맞지 않은 경우

렌즈의 초점거리는 무한대 거리의 상을 이미지 센서에 초점을 맞춘 경우 렌즈에서 센서까지의 거리로 정의 된다. 넓은 각도를 가진 렌즈는 가까이에 있는 상에 대해 짧은 초점거리를 가지며, 망원 렌즈의 경우에는 먼 거리의 상에 대해 긴 초점거리를 가진다. 렌즈의 초점거리는 mm 단위로 측정하고, 초점거리 정보로부터 시야각을 계산할 수 있다. 일반적으로 렌즈는 초광각 렌즈(super wide angle lens), 광각 렌즈(wide angle lens), 표준 렌즈(standard lens), 망원 렌즈(telephoto lens), 초망원 렌즈(super telephoto lens) 등으로 구분하며, 35mm 필름 기준으로 각 렌즈별 초점거리와 시야각은 〈표 7-9〉와 같으며, 렌즈의 종류에 따른 초점거리별 시야각의 차이는 〈그림 7-28〉과 같다.

〈표 7-9〉 렌즈 종류에 따른 시약각과 초점거리 비교(35 mm 필름 기준)

FOV(시야각)	렌즈 종류	렌즈 초점거리(표준: 50mm)
8도 이하	초망원 렌즈	400mm~1,000mm
10~25도	망원 렌즈	70mm~200mm
40~60도	표준 렌즈	35mm~60mm
60~80도	광각 렌즈	15mm~35mm
90~120도	초광각 렌즈	10mm~15mm

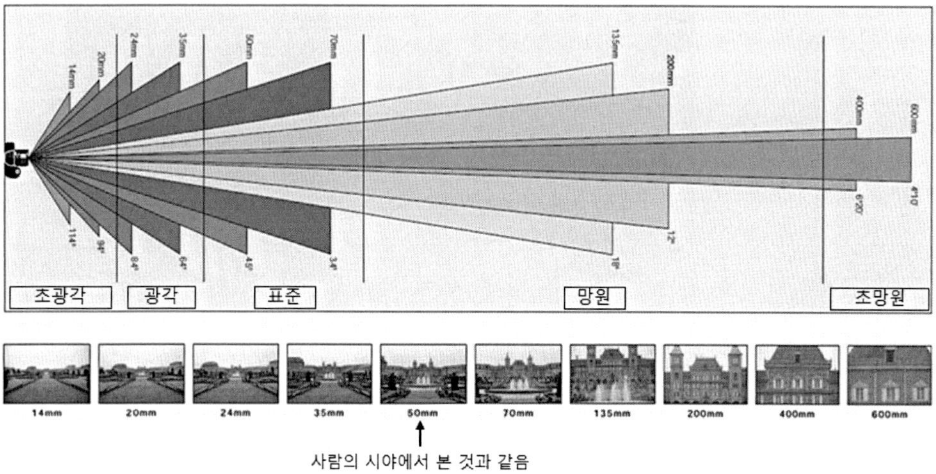

〈그림 7-28〉 렌즈 종류에 따른 시야각의 차이(35mm 필름 기준)

〈그림 7-29〉는 이미지 센서의 크기가 1/3 인치인 경우에 대해 렌즈의 초점거리에 따른 거리별 영상의 비교이다. 그림에서 보듯이 짧은 초점거리는 광각인 넓은 시야각을 제공하고, 긴 초점 거리는 좁은 시야각인 망원 시야각을 제공한다.

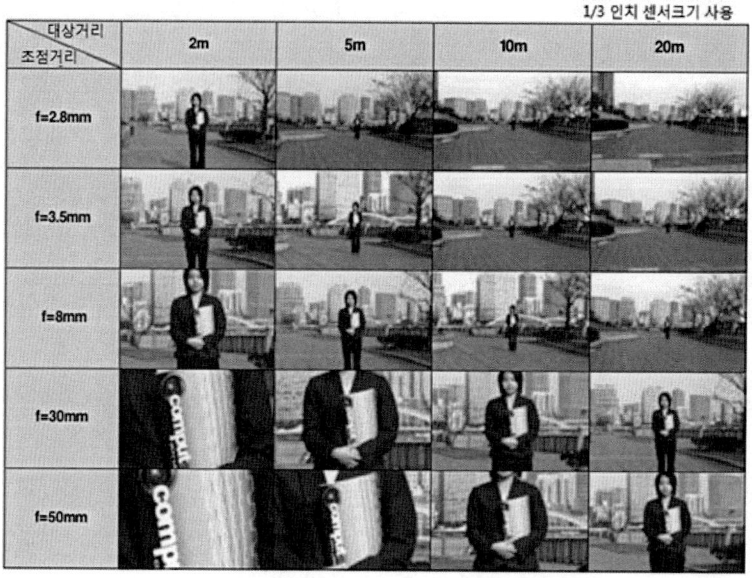

〈그림 7-29〉 초점거리에 따른 시야각의 변화

이미지 센서 크기와 초점거리를 알면 시야각을 계산할 수 있다. 시야각은 카메라로 보는 물체 쪽의 범위로 정의되는데, 이미지 센서의 유효 화소 크기/광학 배율로 계산된다. 〈표 7-9〉는 이미지 센서의 크기와 렌즈의 초점거리를 이용하여 수평 및 수직 시야각을 계산한 결과를 나타낸다.

〈표 7-9〉 수평 및 수직 시야각 계산

이미지 크기	1/3인치	1/2인치	2/3인치
수평 포맷	4.4mm	6.4mm	8.8mm
수직 포맷	3.3mm	4.8mm	6.6mm
수평 폭 계산 : (수평 포맷 × 거리)/초점거리			
수직 높이 계산 : (수직 포맷 × 거리)/초점거리			

예: 카메라로부터 24m 떨어진 빌딩의 경우, 초점거리 5mm인 렌즈와 1/3인치 이미지 크기인 경우,
수평 폭 = (4.4mm × 24m) / 5mm = 21.1m
수직 높이 = (3.3mm × 24m) / 5mm = 15.8m
이 카메라는 24m 떨어진 거리의 21.1m × 15.8m 영상을 관찰

알람 판단을 위해 카메라를 설치하는 경우, 시야각과 감시 영역의 관계를 계산해서 렌즈를 선택해야 한다. 카메라를 〈그림 7-30〉과 같이 펜스나 벽에 설치하는 경우, 카

메라의 시야각에 의해 근거리 영역, 알람판단 영역, 원거리 영역 등 3가지 영역이 존재한다. 카메라의 설치 높이와 시야각에 의해 사각 지역이 존재하며, 근거리 영역과 원거리 영역 사이에 알람판단 영역이 존재하게 된다. 알람판단 영역은 PIDS에 의한 감지영역과 일치하는 영역이며, 알람판단 영역의 크기는 영역폭(zone width)과 영역 길이(zone length)로 결정된다. 영역폭은 시야각에서 결정되며, 영역 길이는 〈그림 7-31〉의 모델을 이용하여 계산할 수 있다. 그림(b)는 계산의 편리를 위해 그림(a)의 내용을 개략적으로 나타낸 그림이다. Wi는 이미지 센서의 크기이고, Fl은 렌즈의 초점거리, D는 사물까지의 거리, F는 거리 D에서 카메라가 바라보는 폭이다. 그림(b)에서 두 삼각형은 서로 대칭이므로, D/F=Fl/D의 관계에 있으며, 이것을 D로 풀게 되면, D=F×Fl/Wi로 주어진다. 그림(a)에서 알람판단 영역 길이는 $D=D_2-D_1=F_2\times Fl/Wi-F_1\times Fl/Wi=(F_2-F_1)\times Fl/Wi$로 계산할 수 있다.[44]

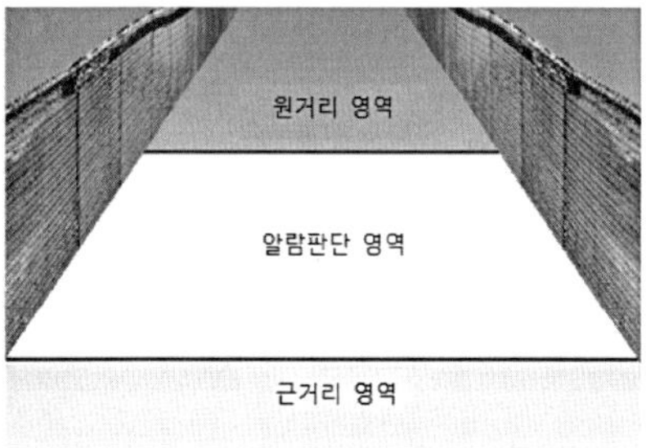

(a) 카메라가 바라보는 알람판단 영역

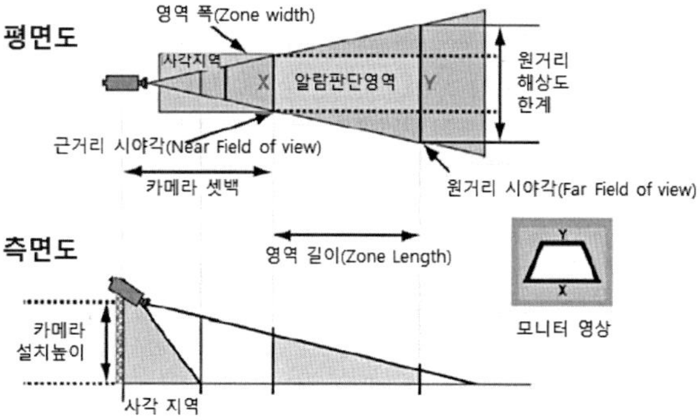

(b) 설치된 카메라의 평면도 및 측면도

〈그림 7-30〉 카메라 시야각에 따른 알람판단 영역

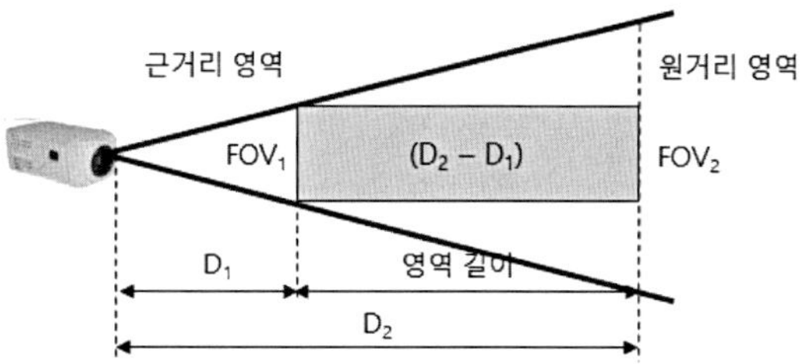

(a) 알람판단 영역 길이 정의

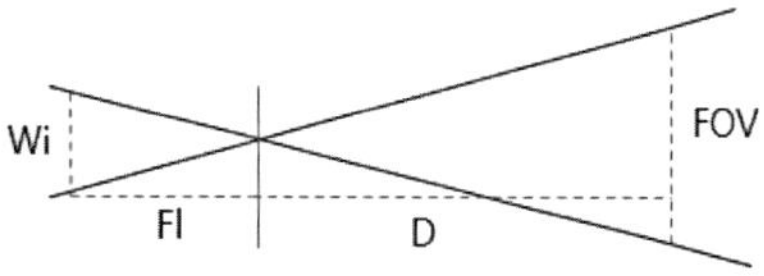

(b) 영역 길이 계산을 위한 계략도

〈그림 7-31〉 알람판단 영역 길이 계산

44) International Training Course on the Physical Protection of Nuclear Facilities and Materials, "Alarm Assessment", October 24 – November 11, 2016, New Mexico, USA

(d) 조리개

조리개(aperture)는 렌즈를 통해 통과하는 광량을 조절하는 렌즈의 개구부를 의미한다. 세팅된 개구부를 조절할 수 있는 기능을 가진 렌즈를 iris 렌즈라고 한다. Iris의 직경 조정을 통해 조리개의 크기를 조절할 수 있다. 따라서 iris 직경 조절로 렌즈를 통해 이미지 센서까지 도달하는 광량을 조절할 수 있다. 너무 많은 광량이 이미지 센서로 입사하게 되면 센서에 맺히는 영상은 하얗게 바래지게 되고, 너무 작은 광량이 입사하게 되면 검은 영상을 얻게 된다. 렌즈를 구분하는 중요한 요소가 있는데, 고정형(fixed) iris, 수동(manual) iris, 자동(auto) iris 렌즈로 구분한다. 고정형 iris 렌즈는 조리개가 고정되어 있기 때문에 조명 수준이 일정한 실내 환경에 적합하며, 미세한 조명환경의 변화는 노출시간 또는 이득을 사용하여 조명변화에 대응할 수 있다. 수동 iris 렌즈는 렌즈 옆에 있는 고리를 돌려 iris를 조절하는데, 조명 수준이 비교적 일정한 실내 환경에 적합하다. 수동형 iris 렌즈는 자동형에 비해 가격이 저렴한 것이 장점이지만, 조명이 바뀔 때마다 수동으로 iris를 조절해야 하는 단점이 있다. 자동형 iris 렌즈(auto iris lenses)는 전동 모터를 이용하여 자동으로 조리개를 조절이 가능하다기 때문에 조명이 자주 바뀌는 실외 환경에 적합하다. 여기에는 DC iris와 비디오 iris 두 가지 유형이 있으며, 두 가지 모두 모터로 구동된다. 조명이 밝은 상황에서 iris가 너무 작으면 영상이 회절되어 초점이 맞지 않을 수도 있다. 통상 대부분 자동조리개 렌즈를 사용하기 때문에 조리개의 광학적 특성을 몰라도 대부분 CCTV 카메라를 사용할 수 있다.

자동형 iris 렌즈의 구동 원리는 다음과 같다. 입사 광량에 대해 피드백 시키는 방법은 영상 신호의 밝기로부터 제어할 수도 있고, 카메라의 전류 신호로부터 제어할 수도 있다. 전자는 비디오 신호가 규정 값(통상 0.7Vp-p)보다 클 때는 조리개가 닫히는 방향으로 움직이고, 규정 값보다 적을 때는 열리는 방향으로 자동적으로 제어해서 피사체의 밝기가 변하더라도 항상 일정한 영상 출력을 얻을 수 있도록 렌즈 내에 조리개 구동회로를 갖고 있는 렌즈이다. 후자는 렌즈 내에 조리개 구동회로가 없고 조리개를 열고 닫아주는 구동코일만 있으며, 카메라에 렌즈 조리개 구동회로를 구성하여 카메라에서 렌즈로 보내주는 제어신호(DC)를 받아 일정한 영상출력을 얻도록 하는 렌즈이다. 자동형 iris 보다 향상된 기능을 가진 렌즈가 P-iris 렌즈이다. 이것은 일본의 영상렌즈 전문업체인 KOWA사와 스웨덴의 AXIS사가 공동으로 개발한 특허기술이며, 자동정밀 iris 제어기술을 구현한 것이다.

조리개의 열린 정도는 f number(f/#, 또는 f-stop)로 정의한다. 렌즈의 f/#은 조리개를 개방으로 했을 때 렌즈의 밝기로 렌즈의 초점거리를 f, 그 렌즈의 유효직경을 D라고 할 때, F = f/D(초점거리/유효구경)으로 정의한다. 조리개의 한 스텝은 밝기로 보면 2배씩 광량이 변화한다. f/2의 의미는 렌즈의 초점거리가 조리개의 개구부보다 2배라는 의미이다. 즉, 〈그림 7-32〉와 같이 f/#가 작으면 작을수록 조리개가 많이 열리며, 조리개가 많이 열려 있으면 그만큼 많은 빛이 이미지 센서로 입사한다는 뜻이다. 반대로 f/#가 크면 클수록 조리개가 작게 열려 있다는 의미이고, 빛이 그만큼 작게 이미지 센서로 입사한다는 뜻이다. 일반적인 수동형 f/#는 1.4, 2, 2.8, 4, 5.6, 8, 11, 16, 22로 구분되며, 한 단계 바뀔 때마다 광량이 2배로 줄어든다. f/#가 작은 렌즈(일반적으로 f/1.4 이하)를 빠른 렌즈(fast lenses)라고 하며, f/#가 큰 렌즈(일반적으로 f/8.0 이상)를 느린 렌즈(slow lenses)라고도 한다.

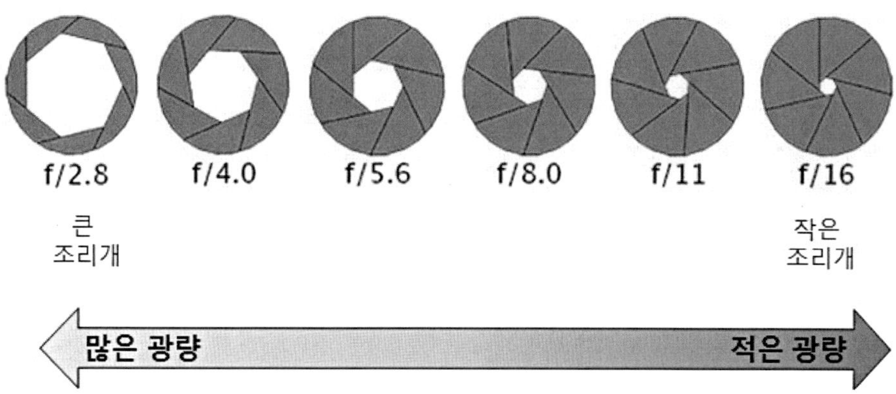

〈그림 7-32〉 f/#에 따른 조리개 및 광량의 변화

f/#에 따른 광학적인 특성은 초점심도(depth of focus)의 변화이다. 초점심도는 상의 전체 이미지를 뚜렷이 볼 수 있는 정도를 나타낸다. 조리개를 개방하면 초점심도는 작아지게 되고, 조리개를 닫게 되면 초점심도는 커진다. 다른 말로 표현하면 f/#가 크게 되면, 초점심도의 변화폭은 커지고, f/#가 작아지면 초점심도의 변화폭은 짧아진다. f/#에 따른 초점심도의 변화는 〈그림 7-33〉과 같다. f/2.8과 f/22의 영상을 비교해 보면, f/2.8의 영상은 배경의 이미지는 흐리고 중앙에 있는 영상만 뚜렷하게 보인다. 반면, f/22의 영상은 배경의 이미지와 중앙에 있는 영상 모두 뚜렷하게 보인다. 이것은 초점심도가 그만큼 깊어져 멀리까지 초점이 맞게 촬영이 된다는 의미이다.

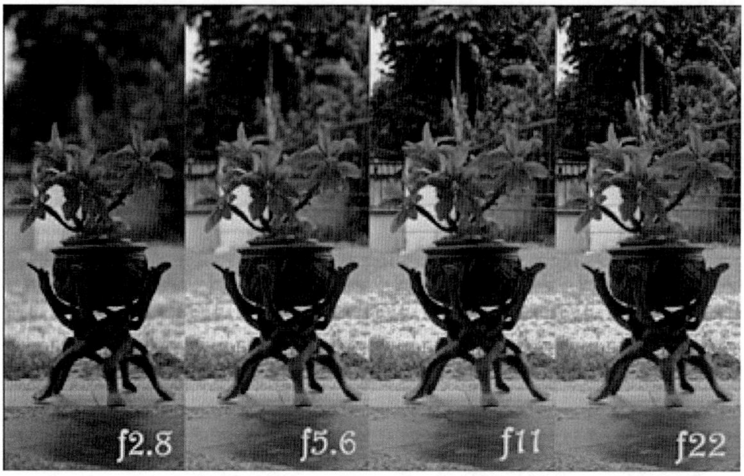

〈그림 7-33〉 f/#에 따른 초점심도의 변화

7.4 조명

7.4.1 개요

조명 시스템은 야간에 비디오를 통해 알람 판단을 위해서는 필수적인 장비이다. 만약 조명이 적절한 수준에 미치지 못하게 되면, 카메라를 더 많이 설치해야 하는 등 추가적인 장비 및 인력이 필요해진다. 카메라 민감도는 조명 시스템과 직접 관련되어 있다. 고분해능 카메라의 경우 적절한 조명이 없으면 성능을 제대로 발휘할 수 없다. 저조도 상황에서는 카메라의 민감도 또는 성능의 공통된 표준이 없기 때문에 제조사의 사양만으로 평가할 수는 없다. 제조사에서 제안하는 표준 영상 밝기 레벨 또는 카메라 이미지 센서의 밝기 레벨은 보안 분야 응용에서는 렌즈와 렌즈의 조리개 특성이 조명하에서 영향을 받기 때문에 카메라의 성능을 대표할 수 없다. 어떤 카메라가 특정 영역을 평가하기에 좋은 것인지 결정하기 위해서는 나란히 설치하여 카메라 성능을 비교하는 것이 가장 좋다.

알람 판단을 위한 조명은 야간에 획득한 영상을 통해 알람의 상황을 판단할 수 있도록 해 준다. 핵심 지역과 외곽 펜스를 따라 설치된 PIDS와 연동하여 보안용 조명을 설치하고, 카메라와 연동하여 적절한 조명을 설치하게 되면 알람 판단에 필요한 보안

인력의 수를 줄일 수 있다. 보안용 조명은 지속적으로 관찰해야 하는 경계 영역과 경계 영역 내부에 있는 민감한 영역, 예를 들면, 경계 격리 구역, 주요 건물, 저장 구역 및 통신, 전원 공급 및 기타 취약지역 등에 특히 필요하다. 실내도 출입자의 신원을 파악하기 위해서는 적절한 조명이 뒷받침되어야 한다. 따라서 조명은 물리보안 체계에서 매우 중요한 부분이다.

조명을 계획 없이 설치하게 되면 〈그림 7-34〉(a)와 같이 알람판단 영역 부분에서 밝고 어두운 부분이 존재한다면, 침입자가 어두운 부분으로 침입을 하게 되면 영상을 통한 알람판단에는 부적합한 조명이 된다. 반면 그림(b)와 같이 알람판단 영역내의 조명이 골고루 비춰지게 되면, 침입자가 어느 영역을 통해서 침입을 하더라도 동일한 알람판단을 할 수 있다. 만약 보호해야 할 대상이 매우 중요한 지역이고, 외부에 노출이 되어서는 곤란한 경우에는 조명을 사용하지 않고, 대신 열화상 카메라 또는 적외선 카메라를 사용할 수 있다.

(a) 밝고 어두운 부분이 존재하는 조명

(b) 알람판단 영역 전체가 골고루 조명

〈그림 7-34〉 조명 설치의 좋고 나쁜 사례 비교

7.4.2 설치 기준

보안용 조명은 출입구의 신분 확인 또는 진출입 차량 확인을 위한 조명을 제외하고 일반적인 작업 조명보다는 조명이 적게 필요하다. 물리적 배치, 보안 요건, 지형, 환경 및 기후 조건을 고려하여 각 지역마다 개별적으로 설치해야 한다. 조명 장비 제조업체 및 조명 분석 소프트웨어 공급업체가 조명 시스템을 설계 시 다음과 같은 사항을 고려해야 한다.

(ⅰ) 조명 및 램프의 특성과 사양

(ⅱ) 조명 패턴

(iii) 요구하는 조명 수준을 달성하기 위해 조명 장치의 설치 높이 및 간격을 설계한 설치 도면

(iv) 특정 영역에서 조명 수준과 밝기의 분포도를 추산한 소프트웨어와 평균 밝기 레벨, 밝고 어두운 부분의 비율, 최대 및 최소 밝기 같은 조명별 특징

보안용 조명 시스템의 설계 시, CCTV 시스템 설계자는 다음과 같은 사항을 고려해야 한다.

(i) 램프 교환 및 청소 비용, 그리고 유지보수를 위해 필요한 장비(예, 사다리와 트럭)에 소요되는 비용

(ii) 주전원 고장 시 자동전환 또는 수동전환 기능 제공

(iii) 밤 시간동안 조명을 자동 제어할 수 있는 광전 제어 장치

(iv) 기후 조건이 조명 시스템에 주는 영향

(v) 주전원 장치의 불규칙적인 전압 변동 여부

(vi) 접지 요구사항

(vii) 빠른 램프 교체와 조명 청소를 위한 규정

(viii) 중요 영역(예, 보호해야 할 경계 지역)에 대한 특수 조명 요구 사항, 주전원 고장시 중단없이 작동 가능한 상태로 유지할 수 있는 조명 시스템. 주요 영역에 설치되어 있는 조명이 순간적으로 멈추는 경우가 없을 것. 따라서 주전원 고장 시를 대비하여 전원을 즉시 공급할 수 있는 비상 전력 체계.

(ix) 밤중에 보안 조명 시스템의 연속적인 가동

(x) 하나 이상의 조명이 고장이 났을 때, 다른 조명의 동작에 영향을 미치지 않도록 구성된 조명 시스템

(xi) 일시적인 전원 문제로 조명의 조도가 떨어진 후 제대로 동작할 때까지 소요되는 시간

(xii) 조명등의 컬러 스펙트럼

7.4.3 보안용 조명의 특징

보안용 조명은 보안 요원이 시설 전체에 걸쳐 물리적 손상을 최소화하면서 동시에 시설 내부 또는 주위의 알람평가 및 감시 카메라를 이용한 활동을 하도록 도와준다. 보안 요원은 적절한 조명 덕분에 감시 카메라를 통해 침입 알람을 시각적으로 평가할

수 있으며, 출입구를 통해 무단으로 진입을 시도하는 이벤트에 대해서도 개입할 수 있다. 조명은 보안 시스템의 일부로서 침입탐지센서, 비디오 평가 장비, 알람 제어 및 디스플레이 시스템과 같이 병행해서 사용된다. 보안요원은 장거리를 보는 것 외에도 윤곽이 흐릿한 실루엣과 같은 낮은 콘트라스트도 볼 수 있어야 하며, 짧은 순간에만 볼 수 있는 침입자도 탐지할 수 있어야 한다. 보안용 조명을 계획할 때 침입자와 배경 사이의 대비도 중요하게 고려해야 한다. 주로 어두운 표면이 있는 경우 필요한 반사 밝기를 생성하기 위해 더 많은 빛이 필요하다. 동일한 양의 빛이 물체와 배경에서 반사되어 올 때, 각각 반사된 빛의 콘트라스트가 있어야 침입자를 구분할 수 있다. 콘트라스트가 좋지 않을 때 배경과 대상 물체를 구별하기 위해서는 조명을 밝게 하거나 또는 조명 위치를 변경하여 개선할 수 있다. 〈그림 7-35〉의 결과에서 보듯이, (a)와 같이 콘트라스트가 나쁜 경우에 조도와 조명 위치 변경을 통해 (b)와 같이 콘트라스트를 개선할 수 있다.

(a) 콘트라스트가 좋지 않은 조명

(b) 콘트라스트가 개선된 조명

〈그림 7-35〉 콘트라스트가 좋은 경우와 나쁜 경우의 영상 비교

침입자가 배경보다 어둡게 보일 때는 주로 윤곽이나 실루엣으로 구분할 수 있다. 침입자가 빛에 의해 반사가 잘 되지 않도록 어두운 색상의 옷을 입거나 얼굴과 손에 검게 위장을 하고 침입하는 경우에는 침입자의 배경이 되는 건물벽과 구조물의 하부에 연한 색 마감재를 사용하면 침입자를 구분할 수 있다. 또는 벽에 밝고 어두운 줄무늬를 주기적인 패턴으로 해 놓으면, 침입자의 옷이 밝거나 어두운 경우에 관계없이 줄무늬 패턴을 통해 침입자의 윤곽이나 실루엣이 잘 드러나는 효과를 얻을 수 있다.

보안용 조명은 실용적이고 효과적이야 한다. 효과를 극대화하여 침입자가 침입하려는 의도를 포기하게 만들거나, 침입을 시도하더라도 탐지를 쉽게 하여 알람판단이 용이하도록 해야 한다. 보안용 조명은 충분한 조도를 통해 보안요원이 침입자를 육안으로 효과적으로 관찰할 수 있도록 해야 하지만, 또한 보안요원이 일시적으로 앞을 볼 수 없는 눈부심을 일으키지 않도록 설계되어야 한다. 야간에 건물 내부의 방에서 외부로 파견된 보안 대응팀의 눈은 조명 수준이 0.5 f-c(5lux) 이하인 외부로 갑자기 나오게 되면 순간적으로 적응되지 않는다. 매우 낮은 조도에 적응하기까지 최대 30분까지 걸릴 수 있으므로, 보안 대응팀의 효율적인 대응을 위해서도 적절한 조명이 필수적이다.

7.4.4 조명 종류

보안용 조명 시스템의 유형은 전반적인 보안 요구 사항에 의해 정해진다. 일반적으로 보안용 조명은 상시 조명(continuous lighting), 대기 조명(standby lighting), 이동식 조명(movable lighting), 비상 조명(emergency lighting) 등 4가지 종류로 구분할 수 있다.

(a) 상시 조명

상시 조명은 보안용 조명에서 가장 일반적인 유형이다. 이것은 야간에 감시 영역을 계속해서 비추도록 배열된 일련의 고정 조명으로 구성되어 있다. 상시 조명에는 제어 투사 조명(controlled projection lighting)과 억제 섬광 투사 조명(deterrent glare projection lighting)이 있다. 제어 투사 조명은 경계 영역 내부를 최소의 조명으로 경계 영역을 조명할 때 적절하다. 경계 영역 쪽으로 너무 많은 조명을 비추게 되면 내부 보안 요원의 행동이 침입자에게 노출되어 불필요한 정보를 제공할 수 있다. 억제 섬광 투사 조명은 일종의 스포트라이트(spotlights) 같은 것으로, 경계 주위를 직접 조명하는 섬광이 인접한 영역에 간섭을 일으키지 않으며 또한 이웃 주민들에게도 불편을 끼치지 않는다. 이러한 종류의 조명은 침입자가 그 지역 내부를 보기 어렵게 만들기 때문에 잠재적인 침입자에 대한 강력한 억제책이 된다. 보안 요원이 있는 경계 영역 내부는 상대적으로 어두워 내부 정보가 노출되지 않으며, 경계 영역 밖에 있는 침입자의 움직임은 쉽게 관찰할 수 있다.

(b) 대기 조명

대기 조명의 설치 형태는 상시 조명과 유사하다. 그러나 야간에 조명을 연속적으로 비추지 않고, 의심나는 물체가 보이거나 센서에 의해 침입이 감지된 경우에만 수동 또는 자동으로 조명이 작동하는 방식이다.

(c) 이동식 조명

이동식 조명은 수동으로 동작하며, 야간 또는 필요에 따라 작동할 수 있는 이동식 통합 조명기 및 발전기 조립품으로 구성된다. 이러한 유형의 시스템은 일반적으로 상시 조명 또는 대기 조명의 보완용으로 사용된다.

(d) 비상 조명

비상 조명은 위의 시스템 중 일부 또는 전부를 대체할 수 있는 조명 시스템이다. 이 장치의 사용은 정상적인 시스템이 전원에 문제가 발생하거나 기타 비상사태 발생시 사용하는 것으로 제한된다. 또한 이 시스템은 휴대용 발전기 또는 배터리 전원인 UPS와 같은 대체 전원에 의해 동작한다.

7.4.5 조명의 정의

조도(illuminance)는 조명을 받는 면의 밝기의 척도이다. 좁은 면적에 많은 양의 광속이 입사되면 조명을 받는 면은 밝아진다. 즉, 조도가 높아진다. 조도의 단위는 f-c(foot-candles) 또는 lux이다. 1f-c는 1제곱피트 표면에 1lumen의 밝기를 가진 광원이 1피트 떨어진 곳에서 나오는 광원의 세기로 정의된다. 1lux는 국제 표준 단위계로 정의된 것으로, $1m^2$ 표면에 1 lumen의 밝기를 가진 광원이 1m 떨어진 곳에서 나오는 광원의 세기로 정의된다. 따라서 1f-c는 10.76 lux와 같다. 일반적으로는 쉽게 계산하기 위해 1f-c를 10lux로 간략히 변환해서 계산하기도 한다.

조도에는 인공적인 것과 자연적인 것이 있다. 자연 조명은 태양, 달, 별 등에서 나오는 빛이고, 인공 조명은 사람이 만든 빛이다. 〈표 7-10〉에 9 가지 종류의 자연 조명에 대한 조도 차이의 비교이다. 주간과 야간에 조도 차이가 매우 많이 난다. 태양빛을 직접 조사받는 주간에는 3,200~13,000 f-c 정도의 광량이 카메라로 들어오고, 야간에는 0.00001~0.0001 f-c 정도로 매우 작은 광량이 카메라로 들어오게 된다. 여기서 f-c는 foot-candles를 나타내는 광량 단위이며, 1 f-c = 10.76 lux에 해당한다. 따라서 낮과 밤의 최대 조도 차이는 약 10^9배 정도가 난다. Si 반도체로 제작하는 이미지 센서가 구분할 수 있는 조도 차이는 약 10^4배 정도에 불과하기 때문에 이를 극복하기 위해서는 밤의 조도를 약 10^5배 정도로 보완해야 한다.

〈표 7-10〉 자연 조명에 따른 조도 차이

태양빛을 직접 조사	3,200~13,000 f-c
정오(태양빛을 직접 조사하지 않음)	1,000~2,500 f-c
흐린 날씨(낮)	100~1,000 f-c
석양	0.1~10 f-c
보름달(맑은 날씨)	0.01~0.1 f-c
보름달(흐린 날씨)	0.001~0.01 f-c
별 빛(맑은 날씨)	0.0001~0.001 f-c
별 빛(흐린 날씨)	0.00001~0.0001 f-c

배경의 이미지는 빛이 대상물의 표면에 반사(reflectance)되어 되돌아온 빛에 의해 이미지를 볼 수 있다. 빛의 반사 정도는 입사각과 반사되는 표면의 성분 등에 따라 달라진다. 반사율은 먼저 광원의 조도를 측정하고, 그 다음 조도계의 센서를 표면 대상물로 한 상태에서 반사되어 온 빛의 조도를 측정하여, 그 두 값의 비율로부터 계산한다. 측정시에 외부의 외란광이 들어오지 못하도록 해야 하고 빛의 경로에 그늘이 막힘이 없도록 해야 한다. 자연 조명에 대해 다양한 배경에 대한 반사율은 상대적으로 입사각과는 거의 무관하다. 몇몇 대표적인 물체의 표면 반사율은 〈표 7-11〉과 같다. 지표면이 건조할 때 약 25~35%의 정도의 반사율이면, 야간에 침입자 판단을 위한 적절한 콘트라스트를 보장할 수 있다.

〈표 7-11〉 물체 표면 종류에 따른 빛의 반사도

표면 종류	반사도(%)
아스팔트 표면	7~10
젖은 흙 표면	15~20
풀로 덮힌 나무	20~25
강가의 바위	25~30
마른 흙 표면	30~35
페인트가 없는 콘크리트	35~40
표면이 매끈한 알루미늄	60~65
눈으로 덮인 표면	70~75

조도는 일반적으로 수평 접지면 위로 일정 거리에서 위로 향하는 광량을 조도계를 사용하여 측정된다. 거리는 보통 지표면에서 15cm~30cm 떨어진 곳에서 측정한다. 평균 조도는 보통 약 3m 간격으로 가로와 세로의 여러 지점에서 동일한 수직 거리에서 측정한 조도를 평균하여 계산한다. 이렇게 측정하는 것을 '배경 조도'(scene illumination) 측정이라 한다. 평균 배경 조도는 알람판단 영역 내의 평균 조명 밝기이다. 따라서 평균 배경 조도는 영상으로 알람을 판단하는 것과 보안 요원이 현장에서 눈으로 판단하기에 충분한 조명이 보장되어야 한다. 많은 시험 결과, 25~35%의 반사율을 가진 지표면에서 1.0 f-c의 평균 배경 조도가 카메라 및 보안 요원에게 충분한 빛을 제공하는 것으로 나타났다.

배경 조명의 평탄도(evenness)는 침입자의 위치를 판단하는데 중요한 요소 중의 하나이다. 영상 조도(video image contrast)는 획득된 영상에서 흑백 비디오 신호 레벨 사이의 차이를 의미한다. 조도 차이가 크다는 것은 흑백 레벨 사이의 차이가 커다는 것이고, 반면에 조도 차이가 작다는 것은 흑백 레벨 사이의 차이가 작다는 것이다. 〈그림 7-36〉(a)의 영상은 흑백 명암의 차이가 약 20:1인 영상이고, (b)는 흑백 명암의 차이가 약 6:1인 영상이다. 그림(a)의 영상에서 어두운 부분을 지나가는 사람은 자세히 보지 않으면 인지하기가 어렵다. 반면 (b)의 영상에서 어두운 부분을 지나가는 사람은 쉽게 인지가 가능하다. 따라서 흑백 명암의 차이가 최소 6:1 이하가 되도록 조명 설계를 하도록 권장하고 있다.

(a) 흑백 명암의 차이가 약 20:1

(b) 흑백 명암의 차이가 약 6:1

〈그림 7-36〉 흑백 명암의 차이에 따른 영상 비교

배경 조명에서 흑백의 비율을 6:1로 설계해야 한다는 것은 배경 영상의 가장 밝은 부분이 가장 어두운 부분보다 6배 이상 밝아서는 안 된다는 것을 의미한다. 특히 외곽 조명에는 4:1 미만의 설계를 강력히 권장하고 있다. 그리고 알람판단 조명 시스템에서 흑백의 비율을 4:1로 디자인하고, 전구가 사용 수명 동안 열화로 인해 출력이 낮아지더라도 흑백 비율이 6:1을 넘지 않도록 설계해야 한다. 카메라 시야의 최소 75%는 최소 평균 조명 및 흑백의 비율 요구사항을 충족하는 균등한 조명을 가지도록 설계해야 한다.

이미지 센서에 탐지된 총 배경 밝기는 카메라 렌즈의 iris 조절, 노출 시간 및 전기적 신호 증폭 등을 통해 평균이 된다. 따라서 카메라가 보상할 수 있는 시야의 밝은 부분과 어두운 부분의 양과 세기에는 제한이 있다. 이것을 카메라의 동적 영역(dynamic range)라고 한다. 카메라 시야의 밝은 부분은 평균 영상 조명 레벨을 높이게 되고, 이는 카메라의 전자 장치가 평균 비디오 신호 출력을 낮추도록 한다. 이것은 이미지의 어두운 부분을 더욱 어둡게 만드는 경향이 있고, 영상을 평가하는 작업자의 능력에 부정적인 영향을 미칠 수 있다. 이러한 카메라의 동적 영역 제한을 완화하려면 조명을 설계할 때 흑백간 조명 비율을 고려하여 설치해야 한다. 만약 흑백간 비율이 과다하게 되면, 밝은 부분은 더욱 밝게 되어 포화되는 영역이 존재하게 된다. 또는 어두운 영역에 대해 충분한 해상도를 제공하지 못하는 결과를 초래하게 된다. 그러므로 영상을 통한 알람판단을 잘 하기 위해서는 영상의 흑백간 비율이 최소 6:1을 넘지 말아야 한다. 이 비율은 관심있는 영역만이 아니라 카메라가 바라보는 전 영역에 대해 지켜져야 한다. 이를 위해 카메라 시야의 75% 이내에서 균일한 조명이 제공되도록 모서리나 펜스 넘어서까지 확장되어야 한다. 또한 외곽 경계 영역에 있는 지표면의 반사율은 25~35% 정도가 되도록 해야 한다.

7.4.6 배경 조도 판독 범위

만약 1.0 f-c의 최소 평균 배경 조도와 4:1 흑백 비율로 설치된 경우, 현장의 최대 및 최소 조명 판독 범위는 다음과 같이 추정할 수 있다. 1 f-c에서부터 3 f-c까지의 밝기에 따른 상대적인 최대 최소 판독 범위는 〈표 7-12〉와 같다. 예를 들어 평균 조도가 1 f-c인 경우, 조명 판독 범위는 0.5~2.0 f-c 범위로 추정할 수 있다.

〈표 7-12〉 조명에 따른 조명 판독 범위

평균 조도(f-c)	상대적인 판독 범위(f-c)
1.00	0.5~2.0
1.25	0.6~2.5
1.50	0.8~3.0
1.75	0.9~3.5
2.00	1.0~4.0
2.25	1.1~4.5
2.50	1.3~5.0
2.75	1.4~5.5
3.00	1.5~6.0

7.4.7 판단 감도

영상 알람 평가용 조명은 카메라, 영상 처리 및 디스플레이 시스템을 고려하여야 한다. 조명 시스템은 24시간 보안요원이 직접 수행하든 또는 비디오 카메라를 통해 수행할 때, 알람 평가를 용이하게 하기 위해서는 반드시 필요하다. 카메라는 알람 평가를 위해서는 필수적이기 때문에 카메라 감도와 렌즈 조리개는 카메라의 이미지 센서에 도달하는 반사 배경 조명에 영향을 미치는 중요한 요인이다. 카메라 감도는 사용 가능한 비디오 이미지를 생성하기 위해 카메라 이미지 센서에 필요한 조도의 양으로 정의된다. 기본적인 법칙은 카메라가 아날로그이든 디지털이든 관계없이 적용된다. 사용 가능한 비디오 판단용 이미지를 만드는데 기여하는 요인들에는 다음과 같은 것들이 있다.

(ⅰ) 배경에 비쳐지는 조도와 조도의 균일도
(ⅱ) 광원의 파장 분포 특성
(ⅲ) 총 배경 반사율
(ⅳ) 물체의 반사율
(ⅴ) 카메라 렌즈의 투과율
(ⅵ) 카메라 렌즈 조리개 직경(f/#)
(ⅶ) 카메라 이미지 센서의 파장에 따른 반응도(주로 가시광선 영역)
(ⅷ) 광대역 파장 대역을 가진 광원에 대한 이미지 센서의 반응도
(ⅸ) 카메라의 자동 밝기 조정 기능(이득과 노출 시간)

대부분의 카메라는 조도가 낮은 상황에서 사용자가 원하는 전체 밝기 수준으로 보상하기 위해 노출 시간과 증폭기 이득의 조합을 통해 부족한 조도를 자동으로 보상하는 기능이 있다. 자동 iris 렌즈가 장착된 카메라는 변화하는 배경 조명 수준에 맞게 렌즈 조리개를 열거나 닫음으로써 전체적인 조도를 자동으로 보완한다. 일부 디지털 카메라에는 조명 수준 보완 프로그램이 내장되어 있다. 낮은 조명을 제어하기 위해 iris 제어, 셔터 제어 및 증폭기 이득 등의 기능에 우선 순위를 정해서 수행한다. 샤터 제어는 조도가 낮은 경우에 노출시간을 늘려서 부족한 조도를 보정한다. 그러나 노출 시간만 길게 하면 움직이는 물체가 있을 경우 화면에 영상이 번지는 현상이 생길 수 있다. 예를 들어, 빠르게 움직이는 물체가 있는 경우에 노출 시간을 1/6초보다 길게 하면 영상은 눈에 띄게 흐릿해지기 시작한다. 모니터의 비디오 이미지에서 허용되는 잡음 수준 또는 음량 수준은 운영자의 주관적 의견에 따라 달라질 수 있다. 대부분의 디지털 카메라는 최대 노출 시간과 이득에 제한을 두어 하나의 매개변수가 다른 매개변수의 단점을 보완할 수 있도록 되어 있다.

아직까지 카메라 감도 보완을 위한 표준이 확립되어 있지 않다. 일부 카메라는 사용 가능한 그림으로 제공할 수 있는 카메라 이미지 센서의 최소 조명 수준으로 카메라 감도를 제시하고 있다. 이러한 카메라 사양은 카메라 렌즈로 인한 조명 수준 저하는 고려하지 않고 사용하고 있다. 사용 가능한 영상을 만들기 위해 카메라의 이미지 센서에 필요한 광량은 지정할 수 있지만, 이미지 센서에서 해당 광량을 얻기 위해 렌즈로 입사하는 광량은 상당히 높을 수도 있다. 또한 카메라 감도가 결정되는 조명 및 배경 조건이 반드시 카메라 사양에 표시되지 않을 수도 있다. 최소 조명 수준과 함께 다음과 같은 정보를 추가적으로 고려해야 한다.

(i) 출력 비디오 신호의 조건 - 카메라 출력과 이득, 노출 시간
(ii) 렌즈의 광투과도 - 렌즈의 앞단으로 입사한 광량이 이미지 센서로 투과한 광량의 비율
(iii) 렌즈의 f/# - 렌즈의 iris 조리개에 의해 광량이 감소된 수준
(iv) 총 배경 반사율 - 배경에서 반사되어 이미지 센서로 입사된 광량의 비율

경우에 따라서는 민감도를 정의하기 위해 사용된 파라미터들이 실제 설치된 상황에서 경험하는 것보다 더 나은 성능을 나타내는 것은 비현실적일 수 있다. 예를 들면 규격화에 주로 사용하는 파라미터는 (1) 평소보다 높은 배경 반사율, (2) 허용할 수 없을 정도로 긴 노출 시간 및 (3) 큰 렌즈 조리개(낮은 f-스톱) 등 3가지이다. 이들 파라미

터들은 카메라가 정지된 배경을 볼 때 사용되는 값이 사양으로 정해진다. 그러나 움직이는 배경을 효과적으로 관찰할 필요성을 규격 프로세스에 반영할 경우 실제 카메라 감도는 제조업체 데이터 시트에 명시된 것보다 적을 가능성이 크다.

선택한 카메라에 충분한 카메라 이미지 센서 조명을 제공하는지 계산하기 위해 다음과 같은 공식을 사용할 수 있다. 카메라 이미지 센서에 적합한 조명의 광량을 계산하기 위해서는 우선 배경 조명, 배경 반사율, 렌즈 f/# 및 렌즈 투과율을 알아야 한다. 다음의 공식은 카메라 이미지 센서 표면에 적절한 비디오 화면을 제공할 수 있는 충분한 조명이 가능한지 확인하는 빠른 방법 중의 하나이다. 그러나 카메라를 배치하기 전에 예상 조명 조건에서 현장 검증을 위한 시험을 실시하는 것이 가장 좋다.

$$\text{이미지 조명} = \frac{\text{배경 조명} \times \text{배경 반사율} \times \text{렌즈 투과율}}{4 \times (\text{렌즈의 } f-stop)^2}$$

여기서 이미지 조명과 배경 조명의 단위는 f-c 또는 lux이며, 렌즈 투과율과 배경 반사율은 %의 단위이다. 예를 들어 다음과 같은 파라미터들이 주어졌을 때의 이미지 조명은 다음과 같이 계산할 수 있다.

배경 조명 = 1 f-c, 배경 반사율 = 30%, 렌즈 투과율 = 80%, 렌즈의 f-stop = 1.8이라고 하면,

$$\text{이미지 조명} = \frac{1 \times 0.3 \times 0.8}{4 \times (1.8)^2} = 0.019$$

따라서 이미지 조명은 0.019 f-c 또는 0.19 lux가 된다.

위에서 계산한 예제와 같은 환경에 대해, 비디오 판단용으로 선택된 카메라가 0.05 lux의 감도를 가지고 있다면, 카메라가 적절한 감도 이상을 가지고 있다고 볼 수 있다. 즉, 예제와 같은 환경에서는 카메라의 감도가 0.19 lux 보다 작으면 적용이 가능하기 때문이다.

대부분의 조명 응용분야에서는 가시광선을 생성하는 전구가 사용되기 때문에 카메라 이미지 센서의 스펙트럼을 고려하지 않을 경우 필요한 빛을 추정할 때 오류가 발생할 수 있다. 이것은 컬러 카메라인 경우에 해당된다. 대부분의 컬러 카메라는 적색, 녹색 및 청색 필터를 픽셀에 마스킹하여 색상을 표현한다. 대부분의 이미지 센서는 25% 적색, 25%의 청색, 그리고 50%의 녹색 필터로 구성되어 있다. 따라서 광 스펙트럼은 흑백 카메라와 비교할 때 센서에 도달하기 전에 광이 필터링되어 이미지 센서의

전체 픽셀 감도가 저하된다. 또한 적외선 파장에 대해서도 흑백 카메라는 모든 픽셀이 100% 민감한 반면, 컬러 이미지 센서는 전체 픽셀 중 25%만이 적외선에 민감하다. 또한 컬러 카메라 이미지 센서에는 적외선 감도를 더욱 줄일 수 있는 파란색 필터가 25% 있다. 만약 근적외선 광원을 사용할 경우, 적외선이 육안으로 보이지 않지만 흑백 카메라를 사용하면 가시적인 비디오 영상으로 볼 수 있다.

7.4.8 조명 배치

카메라가 조명의 광원을 직접 바라보는 것을 피하기 위해서는 보안용 조명을 카메라의 시야각에서 벗어난 카메라 위 3m 이내에 설치하는 것이 좋다. 또한 먼지 및 안개에 의해 뒤쪽으로 난반사로 인한 잠재적 영향을 줄이기 위해 광원을 카메라 바로 위에 두지 않는 것이 좋다. 카메라 전면부에 차광막을 설치하면 앞의 효과들을 더욱 줄일 수 있다.

(a) 조명 설계

조명 서례에 앞서, 선택한 조명 장비의 제조업체와 공급업체에 문의하여 조명 및 전구 조명 특성을 우선 파악해야 한다. 대부분의 주요 조명 공급 업체와 건축 엔지니어링 회사는 필요한 배경 조명으로 제안된 조명 시스템을 모델링할 수 있다. 또한 흑백 명암의 최대 최소 비율도 예측이 가능하다. 이러한 모델 분석을 통해, 몇 가지 가능한 조명 디자인을 빨리 계산할 수 있다. 모델 분석에 필요한 정보는 다음과 같다. 특정 유형의 램프(램프 제조업체 제공)에 특정한 광도 데이터가 포함된 파일, 조명 패턴(고정기구 제조업체 제공) 및 조명 방향, 장착 높이 및 지지대 사이 간격 등이다. 광범위한 조명 작업을 수행할 시설은 우선적으로 조명 소프트웨어 프로그램을 고려하는 것이 좋으며, 이러한 유형의 소프트웨어는 일반적으로 비싸지 않다.

설계된 조명 구성으로 설치하기 전에 간단한 시험으로 검증하는 것이 좋다. 이를 위해 최소 5개의 고정장치를 설치하고(단일 통로 설치용) 실제로 조명을 측정하여 설계에서 예측한 조도와 비교하는 절차이다. 조도 측정은 길이와 너비를 3m 간격으로 지면 높이는 15cm~30cm 사이에서 수행한다. 가장 밝고 어두운 측정을 구분하여 평균 조명 수준을 측정하여 흑백의 밝기 비율을 계산한다. 광도가 0.2 f-c를 초과하는 거리까지 확장해서 측정하는 것이 좋다. 광도 측정은 적절한 파장에서 작동하는 광센서가 장착된 조도계를 사용한다. 일부 조도계는 특정 스펙트럼 파장 밴드 내 조도를 측정할 수 있도록 광센서를 교환할 수 있다. 광센서가 지면을 향한 방향으로 하여 지면에서 15cm~30cm 높이 사이에서 측정한다. 설치 후 전체 조명 시스템의 조정 및 수정은 필요시 수행해야 한다. 이런 테스트 중에 확인되지 않은 반사율이나 밝은 부분이 있다는 것을 발견하는 것은 매우 흔한 일이다.

실내 조명에 필요한 수평 및 수직 조명 수준도 외부 조명과 유사하게 결정된다. 실내의 경우에는 벽, 바닥 및 천장 반사의 기하학적 구조로 인한 반사로 조도에 영향을 받는다. 실내는 실외보다 비교적 밝은 조명(보통 30 f-c에서 100 f-c)을 사용하기 때문에 실외의 알람판단용으로 사용하는 카메라의 감도보다 낮은 감도의 카메라를 사용해도 문제가 없다. 또한 어두운 방 내부 공간에서는 근적외선 조명 광원과 흑백 카메라를 사용하면 가시광 조명을 사용하지 않고도 감시가 가능하다. 이러한 근적외선 조명 광원을 사용하는 경우에는 침입자에게 실내의 비밀성을 유지할 수 있는 장점이 있다.

(b) 램프 종류와 특성

주요 램프의 특성은 다음과 같다. 〈표 7-13〉에 각 램프의 특성이 요약되어 있다.

(i) 백열등 : 빛은 진공으로 된 등 내부의 가열된 필라멘트로부터 방출된다.

(ii) 석영 요오드(Quartz Iodine) : 빛은 백열등과 같은 원리로 생성되지만, 등 내부는 필라멘트가 더 높은 세기로 가열이 될 수 있도록 할로겐 가스가 채워져 있다.

(iii) 형광 램프 : 빛은 수은 증기로 채워진 등 안의 전기 아크로 인해 생성된다. 저압 증기는 자외선을 발산하며, 이 자외선은 튜브 내부 표면에 있는 형광 가루와 충돌하여 가시광선으로 변환되어 방출된다.

(iv) 고휘도 방전램프 : 빛은 아크가 가스와 직접 상호작용하여 가시광선을 방출한다. 고휘도 방전 램프에는 수은증기 램프, 금속 할로겐화물 램프, 고압 및 저압 나트륨 램프가 포함된다.

(v) LED : 빛은 LED 반도체 소자에서 생성된다. LED 램프는 하우징 내부에 여러 개의 LED가 장착되어 있다. 현재는 근적외선용 광원으로 가장 많이 사용되고 있다. 그러나 미래에는 LED가 가지고 있는 여러 장점으로 표준 조명이 될 것으로 예상된다. LED의 장점은 다음과 같다. 먼저 고효율이다. LED는 100 lumen/W 이상의 효율을 낸다. 다음은 긴 수명이다. 적절히 설치하여 사용한다면 수명이 50,000~60,000 시간 정도 사용이 가능하다. 다음은 전원을 넣은 순간 즉시 동작한다는 장점이 있다. 또한 수은과 같은 해로운 할로겐 가스를

사용하지 않는 장점이 있다. 마지막으로 파장 대역을 조절이 가능하여 매우 넓은 대역의 광원으로 사용이 가능하다.

〈표 7-13〉 램프 종류별 특성 비교

	형광램프	석영 요오드	형광 램프	메탈 할라이드	고압 나트륨	저압 나트륨	LED
효율 (lumens/W)	12~20	20~23	40~65	80~100	95~130	131~183	70~100
수명 (시간)	750~ 10,000	2,000	24,000	15,000	20,000	18,000	50,000~ 60,000
동작하는데 소요시간	즉시	즉시	3~7분	3~5분	3~4분	8~15분	즉시
파장 대역 (nm)	400~ 1,000	400~ 1,000	파란색 계통	400~ 1,000	황갈색	노란색	400~ 1,000

7.4.9 성능 검사

초기 및 주기적인 주변 조명 수준 측정은 표준 방법을 사용해야 한다. 표준 측정을 통해 전구가 노화됨에 따른 조도 저하 정도를 결정할 목적으로 이전 측정치와 비교할 수 있다. 전구의 조도 저하를 추적하면 유지보수 담당자가 조명 청소와 렌즈 또는 전구를 교체해야 할 때를 예측할 수 있다. 측정을 위해 통상적으로 두 사람이 필요하며, 약 100미터 측정자, 보정된 조도센서, 조도센서를 부착하기 위한 30cm 높이의 받침대, 최소 8개의 목재 블록, 클립보드 및 측정 기록을 위해 사전 인쇄 스프레드시트 등의 준비물이 필요하다. 조명이 최대 밝기를 달성할 수 있도록 충분히 오랫동안 켜진 후인 일몰 후 어두운 하늘 조건에서 측정을 한다. 다음은 100m 길이의 면적에 대한 측정 내용이지만, 이 방법으로 어떤 길이에도 적용할 수 있다.

외곽 조명 수준을 측정하기 위해 필요한 프로세스는 다음과 같다.

(i) 〈그림 7-37〉과 같이 내부 펜스의 기준 위치(0' 너비와 0' 거리)에서 바로 밑에서부터 시작하여, 줄자를 사용하여 나무 블록을 외곽 펜스를 향해 가로 3m 간격으로 배치한다.

(ii) 초기 위치에서부터 내부펜스를 따라 줄자를 사용해서 100m 거리 위치에서 나무 블록을 외곽 펜스를 향해 3m 간격으로 배치한다.

(iii) 줄자의 각 끝 단에 한 사람씩 두 사람이 줄자로 전체 100m 거리의 측정치를 내부 펜스를 따라 두 번째 나무 블록까지 연장한다.

(iv) 테이프로 받침대 상단에 조도센서(앞면이 위로)를 단단히 부착한다.

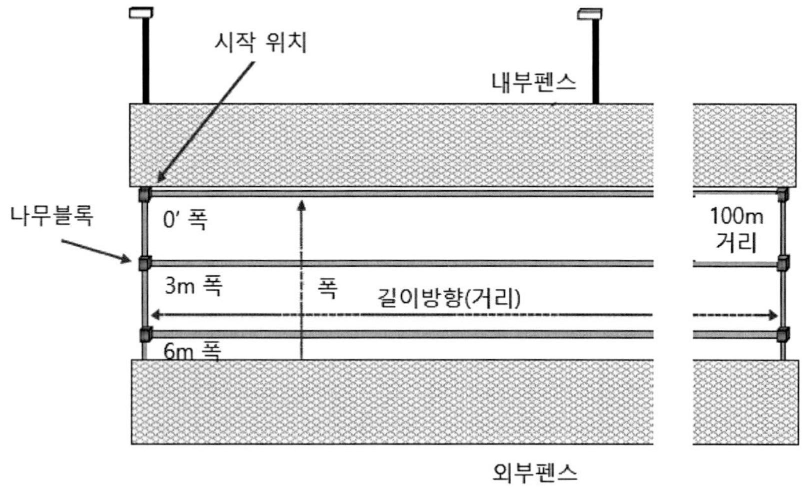

〈그림 7-37〉 외곽 조명의 조도 측정을 위한 준비

조도 측정에는 두 사람이 필요하다. 한 사람은 조도센서로 조도를 측정하고, 다른 사람은 데이터 시트에 읽은 값을 기록한다. 모든 위치에서의 측정은 다음의 절차로 진행한다.

(i) 첫 번째 측정 지점에서 시작하여 조명 기구 아래의 내부 펜스를 따라 줄자의 측정 지점에 받침대와 센서를 놓는다.

(ii) 조명센서에서 조명 값을 읽는다. 작업자 또는 다른 장애물이 조도 센서에 그림자를 드리우고 있지 않은지 확인한다.

(iii) 데이터 시트에 조도값을 기록한다.

(iv) 줄자의 3m 표시 위치로 이동하여 데이터 시트에 조도센서의 판독값을 읽고 기록한다.

(v) 줄자의 6m 표시 위치로 이동하여 측정 및 기록 절차를 반복한다.

(vi) 줄자로 표시된 100m 위치까지 이동하면서 측정 및 기록을 반복한다.

(vii) 줄자의 각 끝에 하나씩 있는 두 사람이 내부 펜스에서 3m 떨어진 곳에 있는 두 개의 나무 블록으로 줄자를 이동시킨다.

(viii) 앞의 방법으로 100m 위치까지 이동하면서 측정 및 기록을 반복한다.

측정과 기록이 모두 끝나면, 측정값을 모두 더하고 횟수로 나누어 측정한 조도의 평균값을 계산한다. 위와 같은 방법으로 하면 총 횟수는 124회(하나의 길이 방향으로 31번 측정, 이것을 4줄로 반복 측정)이며, 평균값이 조도 레벨에 해당한다. 평균 조도가 1.0 f-c 또는 10 lux 보다 큰지 확인한다. 데이터 시트에서 가장 높은 값과 가장 낮은 값을 찾아서, 이 두 값을 서로 나누게 되면 흑백 비율(가장 밝은 곳과 가장 어두운 곳의 비율)이 된다. 흑백 비율이 6:1 보다 작은지 확인한다.(4:1 이하가 이상적이다) 평균 조도에 가장 낮은 값을 나누게 되면 이것을 평균-대-흑 비율(average-tp dark ratio)라고 하며, 이 값이 2.5:1 이하인지를 확인한다. 이러한 값들이 초기에 설치했을 때의 값과 비교하여 조도가 줄어든 곳이 있는지 비교한다. 이러한 측정을 일정 기간을 두고 실시하여 값들을 측정 날짜에 따라 비교해 보면, 어떤 부분에서 조명 저하가 발생하는지 추세를 판단할 수 있다.

7.5 DVR

7.5.1 동작 원리

DVR(digital video recorder)은 예전에 비디오 테이프에 영상을 저장하던 아날로그 방식의 VCR 대신에 하드디스크에 영상을 저장하는 디지털 녹화 장치이다. DVR의 주요 기술은 다음과 같다.

(i) 1~16개의 카메라로부터 오는 영상을 동시에 녹화가 가능하다.

(ii) 움직임이 발생한 카메라 영상만을 저장하도록 할 수 있으며, 이를 통해 녹화 공간을 절약한다.

(iii) 일정한 시간 간격으로 녹화된 영상을 재생해서 볼 수 있다.

(iv) 수주 또는 수개월 동안의 엄청난 양의 영상을 저장할 수 있다.

(v) 각 카메라로부터 입력되는 영상의 초당 프레임 수를 개별적으로 설정이 가능하며, 저장되는 영상의 해상도도 설정이 가능하다.

현대의 DVR은 컴퓨터 기반으로 동작하며, 보안 시스템의 일종으로 센서와 연동하여 사용이 가능하다. 이것은 센서에서 이상신호가 발생하면, DVR에서 센서와 연동되어 있는 카메라로부터 입력된 알람 발생 전후의 영상을 저장하고 재생하는 기능이다.

비디오 영상 녹화는 개인용 컴퓨터(PC)를 사용하여 비디오 스트림을 캡처하고 이 비디오 정보를 컴퓨터 하드디스크에 저장한다. 그런 다음 운영자가 디스플레이를 위해 하드 드라이브의 비디오 스트림을 언제든지 재생할 수 있다. 비디오 영상녹화 시스템은 비디오 카드가 장착된 PC, 비디오 영상의 저장과 재생을 관리하는 비디오 관리 소프트웨어, 비디오 영상을 표시하는 컴퓨터 모니터 등으로 구성된다. 비디오 관리 소프트웨어는 컴퓨터가 모니터에 이미지를 표시하고, 이미지를 기록하고, 들어오는 이미지를 하드 드라이브에 저장하고, 여러 카메라에 저장된 이미지를 동시에 모니터로 재생할 수 있게 해준다.

입력되는 카메라 아날로그 비디오 신호는 주요 구성 요소(휘도 및 색도)로 분리한 다음 디지털 형식으로 변환되어 컴퓨터 하드 디스크에 저장된다. 휘도(luminance)는 비디오 신호의 흑백 부분의 정보이며, 색도(chrominance)는 색상 부분의 정보이다. 디지털 필터는 비디오 이미지의 각 픽셀(사진 요소)에 적용되어 비디오 이미지의 모든 픽셀이 가장 높은 정확도로 디지털 형식으로 표현되도록 한다. 아날로그 비디오 신호를 디지털 신호로 변환한 후, 일정량의 신호 노이즈(흰색 노이즈 및 기타 시각적 결함)는 다음 단계인 압축(compression)이라고 하는 비디오 처리 전에 제거한다. 노이즈 감소 소프트웨어 알고리즘은 디지털 비디오 정보를 정리하여 더 나은 비디오 품질을 제공하고, 비디오 인코더 압축 효율성을 개선하며, 저장된 이미지의 비디오 콘텐츠를 개선하는 역할을 한다.

특정 DVR 시스템에 저장할 수 있는 비디오 이미지의 양을 극대화하기 위해 코덱을 사용하여 비디오를 압축하고, 압축된 영상은 하드디스크 메모리에 비디오 콘텐츠의 축소된 크기로 저장된다. 예를 들어 압축을 하지 않는다면, 2시간짜리 영화는 약 30장 정도의 DVD에 저장할 정도의 메모리에 해당된다. 압축을 해 주는 인코더는 MPEG 형식, JPEG 형식, M-JPEG 형식, H.264 및 wavelet 등이 있다. H.264 압축은 화상 회의와 비디오 전화 코딩뿐만 아니라 스트리밍 브로드캐스트, 파일 다운로드, 미디어 스토리지 및 재생에 뿌리를 두고 있다. wavelet 알고리즘은 유럽에서 개발되었다. DVR 제조업체는 앞에서 설명한 유형 중 하나에서 파생된 압축 방식을 채택하거나 표준 압축 코덱의 일부를 결합하여 자체적인 압축 알고리즘을 개발하여 사용한다. 많은 DVR 제조업체에서 비디오 압축의 효율성과 재구성된 재생 이미지의 품질 때문에 MPEG 인코더 압축을 많이 사용한다. 압축 인코더는 중요한 시각적 콘텐츠를 포함하지 않거나 모두 동일한 색상의 이미지 배경과 같은 중복 정보를 포함하고 있기 때문에 어떤 비디오 정보가 삭제될 수 있는지 분석하고 결정한다.

일단 비디오가 컴퓨터 하드디스크에 저장되면, 재생하기 위해 이미지를 검색하여 컴퓨터 모니터에 표시하기 전에 여러 소프트웨어 알고리즘에 의해 비디오 이미지가 처리된다. 저장된 이미지를 우선 압축 해제하고 재포맷하여 일련의 사진을 생성하고, 이 사진을 시간 순서대로 촬영하여 저장된 비디오를 획득한 초기 아날로그 이미지로 복구해야 한다. 재구성된 영상에는 거칠거나 거친 가장자리가 포함될 수 있으므로 개체 가장자리에 스무딩 알고리즘을 적용하여 보다 자연스럽게 보이도록 한다. 마지막으로, 스케일링 알고리즘을 적용하여 화면의 크기에 맞게 화면을 조정하고 사진의 가장자리를 정리한다. 동일한 모니터 화면에 있는 여러 대의 카메라에서 동시에 영상을 표시하거나 초기 영상 크기에서 표시되는 이미지의 모양을 변경하도록 영상 크기를 조정할 때도 스케일링이 적용된다.

전자산업협회(Electronics Industry Association) 표준에 따라 작동하는 아날로그 카메라의 표준 프레임률은 초당 30프레임이다. DVR에서는 녹화하는 최대의 프레임율을 FPS(frames per second)로 정의한다. 대부분의 DVR은 최소 30 FPS의 프레임율로 영상을 저장한다. 그러나 모든 채널에서 30 FPS 프레임률로 동시에 녹화할 수는 없다(각 채널은 하나의 카메라를 의미). FPS의 최대 녹화 속도는 DVR 장치가 제공하는 모든 카메라로 구분되어야 하지만, 각 카메라의 프레임 수가 동일할 필요는 없다. 16채널 DVR의 경우, 평균적으로 최대 240 FPS의 녹화 속도를 가지면, 모든 채널이 동일한 프레임 속도로 녹화되는 경우 채널당 최대 15개의 프레임을 할당할 수 있다. DVR은 컴퓨터 기반이기 때문에, 각 카메라로부터 입력되는 프레임의 수는 하루 중 캡처할 프레임 수 또는 녹화를 시작하는 수신 알람의 유형에 따라 구분하여 저장할 수 있다.

DVR 기술은 일반 컴퓨터 기술과 같은 속도로 발전하고 있다. 상용 DVR 시스템의 기능은 12개월에서 18개월마다 급격하게 변화한다. 일부 DVR 시스템은 32~64대의 많은 수의 카메라를 제어하는 기능이 있지만, 만약 시스템이 다운되면 모든 카메라를 접속할 수 없기 때문에 이런 기능이 반드시 장점이 될 수는 없다. 16대의 카메라만 제어하는 다중 DVR 시스템의 경우에는 하나의 DVR이 다운되어도 나머지 DVR은 동작하므로 운영적인 측면에서 더 좋을 수도 있다. DVR이 녹화할 수 있는 비디오 프레임의 수도 급격히 증가하고 있다. 최소 시스템은 30 FPS이며, 최근 새로운 시스템은 최대 240 FPS 이상을 기록할 수 있다.

7.5.2 DVR의 최소 사양

DVR은 상당히 빠른 마이크로프로세서를 포함하고 있으며, 최소한 다음과 같은 특성은 가져야 한다.

(i) 최소 1 GHz 이상의 클럭 속도

(ii) 최소 256 MB 이상의 RAM

(iii) 최소 5,400 rpm, 300 Gbyte의 하드디스크 용량

(iv) 최소 64 MB의 메모리를 가진 비디오 카드

(v) 동시에 영상의 다중 스트림을 처리할 수 있고, 보안 알람 명령 제어 기능과 디스플레이 기능을 가진 전용 소프트웨어

모니터는 최소한 17 인치 이상의 화면 크기와 1,024×768 픽셀의 32 비트 컬러 기능을 가져야 한다. 디지털 비디오를 비디오 이미지 녹화 컴퓨터에서 운영자의 콘솔로 스트리밍하려면 최소 100MB 네트워크 연결이 필요하다. 디지털 카메라뿐만 아니라 아날로그 카메라도 직접 DVR의 입력부에 연결될 수 있어야 한다. 또한 디지털 카메라는 이더넷 네트워크를 이용하여 네트워크 비디오 레코더라고 불리는 레코더에 연결할 수 있어야 한다. DVR은 독립형 또는 PC형으로 사용할 수 있다. 대부분의 DVR은 이전 VCR에서 사용했던 명령어(예를 들면 재생, 정지, 빨리 감지, 빨리 되감기, 알람이 발생한 순간으로 이동 등)를 사용자 친화적으로 사용할 수 있다. DVR은 기본적으로 컴퓨터 기반으로 개발되었기 때문에 설정과 제어에 관련된 많은 사양들은 각 응용분야에 맞게 조정이 가능하다.

DVR(또는 DVR 자체)의 구성이 비디오 재생 평가 목적으로 적절한지 확인하려면, 원시 카메라 이미지의 출력과 DVR에서 재생된 동일한 이미지의 비교를 통해 알 수 있다. 녹화가 진행되는 동안 DVR의 출력을 보는 것은 비교를 위한 확실한 방법이 아니다. 대부분의 DVR에는 들어오는 카메라 입력 비디오를 그대로 비디오 출력 커넥터에 연결하는 루프스루(loop-through) 출력이 있다. 하드디스크에 녹화하면서 재생하면, 입력 카메라 이미지와 비교해서 해상도가 크게 감소할 수 있다. 그러므로 해상도 테스트를 할 때에는 하드디스크로부터 재생된 영상을 입력 카메라의 이미지를 비교해야 한다.

DVR은 증거용 목적과 알람 스테이션으로 전송하기 위해 비디오 클립과 이미지를 휴대용 메모리 장치로 복사하는 데 사용할 수 있다. 네트워크에 접속된 DVR은 알람

영상을 대응팀 또는 외부에 있는 담당자에게 이메일로 전송할 수 있다. 최대 메모리 저장 한도에 도달하거나 가장 오래된 비디오가 최대 저장 시간 제한을 초과할 때, 이전에 저장된 비디오를 덮어쓰도록 하여 DVR의 메모리를 관리할 수 있다. DVR 출력은 단일 또는 다중 카메라 이미지를 모니터에서 별도의 창 또는 분할된 창으로 볼 수 있다. 모니터에 실시간 알람 영상과 녹화된 알람 영상을 동시에 표시할 수 있다. 대부분의 DVR에 탑재되어 있는 비디오 모션 탐지(VMD)을 이용하여 카메라 장면 내에서 움직임이 감지될 때 비디오를 자동으로 저장할 수 있다.

7.5.3 DVR의 저장 용량

DVR의 영상 저장 용량은 다음과 같은 내용을 고려하여 결정할 수 있다.

(i) 하드디스크의 저장 가능한 용량
(ii) 녹화할 동시 영상 채널의 수(다른 말로 카메라 대수)
(iii) 각 카메라별 초당 프레임 수
(iv) 영상의 해상도(프레임당 픽셀 수)
(v) 영상 압축률

기록하는 영상의 파일 크기는 캡처한 해상도를 줄임으로서 제어할 수 있다. DVR 해상도는 픽셀 수 또는 "공통 중간 포맷"(CIF, common intermediate format)이라고 하는 비디오 포맷으로 구분한다. CIF는 화소수 측면에서 해상도를 정의하는 데 사용되는 표준 비디오 형식이다. CIF의 형식, 해당 형식의 픽셀 해상도 및 압축되지 않은 비디오 이미지의 크기는 〈표 7-14〉와 같다.

〈표 7-14〉 CIF 포맷에 따른 이미지크기

포맷 형식	해상도(픽셀)	비압축 이미지 크기(MB)
CIF	352×288	250
QCIF	176×144	63
4CIF	704×576	1,000
16CIF	1408×1152	4,000

하드디스크에 저장되는 비디오 파일의 크기는 캡처한 각 이미지가 압축되는 정도를 증가시킴으로써 줄일 수 있다. 좋은 카메라는 고해상도 이미지를 제공할 수 있지만,

캡처된 이미지는 저장 공간을 절약하기 위해 압축해야 한다. 기록된 압축 이미지를 보려면 이미지의 압축을 해제해야 된다. 그러나 압축 해제된 이미지를 보면 이미지의 세부 정보가 손상될 수 있다. 전체적인 화질은 카메라 해상도, 캡처된 이미지 해상도, 원래 디지털 이미지에 적용된 압축의 정도에 의해 결정된다.

7.6 적외선 카메라

7.6.1 개요

적외선은 영어로 infrared이며, 한자로 赤外線이라고 한다. Infrared는 빨간색'을 뜻하는 red에 '넘어'라는 뜻을 가진 infra라고 하는 접두어가 합해진 것으로 풀이하면 '빨간색 너머'라는 뜻이다. 이러한 영문의 뜻을 그대로 한자로 풀이한 것이 赤外線이다. 빨간색은 사람 눈으로 볼 수 있는 가시광선(visible light) 중의 하나이다. 가시광선은 무지개색이라고 하는 '빨주노초파남보'의 일곱 가지 색이 존재하는 빛의 영역이다. 사람의 눈으로 인식할 수 있는 파장을 기준으로 가시광선 중에서 빨간색 바깥에 있는 빛을 적외선이라 하며, 보라색 바깥에 있는 빛을 자외선(紫外線, ultraviolet)이라 한다.

전자기파 스펙트럼에서 적외선은 〈그림 7-38〉과 같이 0.75㎛에서 1,000㎛ 파장 영역에 해당하며, 가시광선에 비하면 매우 넓은 영역 대이다. 적외선은 일부 구간마다 각각의 특성이 다르므로 파장 대역을 세분화해서 부르기도 한다. 일반적으로 구분하는 방법, 국제조명위원회(International Commission on Illumination, CIE)에서 분류하는 방법, ISO에서 구분하는 방법, 천문학자들이 분류하는 방법 등 다양한 방법이 있다. 일반적인 분류방법은 〈표 7-15〉와 같다. 근(近)적외선, 단(短)적외선, 중(中)적외선, 원(遠)적외선, 극(極)적외선 등 5개 영역으로 세분한다. NIR과 SWIR 영역에서는 주로 반사된 광을 이용한 응용분야가 많기 때문에 반사 적외선(reflected infrared)이라고 부르기도 하며, MWIR과 LWIR은 물체에서 스스로 방사하는 광(즉, 온도)을 이용한 응용분야이기 열 적외선(thermal infrared)이라 부르기도 한다.[45]

[45] http://en.wikipedia.org/wiki/infrared

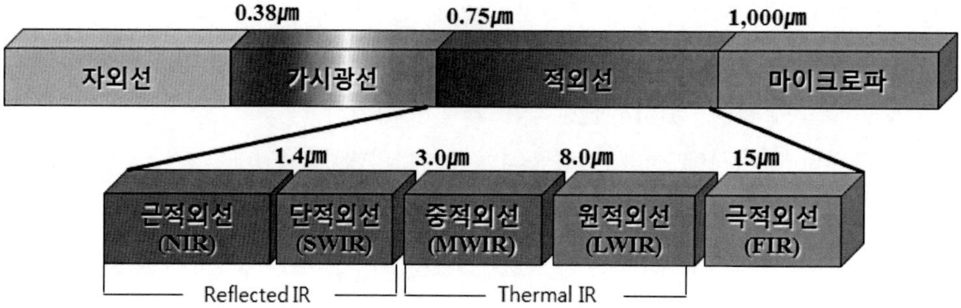

〈그림 7-38〉 전자기파에서 적외선 영역

〈표 7-15〉 파장에 따른 적외선 대역의 분류

적외선 이름	파장 대역
근적외선(NIR, Near InfraRed)	0.75㎛~1.4㎛
단적외선(SWIR,Short Wavelength InfraRed)	1.4㎛~3.0㎛
중적외선(MWIR, Middle Wavelength InfraRed)	3.0㎛~8.0㎛
원적외선(LWIR, Long Wavelength InfraRed)	8.0㎛~15.0㎛
극적외선(FIR, Far InfraRed)	15.0㎛~1,000㎛

자연에서 관측되는 자외선에서 적외선까지의 스펙트럼은 〈그림 7-39〉와 같다. 태양의 표면에서는 약 5,500K의 복사 에너지가 방출되며, 이 중에서 약 70~75% 정도의 복사 에너지가 지구 표면으로 도달하고 있다. 이에 해당하는 영역이 자외선과 가시광선, 일부 적외선 영역이다. 태양의 입사 에너지에 의해 지구 표면은 데워져서 약 300K의 복사 에너지를 공간으로 방출하게 된다. 대기 중에는 다양한 이원자로 된 분자들(특히 수분과 이산화탄소)이 존재하는데, 이들 분자들의 진동에너지에 의해 복사 에너지가 흡수를 하게 되며, 지구 상공보다는 지표면에서 분자들에 의한 흡수 효과가 더 크게 나타난다.

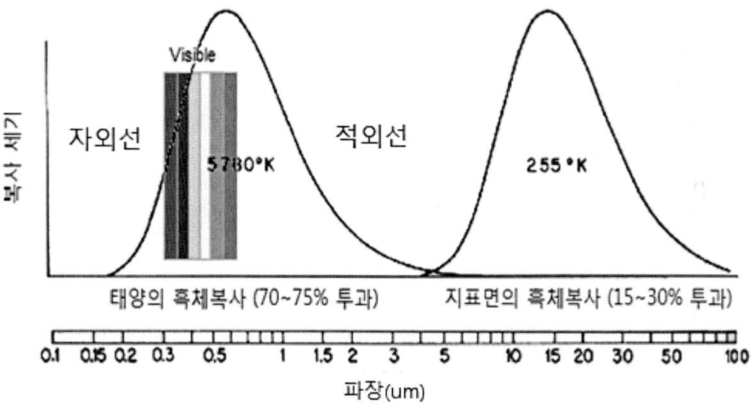

〈그림 7-39〉 태양과 지표면의 흑체복사

전자기파의 전 영역 대기 투과도(atmospheric transmission) 특성은 〈그림 7-40〉과 같다. 극적외선 영역은 이산화탄소와 수분에 의해 대부분 흡수가 되어 적외선이 대기를 투과하지 못하는 반면, 다른 파장 대역의 적외선은 이산화탄소와 수분에 의해 일부 흡수가 발생하지만 대기를 투과하는 영역이 존재하는데, 이 영역대가 바로 NIR, SWIR, MWIR, LWIR 영역에 해당한다. 그리고 마이크로웨이브와 가시광선 영역은 분자들의 영향을 덜 받으며, 대기 투과도가 적외선에 비해 매우 우수하다. 단파장의 자외선 영역의 대기 투과도가 떨어지는 것은 공기 중에 존재하는 입자들과의 산란(scattering) 때문이다.

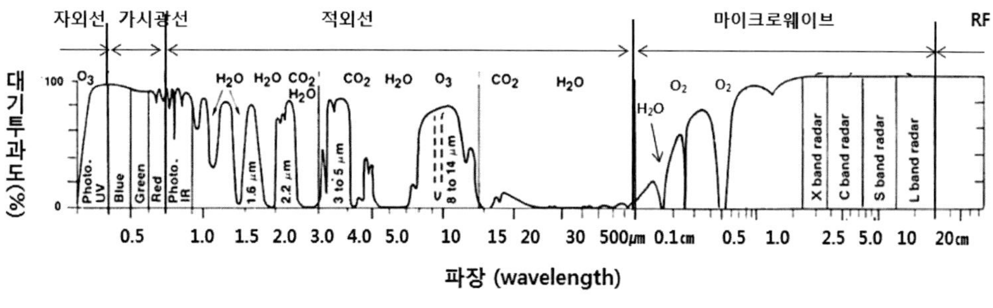

〈그림 7-40〉 전자기파의 대기 투과도 특성

적외선은 분자들에 의한 흡수효과로 투과 특성이 좋지 않지만, 가시광선에 비해 적외선이 안개를 통과해서 물체를 잘 볼 수 있는 것은 산란이 잘 생기지 않는 특성 때문이다. 빛의 파장은 입자 크기에 따라 두 가지 종류의 산란이 존재하는데, 입자 크기가 파장보다 작은 경우는 레일리 산란(Rayleigh scattering)이 발생하고, 입자 크기가 파장보다 같거나 큰 경우에는 미 산란(Mie scattering)이 발생한다. 〈그림 7-41〉과 같이 레일리 산란은 전 방향으로 산란이 발생하며 산란의 세기는 파장의 4제곱근 역수 ($1/\lambda^4$) 관계에 있다. 따라서 긴 파장(빨간색) 보다는 짧은 파장(파란색)에서 이 산란 효과가 더 크게 나타난다.

〈그림 7-41〉 레일리 산란과 미 산란의 차이

관측자의 위치에 따른 레일리 산란과 미 산란의 개념적인 설명은 〈그림 7-42〉와 같다. 관측자의 머리 위에 위치한 하늘 부분에서 입자 부유물에 의해 두 산란이 동시에 발생하지만, 미 산란은 그대로 우주 공간으로 진행을 하므로 관측자에게 보이는 것은 주로 레일리 산란에 의한 효과이다. 그리고 일몰 또는 일출시에 공기 중에 큰 부유물이 있으면 미 산란효과가 우세하게 나타나는데 이로 인해 태양 주위에 백색섬광이 생기는 원인이 된다. 맑은 날 대기에 있는 공기의 주 성분은 질소와 산소 분자, 미량의 연기 입자 등인데, 이런 입자들은 가시광선에 비해 충분히 작기 때문에 레일리 산란이 주로 발생하며, 이런 이유로 맑은 날에 하늘이 푸르게 보이며, 우주에서 볼 때 대기는 엷은 푸른색으로 보이는 원인이 된다. 구름이 하얗게 보이는 것은 미 산란으로 태양광이 그대로 투과해서 지표면으로 오기 때문이다. 단, 물방울이나 얼음이 빛을 회절하거나 굴절하거나 하면 무지개 색으로 나타나기도 한다. 따라서 두 가지 산란효과는 파장이 길면 현저히 감소하여 산란에 의한 감쇄가 상당히 줄어든다. 적외선은 가시광선보다 파장이 길기 때문에 두 가지 산란현상이 현저히 낮게 나타나는 특성이 있어 가까운 거리의 경우, 기후조건에 관계없이 비교적 깨끗한 영상획득이 가능하다. 그러나 대기 환경이 좋지 않으면 적외선으로도 볼 수 있는 거리가 제한된다.

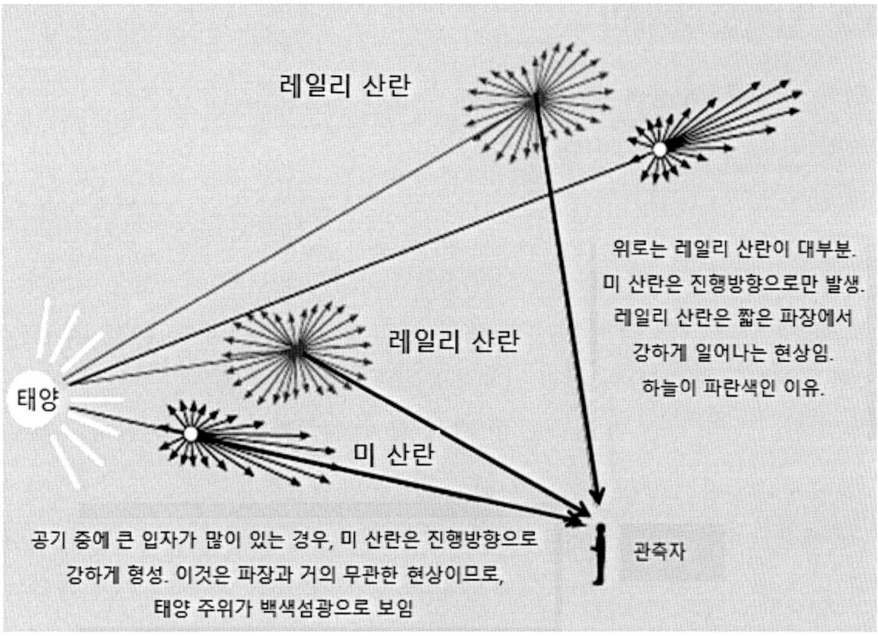

〈그림 7-42〉 관측자 위치에 따른 레일리 산란과 미 산란의 개념적인 차이

비접촉식 온도센서인 적외선 센서로 만든 카메라를 적외선 카메라 또는 열화상 카메라라고 하는데, 주로 MWIR과 LWIR 영역의 카메라는 열화상 카메라라고 하고, NIR/SWIR 영역의 카메라는 적외선 카메라라고 한다. 그 이유는 원리적으로 MWIR과 LWIR은 물체 자체에서 복사하는 열선을 감지하는 것이고, SWIR과 NIR은 물체에서 반사되어 온 빛을 감지하는 것이기 때문에 구분해서 부른다. 그러나 일반적인 CCTV와 구분해서 통칭해서 일반적으로 적외선 카메라로 명명한다. SWIR/MWIR/ LWIR 적외선 카메라는 수동형(passive) 카메라이고, NIR 적외선 카메라는 능동형(active) 카메라이다. 적외선 기술은 초기에 군사용 목적으로 기술이 발전하였으며, 열화상 카메라를 통해 깜깜한 밤에 부가적인 조명이 없어도 뚜렷한 영상을 볼 수 있다. 또한 안개, 비, 눈이 오는 기후환경에서도 어느 정도 물체를 구분할 수 있는 특징이 있다. 이러한 열화상 카메라가 가지고 있는 장점과 가격이 저렴한 적외선 센서 기술이 개발됨에 따라 군수용뿐만 아니라 민수용에도 널리 사용하게 되었다. 열화상 카메라는 가시광선을 감지하는 Si을 이용해서 만든 CCD/CMOS 센서 대신에 적외선을 감지하는 센서로 만든다. 일반적인 CCD/CMOS 센서를 사용한 TDN 카메라는 야간에 근적외선 LED를 이용하기 때문에 혹자는 적외선 카메라라고 부르기도 하지만, 엄밀한 의미에서는 수동형 SWIR/MWIR/LWIR 적외선 카메라와 구분해서 단순히 TDN 카메라로 구분한다.

7.6.2 열화상 카메라

적외선 카메라의 응용분야는 파장에 따라 4가지 영역으로 구분할 수 있다. 먼저 근적외선(NIR, near infrared) 영역이다. 이것은 0.75~1.4μm 영역대로 일반적인 CCD 또는 CMOS 이미지 센서를 사용하는 CCTV 카메라로 주야간겸용(True Day & Night) 기능으로 야간에 시각적으로 볼 수 있는 응용분야이다. CCTV 카메라로 낮에는 컬러로 볼 수 있고, 야간에는 카메라에 장착된 근적외선 LED를 이용해서 흑백영상으로 볼 수 있다. 근적외선 LED로 볼 수 있는 거리와 시야각이 한정되어 있기 때문에 발전소와 같은 중요시설의 외곽 감시를 위해서 야간에 조명등을 설치하여 운용하는 방법도 있다. 이 방식은 현재 보안용 감시 분야에서 가장 많이 사용하고 있다.

두 번째 응용영역은 단적외선 영역(short wavelength infrared, 줄여서 SWIR)인데, 파장으로 1.4~3μm에 해당한다. 이 영역은 NIR과 마찬가지로 빛이 물체에 반사되어 온 빛을 감지하는 반사형 카메라이다. 센서 픽셀은 CMOS나 CCD와 유사 수준으로 구현이 가능하기 때문에 영상 분해능은 CCTV와 거의 유사하다. NIR 카메라와 다른 점은 야간에 공기 중 분자들의 진동에 의해 SWIR 영역대의 파장이 하늘에서 내려오고 있기 때문에 추가적인 조명이 필요하지 않다. 이런 원리로 달빛이 없는 깜깜한 밤에도 SWIR 카메라로 영상을 볼 수 있다. 매우 높은 온도의 물체, 예를 들면 용광로에서 금속이 녹을 때에는 SWIR 영역의 빛을 스스로 복사하기도 하므로 고온 영역의 물체 온도를 측정할 때에는 SWIR 영역을 사용하기도 한다.

세 번째 응용영역은 중적외선 영역(medium wavelength infrared, 줄여서 MWIR)이다. 이 영역의 파장은 3~6μm에 해당하며, 야간 감시용뿐만 아니라 물체의 온도 측정도 가능하다. 그러나 MWIR 영역대의 피크 파장은 약 500K 정도의 높은 온도에 해당하므로 비교적 높은 온도를 측정하고자 할 때 사용된다. 주로 군수용의 미사일 추적 시스템에 사용된다.

네 번째 응용영역은 원적외선 영역(long wavelength infrared, 줄여서 LWIR)이다. 이 영역의 파장은 8~14μm에 해당하며, 상온의 물체에서 나오는 열을 감지하는 영역이다. 중적외선과 마찬가지로 물체에서 나오는 열을 감지하는 영역이므로, 중적외선과 더불어 열에너지를 감지한다는 의미에서 적외선이라는 용어 대신에 열화상 카메라 용어를 사용한다. 이 영역은 온도 측정뿐만 아니라 야간 감시용으로도 사용이 가능하며, 가장 많이 활용되고 있는 영역이다. 상기 4가지 영역에 대한 응용분야를 요약하면 〈표 7-16〉과 같다.

〈표 7-16〉 파장 대역별 응용분야 및 상대적인 시장 규모(출처 : Yole 2012 리포터)

구분	응용분야	NIR (0.7~1.4㎛)	SWIR (1.4~3㎛)	MWIR (3~5.6㎛)	LWIR (8~12㎛)
Thermography (온도측정)	유지관리 (온도측정관련)				★★★
	빌딩검사 (누수, 단열등)				★★★
	기타 (R&D, 의료, 자동제어)	★	★	★	★★★
Vision (영상관측)	군사용& 기타	★★	★★	★	★★
	외곽감시용CCTV	★★★	★		★★
	자동차용	★★			★★
	소방				★★★
	해상	★★	★★		★★
재료분석	프로세스제어, R&D	★★	★★	★★	

★ 개수는 상대적인 시장규모임

적외선 센서 기술은 크게 양자형(quantum type)과 열형(thermal type) 두 종류로 구분이 된다. 양자형은 반도체 재료의 광전도 현상을 이용한 것이며, 우수한 양자효율과 매우 낮은 동작온도로 열적 잡음이 작아 탐지도 및 잡음온도분해능(NETD) 특성이 매우 우수하다. 그러나 에너지갭에 따라 적외선에 반응하는 영역이 정해져 있으며, 동작온도가 액체질소(77K) 온도 근처이며, 이를 위해 반드시 진공을 유지해야 하는 문제점이 있다. 따라서 이런 재료를 이용해서 만든 열화상 카메라는 가격이 매우 높아 상업용 보다는 군사용으로 많이 사용되고 있다. 열형은 반도체 이외의 재료를 이용하며, 파장에 무관한 반응도의 특성을 가지고 있으며, 대부분 상온에서 동작을 하므로 카메라 가격이 상대적으로 저렴한 것이 장점이다. 그러나 상온에서 동작을 하기 때문에 열적 잡음이 그만큼 높으므로 탐지도 및 NETD 특성이 양자형에 비해 좋지 않은 단점이 있다.

비냉각형 적외선 센서 기술은 1970년대 초반에 미국 군인들의 야간 전투력 향상을 목적으로 크기도 작고, 무게도 가벼워 이동시 문제가 없어야 했으며, 모든 병사들에게 지급해야 하므로 가격 또한 획기적으로 낮아야 하는 필요성이 제기되었다. 1978년에 Texas Instruments사에서 BST를 이용한 강유전체 적외선 센서에 대해 특허를 출원하였으며, 1979년에 처음으로 제품이 만들어졌다. 동시에 Honeywell에서 미세가공기술을 이용한 VOx 볼로미터를 이용한 연구도 진행이 되었다. 미 국방부의 지원으로 약 15년간 두 기술이 발전을 하게 되었다. 그러나 2000년대에 VOx가 BST보다 우수하다는 것이 증명이 되었고, 원리적으로 기계적인 쵸퍼(chopper)의 사용으로 광량의 50%만 센서로 입사해서 민감도가 낮다는 치명적인 단점과 기계적인 쵸퍼는 고장이 잘 나며 충격과 진동에 취약하다는 단점이 노출되었다. 이 이후로 미 국방부는 BST에 대한 지원을 중단하였다. BST에 대한 정부지원 중단으로 이 분야에 대한 연구가 급속하게 줄어들게 되었으며, 최근 10여년 동안 BST의 픽셀 크기는 50μm 수준에서 변화가 없다. 또한 VOx와 비정질 실리콘 마이크로볼로미터 카메라에 비해 BST 카메라는 평균고장시간(MTBF, mean time between failures)이 짧으며 전기적인 분극을 안정화시키기 위해 냉각을 해야 한다는 추가적인 단점이 발견되었다.

1990년대 중반부터 비정질 실리콘(α -Si)을 이용한 카메라 기술이 연구되기 시작하였다. α -Si의 가장 큰 장점은 실리콘 제조공정을 그대로 사용할 수 있다는 것이다. 최근 VOx 볼로미터도 실리콘 공정으로 제조가 가능해지면서 마이크로볼로미터 카메라를 미국 이외의 국가로 판매하기 위해 필요했던 수출 허가는 필요가 없게 되었다. 최근 비냉각 적외선 카메라에 사용되는 센서 재료는 VOx 볼로미터가 주류를 이루고 있다. 중저화소용에는 공정이 쉽고 가격이 저렴한 재료인 서모파일에 대해서도 제품이 나오고 있다. 이러한 기술적인 발전에 따라 열형 비냉각형 적외선 카메라는 민수용 뿐만 아니라 군수용으로도 시장이 점점 확대되고 있다. 냉각형에서는 HgCdTe를 이용한 센서들이 대부분을 차지하고 있으며, 일부 InSb, 양자우물 구조 등이 사용되고 있다. 비냉각형에서는 VOx를 이용한 마이크로볼로미터가 대부분이며, 일부 초전체와 서모파일 센서를 사용하고 있다. 초창기에 개발되었던 PbS와 Golay 셀 등의 센서는 거의 사용하지 않고 있다.

적외선을 이용한 열화상 카메라는 열 또는 온도를 감지하는 특성을 이용해서 다양한 분야에 활용되고 있다. 최초에는 군사용의 목적으로 주로 사용되었고, 차츰 그 기술이 보편화됨에 따라 상업용으로 확대되었다. 군사용으로는 야간에도 주간처럼 아주 뚜렷한 영상을 확보할 수 있는 장점 때문에 외곽 감시용으로 주로 사용되었다. 2000년대 후반부터 군사용의 목적으로 개발된 기술들이 점점 민수용으로 전파되기 시작하였다. 물론 1~4개 픽셀을 갖는 적외선 센서를 이용한 응용은 많은 곳에서 이루어졌다. 주로 시큐리티용의 침입자 감지, 아파트의 실내등 자동점멸, 비접촉식 귀속 온도계, 가스 및 화재 감지용, 계측기의 센서용 등의 목적으로 사용되었다. 그러나 열영상을 이용한 민수용은 SARS라고 하는 전염병이 생기면서부터 급격히 늘어나게 되었으며, 그때까지 군사용의 기술을 보유하고 있었던 미국의 FLIR사는 경쟁사를 물리치고 선두주자로 나서게 되었다. 향후 민수용 분야에서 가장 큰 시장을 형성할 것으로 기대하는 분야가 바로 〈그림 7-43〉과 같은 자동차용 열화상 카메라분야이다.

〈그림 7-43〉 자동차용 열화상 카메라 적용 사례

안개가 낀 야간에 자동차를 운전하다 보면 마주 오는 차량의 불빛 때문에 전방을 자세히 보기가 어려운 경우가 종종 있어 교통사고의 위험이 매우 커진다. 이런 경우 열화상 카메라를 이용하면 전방을 아주 깨끗하게 확인할 수 있으며, 인체와 유사한 온도를 가진 물체가 전방에 발견되면 경보도 보내어 사고를 획기적으로 줄일 수 있다. 현재는 고급용 승용차에만 적용되고 있지만, 조만간 열화상 카메라의 가격이 낮아지면 일반 승용차에도 보급될 것으로 예상한다. 또한, 32×32 정도의 픽셀을 가진 열화상 센서를 이용하여 승용차 내부의 온도를 정확히 분석해서 에어컨 또는 히터의 효율적인 통풍으로 더욱 쾌적한 환경을 유지할 수 있다. 특히 시장 예측 기관인 Yole 사에서는 2013년 이후부터 자동차용 열화상 카메라 시장이 급격히 확대될 것으로 예측하고 있다.

MWIR과 LWIR 대역의 적외선은 온도와 관련되어 있어 물체의 온도를 측정하고자 하는 목적으로도 사용된다. 매우 높은 온도를 사용하는 제철 및 철강 관련 산업, 유리 산업, 의약품 생산, 플라스틱 산업, 정유산업 등 비교적 높은 온도 영역에서 정교한 온도제어가 필요한 산업현장에는 열화상 카메라를 이용한 온도측정이 매우 일반적으로 사용되고 있다. 현재까지는 320×240픽셀 이상의 고화소용 열화상 카메라가 사용되고 있으나, 중저화소용 카메라를 이용해서 제조공정 중 필요한 부분에 설치하여 이상 시 경보를 발생시키는 용도로 사용될 수 있다. 이 외에도 고급식당의 조리실에서 음식을 만드는 과정 중에 온도측정이 필요한 곳에도 응용할 수 있다.

또한, 화재 때문에 연기가 발생하여 앞을 볼 수가 없을 때 열화상 카메라를 이용하면 화재로 인한 뜨거운 곳과 차가운 곳을 알 수 있어 화상을 입지 않고 피할 수 있으며, 연기 너머에 있는 물체를 볼 수 있어 화재시 인명 조난용으로 사용이 가능하다. 현재는 가격이 너무 높아 소방대원만 소지하고 있으나, 향후 가격이 획기적으로 낮아진다면 공공건물 또는 지하철 역사 등에 방독면과 같이 비치하여 화재시 쉽게 출구를 찾아 빠져나올 수 있도록 하는 용도로도 사용이 가능하다.

지구 온난화로 점점 에너지 문제는 심각해지고 있다. 특히 전기를 많이 사용하는 겨울과 여름에 단열 문제 때문에 열이 밖으로 새어 나간다면 그만큼 에너지를 낭비하는 것이다. 〈그림 7-44〉는 건물의 단열 상태를 열화상 카메라로 측정한 사진과 단열 조치 전후에 따른 비교 영상으로 확연히 단열에 대한 상태를 한눈에 알 수가 있다. 앞으로는 일정 기간이 지난 건축물의 외관을 열화상 카메라로 점검하여 에너지가 낭비되지 않도록 하는 제도도 필요하지 않을까 생각한다.

(a) 건물 외벽의 단열상태 (b) 단열 조치를 취한 전과 후의 비교 영상

〈그림 7-44〉 에너지 관리를 위한 열화상 카메라 적용 사례

〈그림 7-45〉와 같이 의료용으로도 열화상 카메라가 많이 사용되고 있다. 한방 분야에서는 오래전부터 인체의 열영상 정보로부터 온도가 평균보다 낮거나 높게 측정되는 부위를 통해 혈액의 비정상 흐름을 판단하는 용도로 사용해 왔다. 최근 한의학에서는 적외선 체열 영상에 대한 학문적인 연구가 많이 진전되고 있으며, 인체의 주요 부위에 대한 온도 표준화 작업도 진행 중이다. 또한, 사람뿐만 아니라 가축에도 열화상 카메라 기술을 적용하는 연구가 진행 중이다. 구제역 또는 조류인플루엔자에 감염된 가축은 초기에 고열(약 40℃)이 발생하는데, 열화상 카메라로 가축들의 체온을 실시간 모니터링하면 이상 발생시 즉시 알 수 있다.

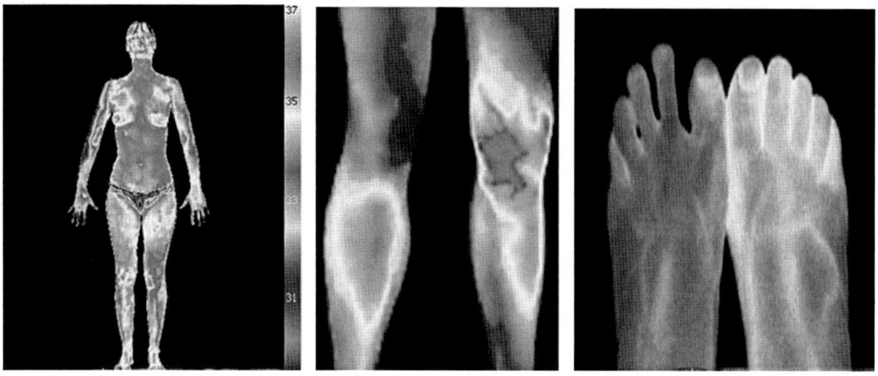

〈그림 7-45〉 열화상 카메라로 촬영한 인체 열영상

겨울철 전기로 인한 화재가 자주 발생하고 있는데, 대부분 무절제한 전열기구의 남용에 따른 과부하와 누전이나 합선으로 화재가 발생한다. 이상이 잇는 부분을 열화상 카메라로 보면 〈그림 7-46〉과 같이 과열된 것을 알 수 있다. 고가의 열화상 카메라로 일일이 이렇게 확인을 한다는 것은 어렵지만, 과부하가 예상되는 곳에 중화소용 열화상 카메라를 설치하여 사전에 일정 온도 이상이 올라가면 경보를 발생하도록 하면 화재를 사전에 예방할 수 있다.

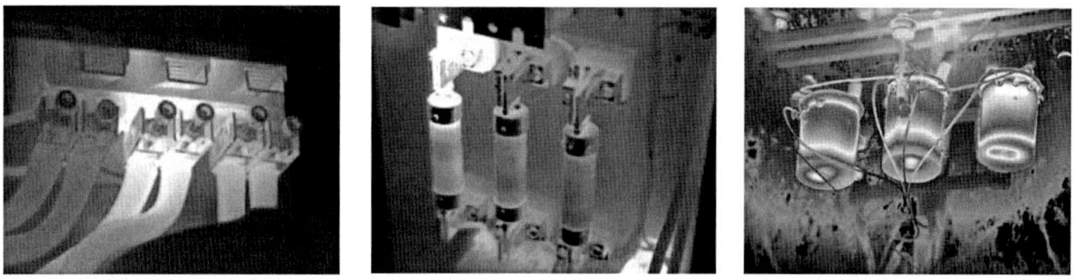

〈그림 7-46〉 전기 과부하로 인한 열영상

적외선은 온도와 관련되어 있어 물체의 온도를 측정하고자 하는 목적으로도 사용된다. 매우 높은 온도를 사용하는 제철 및 철강 관련 산업, 유리산업, 의약품 생산, 플라스틱 산업, 정유산업 등 비교적 높은 온도 영역에서 정교한 온도제어가 필요한 산업현장에는 열화상 카메라를 이용한 온도측정이 매우 일반적으로 사용되고 있다. 현재까지는 320×240픽셀 이상의 고화소용 열화상 카메라가 사용되고 있으나, 중저화소용 카메라를 이용해서 제조공정 중 필요한 부분에 설치하여 이상 시 경보를 발생시키는 용도로 사용될 수 있다. 이 외에도 고급식당의 조리실에서 음식을 만드는 과정 중에 온도측정이 필요한 곳에도 응용할 수 있다. 열화상 카메라는 화재 초기 단계에서 문제점을 발견할 수 있는데, 그 사례는 〈그림 7-47〉과 같다.[46] 창고나 물류 시설 등을 열화상 카메라로 24시간 실시간 온도 분포를 감시할 수 있다. 특히 화재 가능성이 있는 위치의 온도를 상시 감시하다가 이상 현상이 발생하면(그림에서 98.8℃에서 128.8℃로 변함), 이를 알람으로 발생하게 해서 화재가 발생하기 직전에 이상상태를 모니터할 수 있는 장점이 있다. 화재를 감지할 수 있는 방법에 대한 장단점은 〈표 7-17〉과 같다. 현재는 가격적인 문제 때문에 화재감지기를 주로 사용하고 있지만, 가격적인 문제도 향후에는 열화상 카메라 제조비용이 점점 낮아지고 있으므로 가까운 미래에는 열화상 카메라가 화재감지기의 많은 부분을 대체할 수 있을 것으로 예상한다.

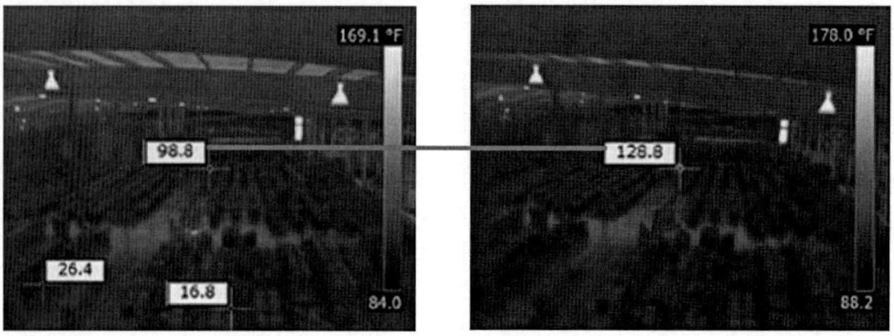

〈그림 7-47〉 열화상 카메라에 의한 화재 초기 감지

〈표 7-17〉 화재 감지기 종류에 따른 장단점

감지기 종류	장점	단점
CCTV	가격이 비교적 저렴함 매우 넓은 영역을 감시할 수 있음	야간에는 별도의 조명이 필요함 조명등 운영으로 유지비용이 과다 스모그 등의 환경에서 제약이 있음 어느 정도의 연기가 발생해야 감지
화재감지기	가장 가격이 저렴함	화재 단계가 많이 진전됨 오보가 많은 편임 유지비용이 많이 듦
열화상카메라	외부 조명등이 필요없음 스모그 환경에서도 감시가 가능 화재 초기단계에 감지가 가능 넓은 영역을 감시할 수 있음 화재원과 배경의 우수한 대조영상 오보가 거의 없음 유지비용이 없음	구입 가격이 고가

46) FLIR사 홈페이지, http://www.flir.com/thermography/americas/us/view/?id=43988

7.6.3 SWIR 카메라

TDN 카메라는 NIR 영역의 LED를 이용해서 물체에서 반사되어 온 빛을 감지하는 능동형 카메라이다. 이와 유사한 원리로 동작하는 것이 SWIR 영역을 이용한 능동형 카메라이다. 이런 이유로 NIR과 SWIR 영역의 적외선을 반사형 적외선 영역이라고 한다. 반면, MWIR과 LWIR 영역을 이용한 열화상 카메라는 물체에서 나오는 적외선 복사량으로부터 인식하는 수동형 카메라이며, 이런 이유로 MWIR과 LWIR 영역을 열형 적외선 영역이라고 한다.

SWIR 대역의 파장은 가시광과 NIR에 비해 상대적으로 길어 산란에 의한 효과가 작으며, 이런 특성으로 분자 진동의 스펙트럼 분석과 눈에 보이지 않는 소스를 이용한 조명(대기 상공으로부터 나오는 수동형의 야광 또는 눈에 안전한 LED를 이용한 능동형 조명)으로 영상을 획득하는 카메라 그리고 150℃ 이상의 매우 높은 온도를 가진 물체의 온도측정 용도로 사용이 된다. 달빛이 전혀 없는 밤하늘에서 SWIR 영역의 반사된 빛으로 물체를 볼 수 있는 이유는 대기 상공에 있는 O-H 분자들의 진동으로 야광과 달빛의 양에 따라 SWIR 대역의 파장이 복사되기 때문이다.[47]

SWIR은 가시광에 비해 파장이 긴 특성이 있어 산란현상이 덜 일어나므로 안개나 먼지 등의 기후조건에서도 잘 통과한다. 〈그림 7-48〉은 약 2km 떨어진 호텔의 영상을 일반 카메라와 640×512 픽셀의 SWIR 카메라로 획득한 것을 비교한 것인데, 일반 카메라인 (a)는 안개로 인해 호텔이 보이지 않는 반면, SWIR 카메라인 (b)는 안개가 있음에도 불구하고 깨끗한 영상을 획득할 수 있다.

(a) 안개가 있는 날씨에서 약 2km 떨어진 호텔을 일반 카메라로 획득한 영상

(b) 동일한 기후조건에서 SWIR 카메라로 획득한 영상

〈그림 7-48〉 안무 상황에서 획득한 일반 카메라와 SWIR 카메라 영상 비교

47) "Seeing Photons: Progress and Limits of Visible and Infrared Sensor Arrays", National Academy of Science, 2010

<그림 7-49>의 (a)에서 보듯이 가시광선으로는 시야가 약 5km 정도 확보가 되지만, SWIR로는 시야가 약 20km 까지 확보가 가능하며 영상의 화질도 훨씬 뚜렷함을 볼 수 있다. 다만 컬러 영상이 아니기 때문에 색상에 대한 정보가 없다는 것이 단점이다. 그리고 (b)와 같이 가시광선으로는 먼지가 있는 환경에서의 차량을 구분할 수 없지만, SWIR 영상으로는 뚜렷한 영상 획득이 가능하다. 이처럼 SWIR 영상은 거의 전천후 영상 획득이 가능하다는 장점을 가지고 있어 군사용으로도 응용범위가 확대되고 있다. 따라서 평상시 맑은 경우에도 SWIR의 영상이 일반 가시광선 카메라의 영상보다 훨씬 뚜렷한 영상을 얻을 수가 있다.

(a) 맑은 날, 가시광선으로는 약 5km 시야 확보, SWIR로는 약 20km 시약확보 가능

(b) 먼지로 인해 가시광선으로는 산란으로 인해 차량이 보이지 않지만, SWIR로는 비교적 깨끗한 영상 확보가 가능

<그림 7-49> 다양한 환경에서 가시광선과 SWIR 영상 비교

또한 긴 파장이 짧은 파장보다 물체 표면을 깊이 투과하는 특성이 있는데, 이런 특성을 이용해서 신경조직 관측과 산업용 코팅막 관측용으로도 사용된다. 광간섭단층촬영(optical coherent tomography, OCT)에도 SWIR의 영역을 이용한 사례가 늘고 있다. 안과에서 각막과 망막의 OCT 영상촬영을 위해 기존에는 0.84μm의 파장을 사용하였다. 그러나 각막 주변은 산란 현상 때문에 녹내장의 잠재원인을 진단할 수가 없었다. 대신 1.04μm 또는 1.3μm 파장을 이용하여 눈에 대한 다양한 OCT 영상을 얻을 수 있다. 또 다른 바이오 응용분야로 혈관 위치를 찾는 용도로도 사용될 수 있다. 간호사들은 정맥을 대부분 느낌으로 찾는데, 노약자 또는 유아인 경우에는 정맥의 정확한 위치를 찾기 어렵다. SWIR 카메라를 이용하면 <그림 7-50>과 같이 쉽게 정맥의 위치를 찾을 수 있다.[48)]

48) Marc P. Hansen and Douglas S. Malchow, "Overview of SWIR detectors, cameras, and applications", *Proc. of SPIE vol.6939*

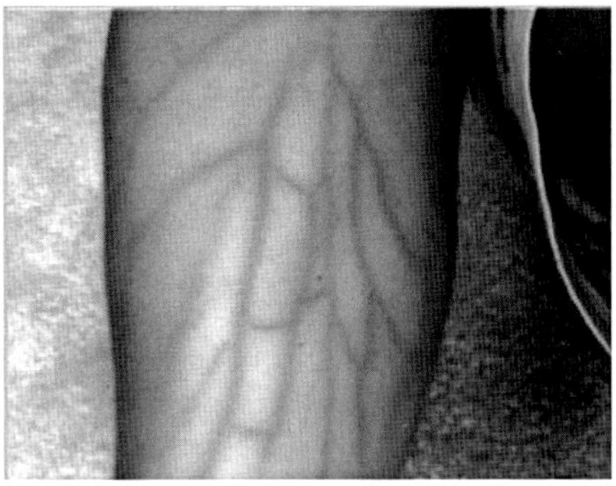

(a) NIR/SWIR InGaAs 카메라로 획득한 팔뚝 표면의 정맥 영상

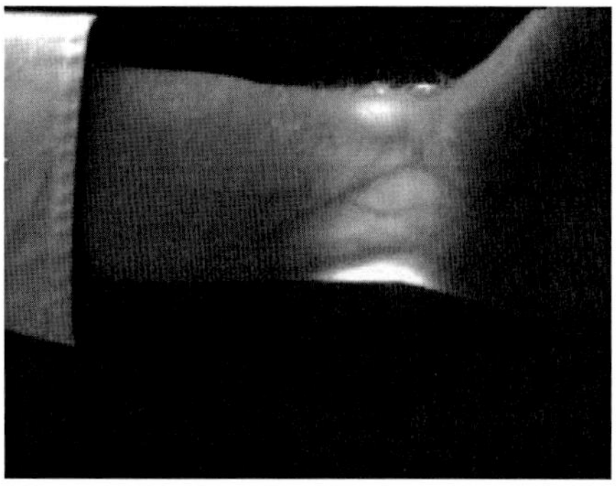

(b) 손목을 투과시켜 획득한 정맥과 동맥 영상 (뼈는 이 파장 대역에서 상대적으로 투과함)

〈그림 7-50〉 NIR/SWIR 카메라로 획득한 팔뚝 정맥 영상 및 손목을 투과시켜 획득한 정맥/동맥 영상

현재 InGaAs 재료에 대한 연구는 잡음을 더 줄여서 0.7~1.65μm 대역까지 확장할 수 있는 카메라가 나오고 있다. 감지 성능을 높이게 되면 달빛에 의한 그림자까지 촬영이 가능하다. 〈그림 7-51〉은 달빛이 전혀 없는 상황에서 촬영한 영상과 만월(full moon) 상태에서 촬영한 영상을 비교한 것이다. (a)는 달빛이 전혀 없는 상황이므로 물체만 촬영되지만, (b)의 경우는 달빛에 의한 그림자까지 구별할 수 있다.

(a) SWIR InGaAs 카메라로 획득한 달빛이 전혀 없는 영상

(b) 만월(full moon) 상황에서 달빛에 그늘진 그림자까지 촬영한 영상

〈그림 7-51〉 달빛에 의한 그림자 영상 비교

CHAPTER 08 알람 스테이션

8.1 기본 원리

물리적 보안 알람 시스템의 일차적인 목표는 센서에서 수신된 알람 이벤트를 〈그림 8-1〉과 같이 운영자에게 전달하는 것이다. 센서에서 움직임이 감지되면 센서는 알람 신호를 발생하고, 통신을 이용해서 알람신호를 알람 스테이션의 운영자에게 전달하고, 운영자는 센서 신호와 비디오 영상을 비교해서 알람신호가 침입신호인지를 판정한다. 탐지는 알람의 판단(assessment)으로 종료된다. 이러한 알람신호 판단을 통해 오보인지 실제 침입신호인지 구분을 해야 한다. 이런 구분을 잘하기 위해서는 알람신호가 접수되면 언제, 어디서, 어떻게, 몇 번, 왜 발생했는지 기록으로 남겨 오보에 의한 알람신호 발생을 줄일 수 있도록 노력해야 한다.

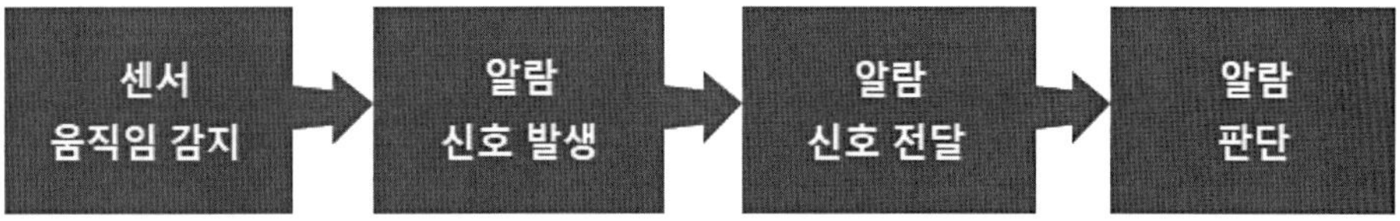

〈그림 8-1〉 센서의 알람신호 전달 체계

센서에서 전달된 알람신호를 알람 스테이션의 운영자가 판단하기 위해서는 〈그림 8-2〉와 같은 2가지 방법이 가능하다. 하나는 센서와 연동된 CCTV 시스템을 이용하여 비디오에 디스플레이된 문자와 영상을 이용하여 알람을 판정한다. 이러한 CCTV 시스템은 알람 판정, 침입 탐지, 출입 제어 등 다양한 목적으로 사용이 가능하며, 알람 판정에 소요되는 시간을 최소화할 수 있으며, 또한 관리해야 할 지역이 넓은 경우 효율적인 관리가 가능한 것이 장점이다. 다만 시스템을 설치하고 유지해야 하는 비용이 많이 소요된다는 것과 여전히 대응인력이 필요하다는 단점이 있다. 인경비 시스템은 CCTV 시스템을 적용하기 어려운 소규모 환경이나 임시적인 환경에 적용이 가능하다. 적절한 위치에 인력을 배치해야 효율적인 경비가 가능하며, 대응인력이 알람판단을 동시에 수행할 수 있는 장점이 있다. 다만 인력을 상시 배치해야 하므로 인력에 대한 능력의 차이로 알람판정에 대한 품질이 일정하지 못하다는 것과 알람신호 발생과 인력이 현장에 가서 원인을 확인하는 데 시간적인 지연이 발생한다는 단점이 있다.

(a) CCTV 시스템에 의한 알람판단 (b) 인경비에 의한 알람판단

〈그림 8-2〉 알람판단을 위한 방법

CCTV 시스템은 알람 판단(assessment)뿐만 아니라 영상 감시(surveillance) 용도로 사용되며, 알람 통신과 디스플레이 시스템(alarm communication and display, AC&D)으로 구성된다. 알람 판단은 센서와 연동된 카메라에 의한 영상을 통해 알람 발생 전후의 영상 비교로부터 알람의 원인을 판단한다. 영상 감시는 관심 영역에 카메라를 설치하여 센서와 연동하지 않고 실시간 영상 또는 녹화된 영상을 통해 비정상적인 상황을 감시한다. 이러한 용도로 사용되는 AC&D 시스템은 알람 통신과 알람 디스플레이로 구성되며, 알람 디스플레이는 〈그림 8-3〉과 같은 단순 판넬 방식과 컴퓨터 방식이 있다. 단순 판넬 시스템은 알람 발생 위치에 해당하는 스위치가 1:1로 연결되어 있으며, 운영자가 직관적으로 상황을 판단할 수 있는 장점은 있어 관리할 지역이 작은 영역에 적합하다. 그러나 상황이 바뀌게 되면 이를 즉각 반영하기에 어려움이 있는 것이 단점이다. 컴퓨터에 의한 시스템은 단순 판넬 시스템보다 더 많은 정보를 운영자에게 전달이 가능하다. 알람이 발생하면 알람이 발생한 센서의 위치를 모니터의 지도에 연동하여 표시를 해 줄 수 있으며, 알람이 접수된 시간 및 알람을 판단한 시간 등의 정보 저장이 가능하다. 또한 카메라와 연동하여 카메라로부터 현장의 실시간 영상을 볼 수 있으며, 알람 발생 전후의 영상을 비교하여 알람에 대한 정확한 판단을 내릴 수 있다. 또한 출입 시스템 및 기타 안전과 관련된 시스템과의 연동도 가능하여 확장성이 좋다는 장점이 있다. 또한 현장에 센서의 위치 변화 또는 다른 변화가 있으면 이를 즉각 시스템에 반영이 가능하다는 장점이 있다. 이런 시스템은 대부분 이더넷 통신을 하므로 사이버 보안에 유의해야 하는 단점이 있다.[49]

[49] 한국원자력통제기술원, 16차 INSA 국제교육핵안보기본교육과정 교육자료, “Module 7, Elements of PPD – Detection, Delay, Response”

(a) 단순 판넬 시스템　　(b) 컴퓨터에 의한 시스템

〈그림 8-3〉 알람 모니터링 시스템 비교

효과적인 AC&D 시스템이 되려면 개별 구성요소 또는 일차 데이터 통신 경로가 고장 났을 때에도 모든 조건하에서 지속적으로 작동할 수 있어야 하는데, 이것이 이중 데이터 통신 기능이 중요한 이유다. 시스템의 목표는 적시에 알람을 보고하고, 알람을 절대 잃지 않으며, 최소의 시스템 성능 저하 또는 전혀 없이 어떤 단일 지점 장애에서도 살아남는 것이다.

8.2 알람 통신과 디스플레이의 기본 가이드

일반적으로 AC&D 시스템에는 다음과 같은 특성이 있어야 한다.

(1) 데이터 통신 서브시스템은 알람 데이터를 적시에 전달해야 한다. 알람은 센서 작동 후 2초 이내에 알람 스테이션 운영자에게 전달되어야 한다. 데이터 통신 서브시스템은 전체적인 알람 시스템이 이러한 시간을 충족할 수 있을 만큼 충분히 빨라야 한다. 알람 타이밍은 센서 활성화 시부터 시작하여 알람 스테이션 운영자에게 알람 디스플레이(시각 및 청각)로 끝난다.

(2) 데이터 통신 시스템은 현장 패널과 알람 스테이션 사이에 한 지점도 고장이 발생하지 않도록 견고해야 한다.

(ⅰ) 한 지점의 고장으로 하나의 중요 요소/통신 링크의 손실이 발생하면 감지 및 평가 시스템 능력의 전체 또는 상당 부분을 상실하는 것으로 정의한다.

(ⅱ) 중요한 구성요소/통신 링크는 고장이 발생할 경우 보안 시스템의 탐지 및 평가 기능이 완전히 또는 현저히 저하되는 것으로 간주하여, 보안 시스템

효율성을 유지하기 위해 보안 요원이 직접 탐지 및 평가의 기능을 수행해야 한다. 침입 탐지 및 평가 시스템에는 어떤 한 부분도 고장이 나면 안 된다. 만약 고장이 발생한다면, 시스템의 나머지 부분에 대한 지속적인 탐지 및 평가 기능이 저하될 수 있기 때문이다.

(3) 시스템은 중복 데이터 통신 링크를 사용하여 설계되어야 한다. 센서와 필드 패널 간 중복성이 권장된다. “중복성”은 여러 가지 방법으로 동일한 작업을 완료할 수 있는 시스템의 능력을 의미한다.

(4) 알람 시스템 및 관련 데이터 통신 시스템은 시스템 설계의 보호 수준을 충족하는데 필요한 침입 또는 진입 제어 알람, 이벤트, 템퍼 알람, 상태 메시지 또는 기타 어떤 알람도 손실해서는 안 된다.

(5) 침입탐지 및 평가 시스템의 구성요소가 고장날 때 시스템은 알람 스테이션 운영자에게 자동으로 통보해야 한다.

(6) 데이터 통신 시스템은 수리를 위한 가동 중단 시간을 최소화하면서 매우 신뢰할 수 있어야 한다.

(7) 전체적인 시스템은 임의의 물리적인 하나의 위치에서 템퍼 또는 파괴에 의한 구성 요소 고장의 이벤트가 발생하더라도 운영에는 문제가 없어야 한다.

(8) 시스템은 실행 가능한 한 최대한의 범위까지 자동으로 “장애 극복”을 제공하도록 설계되어야 하며, 어떤 위치에서 단일 구성 요소 또는 통신 링크가 고장이 나더라도 문제없이 지속적으로 감지 및 평가가 가능해야 한다. “장애 극복”은 한 가지 구성요소가 고장났을 때 다른 리소스로 스위치하는 기능을 의미한다. 예를 들면, 중앙 알람 스테이션(CAS)용 중앙 처리 장치(CPU)를 2차 알람 스테이션(SAS)용 CPU로 대체하는 경우이다.

(9) 고장난 장비나 데이터 통신 링크가 복구된 후 30초 이내에 시스템을 원래 상태로 되돌려야 한다. 이 과정에서 어떠한 알람 신호도 손실이 없도록 해야 한다.

(10) 시스템 복원 시, 시스템은 임의의 물리적 위치에서 발생한 어떠한 고장도 복귀할 수 있어야 하며, 설계된 대로 지속적으로 기능을 수행해야 한다.

8.2.1 라인 감시 및 외부 연결

고도의 보안 환경에서는 모든 보안용 컴퓨터 네트워크는 오직 보안 작업만을 전담해야 한다. 보안용 컴퓨터 네트워크는 인터넷 또는 보안과 관련이 없는 다른 지역 또는 광역 네트워크에 연결하지 않아야 한다. 원격 사이트 간의 통신 시 모든 데이터 통신은 데이터 통신의 기밀로 분류된 특성에 해당하는 수준으로 암호화되어야 한다. 모든 시스템 구성요소는 임의 조작 및 비인가자에 의한 조작으로부터 보호되어야 한다. 무선주파수(RF) 통신을 사용하여 통신하는 탐지, 평가 및 접근 제어 장치는 RF 신호가 방해 또는 교란되어 장비 성능을 저해할 수 있으므로 고도의 보안이 요구되는 응용분야에는 사용하지 않는 것이 좋다.

양호한 알람 통신 시스템이란 알람 감지, 전송 및 알람 발생과 관련된 중요 구성부품의 고장과 임의 조작이 연속적으로 감지되고 알람 스테이션 콘솔에 이벤트로 보고되는 시스템이다. 시스템을 무단 조작(예: 해커 또는 악의적 의도를 가진 다른 사람)으로부터 보호하기 위해, 사용 중인 보안 LAN(Local Area Network)을 외부 컴퓨터 네트워크에 연결하지 않아야 한다. 보안 시스템은 외부의 어떤 네트워크에도 연결이 되어 있지 않은 독립적인 LAN으로만 사용되어야 한다. 그러나 진입 제어 시스템의 경우, 독립형 시스템은 방화벽 및 기타 정보 기술 장비를 통해 외부 네트워크에 대한 임시 또는 단방향 연결만을 허용한다. RF 신호는 방해받거나 방해할 수 있기 때문에, RF 통신은 높은 보안 수준을 요구하는 응용분야에서 감지, 평가 및 접근 제어 장치용 통신으로 사용하지 않는 것이 좋다. 시스템 개발자들은 보안 통신 장비와 매체에 비승인자들의 접근으로부터 보호해야 한다. 전자 장비 또는 케이블 패치 패널을 포함한 장비 캐비닛 및 필드 하드웨어에는 이런 기능을 탑재하기 위해 임의조작에 대한 알람을 사용해야 한다.

8.2.2 알람 처리

(a) 알람 디스플레이 정보

현재 AC&D 시스템은 알람 스테이션 운영자에게 텍스트와 그래픽 디스플레이를 모두 사용해 알람을 고유하게 식별한다. 많은 유형의 정보를 표시할 수 있지만, 더 중요한 정보 중 일부는 다음을 포함한다.

(i) 센서의 모드. 모드는 센서의 상태를 의미한다. 센서가 모니터링되고 있거나 무시되고 있는가? 센서가 온라인인지 오프라인인가? 다른 표준 용어로 "오프라인"과 동일한 의미로 "바이패스"를 사용하기도 한다.

(ii) 이벤트의 상태. 알람 상태에는 탐지를 포함한 알람 또는 탐지가 없는 안전을 포함할 수 있다.

(iii) 이벤트의 시간
(iv) 이벤트가 발생한 위치

알람 스테이션 콘솔에 최소한 다음과 같은 알람 이벤트에 대한 정보를 표시한다.

(i) 알람을 시각과 청각으로 표시
(ii) 알람 유형(침입, 템퍼, 위협 등)
(iii) 알람 발생 위치
(iv) 알람 발생 시간
(v) 알람을 전송한 센서 정보(최소 64 문자 내용으로 전송)
(vi) 센서 상태(알람, 안전, 템퍼)
(vii) 센서 모드 상태(접속, 안전, 오프라인)

현장 또는 설비의 필요에 맞게 시스템을 구성하는 것이 중요하며, 유연성이 필요하다. 예를 들어 사용자는 특정 알람, 템퍼 또는 시스템 이벤트를 원하는 콘솔로 유도하도록 시스템을 구성할 수 있어야 한다. 시스템은 이벤트를 – 모든 침입 알람을 CAS와 SAS 콘솔로 전송 – 하나 이상의 콘솔로 전달할 수 있어야 한다. 관리자는 위치, 우선순위 또는 센서 유형에 따라 알람 이벤트를 콘솔로 전달할 수 있어야 한다.

텍스트와 그래픽 표시장치는 동기화되어야 한다. 텍스트 디스플레이에서 수행되는 작업은 필요에 따라 그래픽 디스플레이로 업데이트되어야 한다. 또한 이와 반대로 그래픽 디스플레이를 통해 수행된 작업은 필요에 따라 텍스트 디스플레이로 업데이트되어야 한다. AC&D 시스템 내에 있는 모든 컴퓨터와 서브시스템의 모든 내부 "시계"는 단일 타임베이스로 동기화해야 한다. 이러한 동기화를 수행하기 위해 시스템은 네트워크 시간 프로토콜을 활용할 것을 권고한다. 시스템 관리자는 대응인력이 필요로 하는 시간(일반적으로 로컬 시간대 또는 범용 시간)으로 표시되도록 시스템이 동기화되고 구성되었는지 확인해야 한다.

(b) 알람 시간

침입 탐지 시스템(intrusion detection system, IDS) 알람은 적시에 발생해야 하며, 이 신호에 따라 알람 스테이션 운영자는 알람신호를 평가하고 침입으로 확인이 되면 대응 인력을 현장에 파견해야 한다. 일반적으로 알람, 템퍼 및 시스템 결함은 총 응답 시간 중 극히 일부분인 매우 빠른 시간 내에 전달되어야 한다. IDS 운영 시간은 시스템에서 발생하는 다른 활동과 관계없이 항상 일정하게 유지되어야 한다. "보고 시간"은 센서 동작, 템퍼 또는 구성요소 고장부터 시작하여 알람이 알람 스테이션의 운영자에게 전달되었을 때까지이다. 높은 수준의 보안 시스템에서는 센서 작동 후 1~2초 이내에 알람 신호가 전달되어야 한다.

악의적인 공격 상황에서는 많은 IDS 알람이 동시에 발보할 수 있다. 이런 경우 시스템은 고장없이 다중 알람을 손실 없이 처리해야 한다. 시스템은 최대 8개의 동시 알람(즉, 2초 이내에 8개의 알람)을 처리할 수 있어야 하며, 그러한 알람을 수신한 후 2초 이내에 접수되지 않은 알람의 수를 카운트하여 표시할 수 있어야 한다. 첫 번째 수신된 알람을 표시하고 동시에 남은 알람 수도 표시해야 한다. 다중 알람, 템퍼, 시스템 고장의 상황에서도 시스템은 알람 이벤트를 실패하거나 손실하지 않아야 한다. 알람 스테이션 운영자가 콘솔에서 알람 판단 활동을 수행하는데 있어서, 증가하는 알람 및 시스템 이벤트 알림을 처리하는데 문제가 없도록 설계되어야 한다. 알람 콘솔 디스플레이에 넘쳐날 정도의 다중 알람이 발생하더라도, 다른 요인들에 의해 일련의 이벤트들의 디스플레이에 문제가 없어야 한다.

(c) 알람 우선순위

침입 알람 및 템퍼 알람과 같은 일부 IDS 이벤트는 다른 시스템 이벤트보다 우선순위가 높은 것으로 간주된다. 어떤 경우에는 특정 침입 센서로부터 수신된 알람이 다른 알람보다 높은 우선순위로 간주될 수 있다. 따라서 시스템 관리자는 현장 보호 전략 및 물리적 보호 프로그램의 목적에 따라 시스템 이벤트에 우선순위를 할당해야 한다. 시스템 소프트웨어에서 임의로 우선순위를 정하거나 제약을 가해서는 안 된다. 시스템은 다음을 포함하되 이에 국한되지 않는 시스템 이벤트의 표시와 취급에 우선순위를 부여할 수 있도록 해야 한다.

(i) 실내용 또는 실외용 센서로부터의 침입 알람 신호
(ii) 장비들의 템퍼 신호
(iii) 시스템 고장 신호
(iv) 데이터 통신 시스템 고장 신호와 접속 불량 신호
(v) 현재 사용 중인 전원 고장
(vi) 출입통제 알람과 이벤트 신호
(vii) 저전압 배터리 경고 신호

시스템 이벤트의 우선순위는 물리적 보호 프로그램의 요소, 현장의 보호 전략 및 현장 지형을 고려한 후에 이루어져야 하며, 현장에 따라 우선순위는 달라질 수 있다. AC&D 시스템은 위치나 이벤트 유형에 따라 우선순위를 조정할 수 있도록 허용해야 하며, 정확한 우선순위는 현장의 상황에 따라 결정된다. 시스템은 입력되는 이벤트의 내용을 자동으로 처리해야 한다. 일반적으로 시스템 이벤트는 우선순위의 순서와 도착 시간에 따라 디스플레이 된다. 또한 관리자가 다른 이벤트임에도 동일한 우선순위로 할당할 수 있어야 한다. 예를 들면 모든 알람과 템퍼는 동일한 우선순위로 볼 수 있다. 또한 알람 스테이션 운영자가 우선순위가 벗어난 이벤트를 처리할 수 있는 유연성도 가능해야 한다.

(d) 알람 기록 및 보고

시스템에서 알람에 대한 시간적인 기록을 알람 기록으로 남겨 두어야 하며, 알람 스테이션 운영자, 시스템 관리자 또는 인가된 직원이 모든 시스템 이벤트 및 활동의 목록이나 로그에 접근할 수 있도록 해야 한다. 알람 제어와 디스플레이 시스템에서는 리포트 또는 분석 보고서를 위해 시스템의 로그 파일을 일반적으로 사용하는 포맷으로 변환할 수 있어야 한다. 알람 로그에는 모든 알람 이벤트와 모든 시스템 이벤트의 기록이 포함되어 있어야 하며, 다음과 같은 사항이 포함되어 있으면 유용하다.

(i) 운영자가 알람을 인식한 시간

(ii) 운영자가 알람의 원인 판단을 내린 시간(운영자의 행위 종료)

(iii) 운영자가 알람 이벤트에 원인의 내용을 함께 기록

시스템은 알람 기록을 사용해서 알람 활동에 대한 보고서를 작성하고, 알람의 원인이나 위치에 따른 알람의 수와 유형을 제공할 수 있어야 한다. 다음은 시스템의 지속적인 성태 및 유지 보수 요구를 평가하는 데 도움이 되는 보고서의 예이다.

(i) 알람 보고서에는 사용자가 선택한 기간 동안 센서 영역(위치 기준)당 총 알람 수, 침입 알람, 테스트 알람, 오보 알람 및 미확인 알람에 대해 상세히 기술되어야 한다.

(ii) 센서 유형 또는 위치를 기준으로 한 센서 그룹화 보고서. 특히 내부 센서 및 외부 센서 보고서가 유용하다.

내부자의 조작을 방지하기 위해, 알람 스테이션 운영자라도 저장된 이벤트를 삭제하지 못하도록 해야 한다. 또한 알람 스테이션 운영자 또는 시스템 관리자가 다른 알람 스테이션 운영자에게 통보 및 동의 없이 감지 지점의 상태를 변경하거나 잠금 또는 접근 제어 장치를 비활성화할 수 없도록 해야 한다. 이러한 내용들이 자동으로 동작하도록 시스템을 구비하여 알람 스테이션 운영자와 관리자를 지원해야 한다. 예를 들면 AC&D 시스템에서 자동으로 이벤트를 기록하고 저장할 수 있어야 한다. 이런 기능으로 만약 사용 중인 시스템에 로그가 가득 차면, 시스템은 정보를 장기 저장 매체로 자동으로 저장되도록 한다. 즉, 알람 로그가 저장 공간(예: 하드 디스크)의 허용 용량까지 채워지면 시스템에서는 자동적으로 하드디스크에 있는 기존의 내용을 장기 저장 매체로 옮기고, 하드디스크를 비운 상태로 유지한다. 따라서 시스템에는 다음과 같은 기능을 구현해야 한다.

(ⅰ) 로그 공간이 가득 차게 되면, 이메일과 같은 통신 수단을 이용하여 관리자에게 자동으로 통보한다. "알람 로그 공간"과 관련한 보고서에는 80퍼센트, 90퍼센트, 95퍼센트 등 유용한 간격으로 알려 주는 것이 사용자에게 좋다. 이를 통해 사용자는 기존의 어떠한 로그 정보도 손실없이 다른 매체로 전달하고, 새로운 로그 정보를 받을 수 있게 된다.

(ⅱ) 장기 저장 매체로는 CD 또는 DVD 등을 사용하는 것을 권장한다.

8.2.3 CCTV 가이드

침입 탐지 및 평가 시스템은 알람 스테이션 콘솔과 CCTV 시스템이 연계되어 있으며, 알람 수신 시 감지된 활동 영역에 비디오 이미지를 자동으로 표시할 수 있는 기능을 제공한다. 시스템은 또한 필요시 알람 스테이션 운영자의 명령에 따라 수동 전환도 가능하다. 후보 시스템을 평가할 때 물리적 보안 분석가는 CCTV 시스템의 적합성을 판단할 때 다음과 같은 지침을 사용하면 도움이 되며, 또한 시스템 구매자 또는 운영자도 다음과 같은 지침을 고려해야 한다.

(ⅰ) 카메라에서 입력되는 실시간 영상을 표시하는 기능 및 카메라의 영상을 녹화하는 기능. 자동 통합 운전 기능 외에 알람 스테이션 운영자가 카메라 디스플레이 전환을 수동으로 제어할 수 있어야 한다. 시스템은 IDS로부터 수신된 알람 이벤트 전의 영상을 자동으로 기록해야 하며, 알람이 수신된 이후의 짧은 시간 동안 연속적으로 기록이 되어야 하며, 알람 판단을 위해 필요시 영상 호출도

가능해야 한다. 또한 필요시 장기 저장 매체에 있는 영상도 재생이 가능해야 한다.

(ii) 최소한 4대의 모니터가 필요하다. 2대의 모니터는 실시간 또는 저장된 영상을 이용하여 알람 판단용으로 사용하며, 나머지 2대는 운영자가 관심이 있는 영역을 지속적으로 영상 감시(video surveillance)용 목적으로 사용한다.

(iii) 장비는 최소한의 세트로 설치한다. 그러나 현장 고유의 요구를 수용할 수 있도록 설계되어야 한다.

(a) 알람 판단용 모니터

평가 전용 모니터는 AC&D 시스템의 일부이다. 이 모니터는 IDS에 의해 알람이 감지되면 알람이 발생한 지역의 실시간 영상을 디스플레이하고, 녹화된 영상도 디스플레이 한다. 처리 중인 알람 이벤트가 없는 경우 모니터는 비어 있거나, AC&D 시스템에서 가장 높은 우선순위의 처리되지 않은 알람을 표시한다. 알람이 접수되지 않은 상태에서는 모니터에는 아무것도 표시되지 않는다. 운영자가 알람 평가 또는 상태 결정을 위해 영상을 선택하면, CCTV 모니터 중 하나에 자동으로 요청된 영역을 포함하는 CCTV 카메라의 실시간 영상을 자동으로 표시한다. 만약 이 모니터 영상에 알람이 발생한 지역의 실시간 영상인 경우, 다른 모니터에는 알람이 발생했을 때 자동으로 기록한 알람 영상의 내용을 디스플레이 한다. 대부분의 경우, 기록된 알람 영상은 알람 사건 전후에 해당하는 몇 초간의 비디오를 반복적으로 볼 수 있다. 만약 이 영상에 알람의 내용이 포함되어 있지 않으면, 저장된 알람 영상은 없는 것이다.

다음의 시나리오는 시스템이 운영자의 개입으로 알람 영상을 자동으로 처리하는 방법에 관한 것이다.

(i) 둘 이상의 알람이 평가를 기다리고 있을 때, 알람 스테이션 운영자가 낮은 우선순위 알람을 보기로 선택하지 않은 한 모니터에는 항상 가장 높은 우선순위에 있는 알람의 내용이 실시간 및 기록된 영상 장면으로 표시되어야 한다. 알람 스테이션 운영자의 평가가 완료되면, 시스템은 자동으로 다음 우선순위의 나머지 알람 비디오(라이브 및 기록)를 표시해야 한다.

(ii) 알람 발생 이외의 시간에는 모니터에 아무것도 없을 수 있다. 운영자가 평가를 종료하거나 새 알람을 선택할 때까지 시스템에서는 기본 모니터 화면을 대체하지 않아야 한다.

(iii) 알람 스테이션 운영자는 AC&D 콘솔에서 적절한 섹터 또는 센서를 선택하여 특정 알람 섹터 비디오를 볼 수 있다. 그러면 AC&D 시스템은 해당 분야의 실시간 영상을 디스플레이한다. 따라서 평가용 모니터는 AC&D 시스템의 통제하에 있는 반면, AC&D 시스템은 알람 스테이션 운영자의 통제 하에 있다.

(iv) 경우에 따라 감시 구역의 전체를 보기 위해 추가적인 카메라 2대를 사용하는 경우에는 추가적으로 2대의 평가용 모니터가 필요할 수 있다.

(b) 감시용 모니터

일차 알람 평가용 모니터가 아닌 추가 모니터는 알람 스테이션 운영자가 감시용 목적으로 사용할 수 있어야 한다. 알람 스테이션 운영자는 감시 모니터에서 언제라도 실시간 영상을 볼 수 있도록 카메라를 할당할 수 있어야 한다. 만약 이들 모니터 중 하나에서 알람이 발생한 영상을 나타낸다면, 알람이 발생한 영역의 실시간 영상을 다른 모니터에 복제해서 볼 수도 있다. 즉 실시간 영상이 추가 모니터와 알람 판단용 모니터에 동시에 디스플레이 된다. 이와 같은 모니터는 AC&D 시스템의 제어를 받는 것이 아니라 운영자가 제어한다.

(c) 알람 전후 영상

시스템은 실시간 영상 기능 제공 이외에, 비디오 기록 하위 시스템과 연계하여 알람 이벤트의 기록을 제공하고 알람 스테이션 운영자가 알람이 발생한 카메라 이미지를 재생할 수 있어야 한다. 녹화 기능은 알람 신호가 발생하면 자동으로 실행되어야 한다. 알람 스테이션 콘솔은 비디오 녹화 시스템을 제어할 수 있는 주요 장치이다. 시스템은 알람의 원인을 포착하기에 충분한 속도의 영상 프레임으로 기록해야 한다. 디스플레이 모니터는 현재 실시간 카메라 정보와 저장된 정보를 모두 볼 수 있어야 한다. 저장된 비디오 프레임 내에도 시간, 날짜 및 위치 정보 등이 영상에 표시되어야 한다.

알람 판단용 비디오 저장을 위해, 비디오는 알람 이벤트 전(사전 경보 및 사후 경보)과 후의 수 초간 영상 내용을 기록해야 한다. 일반적으로 사전 알람 및 사후 알람 비디오 저장 영상의 범위는 3~10초이며, 약 5초가 일반적이다. AC&D 시스템과 관련 비디오 저장 시스템은 사전 알람 및 사후 알람 저장 영상 기록 시간을 현장 조건에 맞게 조정할 수 있어야 한다.

알람 스테이션 운영자는 언제든지 감시 비디오 모니터에 카메라 이미지를 표시할 수 있어야 한다. 새로운 알람이 발생하더라도, 평가 모니터에 표시되는 비디오는 알람 스테이션 운영자가 지시하지 않는 한 모니터에서 제거되어서는 안 된다. 그러나 CCTV 시스템은 비디오 저장기 및 모니터에 표시된 알람에 대해 운전자의 주의를 환기시킬 수 있는 기능이 필요하다. 시스템은 운용자를 구속해서는 안 된다. 예를 들어, 운영자가 다른 사건과 관련된 비디오 정보를 우선순위에서 벗어난 순서로 선택할 수 있어야 한다. CCTV 시스템에는 비디오 신호의 손실이 발생하거나 무단으로 조작하는 행위를 자동으로 인지하고 보고하는 기능이 있어야 한다.

CHAPTER 09 지연

9.1 개요

장애물(barrier)을 설치하는 목적은 침입자가 선택할 수 있는 경로를 따라 장애물을 설치하여 적대적 업무 시간을 증가시켜 대응팀이 대응하는 데 필요한 시간을 확보하기 위한 것이다. 또한 장애물은 출입 제어 수단을 보완하며 일반적으로 보안 구역 내에서 감지 시스템과 연동한다. 일부 장애물은 침입을 단념하게 만들기도 하며, 침입자에 의한 위협으로부터 보호하도록 한다. 험한 해안선, 높은 절벽, 산꼭대기 및 원거리와 같은 자연적 요소에 의해 제공되는 몇 가지 장애물을 제외하고, 침입자의 지연(delay)을 위해 주의 깊게 계획되고 침입자의 경로를 방해할 수 있는 장애물을 설계하고 설치해야 한다. 설계한 지연의 정도는 채택한 물리적 장애물의 성격과 위협 수준에 따라 달라질 수 있다. 또한 장애물은 지연을 위한 목적 이외에도, 원거리 공격의 결과를 완화하기 위한 목적으로도 사용된다.

장애물은 위협 평가 또는 DBT에서 정의된 침입자의 목적(도난, 사보타지) 및 침입자의 능력을 고려하여 설계해야 한다. 만약 주요 물품 도난이 목적이며, 시설물로 들어가는 도중에 관통되거나 파괴되는 장애물은 침입자의 진입을 지연시키지 못한다. 비상 출구와 같은 장애물은 외부로부터 침입에 대해서는 약간의 지연을 제공할 수 있지만, 안전 요구 사항으로 인해 내부로부터 신속한 탈출이 가능하다. 관련된 기능, 대표적인 배치, 제한사항, 가능한 비상 조치(장애물에 문제가 생겼을 때 사용할 수 있는 임시 조치) 및 검사 방법에 대한 요약은 〈표 9-1〉과 같다.

〈표 9-1〉 장애물의 유형 및 주요 기능

형태	설치 위치	기능	제약 사항	가능한 비상 조치	검사 방법
낮은 보안용 장애물	시설물 외곽	경계 표시	지연 없음	경비원 순찰	육안 검사
보안용 펜스	시설물 외곽, 보안 구역	경계 표시, 탐지 시스템과 연동	일부 지연	경비원 순찰	육안 검사, 센서로 검사 가능
차량용 장애물	보안 구역	비승인 차량의 출입을 차단	차량의 속도와 최대 중량을 고려하여 설계	임시 장치 또는 애물	육안 검사
구조 장애물	보안 구역	침입 지연	일부 요소들은 균형을 위해 튼튼하게 할 필요가 있음	경비원 순찰, 대응 인력, 이동이 가능한 장애물	육안 검사, 센서로 검사 가능
회전문과 문	보안 구역 내	승인된 사람만 출입을 허용	지연과 관련 장벽의 균형을 맞추기 어려울 수 있음	경비원 순찰, 대응 인력, 이동이 가능한 장애물	육안 검사, 센서로 검사 가능
경계 침투 장애물	특정 위치	균형 잡힌 지연 제공	지연과 관련 장벽의 균형을 맞추기 어려울 수 있음	경비원 순찰, 대응 인력, 이동이 가능한 장애물	육안 검사
특수 장애물 (블럭)	지연을 최대한 하기 위해 특정 위치에 설치	균형 잡힌 지연 제공	안전성/운영상 제약	경비원 순찰, 대응 인력, 이동이 가능한 장애물	육안 검사
디스펜서블 장애물	타겟 위치	지연 제공	안전성, 제한된 사용, 제한된 공간 문제	경비원 순찰	유지관리 및 테스트
해상 장애물	해안가 경계	해안으로부터 침입에 대해 지연 제공	조류 등으로 설계 및 배치에 어려움	경비원 순찰	육안 검사

예측 가능한 위치에서 알람 평가와 침입자의 차단을 지원하기 위해 특정 지연 기능을 가진 장애물을 설계할 수 있다. 센서 다음에 장애물을 만날 수 있도록 장애물 및 감지 시스템을 서로 인접하게 설치해야 한다. 이러한 배치로 센서의 감지 지점에서 침입자를 지연시키고, 정확한 알람 평가 가능성을 높일 수 있다. 균형 잡힌 장애물 설계

를 통해 각각의 장애물이 가능한 한 동등한 지연을 하도록 하는 것이 좋다. 이와 같은 균형 지연 시스템 설계를 위해 다음과 같은 사항을 고려해야 한다.

(i) 차량 장애물을 가장 바깥쪽 감지 구역에 위치:
 - 목표물 위치 근처에서 침입자 차량 사용을 제한
 - 목표물 위치 내부로 차량을 강제로 진입하지 못하도록 제한

(ii) 목표물에 근접하기까지 지연 시간을 최대화하기 위해 장애물을 사용

(iii) 장애물을 통과하기 위해 다양한 방법과 도구가 필요하도록 여러 가지 재료로 구성된 장애물을 사용

(iv) 장애물을 이용하여 침입자의 작업 공간을 최소화 할 수 있도록 공간을 제한하고, 침입자들의 작업 환경을 어렵게 만들도록 구성

9.2 지연용 장애물 종류

9.2.1 낮은 보안용 장애물

낮은 보안용 장애물(low security barriers)은 일반적으로 건설 현장과 같은 안전 목적을 위해 시설의 가장 바깥쪽 경계에 설치하며, 침입자들에게 최소한의 지연만을 제공한다. 그러나 이러한 장애물은 경계를 허물거나, 동물을 탐지구역에 들어오지 못하게 하거나, 형사처벌 목적으로 사용된다. 나무 펜스, 직물 펜스, 와이어 펜스 등이 이에 속한다.

9.2.2 보안용 펜스

보안용 펜스(security fence)는 보안 구역의 경계에 설치한다. 이런 장애물은 약간의 지연과 억제력을 제공하며 침입 탐지 시스템과 함께 사용된다. 또한 감지와 평가의 기능을 지원할 수 있다. 예를 들어, 보안용 펜스를 2중으로 설치하여 보안 구역 주위에 별도의 안전한 지역을 만들 수 있다. 이 안전한 지역에 센서, 조명, 카메라 등의 침입 탐지 시스템을 설치할 수 있다. 대표적인 보안용 펜스는 〈그림 9-1〉에서 보듯이 체인 연결형 펜스(chain link fence), 용접형 메쉬 펜스(welded mesh fence), 확장형 금속

망 펜스(expanded metal fabric), 금속 펠리사이드(metal palisade), 직물형 금속 펜스(woven metal fence), 강화 콘크리트(reinforced concrete) 등이 있다.

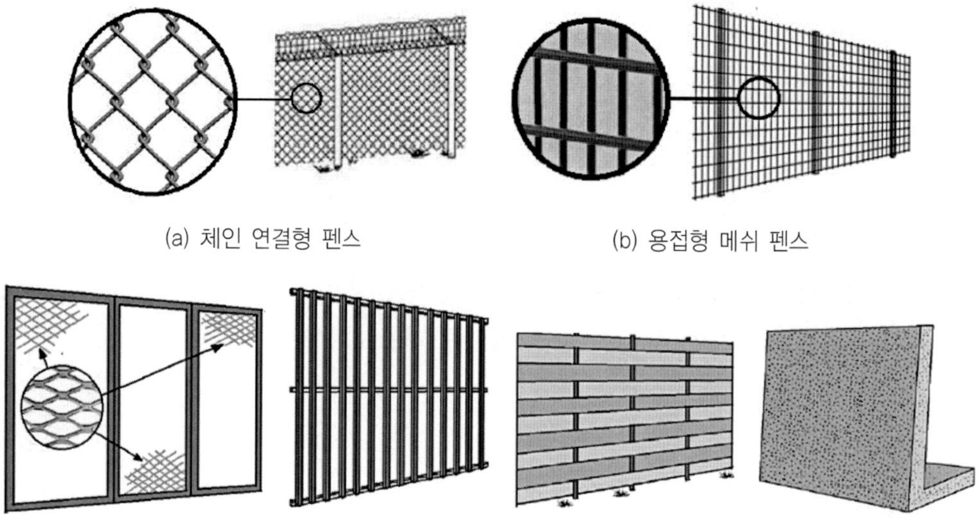

(a) 체인 연결형 펜스 (b) 용접형 메쉬 펜스

(c) 확장형 금속망 펜스 (d) 금속 펠리사이드 (e) 직물형 금속 펜스 (f) 강화 콘크리트

〈그림 9-1〉 보안용 펜스의 종류

보안용 펜스를 설치할 때 펜스 밑에 있는 땅을 파고 침입하는 것도 방지해야 하므로, 일반적으로 기둥을 땅속 깊이 매립하거나 콘크리트 위에 설치한다. 보안용 펜스 설계는 관련 탐지 시스템과 침입자 대응 능력을 고려해야 한다. 펜스 재료를 선택할 때, 특히 기존 보안 펜스를 교체할 때, 펜스 재료가 펜스를 통해 가시성이 변할 수 있기 때문에 순찰 전략과 CCTV 시야각에 미치는 영향을 고려해야 한다. 특정 목적용으로 보안 유리와 같은 펜스 재료를 사용할 수 있다. 모든 펜스 유형은 위협 평가 또는 DBT 뿐만 아니라 침입 탐지 및 평가 시스템의 요구사항을 고려하여 원하는 특정 지연을 위해 설계되어야 한다.

보안용 펜스는 탐지 시스템의 한 부분으로 사용될 수 있다. 예를 들면 광섬유 센서, 스트레인 센서, 지중음 센서, 알파 센서 등은 펜스에 부착하여 펜스의 진동을 감지한다. 이런 센서들의 감지 성능과 지연 기능을 유지하기 위해 펜스 기둥에 펜스를 단단하게 설치해야 한다. 보안용 펜스는 이런 기능을 보장하기 위해 정기적인 육안 검사를 실시해야 한다.

원형 가시철망을 〈그림 9-2〉와 같이 펜스의 상단 또는 하단에 설치하면 침입자의 진입을 지연시키는데 도움이 된다. 기존 보안용 펜스의 상단에 추가된 원형 가시철망은 침입자가 펜스를 넘어 올라가기 위해 추가적인 보조 도구나 장비가 필요하므로 효과적인 지연 효과가 될 수 있다. 원형 가시철망을 사용하는 경우, 위협 평가 또는 DBT, 환경 조건, 안전 영향 또는 법적 영향 및 기존 장벽의 구조적 능력을 고려해야 한다. 그림(b)와 같이 설치할 때에는 임시 통행인이 시설 안팎에서 부상을 입지 않아야 하기 때문에, 그림(d)와 같이 두 개의 경계 펜스 사이에 원형 가시철망을 설치한다. 또한 지면에 고정하고 과도한 식물 성장 및 철망에 이물질이 쌓이지 않도록 주의해야 한다.

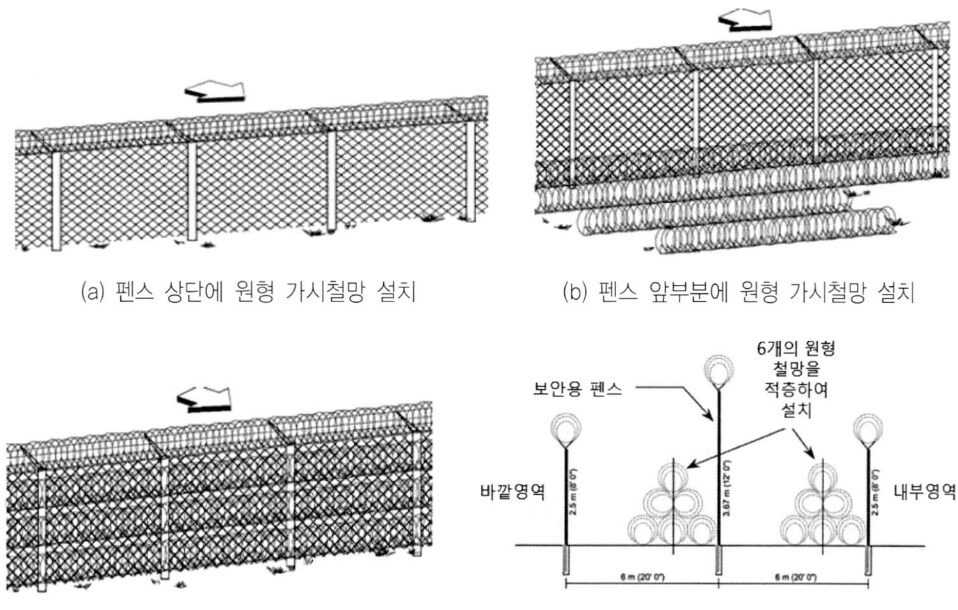

(a) 펜스 상단에 원형 가시철망 설치

(b) 펜스 앞부분에 원형 가시철망 설치

(c) 펜스에 원형 가시철망 설치

(d) 보안용 펜스 사이에 설치한 사례

〈그림 9-2〉 지연 효과를 극대화하기 위한 원형 가시철망 설치 사례

9.2.3 차량용 장애물

차량 장애물은 차량이 시설에 무단으로 접근하는 것을 방지하기 위해 설치한다. 이것은 차량 진입로에 보안용 펜스와 일체화 하여 설치하거나, 차단기와 같이 필요시 움직일 수 있게 설치한 구조물이다. 차량을 정지시키기 위해서는 차량의 운동 에너지를 감쇄시켜야 한다. 잘 설계된 차량 장애물 시스템은 공격이 시작되는 위치와 관계없이 내부 및 중요 영역으로부터 특정 거리에서 정의된 차량을 정지시켜 위협으로부터 보호할 수 있어야 한다. 정지된 장애물과 이동식 장애물의 정지 능력은 차량 장애물 라인의 약한 부분이 없도록 설계되어야 한다.

차량 장애물을 설치할 때 다음과 같은 사항을 고려해야 한다.

(ⅰ) 차량의 유형, 크기와 무게, 속도에 의한 충격량, 그리고 다른 물리적 특성에 대해 장애물 시스템이 정지시킬 수 있는 위협을 정의한다.

(ⅱ) 차량 통행을 포함한 시설물 작동 조건을 이해한다.

(ⅲ) 비정상적인 차량 유형(소형 운반용 밴, 모터 자전거 또는 건설 차량)을 보호하기 위해 장애물의 제한 사항을 평가한다.

(ⅳ) 차량 장애물을 설치할 최적의 위치를 선택하기 전에 보호해야할 영역을 결정한다.

(ⅴ) 지형, 통제 구역 내 및 주변 도로 배치, 접근 가능 도로 및 환경 조건과 같은 현장 고유의 고려사항을 조사한다.

차량 위협에 대해 보호할 수 있는 최적의 장애물을 선택한다. 최대의 차량 통과 저항을 구현하기 위해, 장애물을 최적의 위치에 적절하게 설치하기 위한 고려사항은 다음과 같다.

(ⅰ) 감지 영역 외부에 설치되는 장애물은 침입자가 무력화하기에 어렵게 설계되어야 한다. 일상적인 순찰과 감지 시스템은 침입자는 감지와 대응 없이 장벽을 무력화하는 것은 어렵다.

(ⅱ) 쉽게 파괴할 수 있는 차량 장애물은 장애물의 무단조작을 감지하기 위해 감지 영역 내부에 배치해야 한다.

(ⅲ) 차량 장애물이 차량에 영향을 미칠 수 있는 높이를 고려한다. 장애물에 대한 최적의 높이는 장애물의 설치조건과 예상되는 차량 위협에 달려있다.

대부분의 영구적 차량 장애물은 다음 방법 중 하나 또는 조합을 통해 차량의 무단진입을 막도록 설계한다.

(ⅰ) 차량 진입 방지장치는 사실상 차량의 운동 에너지를 모두 흡수하고 비교적 먼 거리에서 차량을 점진적으로 정지시키도록 낮은 저항력을 가한다. 이러한 예제로 관통한 차량에 의해 움직인 거리만큼 끌려가는 무게추 또는 차량 에너지를 감소시키기 위해 브레이크 시스템에 부착되는 케이블이 있다.

(ⅱ) 충돌 쿠션은 차량의 운동 에너지의 많은 부분을 흡수하고, 목적으로 하는 거리에서 차량을 정지시키도록 강한 저항력을 제공한다. 액체 충전 플라스틱 용기와 강한 지지대에 의해 지지되는 빈 강철 배럴 배열이 그 예들이다.

(iii) 관성 장치는 충격에 의해 차량과 운동 에너지를 교환한다. 이 장치는 목적한 거리에서 차량을 정지시킬 수 있는 강한 저항력을 제공한다. 상대적으로 작은 콘크리트 모양과 고정되지 않은 모래로 채워진 배럴이 그 예들이다.

(iv) 단단한 장치는 매우 짧은 거리에서 차량을 정지시키기 위한 높은 저항력을 제공한다. 차량은 충격 중 변형될 때 거의 모든 운동 에너지가 감소된다. 그 예로는 거대한 콘크리트 형상과 잘 고정되어 있는 강철 구조물이 있다. 열차 탈선기는 단단한 장치의 일종이다.

차량 장애물은 출입 지점에서 잠재적으로 취약하다. 차량 게이트와 진입로의 방향을 달리하여 차량과의 충돌 가능성을 줄일 수 있다. 접근 지점 영역 및/또는 진입로에 여러 회전과 장애물로 구성된 진입로는 차량의 접근시 속도를 감소시킨다. 차량 장애물 앞의 보호 구역에 구불구불한 경로를 추가하면 잠재적 충격 속도와 운동 에너지를 모두 줄일 수 있다. 출입 지점에서 좋은 방법은 이동식 차량 장벽을 설치하는 것이다. 이것은 이중으로 설치하여, 1차 앞에 있는 장애물을 해체한 후 열기 이전에는 다음에 있는 2차 장애물은 잠겨있다. 차량 장애물 사이에 출입을 시도하는 사람이 검색 프로세스를 수행할 수 있는 검색 영역을 설치한다. 다른 방법은 임시 차량 장벽으로 간주되는 다른 방법인 차량, 컨테이너 또는 무거운 건설용 백 등을 사용할 수 있다.

대표적인 이동식 차량 장애물은 허가되지 않은 차량은 정지하도록 하고, 승인된 차량은 진입을 허용할 수 있도록 이동할 수 있는 장치이다. 이와 같이 이동 가능한 차량용 장애물은 〈그림 9-3〉과 같이 볼라드(bollard), 펍업(pop-up), 차단기(moveable boom) 등이 있다.

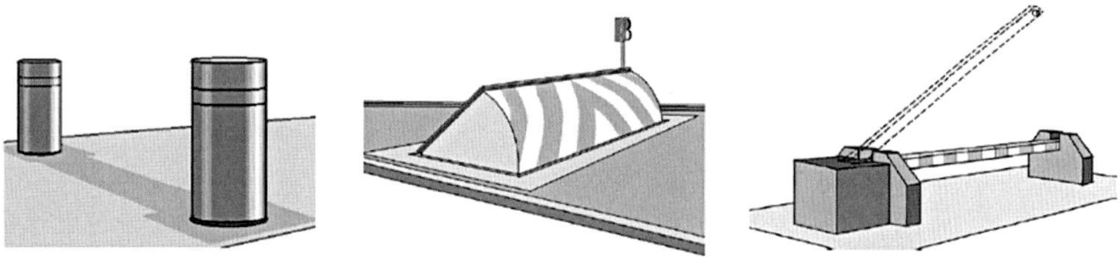

(a) 볼라드(bollard)　(b) 펍업(pop-up) 장애물　(c) 차단기(movable boom)

〈그림 9-3〉 이동식 차량 장애물 종류

9.2.4 구조 장애물

구조 장애물(structural barriers)은 콘크리트벽, 마루, 천장, 지붕과 같은 건축물 요소이다. 구조 장애물에는 침입자 경로를 따라 추가적인 지연을 제공하는 내부 자유 구조물도 해당된다. 지연 기능 이외에도 가드 또는 대응력 보호를 위해 구조 장애물을 사용할 수 있다. 콘크리트 벽, 바닥, 지붕 및 천장은 구조 하중을 지지하도록 설계되었으며, 침투를 지연시키도록 특별히 설계된 것은 아니다. 전통적인 벽 구조에는 나무 골조, 벽돌, 블록 또는 콘크리트가 포함된다. 콘크리트 벽체의 경우 콘크리트 강도 및 두께, 철근(철근) 재료의 크기와 간격은 구조 요건에 따라 결정한다. 그러나 물리적 보호를 위한 지연 시간 요건을 충족시키기 위해서는 구조 장애물을 산업 시공 표준 이상으로 설계하거나 강화해야 한다. 또한 구조 장애물 규격을 개발할 때는 원격 공격에 대한 보호도 고려해야 한다.

구조 장애물에 대한 규격은 위협 평가 또는 DBT에서 정의된 위협의 기능을 고려해야 한다. 일반적으로 침입자들은 구조 장애물을 침투하기 위해 손, 전력 및 열 도구, 폭발물 등을 단독 또는 혼합하여 사용한다. 가능하다면, 새로운 시설을 설계할 때 고려해야 할 사항 중 하나는 본질적으로 큰 지연이 있도록 시설을 건설하는 것이다. 이를 통해 현재 위협뿐만 아니라 새로운 위협에 대한 보호 기능을 제공할 수 있다. 새로운 구조 장애물은 큰 지연을 달성할 수 있다. 경우에 따라, 지연을 증가시키기 위한 기능을 추가함으로써 기존 구조물을 더 튼튼하게 만들 수 있다. 구조 장애물에 지연을 제공할 수 있는 방법은 다음과 같다.

(i) 두 개 이상의 철근 콘크리트 벽을 서로 근접하게 시공하면, 동일한 두께의 벽보다 더 긴 관통 지연 시간을 제공할 수 있다. 다중 벽을 침투하기 위해서는 추가적인 벽을 통과하기 위해서는 별도의 장비가 더 필요하다.

(ii) 두 개 이상의 철근 콘크리트 벽을 시공할 때, 벽 사이에 바위 등을 채우면 지연 시간을 증가시킬 수 있다.

(iii) 콘크리트 벽의 양쪽에 강철 도금과 같은 복합 벽체를 구성하면, 지연 시간과 장벽을 허물기 위한 작업의 복잡성이 증가한다.

(iv) 수 인치 두께의 강성 단열재, 강철 메시로 보강된 콘크리트, 철근 등을 지붕의 보강으로 사용하면 지연 시간을 증가시킬 수 있다.

(v) 콘크리트 벽에 철근을 내장시키면 벽 관통의 지연 시간을 증가할 수 있다. 콘크리트는 폭발에 의해 관통되어도, 철근으로 된 보강재는 보통 온전한 상태로 남

아 있어 진입을 하기 위해서는 철근을 제거해야 한다. 철근 제거에는 종종 콘크리트 제거에 필요한 시간보다 더 많은 시간이 소요되므로, 추가 철근을 사용하거나 철근 크기를 늘리거나 철근 간격을 줄여서 시공하는 것이 좋다.

(vi) 순찰과 대응 인력의 보호로 사용할 경우, 방호벽 설계는 인체의 생존 가능성을 높이기 위해 탄도 및 폭발 효과도 고려해야 한다.

9.2.5 회전문과 문

균형 잡힌 방호벽 설계를 위해서는 방호벽 라인 내 출입 지점의 관통 지연 시간과 주변 방호벽 구조의 지연 시간과 같아야 한다. 보안 구역 경계에서 지연 기능을 가진 직원 출입 지점에는 〈그림 9-4〉와 같은 기구물을 설치하는 것을 예로 들 수 있다. 여기에는 금속 회전문, 강화된 회전문, 경화된 강철 격판문, 그리고 경화된 강철 방호문 등이 있다.

(a) 금속 회전문 (b) 강화된 회전문 (c) 경화된 강철 격판 문

〈그림 9-4〉 출입용 보안 문의 종류

출입 지점에서의 침입 지연 시간은 재료의 두께와 혼합물 재료에 따라 증가시킬 수 있다. 또한 방탄문과 경화되고 폭발에 강한 문을 사용하면 침투 저항을 상당히 증가할 수 있다. 문과 관련 프레임, 힌지, 볼트, 그리고 잠금장치를 강화하여 상위 구조물인 바닥, 벽 및 천장에 의해 제공된 것과 동일한 지연을 제공해야 한다. 출입 지점에서의 안전 및 보안 기능의 상호작용은 비상 경로의 일부로 작용하기도 하며, 지연 기능도 제공한다. 또한 상황에 따라 알람 평가 결과 및 시각적 감시의 상황에 따라 원격 잠금(비상 문의 비상 수동 기어 일시적 차단)과 같은 조치를 취할 수 있다.

기존 출입 지점의 업그레이드와 추후 보강 작업은 다소 비용이 많이 소요되기 때문에, 이런 행위는 최소한으로 줄여야 한다. 표준 출입문은 사용되는 공격 도구에 따라 관통 시간이 달라질 수 있는 일반적인 경량 강철 문이다. 일반적으로 이러한 문은 지연 효과를 나타낼 수 없다. 따라서 이와 같은 문은 업그레이드를 통해 관통 지연 시간을 늘리고, 그리고 손, 무력, 또는 열 도구와 같은 강제 침투 시도로부터 문을 보호할 수 있다. 새로운 시설 또는 완전한 문 교체가 필요한 경우, 국가 위협 평가 또는 DBT에서 도출한 요건에 맞는 높은 보안의 공격 방지용 문으로 교체해야 한다.

9.2.6 경계 침투 장애물

건물의 외벽에는 창문과 같은 침투 경로가 노출된 구조물이 많이 있다. 이러한 특성으로 인해 원래의 건물 벽의 무결성이 손상되기 때문에, 허가받지 않은 사람이 경계를 침범하기 위해 이러한 개구부를 사용하는 것을 어렵게 만들기 위해 경계 침투 장애물(boundary penetration barriers)이 필요하다. 창문 업그레이드는 균형 설계 원칙을 따라 장벽 시스템에서 취약점이 되지 않도록 해야 한다. 표준 창문은 침입자들에게 침투 지연을 제공하지 않으면서 상당한 침투 저항을 제공하도록 개선이 필요하다. 만약 창문 여닫이가 작동한다면, 잠금 메커니즘 부분에서 강제로 열 수 있는 취약성이 제공될 수 있다. 문에 창문이 설치되어 있는 경우, 유리를 끼우는 금속 테두리 부분이 보안에 취약하다. 따라서 창문이 있게 되면 보완이 필요하다. 지면에서 상대적으로 가까운 위치에 있는 창문은 위쪽에 있는 창문보다 더 단단해야 한다. 제조업체에 따라 창의 잠금장치 위치와 동작 유형은 다르다. 잠금장치는 외부에서 쉽게 접근할 수 없는 위치에 있어야 한다. 그러므로 창문에서 가능한 업그레이드 부분은 잠금장치와 고정창이 될 수 있다.

창문틀 재료의 강도와 무게는 창문 제조사의 등급에 따라 다르다. 몇몇 특수 창문틀은 절삭 공구에 강한 소재로 만들어진다. 구조물의 창틀은 강한 소재를 사용하여 개선할 수 있지만, 이 방법뿐만 아니라 유리 재료에 보호 덮개를 추가로 업그레이드하지 않는 한 창문을 통한 지연 시간에 영향을 미치지 않는다. 일반적인 유리 재료는 매우 잘 깨어진다. 일반적인 유리 대신에 강화유리(tempered glass)로 대체한다면 기계적인 특성과 열적 스트레스 특성은 개선할 수 있다. 다이아몬드, 사각형 또는 육각형 패턴으로 제작된 철망유리(wire glass)를 방화문과 화재용 창문에 사용하면 침투 저항력을 높일 수 있다. 이러한 유리 재료는 종종 확장된 강철 메시 또는 다른 형태의 금속 그릴로 업그레이드 될 수 있다.

높은 수준의 침투 저항이 필요한 경우 두꺼운 보안 유리를 사용할 수 있다. 적층유리(laminated glass)는 안전 및 보안 유리로 제작된 것으로 보안용으로는 적합하지 않을 수 있다. 적층유리는 플라스틱 한층 또는 그 이상의 층에 두 개 이상의 열처리된 플로트 유리(float glass), 시트 또는 판유리를 접합한 형태로 구성된다. 적층유리는 표준유리에 비해 침투에 대한 내성이 강하여 대부분의 유리에 대체될 수 있지만, 가연성 특성 때문에 화재 규약이 있는 곳에는 사용이 제한된다. 폴리카보네이트 복합유리는 유리 두 층 사이에 단단한 폴리카보네이트의 코어 층을 삽입한 형태이다. 이것은 공구를 이용한 수작업으로 침투할 수는 있지만, 가장 두꺼운 패널을 사용할 경우 공구를 이용한 침투에 대한 저항이 증가한다. 폴리카보네이트의 충격 저항은 방탄유리와 동일한 성능 수준에 근접한다. 방범창을 설치하는 것도 하나의 대안이 될 수 있다.

시설물을 포함하는 건물에는 문과 창문을 제외한 다른 종류의 개구부가 많이 있다. 예를 들어 공장 시설에는 환기 덕트, 유틸리티 터널, 컨베이어 연결부, 배기 팬과 같이 사람과 무관한 개구부가 많이 있으며, 이것은 침입자들의 침입 경로로 사용될 수 있다. 또한 일부 시설의 개구부는 수중에 있을 수 있다. 시설물 관련 개구부에는 숨겨진 경로로 침입이 가능하므로, 출입구를 막고 센서를 설치해야 한다.

9.2.7 특수 장애물

특수 장애물(specialized barriers)은 수리 및 유지보수 중 또는 제한된 시간 동안 보호가 필요한 영역 주위에 배치하여 사용할 수 있는 임시 장애물이다. 임시 장애물은 대규모 모듈형 블록, 화물 컨테이너 및 심지어 차량 장애물로 주차된 차량도 포함된다. 특수 장애물 응용 분야는 도난 및 파괴 대상에 직접 설치하여 추가 지연을 제공하거나 파괴를 시도하는 행위를 감지할 수 있도록 지원할 수 있다.

9.2.8 디스펜서블 장애물

디스펜서블 장애물(dispensable barriers)에는 수동형과 능동형 두 가지 유형이 있다. 디스펜서블 장애물은 침입자가 물리적 장애물을 제거하려고 할 때 침입자 작업을 복잡하게 하여 작업 시간을 증가시킴으로써 추가적인 지연을 제공하고, 전체적인 PPS에서 설계된 대로 동작할 확률을 크게 높일 수 있다. 디스펜서블 물질은 보통 작은 형태로 저장되며, 화학적 또는 물리적 반응을 통해 동작시 개구부를 통해 공간으로 확장된다. 디스펜서블 장애물 시스템의 장점은 소형 저장장치와 빠른 확장의 특성에 있다. 대표적인 두 가지 형태는 〈그림 9-5〉와 같다.

(a) 연무 시스템

(b) 버블 시스템

〈그림 9-5〉 대표적인 디스펜서블 장애물 시스템의 예

능동형 디스펜서블 장애물 시스템은 필요할 때 작동할 수 있고, 침입자에 의한 비활성화로부터 보호되어야 하며, 평상시에는 우발적으로 동작하지 않도록 설계되어야 한다. 즉 시스템은 침입자의 공격에는 높은 확률로 신속히 활성화 되어야 하며, 오작동은 낮은 확률로 동작하지 않도록 높은 신뢰성을 보장해야 한다. 제한된 작업 공간에서 동작하므로 건강 및 안전 문제를 고려할 필요는 있다. 수동형 디스펜서블 장애물은 문이나 다른 위치에 설치되며, 원격 또는 외부 활성화가 필요하지 않으며, 단순성, 상업적 가용성 및 낮은 비용 때문에 매력적이다. 다른 물리적 장벽 없이 디스펜서블 장애물만으로도 기존 지연 시간 대비 몇 배의 곱을 제공하지만, 일반적으로 대상 위치에서 지연을 최대화하기 위해 해당하는 물리적 장애물과 함께 사용하여 효과를 극대화해야 한다. 디스펜서블 장애물은 파괴적인 시나리오보다 도난 시나리오에 대해 지연을 증가시키는 목적으로 사용된다. 특히 디스펜서블 장애물은 직원의 안전을 보장하기 위해 설치, 시험 및 유지보수 활동을 주기적으로 실시해야 한다.

9.2.9 해상 장애물

해상 장애물(marine barriers)은 주요 시설물의 해안 경계에 접근하는 허가되지 않은 해안 침입으로부터 보호하는 용도로 사용된다. 해상 장애물은 영구히 고정된 위치에 설치하거나 부력식으로 위치할 수 있다. 공학적으로 설계된 부유식 장애물은 스테인리스강 빔 또는 보강 케이블, 특수 힌지 연결부 및 폴리에틸렌 쉘로 둘러싸인 강체 고밀도 폼으로 구성된 모듈형 구성으로 설계되며, 이 폼은 원하는 길이로 만들기 위해 직렬로 여러 개를 결합할 수 있다. 이러한 시설물들은 주요 시설물의 해안 경계를 식별하는 데 사용될 수 있다. 부유식 장애물의 설치 형태는 〈그림 9-6〉과 같다.

〈그림 9-6〉 부유식 장애물의 설치 형태

설치된 부유식 장애물은 다양한 장애물 형태로 구성할 수 있으며, 추가적인 보안 장치(표면 장벽, 수중 네트 및 감지 장치)를 장착할 수 있다. 원격 조정이 가능한 수중 장애물은 원격 위치 또는 중앙 알람 스테이션에서 무선으로 제어가 가능하며, 또한 수동으로도 제어할 수 있다. 일반적으로 부유식 장애물은 장애물이 해안의 계류장에 고정되고 필요한 경우 해저 앵커에 고정되도록 설치되어야 한다. 상당히 긴 장애물을 사용할 경우, 장애물을 적절히 고정하기 위해 여러 개의 중간 고정 장치가 필요하다. 설치 구성은 현장 주변의 수심, 풍향 및 조력 조건을 포함한 환경 조건에 따라 달라진다. 이와 같은 부유식 장애물은 강, 호수, 수로, 육지 및 기타 수역에 설치하여 사용할 수 있다. 유속이 심한 해역 근처에 설치할 때는 앵커로 고정할 때 각별히 주의해야 한다.

수중 장애물은 침투를 방지하는데 도움이 된다. 기타 해상 장애물은 수중 장애물 또는 해안가에 설치된 감지시스템과 연동된 펜스도 될 수 있다. 일부 철근 콘크리트 바다 벽 또는 쓰나미 벽도 해상 장애물로 사용될 수 있다.

부록 A 신뢰수준 테이블

신뢰 수준에 따른 시도 횟수와 실패(PD 신뢰 수준)

총 시도 횟수	실패	신뢰 수준				
		75%	80%	85%	90%	95%
4	0	71%	67%	62%	56%	47%
4	1	46%	42%	37%	32%	25%
4	2	24%	21%	18%	14%	10%
4	3	7%	5%	4%	3%	1%
5	0	76%	73%	68%	63%	55%
5	1	55%	51%	47%	42%	34%
5	2	36%	33%	29%	25%	19%
5	3	19%	17%	14%	11%	8%
6	0	79%	76%	73%	68%	61%
6	1	61%	58%	54%	49%	42%
6	2	45%	41%	38%	33%	27%
6	3	30%	27%	24%	20%	15%
7	0	82%	79%	76%	72%	65%
7	1	66%	63%	59%	55%	48%
7	2	51%	48%	45%	40%	34%
7	3	38%	35%	32%	28%	23%
8	0	84%	82%	79%	75%	69%
8	1	70%	67%	64%	59%	53%
8	2	57%	54%	50%	46%	40%
8	3	44%	42%	38%	34%	29%
9	0	86%	84%	81%	77%	72%
9	1	73%	70%	67%	63%	57%
9	2	61%	58%	55%	51%	45%
9	3	50%	47%	44%	40%	35%
10	0	87%	85%	83%	79%	74%
10	1	75%	73%	70%	66%	61%
10	2	64%	62%	59%	55%	49%
10	3	54%	52%	49%	45%	39%
11	0	88%	86%	84%	81%	76%
11	1	77%	75%	72%	69%	64%
11	2	67%	65%	62%	58%	53%
11	3	58%	55%	53%	49%	44%
12	0	89%	87%	85%	83%	78%
12	1	79%	77%	75%	71%	66%
12	2	70%	68%	65%	61%	56%
12	3	61%	59%	56%	52%	47%
13	0	90%	88%	86%	84%	79%
13	1	81%	79%	76%	73%	68%
13	2	72%	70%	67%	64%	59%
13	3	64%	62%	59%	56%	51%
14	0	91%	89%	87%	85%	81%
14	1	82%	80%	78%	75%	70%
14	2	74%	72%	69%	66%	61%
14	3	66%	64%	62%	58%	53%
15	0	91%	90%	88%	86%	82%
15	1	83%	81%	79%	76%	72%
15	2	76%	74%	71%	68%	64%
15	3	68%	66%	64%	61%	56%
16	0	92%	90%	89%	87%	83%
16	1	84%	82%	80%	78%	74%
16	2	77%	75%	73%	70%	66%
16	3	70%	68%	66%	63%	58%
17	0	92%	91%	89%	87%	84%
17	1	85%	83%	82%	79%	75%
17	2	78%	76%	74%	72%	67%
17	3	72%	70%	68%	65%	60%
18	0	93%	91%	90%	88%	85%
18	1	86%	84%	82%	80%	76%
18	2	79%	78%	76%	73%	69%
18	3	73%	71%	69%	67%	62%
19	0	93%	92%	91%	89%	85%
19	1	86%	85%	83%	81%	77%
19	2	80%	79%	77%	74%	71%
19	3	75%	73%	71%	68%	64%

총 시도 횟수	실패	신뢰 수준				
		75%	80%	85%	90%	95%
20	0	93%	92%	91%	89%	86%
20	1	87%	86%	84%	82%	78%
20	2	81%	80%	78%	76%	72%
20	3	76%	74%	72%	70%	66%
21	0	94%	93%	91%	90%	87%
21	1	88%	86%	85%	83%	79%
21	2	82%	81%	79%	77%	73%
21	3	77%	75%	73%	71%	67%
22	0	94%	93%	92%	90%	87%
22	1	88%	87%	85%	83%	80%
22	2	83%	82%	80%	78%	74%
22	3	78%	76%	75%	72%	68%
23	0	94%	93%	92%	91%	88%
23	1	89%	88%	86%	84%	81%
23	2	84%	82%	81%	78%	75%
23	3	79%	77%	76%	73%	70%
24	0	94%	94%	92%	91%	88%
24	1	89%	88%	87%	85%	82%
24	2	84%	83%	81%	79%	76%
24	3	80%	78%	76%	74%	71%
25	0	95%	94%	93%	91%	89%
25	1	90%	88%	87%	85%	82%
25	2	85%	84%	82%	80%	77%
25	3	80%	79%	77%	75%	72%
26	0	95%	94%	93%	92%	89%
26	1	90%	89%	88%	86%	83%
26	2	85%	84%	83%	81%	78%
26	3	81%	80%	78%	76%	73%

총 시도 횟수	실패	신뢰 수준				
		75%	80%	85%	90%	95%
27	0	95%	94%	93%	92%	90%
27	1	90%	89%	88%	86%	84%
27	2	86%	85%	83%	81%	78%
27	3	82%	81%	79%	77%	74%
28	0	95%	94%	93%	92%	90%
28	1	91%	90%	88%	87%	84%
28	2	86%	85%	84%	82%	79%
28	3	82%	81%	80%	78%	75%
29	0	95%	95%	94%	92%	90%
29	1	91%	90%	89%	87%	85%
29	2	87%	86%	84%	83%	80%
29	3	83%	82%	80%	78%	75%
30	0	95%	95%	94%	93%	91%
30	1	91%	90%	89%	88%	85%
30	2	87%	86%	85%	83%	80%
30	3	84%	82%	81%	79%	76%
31	0	96%	95%	94%	93%	91%
31	1	92%	91%	90%	88%	86%
31	2	88%	87%	85%	84%	81%
31	3	84%	83%	82%	80%	77%
32	0	96%	95%	94%	93%	91%
32	1	92%	91%	90%	88%	86%
32	2	88%	87%	86%	84%	82%
32	3	85%	83%	82%	80%	78%
33	0	96%	95%	94%	93%	91%
33	1	92%	91%	90%	89%	86%
33	2	88%	87%	86%	85%	82%
33	3	85%	84%	83%	81%	78%

총 시도 횟수	실패	신뢰 수준				
		75%	80%	85%	90%	95%
27	0	95%	94%	93%	92%	90%
27	1	90%	89%	88%	86%	84%
27	2	86%	85%	83%	81%	78%
27	3	82%	81%	79%	77%	74%
28	0	95%	94%	93%	92%	90%
28	1	91%	90%	88%	87%	84%
28	2	86%	85%	84%	82%	79%
28	3	82%	81%	80%	78%	75%
29	0	95%	95%	94%	92%	90%
29	1	91%	90%	89%	87%	85%
29	2	87%	86%	84%	83%	80%
29	3	83%	82%	80%	78%	75%
30	0	95%	95%	94%	93%	91%
30	1	91%	90%	89%	88%	85%
30	2	87%	86%	85%	83%	80%
30	3	84%	82%	81%	79%	76%
31	0	96%	95%	94%	93%	91%
31	1	92%	91%	90%	88%	86%
31	2	88%	87%	85%	84%	81%
31	3	84%	83%	82%	80%	77%
32	0	96%	95%	94%	93%	91%
32	1	92%	91%	90%	88%	86%
32	2	88%	87%	86%	84%	82%
32	3	85%	83%	82%	80%	78%
33	0	96%	95%	94%	93%	91%
33	1	92%	91%	90%	89%	86%
33	2	88%	87%	86%	85%	82%
33	3	85%	84%	83%	81%	78%

총 시도 횟수	실패	신뢰 수준				
		75%	80%	85%	90%	95%
34	0	96%	95%	95%	93%	92%
34	1	92%	91%	90%	89%	87%
34	2	89%	88%	87%	85%	83%
34	3	85%	84%	83%	81%	79%
35	0	96%	96%	95%	94%	92%
35	1	92%	92%	91%	89%	87%
35	2	89%	88%	87%	86%	83%
35	3	86%	85%	84%	82%	79%
36	0	96%	96%	95%	94%	92%
36	1	93%	92%	91%	90%	88%
36	2	89%	88%	87%	86%	84%
36	3	86%	85%	84%	82%	80%
37	0	96%	96%	95%	94%	92%
37	1	93%	92%	91%	90%	88%
37	2	90%	89%	88%	86%	84%
37	3	87%	86%	84%	83%	80%
38	0	96%	96%	95%	94%	92%
38	1	93%	92%	91%	90%	88%
38	2	90%	89%	88%	87%	84%
38	3	87%	86%	85%	83%	81%
39	0	97%	96%	95%	94%	93%
39	1	93%	93%	92%	90%	88%
39	2	90%	89%	88%	87%	85%
39	3	87%	86%	85%	84%	81%
40	0	97%	96%	95%	94%	93%
40	1	93%	93%	92%	91%	89%
40	2	90%	90%	89%	87%	85%
40	3	88%	87%	86%	84%	82%

총 시도 횟수	실패	신뢰 수준				
		75%	80%	85%	90%	95%
34	0	96%	95%	95%	93%	92%
34	1	92%	91%	90%	89%	87%
34	2	89%	88%	87%	85%	83%
34	3	85%	84%	83%	81%	79%
35	0	96%	96%	95%	94%	92%
35	1	92%	92%	91%	89%	87%
35	2	89%	88%	87%	86%	83%
35	3	86%	85%	84%	82%	79%
36	0	96%	96%	95%	94%	92%
36	1	93%	92%	91%	90%	88%
36	2	89%	88%	87%	86%	84%
36	3	86%	85%	84%	82%	80%
37	0	96%	96%	95%	94%	92%
37	1	93%	92%	91%	90%	88%
37	2	90%	89%	88%	86%	84%
37	3	87%	86%	84%	83%	80%
38	0	96%	96%	95%	94%	92%
38	1	93%	92%	91%	90%	88%
38	2	90%	89%	88%	87%	84%
38	3	87%	86%	85%	83%	81%
39	0	97%	96%	95%	94%	93%
39	1	93%	93%	92%	90%	88%
39	2	90%	89%	88%	87%	85%
39	3	87%	86%	85%	84%	81%
40	0	97%	96%	95%	94%	93%
40	1	93%	93%	92%	91%	89%
40	2	90%	90%	89%	87%	85%
40	3	88%	87%	86%	84%	82%
41	0	97%	96%	95%	95%	93%
41	1	94%	93%	92%	91%	89%

총 시도 횟수	실패	신뢰 수준				
		75%	80%	85%	90%	95%
41	2	91%	90%	89%	88%	85%
41	3	88%	87%	86%	84%	82%
42	0	97%	96%	96%	95%	93%
42	1	94%	93%	92%	91%	89%
42	2	91%	90%	89%	88%	86%
42	3	88%	87%	86%	85%	83%
43	0	97%	96%	96%	95%	93%
43	1	94%	93%	92%	91%	89%
43	2	91%	90%	89%	88%	86%
43	3	88%	88%	87%	85%	83%
44	0	97%	96%	96%	95%	93%
44	1	94%	93%	93%	91%	90%
44	2	91%	91%	90%	88%	86%
44	3	89%	88%	87%	85%	83%
45	0	97%	96%	96%	95%	94%
45	1	94%	93%	93%	92%	90%
45	2	91%	91%	90%	89%	87%
45	3	89%	88%	87%	86%	84%
46	0	97%	97%	96%	95%	94%
46	1	94%	94%	93%	92%	90%
46	2	92%	91%	90%	89%	87%
46	3	89%	88%	87%	86%	84%
47	0	97%	97%	96%	95%	94%
47	1	94%	94%	93%	92%	90%
47	2	92%	91%	90%	89%	87%
47	3	89%	89%	88%	86%	84%
48	0	97%	97%	96%	95%	94%
48	1	94%	94%	93%	92%	90%
48	2	92%	91%	90%	89%	87%
48	3	90%	89%	88%	87%	85%

부록 B 원자력시설의 물리적 방호 관련법

B.1 개요

2005년 개정된 원자력안전법(법률 제15281호)에 근거, 핵물질 및 원자력시설 등에 관한 안존조치와 물리적방호 등의 업무를 수행할 독립된 전문기관인 한국원자력통제기술원(KINAC) 설립(2006년 6월)하였으며, 한국원자력통제기술원은 핵물질 및 원자력시설의 안보에 대한 규제, 기술개발 등을 총괄 수행하는 기관으로 국내 원자력시설의 방호 상태를 정기적으로 검사하고 있으며 방호교육 및 훈련 실시를 통해 최고 수준의 핵안보 시스템을 유지 및 운영하고 있다. 핵물질 및 원자력시설의 물리적 방호에 관한 법적 근거는 2017년 12월 19일에 개정된 "원자력시설 등의 방호 및 방사능 방재대책법"(약칭: 방사능방재법, 법률 제15280호) 제2장에 근거를 두고 있다.

B.2 방사능 방재법 제1장과 제2장

제1장 총칙 〈개정 2010. 3. 17.〉

제1조(목적) 이 법은 핵물질과 원자력시설을 안전하게 관리·운영하기 위하여 물리적 방호체제 및 방사능재난 예방체제를 수립하고, 국내외에서 방사능재난이 발생한 경우 효율적으로 대응하기 위한 관리체계를 확립함으로써 국민의 생명과 재산을 보호함을 목적으로 한다. 〈개정 2011. 7. 25., 2014. 5. 21.〉

제2조(정의) ① 이 법에서 사용하는 용어의 뜻은 다음과 같다. 〈개정 2011. 7. 25., 2014. 5. 21., 2015. 12. 1.〉

1. "핵물질"이란 우라늄, 토륨 등 원자력을 발생할 수 있는 물질과 우라늄광, 토륨광, 그 밖의 핵연료물질의 원료가 되는 물질 중 대통령령으로 정하는 것을 말한다.

2. “원자력시설”이란 발전용 원자로, 연구용 원자로, 핵연료 주기시설, 방사성폐기물의 저장 · 처리 · 처분시설, 핵물질 사용시설, 그 밖에 대통령령으로 정하는 원자력 이용과 관련된 시설을 말한다.
3. “물리적방호”란 핵물질과 원자력시설에 대한 안팎의 위협을 사전에 방지하고, 위협이 발생한 경우 신속하게 탐지하여 적절한 대응조치를 하며, 사고로 인한 피해를 최소화하기 위한 모든 조치를 말한다.
4. “불법이전”이란 정당한 권한 없이 핵물질을 수수(授受) · 소지 · 소유 · 보관 · 사용 · 운반 · 개조 · 처분 또는 분산하는 것을 말한다.
5. “사보타주”란 정당한 권한 없이 방사성물질을 배출하거나 방사선을 노출하여 사람의 건강 · 안전 및 재산 또는 환경을 위태롭게 할 수 있는 다음 각 목의 어느 하나에 해당하는 행위를 말한다.
   가. 핵물질 또는 원자력시설을 파괴 · 손상하거나 그 원인을 제공하는 행위
   나. 원자력시설의 정상적인 운전을 방해하거나 방해를 시도하는 행위

5의2. “원자력시설 컴퓨터 및 정보시스템”이란 원자력시설의 전자적 제어 · 관리시스템 및 「정보통신망 이용촉진 및 정보보호 등에 관한 법률」 제2조제1항제1호에 따른 정보통신망을 말한다.

5의3. “전자적 침해행위”란 사용 · 저장 중인 핵물질의 불법이전과 원자력시설 및 핵물질의 사보타주를 야기하기 위하여 해킹, 컴퓨터바이러스, 논리 · 메일폭탄, 서비스거부 또는 고출력 전자기파 등의 방법으로 원자력시설 컴퓨터 및 정보시스템을 공격하는 행위를 말한다.

6. “위협”이란 다음 각 목의 어느 하나에 해당하는 것을 말한다.
   가. 사보타주
   나. 전자적 침해행위
   다. 사람의 생명 · 신체를 해치거나 재산 · 환경에 손해를 끼치기 위하여 핵물질을 사용하는 것
   라. 사람, 법인, 공공기관, 국제기구 또는 국가에 대하여 어떤 행위를 강요하기 위하여 핵물질을 취득하는 것
7. “방사선비상”이란 방사성물질 또는 방사선이 누출되거나 누출될 우려가 있어 긴급한 대응 조치가 필요한 상황을 말한다.

8. “방사능재난”이란 방사선비상이 국민의 생명과 재산 및 환경에 피해를 줄 수 있는 상황으로 확대되어 국가적 차원의 대처가 필요한 재난을 말한다.
9. “방사선비상계획구역”이란 원자력시설에서 방사선비상 또는 방사능재난이 발생할 경우 주민 보호 등을 위하여 비상대책을 집중적으로 마련할 필요가 있어 제20조의2에 따라 설정된 구역으로서 다음 각 목의 구역을 말한다.
   가. 예방적보호조치구역: 원자력시설에서 방사선비상이 발생할 경우 사전에 주민을 소개(疏開)하는 등 예방적으로 주민보호 조치를 실시하기 위하여 정하는 구역
   나. 긴급보호조치계획구역: 원자력시설에서 방사선비상 또는 방사능재난이 발생할 경우 방사능영향평가 또는 환경감시 결과를 기반으로 하여 구호와 대피 등 주민에 대한 긴급보호 조치를 위하여 정하는 구역
10. “원자력사업자”란 다음 각 목의 어느 하나에 해당하는 자를 말한다.
   가. 「원자력안전법」 제10조에 따라 발전용 원자로 및 관계시설의 건설허가를 받은 자
   나. 「원자력안전법」 제20조에 따라 발전용 원자로 및 관계시설의 운영허가를 받은 자
   다. 「원자력안전법」 제30조에 따라 연구용 또는 교육용 원자로 및 관계시설의 건설·운영허가를 받은 자
   라. 「원자력안전법」 제31조에 따라 대한민국의 항구에 입항(入港) 또는 출항(出港)의 신고를 한 외국원자력선운항자
   마. 「원자력안전법」 제35조제1항에 따라 핵원료물질 또는 핵연료물질의 정련사업(精鍊事業) 또는 가공사업의 허가를 받은 자
   바. 「원자력안전법」 제35조제2항에 따라 사용 후 핵연료처리사업의 지정을 받은 자
   사. 「원자력안전법」 제45조에 따라 핵연료물질의 사용 또는 소지 허가를 받은 자 중에서 「원자력안전위원회의 설치 및 운영에 관한 법률」 제3조에 따른 원자력안전위원회(이하 “원자력안전위원회”라 한다)가 정하여 고시하는 자
   아. 「원자력안전법」 제63조에 따라 방사성폐기물의 저장·처리·처분시설 및 그 부속시설의 건설·운영허가를 받은 자

자. 그 밖에 방사성물질, 핵물질 또는 원자력시설의 방호와 재난대책을 수립·시행할 필요가 있어 대통령령으로 정하는 자

② 이 법에서 사용하는 용어의 뜻은 제1항에서 규정한 것을 제외하고는 「원자력안전법」에서 정하는 바에 따른다. 〈개정 2011. 7. 25.〉

제2장 핵물질 및 원자력시설의 물리적방호 〈개정 2010. 3. 17.〉

제3조(물리적방호시책의 마련) ① 정부는 핵물질 및 원자력시설(이하 "원자력시설등"이라 한다)에 대한 물리적방호를 위한 시책(이하 "물리적방호시책"이라 한다)을 마련하여야 한다.

② 물리적방호시책에는 다음 각 호의 사항이 포함되어야 한다. 〈개정 2015. 12. 1.〉

1. 핵물질의 불법이전에 대한 방호
2. 분실되거나 도난당한 핵물질을 찾아내고 회수하기 위한 대책
3. 원자력시설등에 대한 사보타주의 방지

3의2. 전자적 침해행위의 방지

4. 원자력시설등에 대한 사보타주에 따른 방사선 영향에 대한 대책
5. 전자적 침해행위에 따른 방사선 영향에 대한 대책

제4조(물리적방호체제의 수립 등) ① 정부는 물리적방호시책을 이행하기 위하여 정기적으로 원자력시설등에 대한 위협을 평가하여 물리적방호체제를 수립하여야 한다. 이 경우 원자력시설등에 대한 위협 평가 및 물리적방호체제의 수립에 필요한 사항은 대통령령으로 정한다.

② 원자력안전위원회는 제1항에 따른 물리적방호체제의 수립에 필요하다고 인정하면 관계 중앙행정기관의 장에게 협조를 요청할 수 있다. 〈개정 2011. 7. 25.〉

③ 원자력안전위원회는 제1항에 따른 물리적방호체제의 수립에 필요하다고 인정하면 다음 각 호의 자에게 방호 관련 시설·장비의 확보 및 운영 관리 등 대통령령으로 정하는 필요한 조치를 요구하거나 명할 수 있다. 〈개정 2011. 7. 25., 2014. 5. 21.〉

1. 방사선비상계획구역의 전부 또는 일부를 관할하는 특별시장·광역시장·특별자치시장·도지사·특별자치도지사(이하 "시·도지사"라 한다)

2. 방사선비상계획구역의 전부 또는 일부를 관할하는 시장 · 군수 · 구청장(자치구의 구청장을 말한다. 이하 같다)

3. 원자력사업자

4. 대통령령으로 정하는 공공기관, 공공단체 및 사회단체(이하 “지정기관”이라 한다)의 장

④ 제2항과 제3항에 따른 요청이나 요구를 받은 기관의 장과 사업자는 특별한 사유가 없으면 이에 따라야 한다.[전문개정 2010. 3. 17.]

第5조(원자력시설등의 물리적방호협의회) ① 원자력시설등의 물리적방호에 관한 국가의 중요 정책을 심의하기 위하여 원자력안전위원회 소속으로 원자력시설등의 물리적방호협의회(이하 “방호협의회”라 한다)를 둔다. 〈개정 2011. 7. 25.〉

② 방호협의회의 의장은 원자력안전위원회 위원장이 되고, 방호협의회의 위원은 기획재정부, 과학기술정보통신부, 국방부, 행정안전부, 농림축산식품부, 산업통상자원부, 보건복지부, 환경부, 국토교통부, 해양수산부의 고위공무원단에 속하는 일반직공무원 또는 이에 상당하는 공무원[국방부의 경우에는 이에 상당하는 장성급(將星級) 장교를 포함한다] 중에서 해당 기관의 장이 지명하는 각 1명과 대통령령으로 정하는 중앙행정기관의 공무원 또는 관련 기관 · 단체의 장이 된다. 〈개정 2011. 7. 25., 2013. 3. 23., 2014. 11. 19., 2017. 3. 21., 2017. 7. 26.〉

③ 방호협의회의 운영 등에 필요한 사항은 대통령령으로 정한다.

[전문개정 2010. 3. 17.]

第6조(방호협의회의 기능) 방호협의회는 다음 각 호의 사항을 심의한다.

1. 물리적방호에 관한 중요 정책

2. 물리적방호체제의 수립

3. 물리적방호체제의 이행을 위한 관계 기관 간 협조 사항

4. 물리적방호체제의 평가

5. 그 밖에 물리적방호와 관련하여 의장이 필요하다고 인정하여 회의에 부치는 사항

[전문개정 2010. 3. 17.]

第7조(지역방호협의회) ① 대통령령으로 정하는 원자력시설등이 있는 지방자치단체에 소관 원자력시설등의 물리적방호에 관한 사항을 심의하기 위하여 시 · 도지사 소속으로 시 · 도 방호협의회를 두고, 시장 · 군수 · 구청장 소속으로 시 · 군 · 구 방호협의회를 둔다.

② 시 · 도 방호협의회의 의장은 시 · 도지사가 되고, 시 · 군 · 구 방호협의회의 의장은 시장 · 군수 · 구청장이 된다.

③ 시 · 도 방호협의회 및 시 · 군 · 구 방호협의회(이하 "지역방호협의회"라 한다)는 다음 각 호의 사항을 심의한다.

1. 해당 지역의 물리적방호에 관한 중요 정책
2. 해당 지역의 물리적방호체제 수립
3. 해당 지역의 물리적방호체제 이행을 위한 관계 기관 간 협조사항
4. 해당 지역의 물리적방호체제 평가
5. 그 밖에 해당 지역의 물리적방호와 관련하여 의장이 필요하다고 인정하여 회의에 부치는 사항

④ 지역방호협의회의 구성 · 운영 등에 필요한 사항은 대통령령으로 정한다.

[전문개정 2010. 3. 17.]

제8조(물리적방호 대상 핵물질의 분류 등) ① 물리적방호의 대상이 되는 핵물질은 잠재적 위험의 정도를 고려하여 대통령령으로 정하는 바에 따라 등급Ⅰ, 등급Ⅱ 및 등급Ⅲ으로 분류한다. 〈개정 2014. 5. 21.〉

② 원자력시설등의 물리적방호에 관한 다음 각 호의 요건은 대통령령으로 정한다. 〈개정 2014. 5. 21., 2015. 12. 1.〉

1. 불법이전에 대한 방호 요건
2. 사보타주에 대한 방호 요건
3. 전자적 침해행위에 대한 방호 요건

[전문개정 2010. 3. 17.]

제9조(물리적방호에 대한 원자력사업자의 책임) ① 원자력사업자는 대통령령으로 정하는 바에 따라 다음 각 호의 사항에 대하여 원자력안전위원회의 승인을 받아야 하고, 이를 변경하려는 경우에도 또한 같다. 다만, 총리령으로 정하는 경미한 사항을 변경하려는 경우에는 원자력안전위원회에 신고하여야 한다. 〈개정 2011. 7. 25., 2013. 3. 23., 2015. 12. 1.〉

1. 제3조제2항 각 호의 사항을 위한 물리적방호 시설 · 설비 및 그 운영체제
2. 원자력시설등의 물리적방호를 위한 규정(이하 "물리적방호규정"이라 한다)

3. 핵물질의 불법이전 및 원자력시설등의 위협에 대한 조치계획(이하 "방호비상계획"이라 한다)
4. 전자적 침해행위에 대한 원자력시설 컴퓨터 및 정보시스템 보안규정(이하 "정보시스템 보안규정"이라 한다)

② 제1항 각 호의 사항에 대한 작성지침 등 세부기준은 총리령으로 정한다. 〈개정 2011. 7. 25., 2013. 3. 23.〉[전문개정 2010. 3. 17.]

제9조의2(물리적방호 교육) ① 원자력사업자의 종업원 및 원자력안전위원회가 정하여 고시하는 물리적방호와 관련된 단체 또는 기관의 직원은 대통령령으로 정하는 바에 따라 원자력안전위원회가 실시하는 물리적방호에 관한 교육(원자력시설 컴퓨터 및 정보시스템 보안교육을 포함한다)을 받아야 한다. 〈개정 2015. 12. 1.〉

② 원자력안전위원회는 제1항에 따른 교육을 담당할 교육기관을 지정할 수 있다.

③ 제1항에 따른 물리적방호 교육 실시에 필요한 사항은 대통령령으로 정한다.

[본조신설 2014. 5. 21.]

제9조의3(물리적방호 훈련) ① 원자력사업자는 총리령으로 정하는 바에 따라 물리적방호 훈련계획을 수립하여 원자력안전위원회의 승인을 받은 후 이를 시행하여야 한다.

② 원자력사업자는 제1항에 따른 물리적방호 훈련을 실시한 후 그 결과를 원자력안전위원회에 보고하여야 한다. 이 경우 원자력안전위원회는 제1항에 따라 실시하는 물리적방호 훈련에 대하여 평가할 수 있다.

③ 원자력안전위원회는 제2항 후단에 따른 평가 결과 필요하다고 인정하면 원자력사업자에게 물리적방호규정의 보완 등 필요한 조치를 명할 수 있다. 이 경우 원자력사업자는 이에 대한 이행계획 및 조치 결과를 원자력안전위원회에 보고하여야 한다.

[본조신설 2014. 5. 21.]

제10조(군부대 등의 지원 요청) ① 원자력사업자는 원자력시설등에 대한 위협이 있거나 그러한 우려가 있다고 판단되면 그 원자력시설등의 방호 또는 분실되거나 도난당한 핵물질의 회수를 위하여 관할 군부대, 경찰관서 또는 그 밖의 행정기관의 장에게 지원을 요청할 수 있다. 〈개정 2014. 5. 21.〉

② 제1항의 지원 요청을 받은 군부대, 경찰관서 또는 그 밖의 행정기관의 장은 특별한 사유가 없으면 요청에 따라야 한다.[전문개정 2010. 3. 17.]

제11조(보고 등) 원자력사업자는 원자력시설등에 대하여 위협을 받았을 때 또는 제10조제1항에 따라 관할 군부대, 경찰관서 또는 그 밖의 행정기관의 장에게 지원을 요청하였을 때에는 총리령으로 정하는 바에 따라 원자력안전위원회에 보고하고, 관할 시·도지사 및 시장·군수·구청장에게 이를 알려야 한다. 〈개정 2011. 7. 25., 2013. 3. 23., 2014. 5. 21.〉[전문개정 2010. 3. 17.]

제12조(검사 등) ① 원자력사업자는 원자력시설등의 물리적방호에 대하여 대통령령으로 정하는 바에 따라 원자력안전위원회의 검사를 받아야 한다. 〈개정 2011. 7. 25.〉

② 원자력안전위원회는 제1항에 따른 검사 결과 다음 각 호의 어느 하나에 해당할 때에는 원자력사업자에게 그 시정을 명할 수 있다. 〈개정 2011. 7. 25., 2013. 3. 23., 2014. 5. 21., 2015. 12. 1.〉

1. 제8조제2항에 따른 방호 요건을 위반한 사실이 있을 때
2. 제9조제1항제1호에 따른 물리적방호를 위한 시설·설비 또는 그 운영체제가 총리령으로 정하는 기준에 미치지 못할 때
3. 물리적방호규정을 위반하였을 때
4. 방호비상계획에 따른 조치가 미흡할 때

4의2. 정보시스템 보안규정을 위반하였을 때

5. 물리적방호규정, 방호비상계획 및 정보시스템 보안규정의 보완이 필요할 때
6. 제9조의2제1항에 따른 교육을 받지 아니하였을 때
7. 제9조의3제1항에 따른 물리적방호 훈련을 승인된 계획에 따라 실시하지 아니하였거나 같은 조 제3항에 따른 이행계획에 따라 보완조치를 하지 아니하였을 때

[전문개정 2010. 3. 17.]

제13조(핵물질의 국제운송방호) 「핵물질 및 원자력시설의 물리적 방호에 관한 협약」의 요건에 따라 국제 운송 중인 핵물질이 방호될 것이라는 보장을 관련 국가로부터 받지 아니한 자는 핵물질을 수출하거나 수입할 수 없다. 〈개정 2014. 5. 21.〉

[전문개정 2010. 3. 17.]

제13조의2(국제협력 등) ① 외교부장관은 제47조에 따른 범죄의 실행 또는 준비에 대하여 알게 된 정보가 명백하고 그 범죄의 정도가 객관적으로 중대하다고 인정되는 경우에는 「핵테러행위의 억제를 위한 국제협약」, 「핵물질 및 원자력시설의 물리적 방호에 관한 협약」 및 그 밖의 국제협약 또는 양자 간 협정에 따라 해당 국제기구 및 관련 국가에 그 내용을 알려야 한다.

② 제1항에도 불구하고 외교부장관은 제1항에 따른 통보가 다른 법률에 위배되거나 대한민국 또는 다른 국가의 안전을 저해할 우려가 있다고 인정하는 경우에는 통보를 하지 아니할 수 있다.[본조신설 2014. 5. 21.]

제14조(기록과 비치) 원자력사업자는 원자력시설등의 물리적방호에 관한 사항을 총리령으로 정하는 바에 따라 기록하여 그 사업소마다 갖추어 두어야 한다. 〈개정 2011. 7. 25., 2013. 3. 23.〉[전문개정 2010. 3. 17.]

제15조(비밀누설 금지 등) 제3조부터 제14조까지의 규정에 따른 직무에 종사하거나 종사하였던 방호협의회(지역방호협의회를 포함한다)의 위원, 공무원 또는 관련 종사자는 그 직무상 알게 된 물리적방호에 관한 비밀을 누설하거나 이 법 시행을 위한 목적 외의 용도로 이용하여서는 아니 된다.[전문개정 2010. 3. 17.]

제16조(적용 범위) 이 장의 규정은 평화적 목적에 사용되는 국내의 원자력시설등과 대한민국으로부터 또는 대한민국으로 국제 운송 중인 핵물질에 적용한다.

[전문개정 2010. 3. 17.]

부록 C 원자력시설등의 방호요건 (방사능방재법 제16조 관련)

1. 사용 · 저장 중인 핵물질의 불법이전에 대한 방호요건

가. 등급Ⅲ 핵물질

1) 등급Ⅲ 핵물질의 사용 및 저장을 위한 구역(이하 "등급Ⅲ 방호구역"이라 한다)에의 접근을 통제할 것
2) 해당 방호구역의 접근 통제를 위한 수단과 절차는 임의조작이나 위조 등으로부터 보호할 것
3) 해당 방호구역의 불법침입에 대한 탐지 · 경비체계 및 대응조치를 수립할 것
4) 핵물질의 불법이전에 대한 방호비상계획을 수립하고, 해당 시설의 물리적방호업무를 수행하는 자(이하 "방호종사자"라 한다)에 대하여 방호비상훈련을 실시할 것
5) 방호종사자에 대하여 매년 물리적방호교육을 실시하고, 교육한 내용의 이행에 대한 훈련을 실시할 것
6) 제17조제1항에 따른 물리적방호규정등에 대하여 정기적인 평가를 실시하고, 그 결과를 반영할 것
7) 핵물질의 인수인계 및 작업보고절차를 마련하여 핵물질의 관리를 철저히 할 것
8) 해당 방호구역 내에서 핵물질을 이동시킬 때 원자력시설등의 설계기준위협에 따라 잠금, 봉인 등의 필요한 물리적방호 조치를 적용할 것
9) 제6호의 방호요건을 적용하여 원자력시설 컴퓨터 및 정보시스템에 대한 보안체계를 수립할 것

나. 등급Ⅱ 핵물질

1) 가목2)부터 9)까지의 방호요건을 충족할 것
2) 등급Ⅱ 핵물질의 사용 및 저장을 해당 방호구역(이하 "등급Ⅱ 방호구역"이라 한다) 내로 제한할 것
3) 등급Ⅱ 방호구역은 등급Ⅲ 방호구역 내에 위치할 것

4) 해당 방호구역 주변에는 불법침입을 탐지할 수 있도록 할 것

5) 해당 방호구역으로의 출입구를 최소화할 것

6) 해당 방호구역 내의 차량 출입을 최소화하고, 주차는 지정한 장소로 제한할 것

7) 해당 방호구역 내 출입의 허용 및 허용된 자의 출입을 최대한 제한하고, 단독출입이 허용되지 않은 사람은 단독출입이 허용된 사람과 동행할 것

8) 해당 방호구역에 출입하는 사람, 차량 및 반입 · 반출되는 물품을 검색할 것

9) 해당 방호구역의 주변에 대하여 충분한 조명 및 시야를 확보할 것

10) 중앙통제실은 감시, 경비체계 및 군 · 경찰 등 외부대응인력과의 통신체계를 유기적으로 유지할 것

11) 중앙통제실은 등급Ⅱ 방호구역 내에 위치해야 하며, 중앙통제실의 출입을 최소화하고 엄격히 통제할 것

12) 탐지 관련 설비 및 중앙통제실은 비상시 물리적방호를 위하여 독립적인 전원을 갖출 것

13) 핵물질의 저장과 격납을 위한 열쇠와 잠금장치의 관리 및 기록유지를 철저히 할 것

14) 핵물질의 불법이전에 대한 방호비상계획을 수립하고 방호종사자와 군 · 경찰 등 외부대응인력 간의 비상훈련을 정기적으로 실시할 것

15) 해당 방호구역은 24시간 경계근무를 유지하고, 상시 및 불시 순찰을 실시할 것

다. 등급Ⅰ 핵물질

1) 나목1) 및 같은 목3)부터 15)까지의 방호요건을 충족할 것

2) 등급Ⅰ 핵물질의 사용 및 저장을 해당 방호구역(이하 “등급I 방호구역”이라 한다) 내로 제한할 것

3) 등급I 방호구역은 등급Ⅱ 방호구역 내에 위치해야 하며, 불법이전에 대한 추가적인 물리적방호 조치를 적용할 것

4) 해당 방호구역 내에 개인차량의 출입을 금지할 것

5) 해당 방호구역에의 출입은 2명이 동행, 감시하는 체계를 유지할 것

6) 해당 방호구역은 일반통행로와 격리시킬 것

7) 방호비상시에도 중앙통제실의 기능이 유지되도록 할 것

라. 분실 · 도난 핵물질의 위치추적 및 회수조치

1) 핵물질의 분실 · 도난을 적시에 감지하고 신속히 확인할 수 있는 수단을 갖출 것

2) 분실 · 도난 핵물질을 추적하고 신속히 회수할 수 있는 수단을 갖출 것

2. 운반 중인 핵물질의 불법이전에 대한 방호요건

가. 공통적인 방호요건

1) 핵물질의 운반시간, 횟수 및 기간을 최소화할 것

2) 핵물질의 운반시간과 경로 등이 운반할 때마다 다르게 되도록 다양한 방법으로 운반계획을 수립할 것

3) 운반종사자는 신원이 확실한 사람으로 제한할 것

4) 운반 중 임시저장을 하거나 예상하지 못한 정차가 있을 경우 등급별 방호요건에 준하여 필요한 조치를 할 것

5) 운반수단이 변경될 경우에도 핵물질의 등급별 분류에 준하여 필요한 조치를 할 것

6) 운반과 관련된 정보의 공유를 최소화하고 기밀성을 유지할 것

7) 핵물질을 운반할 경우 외부 대응인력과의 연락체계를 유지할 것

나. 등급Ⅲ 핵물질

1) 인계자는 인수자에게 운반방법 및 운반계획을 사전에 통보할 것

2) 운반차량에 대한 검색, 잠금 및 봉인을 철저히 할 것

3) 인계자와 인수자는 운반 중 지연상황을 상호간에 통보할 것

4) 운반차량은 1명 이상의 경찰관이 동승한 두 대 이상의 차량으로 호위할 것

5) 운반차량에는 무장한 1명의 방호종사자를 동승시킬 것

다. 등급Ⅰ 및 등급Ⅱ 핵물질

1) 나목의 방호요건을 충족할 것

2) 운반대상 핵물질은 자물쇠가 채워진 차량 또는 화물용 컨테이너로 운반할 것

3) 핵물질의 운반계획을 수립하고 운반할 때의 물리적방호를 총괄하는 방호종사자(이하 "운반방호책임자"라 한다)는 운반지침서를 소지할 것

4) 운반방호책임자는 호위차량, 운반차량 및 운반통제소 간에 상호 통신 체계를 유지할 것

5) 운반차량에는 무장한 2명의 방호종사자를 동승시킬 것

6) 핵물질을 국제운반하는 경우에는 인계자와 인수자 간에 계약 및 협정에 따라 물리적방호의 책임소재를 명확히 할 것

7) 운반 중인 핵물질의 불법이전에 대한 방호비상훈련을 실시할 것

8) 운반 중인 핵물질의 불법이전에 대비하여 군 · 경찰 등 외부 대응인력과의 통신체계를 유지할 것

라. 분실 · 도난 핵물질의 위치추적 및 회수조치: 제1호라목의 방호요건을 충족할 것

3. 핵물질을 사용 · 저장하는 원자력시설 및 사용 · 저장 중인 핵물질의 사보타주에 대한 방호요건

가. 방호구역 및 핵심구역의 불법침입에 대하여 탐지 체계, 경보 기능 및 방호설비를 갖출 것

나. 방호구역 및 핵심구역 내의 접근 및 출입구는 최소한으로 유지할 것

다. 방호구역 및 핵심구역으로의 출입은 최소화하고, 단독출입이 승인되지 않은 사람에 대해서는 단독출입이 승인된 사람이 동행할 것

라. 사보타주를 방지하기 위하여 방호구역 및 핵심구역에 출입하는 사람, 차량 및 반출입되는 물품을 검색할 것

마. 핵심구역은 일반통행로와 격리시키고 추가적인 물리적방호 조치를 적용할 것

바. 핵심구역 내에 개인차량의 출입을 금지할 것

사. 방호구역에 대하여 지속적인 탐지 및 24시간 경계근무를 유지하고, 상시 및 불시 순찰을 실시할 것

아. 방호구역의 주변에 대하여 충분한 조명 및 시야를 확보할 것

자. 방호구역 및 핵심구역 내에 사보타주 방지를 위하여 운전정지 및 유지보수기간 중에 방호조치를 철저히 할 것

차. 핵물질의 저장과 격납을 위한 열쇠와 잠금장치의 관리 및 기록유지를 철저히 할 것

카. 중앙통제실은 감시, 경비체계 및 군 · 경찰 등 외부대응인력과의 통신체계를 유기적으로 유지할 것

타. 중앙통제실에 대한 출입을 최소화하고 엄격히 통제할 것

파. 방호비상시에 중앙통제실의 기능이 유지될 수 있도록 할 것

하. 탐지 관련 설비 및 중앙통제실은 비상시 물리적방호를 위하여 독립적인 전원을 갖출 것

거. 제6호의 방호요건을 적용하여 원자력시설 컴퓨터 및 정보시스템에 대한 보안체계를 수립할 것

너. 방호종사자에 대하여 매년 물리적방호교육을 실시하고, 교육한 내용의 이행에 대한 훈련을 실시할 것

더. 원자력시설 등의 사보타주에 대한 방호비상계획을 수립하고, 방호종사자와 군 · 경찰 등 외부대응인력 간의 비상훈련을 정기적으로 실시할 것

러. 가목부터 더목까지의 규정에도 불구하고 사보타주의 잠재적 방사선 영향이 원자력안전위원회가 고시하는 수용할 수 없는 방사선영향보다 낮을 경우에는 다음의 요건을 적용할 것

1) 방호구역에 대한 접근을 통제할 것

2) 방호구역 접근 통제를 위한 수단과 절차는 임의조작이나 위조 등이 되지 않도록 보호할 것

3) 방호구역 불법침입에 대한 탐지 · 경비체계 및 대응조치를 수립할 것

4) 방호구역의 사보타주에 관한 방호비상계획을 수립하고 해당 시설의 방호종사자를 대상으로 방호비상훈련을 실시할 것

5) 방호종사자에 대하여 매년 물리적방호 교육을 하고, 교육한 내용에 관한 훈련을 실시할 것

6) 물리적방호규정등에 대하여 원자력시설등의 방호체제를 정기적으로 평가하고, 그 평가 결과에 따라 방호체제에 대한 보완조치를 취할 것

7) 제6호의 방호요건을 적용하여 원자력시설 컴퓨터 및 정보시스템에 대한 보안체계를 수립할 것

4. 운반 중인 핵물질의 사보타주에 대한 방호요건

가. 공통적인 방호요건: 제2호가목의 방호요건을 충족할 것

나. 등급Ⅲ 핵물질

1) 제2호나목의 방호요건을 충족할 것

2) 인계자는 운반차량에 대한 사보타주의 방지를 위하여 검색을 철저히 할 것

다. 등급Ⅰ 및 등급Ⅱ 핵물질: 제2호다목 및 제4호나목2)의 방호요건을 충족할 것

5. 핵물질을 사용 · 저장하지 않는 원자력시설의 사보타주에 대한 방호요건

가. 원자력시설에의 접근을 통제할 것

나. 원자력시설에의 접근 통제를 위한 수단과 절차는 임의조작이나 위조 등으로부터 보호될 것

다. 원자력시설의 불법침입에 대한 탐지 · 경비체계 및 대응조치를 수립할 것

라. 원자력시설의 사보타주에 대한 방호비상계획을 수립하고 해당 시설의 방호종사자에 대하여 방호비상훈련을 실시할 것

마. 방호종사자에 대하여 매년 물리적방호 교육을 실시하고 교육한 내용의 이행에 대한 훈련을 실시할 것

바. 제17조제1항에 따른 물리적방호규정등에 대하여 정기적인 평가를 실시하고 그 결과를 반영할 것

사. 제6호의 방호요건을 적용하여 원자력시설 컴퓨터 및 정보시스템에 대한 보안체계를 수립할 것

6. 전자적 침해행위에 대한 방호요건

가. 원자력시설 컴퓨터 및 정보시스템에 대한 접근이 다음의 방식으로 통제될 것

1) 원자력시설 컴퓨터 및 정보시스템상의 정보가 허용된 대상에게만 허용된 방법으로 제공 · 사용 · 변경되도록 할 것

2) 원자력시설 컴퓨터 및 정보시스템을 구성하는 하드웨어가 허용된 대상에게만 허용된 방법으로 설치 · 변경되도록 할 것

나. 원자력시설 컴퓨터 및 정보시스템에 대한 물리적 · 전자적 접근에 필요한 수단과 절차는 임의조작이나 위조 등이 되지 않도록 보호하고 통제할 것

다. 원자력시설 컴퓨터 및 정보시스템에 대한 물리적 · 전자적 불법접근의 예방 · 탐지 및 대응체계를 수립할 것

7. 제1호부터 제6호까지의 규정에 따른 방호요건에 관한 세부사항은 원자력안전위원회가 정하여 고시한다.

부록 D 경비업법에 규정된 특수경비원

국가 주요시설에 대한 경비원 및 대응 요원에 대한 법적 근거는 경비업법(법률 제14909호, 2018년 4월 25일 시행)과 경비업법 시행령에 일부 포함되어 있다. 경비업법 제2조 1항에 의하면 경비업무는 시설경비업무, 호송경비업무, 신변보호업무, 기계경비업무, 특수경비업무 등 5가지로 분류하고 있다. 국가 주요시설에 대한 대응 요원에 해당하는 업무는 특수경비업무에 해당한다. 특수경비업무는 공항(항공기를 포함) 등 대통령령이 정하는 국가중요시설의 경비 및 도난 · 화재 그 밖의 위험발생을 방지하는 업무로 정의되어 있다.

경비업 제2조(정의), 제14조(특수경비원의 직무 및 무기사용)와 제15조(특수경비원의 의무)에 관한 내용이 다음과 같이 정의되어 있다.

제2조(정의) 이 법에서 사용하는 용어의 정의는 다음과 같다.

1. "경비업"이라 함은 다음 각목의 1에 해당하는 업무(이하 "경비업무"라 한다)의 전부 또는 일부를 도급받아 행하는 영업을 말한다.
   가. 시설경비업무 : 경비를 필요로 하는 시설 및 장소(이하 "경비대상시설"이라 한다)에서의 도난 · 화재 그 밖의 혼잡 등으로 인한 위험발생을 방지하는 업무
   나. 호송경비업무 : 운반중에 있는 현금 · 유가증권 · 귀금속 · 상품 그 밖의 물건에 대하여 도난 · 화재 등 위험발생을 방지하는 업무
   다. 신변보호업무 : 사람의 생명이나 신체에 대한 위해의 발생을 방지하고 그 신변을 보호하는 업무
   라. 기계경비업무 : 경비대상시설에 설치한 기기에 의하여 감지 · 송신된 정보를 그 경비대상시설외의 장소에 설치한 관제시설의 기기로 수신하여 도난 · 화재 등 위험발생을 방지하는 업무
   마. 특수경비업무 : 공항(항공기를 포함한다) 등 대통령령이 정하는 국가중요시설(이하 "국가중요시설"이라 한다)의 경비 및 도난 · 화재 그 밖의 위험발생을 방지하는 업무

2. “경비지도사”라 함은 경비원을 지도 · 감독 및 교육하는 자를 말하며 일반경비지도사와 기계경비지도사로 구분한다.
3. “경비원”이라 함은 제4조제1항의 규정에 의하여 경비업의 허가를 받은 법인(이하 “경비업자”라 한다)이 채용한 고용인으로서 다음 각목의 1에 해당하는 자를 말한다.
   가. 일반경비원 : 제1호 가목 내지 라목의 경비업무를 수행하는 자
   나. 특수경비원 : 제1호 마목의 경비업무를 수행하는 자
4. “무기”라 함은 인명 또는 신체에 위해를 가할 수 있도록 제작된 권총 · 소총 등을 말한다.
5. “집단민원현장”이란 다음 각 목의 장소를 말한다.
   가. 「노동조합 및 노동관계조정법」에 따라 노동관계 당사자가 노동쟁의 조정신청을 한 사업장 또는 쟁의행위가 발생한 사업장
   나. 「도시 및 주거환경정비법」에 따른 정비사업과 관련하여 이해대립이 있어 다툼이 있는 장소
   다. 특정 시설물의 설치와 관련하여 민원이 있는 장소
   라. 주주총회와 관련하여 이해대립이 있어 다툼이 있는 장소
   마. 건물 · 토지 등 부동산 및 동산에 대한 소유권 · 운영권 · 관리권 · 점유권 등 법적 권리에 대한 이해대립이 있어 다툼이 있는 장소
   바. 100명 이상의 사람이 모이는 국제 · 문화 · 예술 · 체육 행사장
   사. 「행정대집행법」에 따라 대집행을 하는 장소

제14조(특수경비원의 직무 및 무기사용 등)

① 특수경비업자는 특수경비원으로 하여금 배치된 경비구역안에서 관할 경찰서장 및 공항경찰대장 등 국가중요시설의 경비책임자(이하 “관할 경찰관서장”이라 한다)와 국가중요시설의 시설주의 감독을 받아 시설을 경비하고 도난 · 화재 그 밖의 위험의 발생을 방지하는 업무를 수행하게 하여야 한다.

② 특수경비원은 국가중요시설에 대한 경비업무 수행중 국가중요시설의 정상적인 운영을 해치는 장해를 일으켜서는 아니된다.

③ 지방경찰청장은 국가중요시설에 대한 경비업무의 수행을 위하여 필요하다고 인정하는 때에는 시설주의 신청에 의하여 무기를 구입한다. 이 경우 시설주는 그 무기의 구입대금을 지불하고, 구입한 무기를 국가에 기부채납하여야 한다.

④ 지방경찰청장은 국가중요시설에 대한 경비업무의 수행을 위하여 필요하다고 인정하는 때에는 관할경찰관서장으로 하여금 시설주의 신청에 의하여 시설주로부터 국가에 기부채납된 무기를 대여하게 하고, 시설주는 이를 특수경비원으로 하여금 휴대하게 할 수 있다. 이 경우 특수경비원은 정당한 사유없이 무기를 소지하고 배치된 경비구역을 벗어나서는 아니된다.

⑤ 시설주가 제4항의 규정에 의하여 대여받은 무기에 대하여 시설주 및 관할 경찰관서장은 무기의 관리책임을 지고, 관할 경찰관서장은 시설주 및 특수경비원의 무기관리상황을 대통령령이 정하는 바에 따라 지도 · 감독하여야 한다. 〈개정 2014. 12. 30.〉

⑥ 관할 경찰관서장은 무기의 적정한 관리를 위하여 제4항의 규정에 의하여 무기를 대여받은 시설주에 대하여 필요한 명령을 발할 수 있다. 〈개정 2014. 12. 30.〉

⑦ 시설주로부터 무기의 관리를 위하여 지정받은 책임자(이하 "관리책임자"라 한다)는 다음 각호에 의하여 이를 관리하여야 한다.

1. 무기출납부 및 무기장비운영카드를 비치 · 기록하여야 한다.
2. 무기는 관리책임자가 직접 지급 · 회수하여야 한다.

⑧ 특수경비원은 국가중요시설의 경비를 위하여 무기를 사용하지 아니하고는 다른 수단이 없다고 인정되는 때에는 필요한 한도안에서 무기를 사용할 수 있다. 다만, 다음 각호의 1에 해당하는 때를 제외하고는 사람에게 위해를 끼쳐서는 아니된다.

1. 무기 또는 폭발물을 소지하고 국가중요시설에 침입한 자가 특수경비원으로부터 3회 이상 투기(投棄) 또는 투항(投降)을 요구받고도 이에 불응하면서 계속 항거하는 경우 이를 억제하기 위하여 무기를 사용하지 아니하고는 다른 수단이 없다고 인정되는 때
2. 국가중요시설에 침입한 무장간첩이 특수경비원으로부터 투항(投降)을 요구받고도 이에 불응한 때

⑨ 특수경비원의 무기휴대, 무기종류, 그 사용기준 및 안전검사의 기준 등에 관하여 필요한 사항은 대통령령으로 정한다.

第15조(특수경비원의 의무)

① 특수경비원은 직무를 수행함에 있어 시설주 · 관할 경찰관서장 및 소속상사의 직무상 명령에 복종하여야 한다.

② 특수경비원은 소속상사의 허가 또는 정당한 사유없이 경비구역을 벗어나서는 아니된다.

③ 특수경비원은 파업 · 태업 그 밖에 경비업무의 정상적인 운영을 저해하는 일체의 쟁의행위를 하여서는 아니된다.

④ 특수경비원이 무기를 휴대하고 경비업무를 수행하는 때에는 다음 각호의 1에 정하는 무기의 안전사용수칙을 지켜야 한다.

1. 특수경비원은 사람을 향하여 권총 또는 소총을 발사하고자 하는 때에는 미리 구두 또는 공포탄에 의한 사격으로 상대방에게 경고하여야 한다. 다만, 다음 각목의 1에 해당하는 경우로서 부득이한 때에는 경고하지 아니할 수 있다.
   가. 특수경비원을 급습하거나 타인의 생명 · 신체에 대한 중대한 위험을 야기하는 범행이 목전에 실행되고 있는 등 상황이 급박하여 경고할 시간적 여유가 없는 경우
   나. 인질 · 간첩 또는 테러사건에 있어서 은밀히 작전을 수행하는 경우
2. 특수경비원은 무기를 사용하는 경우에 있어서 범죄와 무관한 다중의 생명 · 신체에 위해를 가할 우려가 있는 때에는 이를 사용하여서는 아니된다. 다만, 무기를 사용하지 아니하고는 타인 또는 특수경비원의 생명 · 신체에 대한 중대한 위협을 방지할 수 없다고 인정되는 때에는 필요한 최소한의 범위 안에서 이를 사용할 수 있다.
3. 특수경비원은 총기 또는 폭발물을 가지고 대항하는 경우를 제외하고는 14세 미만의 자 또는 임산부에 대하여는 권총 또는 소총을 발사하여서는 아니된다.

참고 문헌

1) 한국원자력통제기술원, "국가보안시설 보안관리체계 연구용역" 최종보고서, 2012년 11월
2) 한국원자력통제기술원, 16차 INSA 국제교육핵안보기본교육과정 교육자료, "Module 6, Physical Protection System - Detection, Delay, Response"
3) "Nuclear Power Plant Security Assessment Technical manual", SANDIA Report, September 2007
4) 정용택, "센서원리 및 응용기술", 진샘미디어, 2017년
5) "Handbook on the design of physical protection systems for nuclear material and nuclear facilities", IAEA Series, 2017
6) "Opportunities in the World Perimeter Intrusion Detection System Market", Frost & Sullivan, 2010, April
7) http://www.globalsecurity.org/military/library/policy/army/fm/3-19-30/ch6.htm
8) 에스원 홈페이지, http://www.s1.co.kr
9) NISE East, "Perimeter Security Sensor Technologies Handbook", 1997
10) Magal-S3 홈페이지, http://www.magal-s3.com/53836.html
11) http://www.thegreenbook.com/what-are-dynamometers.htm
12) https://www.pce-instruments.com/english/measuring-instruments/test-meters/dynamometer-pce-instruments-dynamometer-pce-fm-200-det_58189.htm
13) Southwest Microwave사 홈페이지, http://www.southwestmicrowave.com/
14) Product Profile #519B, "Cut simulator Tool", Southwest Microwave, Inc.
15) "Cut and climb Intrusion simulation", Fiber Sensys
16) Tesla Sistemi, "Principle of operation of mechanical sensor", 홈페이지: www.perimetar.co.rs
17) Henry's Bench, "Arduino Mercury Switch: Tutorial"
18) DESY 홈페이지, https://vibration.desy.de/equipment/geophones/
19) "Triboelectric, ranging, or dual use security sensor cable and method of manufacturing same", US Patent 7479878B2, 2004년 7월 28일 출원, 출원인 : Senstar Stellar Group
20) "Vibration-Sensitive Transducer", US patent 4760295, 출원일: 1988년 7월 26일, 출원인: Geoquip security Systems Ltd.

21) Alireza A. Dibazar, etc., "Intelligent Recognition of Acoustic and Vibration Threats for Security Breach Detection, Close Proximity Danger Identification, and Perimeter Protection", Posted on January 2011, Supplement: Best Papers from the IEEE Conference on Technologies for Homeland Security
22) RBtec 홈페이지, http://www.rbtec.com/documentation
23) Thomas A. Kinney, etc., "Proximity Sensors Compared: Inductive, Capacitive, Photoelectric, and Ultrasonic", Machine Design, Dec 22, 2015
24) Ken-ichi Nomura, etc., "A flexible proximity sensor formed by duplex screen/screen-offset printing and its application to non-contact detection of human breathing" Scientific Reports, vol.6, Published: 22 January 2016
25) 정용택, "센서원리 및 응용기술", 진샘미디어, 2017
26) 정용택, "물리보안용 센서의 원리와 응용", 인포더북스, 2012년
27) 정용택, "적외선 센서의 최신 기술동향", 홍릉과학출판사, 2014
28) Murata사 Home Page, http://www.murata.com/products/sensor/index.html
29) Fresnel Technologies, Inc. Home Page, http://www.fresneltech.com
30) Optex사 Home Page, http://www.optex.co.jp
31) 정용택, "센서 물리학 개론", 홍릉과학출판사, 2013
32) SICURIT Perimeter Protection Systems사 홈페이지, http://www.sicurit.com/index.php/perimeter-protections/
33) 안전관리공단, 안전보건, 2015년 3월호
34) KT 경제경영연구소, "진화하는 CCTV, SOHO에 주는 새로운 가치_보안을 넘어 경여으로 들어오다", 디지에코 보고서, 2017년 8월 21일
35) N. Cohen, J. Gattuso, and K. MacLennan-Brown, "CCTV Operational Requirements Manual", Home Office Scientific Development Branch, UK, 2009
36) "CCTV Technology Handbook", Homeland Security, prepared by Space and Naval Warfare Systems Center Atlantic, July 2013
37) 박상식, "CCD/CMOS 이미지 센서", 두양사, 2009년
38) http://www.dpreview.com/glossary/camera-system/effective-pixels
39) http://www.foveon.com/article.php?a=67
40) Bulk CCTV Store, http://www.bulkcctvstore.com/vivotek-cctv-security-camera-term-removable-ir-cut-filter.html
41) 홍석민, "전자광학 영상센서", 물리학과 첨단기술, January/February, 2006
42) (주)오이티, "야간투시경 영상증폭관 KIT-7 가속 수명 시험법 개발 및 신뢰성 향상", 최종보고서, 산업자원부, 2007

43) 위키피디아, “Image sensor format”, https://en.wikipedia.org/wiki/Image_sensor_format

44) International Training Course on the Physical Protection of Nuclear Facilities and Materials, “Alarm Assessment”, October 24 – November 11, 2016, New Mexico, USA

45) http://en.wikipedia.org/wiki/infrared

46) FLIR사 홈페이지, http://www.flir.com/thermography/americas/us/view/?id=43988

47) “Seeing Photons: Progress and Limits of Visible and Infrared Sensor Arrays”, National Academy of Science, 2010

48) Marc P. Hansen and Douglas S. Malchow, “Overview of SWIR detectors, cameras, and applications”, Proc. of SPIE vol.6939

49) 한국원자력통제기술원, 16차 INSA 국제교육핵안보기본교육과정 교육자료, “Module 7, Elements of PPD – Detection, Delay, Response”

50) 한국원자력통제기술원, “핵안보 핸드북”, http://www.kinac.re.kr

찾아보기

정가 29,000원

침입 탐지용 센서 및 알람 시스템 운영

2019년 5월 20일 초판 인쇄
2019년 5월 30일 초판 발행

저자와의
협의하에
인지생략

저　자 : 정용택
발행자 : 송　준
발행처 : 홍릉과학출판사
주　소 : 서울시 강북구 인수봉로 50길 10
01093
등　록 : 1976년 10월 21일 제5-66호
전　화 : (02) 999-2274~5, 903-7037
팩　스 : (02) 905-6729
e-mail: hongpub@hongpub.co.kr
http://www.hongpub.co.kr
ISBN: 979-11-5600-672-5

낙장 및 파본은 구입처나 본사에서 교환하여 드립니다.
판권 소유에 위배되는 사항(인쇄, 복제, 제본)은 법에 저촉됩니다.